普通高等教育规划教材
高等学校MOOC（慕课）精编教材

水力学与桥涵水文

主　编　杨红霞　赵峥嵘　马光述　温尚梅
副主编　孙崇平　马　坤　桑春平　武振国
参　编　吴兆启　李怀志　王丙旭　田中锋
包广志

机械工业出版社

本书依据《土木工程本科指导性专业规范》，参照土木工程专业人才培养方案和“水力学与桥涵水文”课程教学大纲，结合 JTG D60—2015《公路桥涵设计通用规范》、JTG C30—2015《公路工程水文勘测设计规范》中相关内容编写。本书知识结构系统、内容精练、重点突出，侧重基本原理、基本方法及其工程应用；同时，还考虑了拓宽专业知识面的需要，书中例题、习题均来源于公路、桥梁、隧道、铁道等工程设计计算实例。

全书分为上、下两篇，上篇为水力学，下篇为桥涵水文。具体内容包括：绪论，水静力学，水动力学，水流阻力与水头损失，明渠水流，堰流与闸孔出流，渗流，波浪理论，河川水文基础，水文统计原理，桥涵设计流量与设计水位的推算，大、中桥孔径计算，桥梁墩台冲刷计算，小桥涵水力水文计算。

本书可作为高等学校公路与城市道路、桥梁与隧道、城市地下空间、铁道工程、港口航道与海岸工程、工程管理等专业的教材，也可供相关专业技术人员参考。

图书在版编目（CIP）数据

水力学与桥涵水文/杨红霞等主编．—北京：机械工业出版社，2018.8（2025.1 重印）

普通高等教育规划教材　高等学校 MOOC（慕课）精编教材

ISBN 978-7-111-60018-3

Ⅰ.①水…　Ⅱ.①杨…　Ⅲ.①水力学-高等学校-教材②桥涵工程-工程水文学-高等学校-教材　Ⅳ.①TV13②U442.3

中国版本图书馆 CIP 数据核字（2018）第 109280 号

机械工业出版社（北京市百万庄大街 22 号　邮政编码 100037）
策划编辑：林　辉　责任编辑：林　辉　马军平
责任校对：陈　越　封面设计：马精明
责任印制：邓　博
北京盛通数码印刷有限公司印刷
2025 年 1 月第 1 版第 4 次印刷
184mm×260mm · 18.5 印张 · 486 千字
标准书号：ISBN 978-7-111-60018-3
定价：45.00 元

前言

PREFACE

“水力学与桥涵水文”课程是土木工程、城市地下空间工程、铁道工程、港口航道与海岸工程、工程管理等专业本科生的一门重要的专业基础课。1998 年，普通高等学校专业目录调整后，交通土建工程调整合并到土木工程专业，“水力学”和“桥涵水文”随之成为土木工程专业道桥方向的专业基础课。该课程旨在使学生掌握水流运动的基本概念、基本理论和水力分析计算方法，掌握桥涵水文基础知识，初步具有分析解决道路、桥梁、隧道、港口航道工程设计、施工、管理中水力学问题，以及获取水文资料、分析确定水文参数的基本能力，为以后从事工程设计、施工等相关工作打下必要的基础。

大部分学校将“水力学”和“桥涵水文”分设为两门课程，这种情况在教学时间较充裕时，有其合理的一面，但在教学学时压缩后其弊端逐渐显现出来。“水力学”和“桥涵水文”在学科方面各自独立，但在理论应用方面却有较为密切的关系。“水力学”不但是桥涵孔径、管道渠道设计的基本理论，也是水文资料收集和整理的理论依据，是桥涵水文的理论基础，主要内容包括水静力学、水动力学、明渠水流、堰流等；桥涵水文介绍的是水力学基本理论在道路与桥梁工程水文计算中的应用，主要内容为桥位选择、设计流量推求、孔径布置、桥梁墩台冲刷计算等，其分析与计算的结果则是桥涵布设与结构分析的根据。因此，水力学、水文学和桥涵设计是有机的整体，不宜分开。“水力学”和“桥涵水文”分设，致使教材的一致性很难保证，一些概念和符号不一致，不便教学。

本书依据《土木工程本科指导性专业规范》，参照土木工程专业人才培养方案和“水力学与桥涵水文”课程教学大纲，结合 JTG D60—2015《公路桥涵设计通用规范》、JTG C30—2015《公路工程水文勘测设计规范》中相关内容编写。本书知识结构系统、内容精练、重点突出，侧重基本原理、基本方法及其工程应用；同时，还考虑了拓宽专业知识面的需要，书中例题、习题均来源于公路、桥梁、隧道、铁道等工程设计计算实例。

全书分为上、下两篇，上篇为水力学，下篇为桥涵水文。具体内容包括：绪论，水静力学，水动力学，水流阻力与水头损失，明渠水流，堰流与闸孔出流，渗流，波浪理论，河川水文基础，水文统计原理，桥涵设计流量与设计水位的推算，大、中桥孔径计算，桥梁墩台冲刷计算，小桥涵水力水文计算。书中渗流和波浪理论两章内容可根据各专业需要选学或作为课外阅读内容。

本书第 1、3~6 章由山东交通学院杨红霞教授编写；第 2 章由北华大学马光述编写；第 9~13 章由山东交通学院赵峥嵘教授编写；第 7 章第 1、2 节由温尚梅编写；第 7 章第 3 节由桑春平编写；第 7 章第 4 节由武振国编写；第 8 章第 1、2 节由孙崇平编写；第 8 章第 3 节由马坤编写；第 8 章第 4、5 节由田中锋编写；第 8 章第 6 节由包广志编写；第 14 章第 1、2 节由山东交通学院吴兆启编写；第 14 章第 3 节由李怀志编写；第 14 章第 4 节由王丙旭编写。全书由杨红霞教授统稿。

本书可作为高等学校公路与城市道路、桥梁与隧道、城市地下空间、铁道工程、港口航道与海岸工程、工程管理等专业的教材，也可供相关专业技术人员参考。

在教材编写过程中，得到机械工业出版社的大力支持，在此表示衷心感谢。

由于编者水平有限，如有欠妥之处，敬请指正。

编 者

目录

CONTENTS

下篇　桥涵水文

上 篇

▸▸▸ 水力学

第1章

绪　　论

学习重点

连续介质基本假设，理想液体、实际液体的概念；以及与水力学有关的液体密度、重度、黏滞性的概念；牛顿内摩擦定律表达式及其应用。

学习目标

了解水力学的任务与研究方法；掌握连续介质假设和水力学模型，掌握液体的主要物理性质；熟悉作用在液体上的力。

水力学是土木工程专业的建筑工程、道路与桥梁工程、地下工程、铁道工程方向的一门专业基础课。它是力学学科的一个分支，是以水为模型研究液体宏观机械运动的规律及其在工程中应用的一门科学。

在土木工程建设中，从勘测、设计、施工到维修养护，许多地方都涉及水的问题。例如：桥梁因洪水的冲击、冲刷而破坏；沿河公路及其冲刷防护构造物因洪水的冲击与淘刷而坍塌；山区各类小型人工排水建筑物因暴雨洪水而毁坏；滑坡、崩塌、泥石流、路面翻浆、路基的沉陷与滑动等地质病害。因此，为使路基经常处于干燥、坚固和良好的稳定状态，必须修筑相应的截水沟、边沟、排水沟、急流槽等地表水排水沟渠，以及渗水暗沟、盲沟等各类地下排水设施；公路跨越河流、沟、山体，需要修建桥梁、涵洞、倒虹吸管或透水路堤；在山区河流坡陡水流急的地方，为保护路基、桥梁不被水流冲毁，必须修建急流槽、跌水和其他消能设施。上述一系列工程设施的设计计算，如桥梁涵洞孔径的计算、排水沟渠尺寸的确定、沿河路基防护工程的形式、尺寸的选择以及防护区域的确定等，都必须运用水力学知识来解决，这就要求从事土木工程的技术人员必须掌握有关水力学原理，根据工程特点，因地制宜地解决相关工程问题。

1.1　水力学的研究内容与研究方法

1. 水力学的研究内容

水力学主要研究液体静止、运动状态时，作用在液体上各种力之间的关系以及各种力与运动要素之间的关系。水力学分为水静力学和水动力学两大学科内容。

（1）水静力学　关于液体平衡的规律，即静止或相对平衡时，作用在液体上各种力之间的相互关系。水静力学研究液体静止或相对静止状态下的力学规律及其应用，探讨液体内部压强分布，液体对固体接触面的压力，液体对浮体和潜体的浮力及浮体的稳定性，以解决蓄水容器，输水管渠，挡水构筑物，沉浮于水中的构筑物，如水池、水箱、水管、闸门。堤坝、船舶等的静力荷载计算问题。

(2) 水动力学　关于液体运动的规律，研究液体在运动状态时，作用在液体上的力与运动要素之间的关系，液体的运动特性与能量转换。水动力学研究液体运动状态下的力学规律及其应用，主要探讨管流、明渠流、堰流、闸孔出流多孔介质渗流的流动规律，以及流速、流量、水深、压力、水工建筑物结构的计算，以解决给水排水、道路桥涵、逐田排灌、水力发电、防洪除涝、河道整治及港口工程中的水力学问题。

水力学的主要任务是研究液体（以水为代表）的力学性质、运动规律、工程应用。

2. 水力学的研究方法

在研究和解决水力学问题时，通常应用理论分析、数值计算和实验分析三种方法。

(1) 理论分析方法　理论分析方法是在一般力学原理及连续介质的基本假设前提下，用数学分析方法，建立液体运动过程中各种物理量的基本关系式（基本方程组），然后根据具体问题求解，并对其解进行分析。由于液体的基本方程组具有很强的非线性，对于一般问题较难求解，只有很少问题才能求得完整的理论解。

(2) 数值计算方法　随着电子计算机技术和数值计算方法的发展，产生了广泛应用于实际工程中的数值计算方法。该方法就是通过数学近似解的方法，使理论解无法求得的问题能用近似的方法进行表达，使水力学基本理论在实际工程中得到应用。数值计算方法一般包括有限基本解法、有限元法和有限差分法。

(3) 实验方法　水力学问题如从基本运动方程的属性来分析，属于强非线性偏微分方程范畴，一般用理论无法求得，有时用数值计算方法也很困难，解决问题的唯一方法就是实验。常用的实验方法有原型观测和模型试验，实验是水力学中不可缺少的一种常用方法。水力学是一门经验性的学科通过实验或模型实验，解决工程实际问题，同时能充分了解液体运动的规律，使基本方程得以简化。

在解决实际工程问题过程中，现代水力学经常将上述三种方法同时应用，使工程问题得以较为完整的解决。

1.2　连续介质假设和水力学模型

客观上存在的实际流动、物质结构和物理性质非常复杂，如果考虑所有因素，将很难推导出其力学关系式。因此在分析水力学问题中，对液体加以科学的抽象，以便列出液体运动规律的数学方程式。这种研究问题的方法，在固体力学中也常采用，如刚体、弹性体等。

1. 连续介质假设

水力学研究对象是液体。从微观角度分析，液体是由大量分子构成的，分子与分子间存在空隙。用数学观点分析，液体的物理量在空间上分布是不连续的，加上分子随机无规律的热运动，也导致物理量在时间坐标轴上的不连续。然而水力学是研究液体的宏观运动规律，从宏观角度来看，几乎观察不到分子间的空隙，在标准状态下，$1cm^3$的水中约有3.34×10^{22}个水分子，相邻分子间距离约为$3\times10^{-8}cm$，分子间的间距从宏观角度来讲完全可以忽略不计。因此，对于液体的宏观运动而言，可以把液体视为由无数质点组成、没有空隙的连续体，并认为液体各物理量变化也是连续的，这种假设的连续体称为连续介质。

把液体视为连续介质，可应用高等数学中连续函数来表达液体中各种物理量随空间、时间的变化关系。

2. 理想液体和实际液体

古典水力学是以理想液体作为研究对象。理想液体是指没有黏滞性的液体。黏滞性是液体最突出、最重要的物理特性。因此，理想液体实际上不存在，是一种为简化理论分析的假想物理模型。现代水力学是在经典水力学理论的基础上，以实际液体作为研究对象。实际液体是指具有黏滞性的一切真实液体。运用理论分析与实验研究相结合的方法，对实际液体进行实验，验证或补充理论分析，在水力学的理论公式中，列入一些由实验得到的系数，可以使理论公式更具实用性。

3. 不可压缩液体

不可压缩液体，就是不计压缩性和热胀性，是对液体物理性质的简化。液体的压缩性和热胀性均很小，密度可视为常数，通常用不可压缩模型。气体在大多数情况下，也可采用不可压缩模型，只有在某些情况下，如气流速度很大，接近或超过声速，或者在流动过程中其密度变化很大，这时必须用可压缩模型来处理。本课程主要讨论不可压缩液体。

1.3 液体的主要物理性质

自然界物质通常以固体、液体和气体三种形态存在，而液体和气体统称为流体。在一定条件下，液体具有一定体积，其形状随容器形状而变化，并能形成自由表面。从力学分析的意义上看，以水为代表的液体，在其运动过程中，表现出与固体不同的特点，其主要差别在于它们对外力的抵抗能力不同。固体由于其分子间距离很小，内聚力很大，所以它可以保持一定的形状和体积，能抵抗一定的拉力、压力和剪力。而液体则由于分子间距离较大，内聚力很小而几乎不能承受拉力。运动液体具有一定的抗剪切能力，但静止液体则不能抵抗剪力，即使在很小的剪力作用下，静止液体都将发生连续不断的变形运动，直到剪力消失为止，所以水是一种极易流动的物质，这个性质称为液体的易流动性。液体与气体的主要差别在于液体分子内聚力比气体分子内聚力大得多。因此，气体易于压缩，而液体难于压缩。但是，当所研究的气流运动速度远小于声速时，气体的密度变化很小，气体的运动规律与水流相同。因此，水力学的基本原理在一定条件下也适用于气体。

工程实际中，液体流动形式是多样的，但无论液体流动状态如何变化，其影响因素主要是液体本身的物理性质和外界的作用力。以下从宏观角度研究液体的主要物理性质。

1. 质量和密度

物体中所含物质数量，称为质量，常用符号 m 表示；单位体积内所含液体的质量，称为液体的密度，常用符号 ρ 表示。按定义有

$$\begin{cases}\text{均质液体} & \rho=\dfrac{m}{V}\\ \text{非均质液体} & \rho=\lim\limits_{\Delta V\to 0}\dfrac{\Delta m}{\Delta V}=\dfrac{\mathrm{d}m}{\mathrm{d}V}\\ \text{一般液体} & \rho=\rho(x,y,z,t)\end{cases} \tag{1-1}$$

式中　V——液体体积，(m^3)；

　　　t——时间，(s)。

由表 1-1 可见，在标准大气压下，$t=4$℃时水的密度最大，$\rho=1000\mathrm{kg/m^3}$；$t=0\sim30$℃时，密度变化很小，其密度只减小了 0.4%，但当 $t=80\sim100$℃时，其密度比 4℃时的密度减小 2.8%~4%。因此，在温差较大的热水循环系统中，应设膨胀接头或膨胀水箱以防管道或容器被水胀裂。此外，$t=0$℃时，

冰的密度和水的密度不同。冰的密度 $\rho_{冰}=916.7\text{kg/m}^3$，水的密度 $\rho_{水}=999.87\text{kg/m}^3$，有

$$\frac{V_{冰}}{V_{水}}=\frac{\rho_{水}}{\rho_{冰}}=\frac{999.87}{916.7}=1.0907$$

可见在 $t=0℃$ 时，冰的体积比水约大9%，故路基、水管、水泵及盛水容器等在冬季均需采用防冰冻破坏措施。

2. 重力和重度

液体所受地球的引力，称为重力，常用符号 G 表示；单位体积中的液体重力，称为重度，常用符号 γ 表示。按定义有

$$\begin{cases}均质液体 & \gamma=\dfrac{G}{V}\\ 非均质液体 & \gamma=\lim\limits_{\Delta V\to 0}\dfrac{\Delta G}{\Delta V}=\dfrac{\mathrm{d}G}{\mathrm{d}V}\\ 一般液体 & \gamma=\gamma(x,y,z,t)\end{cases} \tag{1-2}$$

与密度情况类似，在水力计算中常把液体看成均质体，并取 $\gamma=$常数（Const），且有

$$\gamma=\frac{G}{V}=\frac{mg}{V}=\rho g \tag{1-3}$$

式中　g——重力加速度，一般取 $g=9.80\text{m/s}^2$。

在国际单位制中，质量的单位为千克（kg），长度的单位为米（m），时间的单位为秒（s），力的单位为牛顿（N），重度的单位为牛顿/立方米（N/m^3）。

一般情况，压强和温度对重度的影响极小，而且不随时间变化，理论分析和工程应用中，把水看成为均质体，因而取 $\gamma=\text{Const}$，水力计算中常取水的重度 $\gamma=9800\text{N/m}^3=9.8\text{kN/m}^3$，汞的重度 $\gamma_p=133.28\text{kN/m}^3$。在一个标准大气压下，不同温度时纯水的重度见表1-1，几种常见液体的重度见表1-2。

3. 易流动性与黏滞性

静止液体不能承受剪力、抵抗剪切变形的特性，称为易流动性。在运动状态下，液体所具有抵抗剪切变形的能力，称为黏滞性。在剪切变形过程中，液体质点间存在着相对运动，使液体不但在与固体接触的界面上存在剪力，而且使液体内部的流层间也会出现成对的剪力，称为液体内摩擦力。它是液体分子间动量交换和内聚力作用的结果。液体的黏滞性随温度升高而减小。由于液体中存在黏滞性，运动液体需要克服内摩擦力做功，因此它也是运动液体机械能损失的根源。

表1-1　不同温度下纯水的物理特性

t/℃	γ/(kN/m³)	ρ/(kg/m³)	$\mu\times10^{-3}$/Pa·s	$\nu\times10^{-6}$/(m²/s)	p_s/kPa	σ/(N/m)
0	9.805	999.9	1.781	1.785	0.61	0.0756
4	9.800	1000.0	1.567	1.567	—	—
10	9.804	999.7	1.307	1.306	1.23	0.0742
15	9.798	999.1	1.139	1.139	1.70	0.0735
20	9.789	998.2	1.002	1.003	2.34	0.0728
25	9.777	997.0	0.890	0.893	3.17	0.0720
30	9.746	995.7	0.798	0.800	4.24	0.0712
40	9.730	992.2	0.653	0.658	7.38	0.0696
50	9.689	988.0	0.547	0.553	12.33	0.0679
60	9.642	983.2	0.466	0.474	19.92	0.0662
70	9.589	977.8	0.404	0.413	31.16	0.0644
80	9.530	971.8	0.354	0.364	47.34	0.0626
90	9.466	965.3	0.315	0.326	70.10	0.0608
100	9.399	958.4	0.282	0.294	101.33	0.0589

注：t—水温；γ—重度；ρ—密度；μ—动力黏度；ν—运动黏度；p_s—汽化压强；σ—表面张力。

表 1-2　几种常见液体的重度

名称	空气	汞	汽油	酒精	四氯化碳	海水
t/℃	20	0	15	15	20	15
γ/(kN/m³)	0.01182	133.28	6.664~7.35	7.7783	15.6	9.996~10.084

1686 年，牛顿（Newton）通过平板试验发现了流体的黏滞性，提出了牛顿内摩擦定律。

牛顿平板试验装置如图 1-1a 所示，由两平行平板组成，其间距为 h，两板间充满了液体，上板可做平行滑动，下板固定不动。当上板受力 F 作用出现匀速运动时，应有 $F=T$，此处 T 为液层间的内摩擦力，其隔离体如图 1-1b 所示，因此液体内摩擦力 T 可以通过外加力 F 的大小测得。当上板以匀速 U 做水平滑动时，紧贴板面的液体将随板做同样速度运动。实验得出，当 U 不大时，沿 y 轴方向液体中各点流速 u 一般呈线性分布，如图 1-1a 所示，有

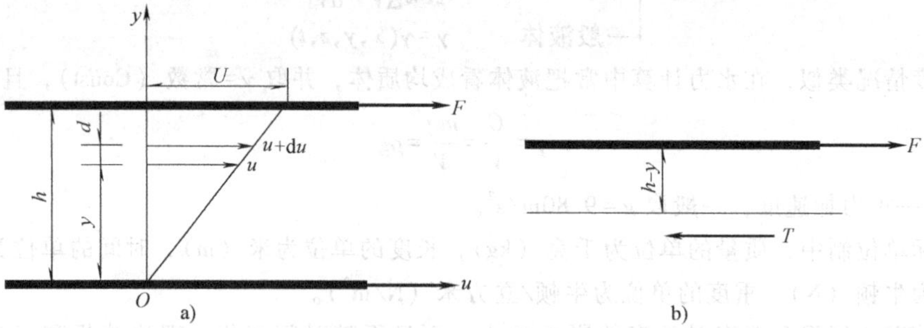

图 1-1　黏滞性试验示意图

$$\begin{cases} u(y)=\dfrac{U}{h}y \\ \dfrac{du}{dy}=\dfrac{U}{h} \end{cases} \tag{1-4}$$

设平板面积为 A，牛顿试验得出液体内摩擦力关系有

$$T\propto \frac{AU}{h}$$

$$\begin{cases} T=\mu\dfrac{AU}{h}=\mu A\dfrac{du}{dy} \\ \tau=\dfrac{T}{A}=\mu\dfrac{du}{dy}=\mu\dfrac{U}{h} \end{cases} \tag{1-5}$$

式中　τ——液体内摩擦切应力，(Pa)；

$\dfrac{du}{dy}$——流速梯度，流速沿 y 方向的变化率；

μ——动力黏度，又称绝对黏度或动力黏滞系数（Pa · s 或 $\dfrac{N}{m^2}\cdot s$）。

式（1-5）即牛顿内摩擦定律。在分析黏性液体运动规律中，动力黏滞系数与密度 ρ 的比值称为运动黏滞系数，用 ν 表示，即

$$\nu=\frac{\mu}{\rho} \tag{1-6}$$

式中　ν——液体的运动黏度，又称运动黏滞系数（m²/s）。

水的运动黏度可按泊肃叶（Poiseuille）公式计算

$$\nu=\frac{0.01775}{1+0.0337t+0.000221t^2} \tag{1-7}$$

式中　t——水温，(℃)；

ν——运动黏度，(cm^2/s)。

由式（1-5）可知，当 $u=0$（静止液体）或 $u=Const$（无相对运动液体）时，$\frac{du}{dy}=0$，$\tau=0$。凡 τ 与 $\frac{du}{dy}$ 呈过原点的正比例关系的液体，称为牛顿液体。凡与牛顿内摩擦定律不相符的液体，称为非牛顿液体。本书所讨论的液体限于牛顿液体。

【例 1-1】 如图 1-2 所示，其轴承直径 $D=10cm$，长 $L=8cm$，转轴外径 $d=9.96cm$，轴间润滑油的动力黏度 $\mu=0.16Pa\cdot s$，转速 $n=1000r/min$。求转轴所受的扭矩 M。

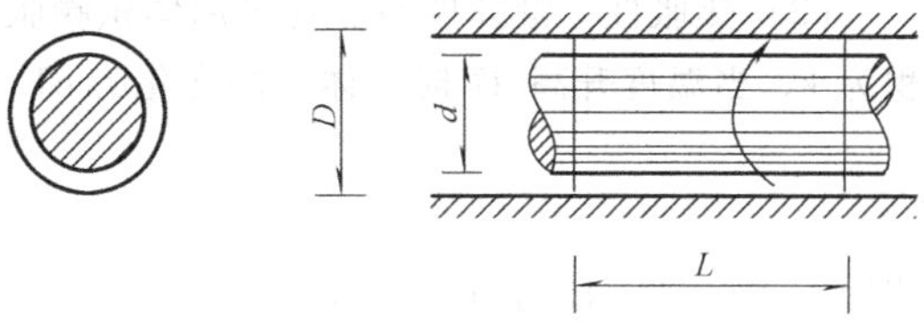

图 1-2 【例 1-1】图

解：转轴与轴承的间隙很小，可认为流速近似直线分布。

其中转轴的线速度 $U=\frac{nd\pi}{60}=\frac{1000\times9.96\times\pi}{60}cm/s=521.5cm/s$

转轴与轴承间隙 $h=\frac{D-d}{2}=\frac{10cm-9.96cm}{2}=0.02cm$

$$\frac{du}{dy}=\frac{U}{h}=\frac{521.5}{0.02}s^{-1}=26075s^{-1}$$

$$\tau=\mu\frac{du}{dy}=\mu\frac{U}{h}=0.16\times26075Pa=4172Pa$$

$$M=\tau\pi dL\frac{d}{2}=4172\times\pi\times\frac{0.0996^2}{2}\times0.08N\cdot m=5.2N\cdot m$$

4. 压缩性与热胀性

（1）压缩性与弹性　液体宏观体积可随压强增大而减小的特性称为压缩性；解除外力后又能恢复原状的特性称为弹性。

液体的压缩性和弹性，常用压缩系数 β 和弹性系数 k 表示。在一定温度下，液体原有的体积为 V，在压强增量 dp 作用下，体积改变了 dV，则压缩系数为

$$\begin{cases}\beta=-\dfrac{\frac{dV}{V}}{dp}\\ \text{弹性系数}\quad k=\dfrac{1}{\beta}=-\dfrac{dp}{\frac{dV}{V}}\end{cases} \tag{1-8}$$

式中　β——压缩系数（m^2/N）；

k——弹性系数（N/m^2）；

V——液体体积（m^3）；

p——外加压强（Pa）。

β 值越大，液体越易压缩，k 值越大，液体越不易压缩。同一种液体的 β 和 k 值也随压强和

温度而略有变化，因此液体并不完全符合弹性体的胡克定律。因 dV 与 dp 的符号相反，为使 β 和 k 保持正值，故式（1-8）中引入"−"号。

表 1-3 为水在 0℃时，不同压强下的压缩系数。

表 1-3 水在不同压强下的压缩系数

压强/kPa	500	1000	2000	4000	8000
压缩系数 β/(m^2/N)	0.538×10^{-9}	0.536×10^{-9}	0.531×10^{-9}	0.528×10^{-9}	0.515×10^{-9}

从表 1-3 可以看出：水的压缩系数很小。例如：压强从 4000kPa 增加到 8000kPa 时，相对体积的变化只有大约 0.2%。因此，除水击现象等特殊情况需要考虑水的压缩性外，一般工程的水力计算均忽略水的压缩性。

（2）热胀性　液体的热胀性可用体积膨胀系数 α 来表示。在一定的压力下，液体原有的体积为 V，当温度升高 dT 时，体积的变化为 dV，则

$$\alpha=\frac{1}{V}\frac{dV}{dT} \tag{1-9}$$

式中　α——体积膨胀系数（1/℃）。

5. 汽化特性和表面张力

（1）汽化　液体分子逸出液面向空间扩散的现象，称为汽化。沿液体自由表面，液体分子引力所产生的张力，称为表面张力。

液体汽化为蒸汽，蒸汽凝结又可成为液体，其中凝结是汽化的逆过程。在液体中，汽化和凝结同时存在，当这两个过程达到动态平衡时，宏观汽化现象随之停止，此时液体的绝对压强（即液体中的实有压强）称为汽化压强或饱和蒸汽压强，常用 p_s 表示。液体的汽化压强与温度有关，水的汽化压强见表 1-1。液体发生汽化的条件是

$$p_{abs}\leqslant p_s \tag{1-10}$$

式中　p_{abs}——液体中某处的绝对压强，（Pa）；

p_s——汽化压强，（Pa）。

液体汽化可以发生在液面，也可以发生在液体内部。液体汽化即在其内部出现气体空泡，又称为空泡或空化现象，它可造成虹吸管真空条件破坏而中断流动，也可造成水泵工作破坏、对固体边壁产生破坏性的气蚀现象及引起建筑物振动等。因此，预防汽化的出现是水力计算要解决的问题之一。

（2）表面张力　由于分子间的吸引力，在液体自由表面上能够承受极其微小的张力，这种张力称为表面张力。表面张力不仅在液体与气体接触的周界面上发生，而且在液体与固体（汞和玻璃等），或一种液体与另一种液体（汞和水等）相接触的周界上发生。

表面张力常用表面张力系数 σ 来度量。单位长度的表面张力，称为表面张力系数，其单位为 N/m，它随液体种类和温度而变化。当 $t=20$℃时，水的表面张力系数 $\sigma=0.073$N/m，汞的表面张力系数 $\sigma=0.54$N/m。不同温度下水的表面张力系数见表 1-1。

对液体，表面张力在平面上并不产生附加压力，它只有在曲面上才产生附加压力，以维持平衡。因此，在工程问题中，液体只要有曲面的存在就会有表面张力的附加压力作用。例如，液体中的气泡，气体中的液滴，液体的自由射流，液体表面和固体壁面相接触等。所有这些情况，都会出现曲面，都会引起表面张力，从而产生附加压力。

一般土木工程问题，表面张力很小，它只在液体界面上起作用，液体内部并不存在其作用，常忽略不计。

1.4 作用在液体上的力

分析液体微元隔离体的平衡或运动规律，并从中建立基本方程，这是水力学基本研究手段。作用在液体上的力，即作用在隔离体上的外力。按力的物理性质可分为黏性力、重力、惯性力、弹性力和表面张力等，按力的作用特点可分为质量力和表面力两类。

1. 质量力

作用在隔离体内每个液体质点上的力称为质量力。质量力正比于隔离体的质量，通常用单位质量的质量力来表示，简称单位质量力。重力和惯性力是最常见的质量力。

设均质液体中隔离体的质量为 m，加速度为 a，则其所受的质量力为

$$F=-ma \tag{1-11}$$

液体所受的质量力 F 与加速度为 a 的方向相反。

单位质量力为

$$f=\frac{F}{m} \tag{1-12}$$

设 F 在三坐标轴方向的分量为 F_x，F_y，F_z，则有

$$\begin{cases} f=\dfrac{F}{m}=Xi+Yj+Zk \\ X=\dfrac{F_x}{m} \\ Y=\dfrac{F_y}{m} \\ Z=\dfrac{F_z}{m} \end{cases} \tag{1-13}$$

式中　i，j，k——单位矢量；

X，Y，Z——f 在三坐标轴方向的分量。

单位质量力 f、X、Y、Z 的单位与加速度单位相同，即 m/s^2，对于只受重力作用的液体，称为重力液体，有 $X=Y=0$，$Z=-g$。

2. 表面力

表面力是通过直接接触，作用于液体隔离体表面上的力。按液体的物理性质，液体界面上的拉力可以忽略不计，只有压力和剪力两类。它是相邻液体或固体边壁与隔离体界面间相互作用的结果。按连续介质假说，表面力应连续分布在隔离体表面上，由于液体不能承受集中力，对隔离体表面某点所受的外力，只能用应力形式表示，即

$$\begin{cases} p=\lim\limits_{\Delta A\to 0}\dfrac{\Delta P}{\Delta A}=\dfrac{\mathrm{d}P}{\mathrm{d}A} \\ \tau=\lim\limits_{\Delta A\to 0}\dfrac{\Delta T}{\Delta A}=\dfrac{\mathrm{d}T}{\mathrm{d}A} \end{cases} \tag{1-14}$$

式中　p——某点压强，又称为某点的水压力（Pa）；

A——受压面积或受剪切面积（m^2）；

P——面积 A 上所受总压力（N）；

T——面积 A 上所受的剪力（N）；

τ——某点切应力（Pa）。

由此可知，液体的平衡与运动状态只是上述质量力与表面力相互作用的结果。显然在静止液体或无相对运动的液体中，$\tau=0$，此时作用于隔离体表面的表面力只有压力。

本章小结

水力学属于力学的一个分支，是研究与液体平衡和运动有关的基本规律及其工程应用的一门科学。水力学的研究方法有理论分析、实验和数值计算法。

连续介质、理想液体是一种为简化理论分析的假想物理模型。连续介质认为液体是一种毫无空隙的充满其所占据空间的连续体。理想液体是指没有黏滞性的液体。

从宏观角度研究液体的主要物理性质有密度和重度、液体的黏滞性、液体的压缩性、液体的汽化。

按力的作用特点，作用在液体上的力可分为质量力和表面力两类。

思考题与习题

1-1　水力学的研究方法有哪些？

1-2　水力学对液体做了哪些物理模型化假设？

1-3　液体内摩擦力有哪些特性？什么情况下需要考虑内摩擦力的影响？

1-4　如图 1-3 所示，其套筒内径 $D=12\text{cm}$，活塞外径 $d=11.96\text{cm}$，活塞长 $L=14\text{cm}$，润滑油动力黏度 $\mu=0.172\text{Pa}\cdot\text{s}$，活塞往复运动速度（匀速）$U=1\text{m/s}$，求作用于活塞杆上的力 F。

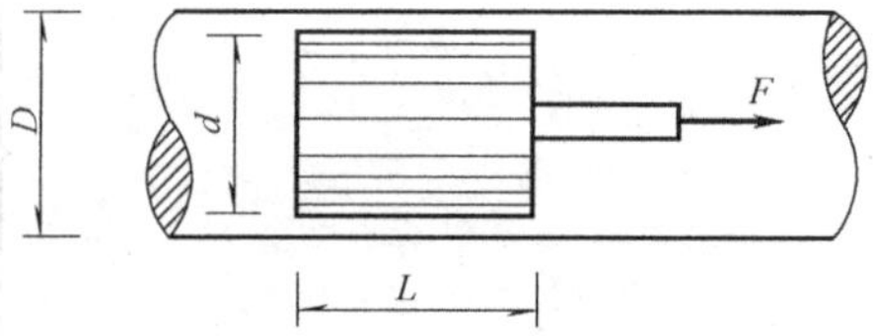

图 1-3　习题 1-4 图

1-5　设水温 $t=30℃$，求 1L 水的质量和重力。

1-6　已知 500L 汞的质量为 6795kg，求汞的密度和重度。

1-7　水温从 $t=5℃$ 升高到 100℃，求水的体积将比原有体积增加百分之几？

1-8　设水的重度 $\gamma=9.71\text{kN/m}^3$，动力黏度 $\mu=0.599\times10^{-3}\text{Pa}\cdot\text{s}$，求其运动黏度。

1-9　$t=0℃$ 时，冰的密度 $\rho_{冰}=916.7\text{kg/m}^3$，其体积比同样温度下水的体积大还是小？其二者体积比为多少？

1-10　封闭容器盛水从空中自由下落时，求液体所受单位质量力 X，Y，Z。

1-11　底面积为 40cm×45cm 的矩形平板，质量 $m=5\text{kg}$，沿斜面以 $v=1\text{m/s}$ 做匀速下滑，斜面倾角 $\alpha=30°$，如图 1-4 所示，平板与斜面间的油层厚度 $\delta=1\text{mm}$，求油的动力黏度 μ。

1-12　有上下两平行圆盘，直径为 D，间隙厚度为 δ，其中充满液体，其动力黏度为 μ，若下盘固定不动，上盘以角速度 ω 旋转，如图 1-5 所示，求所需转动力矩 M 的表达式。

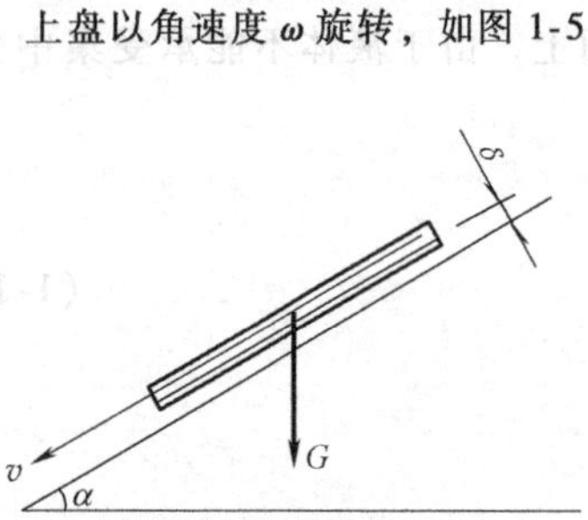

图 1-4　习题 1-11 图

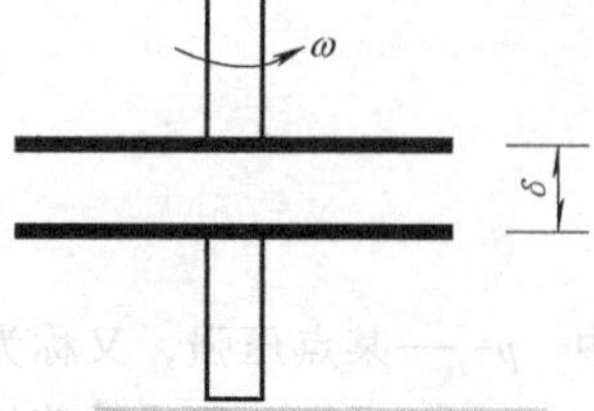

图 1-5　习题 1-12 图

第 2 章

水 静 力 学

学习重点

重力作用下水静力学基本方程的物理意义及应用；作用在平面、曲面上静水总压力的计算方法。

学习目标

了解静水压强的概念及静水压强的测量方法；熟悉静水压强的特性及任意点静水压强的计算，静水压强的表示方法；掌握重力作用下水静力学基本方程及各物理量的含义，平面、曲面上静水总压力的计算。

水静力学是研究液体处于静止或相对静止状态下的力学规律。由于液体处于静止状态，内部质点间没有相对运动，其黏滞性不起作用，液体的表面力只存在压力，即静水压强。本章重点阐述静水压强的特性、分布规律，作用在各种形状壁面上静水压力的计算方法。

水力学作为学科而诞生始于水静力学。公元前 400 余年，中国墨翟在《墨经》中，已有了浮力与排液体积之间关系的设想。公元前 250 年，阿基米德在《论浮体》中，阐明了浮体和潜体的有效重力计算方法。1586 年德国数学家斯蒂文提出水静力学方程。17 世纪中叶，法国帕斯卡提出液压等值传递的帕斯卡原理。至此水静力学已初具雏形。

2.1 静水压强的特性

静止水柱作用在与之接触的单位表面上的水压力称为静水压强。其数学表达式为

$$p=\frac{P}{A} \tag{2-1}$$

式中 p——静水压强（Pa 或 kPa）；

A——面积（m^2）；

P——作用在面积 A 上的静水压力（N 或 kN）。

若作用在微元 dA 上的压力为 dP，则微元中心的点压强为

$$p=\lim_{dA\to 0}\frac{dP}{dA} \tag{2-2}$$

p 称为该点的静水压强，即点静水压强。

静水压强有两个重要的特性：

1）静水压强的方向与受压面垂直并指向受压面。

2）静止液体中任一点上液体静压强的大小与其作用面的方位无关，即同一点各方向的静压

强大小均相等。

2.2 水静力学基本微分方程

1. 液体静力学基本微分方程

在静止液体中，取一以 O' 点为中心的微元直角六面体为隔离体，O' 点的压强为 $p=p(x, y, z)$，如图 2-1 所示，正交的三条边分别与坐标轴平行，边长为 $\mathrm{d}x$，$\mathrm{d}y$，$\mathrm{d}z$。微元六面体处于静止状态，各方向的作用力相平衡。现以 x 方向为例。

(1) 表面力　在 x 方向上只有作用在 $abcd$ 和 $a'b'c'd'$ 面上的压力。由式 (2-2) 得两个受压面中心点 M，N 的压强为

$$p_M=p-\frac{1}{2}\frac{\partial p}{\partial x}\mathrm{d}x$$

$$p_N=p+\frac{1}{2}\frac{\partial p}{\partial x}\mathrm{d}x$$

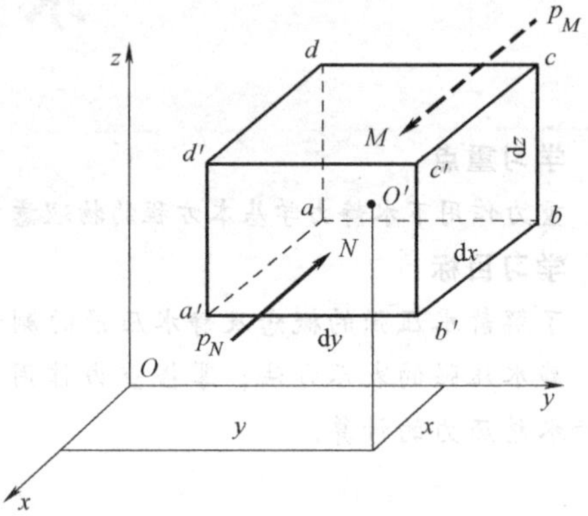

图 2-1　微元的表面力

$abcd$ 和 $a'b'c'd'$ 面上的压力为

$$P_M=p_M\mathrm{d}y\mathrm{d}z=\left(p-\frac{1}{2}\frac{\partial p}{\partial x}\mathrm{d}x\right)\mathrm{d}y\mathrm{d}z$$

$$P_N=p_N\mathrm{d}y\mathrm{d}z=\left(p+\frac{1}{2}\frac{\partial p}{\partial x}\mathrm{d}x\right)\mathrm{d}y\mathrm{d}z$$

(2) 质量力

$$F_x=X\rho\mathrm{d}V=X\rho\mathrm{d}x\mathrm{d}y\mathrm{d}z$$

x 方向平衡条件为 $P_M-P_N+F_x=0$，将以上各式代入，有

$$\left(p-\frac{1}{2}\frac{\partial p}{\partial x}\mathrm{d}x\right)\mathrm{d}y\mathrm{d}z-\left(p+\frac{1}{2}\frac{\partial p}{\partial x}\mathrm{d}x\right)\mathrm{d}y\mathrm{d}z+X\rho\mathrm{d}x\mathrm{d}y\mathrm{d}z=0$$

化简并按同样方法列 y 方向和 z 方向平衡方程，有

$$\begin{cases}X-\dfrac{1}{\rho}\dfrac{\partial p}{\partial x}=0\\ Y-\dfrac{1}{\rho}\dfrac{\partial p}{\partial y}=0\\ Z-\dfrac{1}{\rho}\dfrac{\partial p}{\partial z}=0\end{cases}\tag{2-3}$$

式 (2-3) 为静止液体平衡微分方程，又称欧拉平衡微分方程，其平衡条件是单位质量力与表面力相等。

将式 (2-3) 分别乘以 $\mathrm{d}x$，$\mathrm{d}y$，$\mathrm{d}z$ 后相加，得

$$\frac{1}{\rho}\left(\frac{\partial p}{\partial x}\mathrm{d}x+\frac{\partial p}{\partial y}\mathrm{d}y+\frac{\partial p}{\partial z}\mathrm{d}z\right)=X\mathrm{d}x+Y\mathrm{d}y+Z\mathrm{d}z$$

得

$$\mathrm{d}p=\rho(X\mathrm{d}x+Y\mathrm{d}y+Z\mathrm{d}z)\tag{2-4}$$

式 (2-4) 为静水压强分布的微分方程，表明静水压强分布取决于液体所受的单位质量力。

2. 等压面

压强相等的空间点构成的面称为等压面。由等压面定义知 $\mathrm{d}p=0$，得

$$Xdx+Ydy+Zdz=0 \tag{2-5}$$

式（2-5）为等压面方程，式中 dx，dy，dz 为在 X，Y，Z 作用方向液体质点沿等压面相应的位移分量。对于单位质量力的合力 f 及合位移 ds，式（2-5）也可写成

$$f\cdot ds=0 \tag{2-6}$$

这表明在等压面上质量力所做的微功等于零，两矢量相互垂直，即质量力垂直于等压面。

当质量力仅为重力时，由于 $X=Y=0$，$Z=-g$，代入式（2-4），得

$$dp=-\rho g dz=0$$

$$z=c \tag{2-7}$$

说明重力液体的等压面是与重力加速度 g 互相垂直的曲面。但由于地球曲率半径很大，在有限水域范围内，一般取 g 的方向为铅垂向下，因而等压面为一系列水平面。

2.3 重力作用下水静力学基本方程

1. 水静力学基本方程

在实际工程中，作用于平衡液体上的质量力常常只有重力，即所谓的静止液体。因此，讨论重力作用下静水压强的分布规律，更具有实用意义。

建立图 2-2 所示的直角坐标系 Oxz，z 轴垂直向上，因此质量力为 $X=0$，$Y=0$，$Z=-g$。将其代入式(2-4)得

$$dp=-\rho g dz$$

均质液体的密度为常数，积分得

$$p=-\rho g z+c$$

或

$$z+\frac{p}{\gamma}=c \tag{2-8}$$

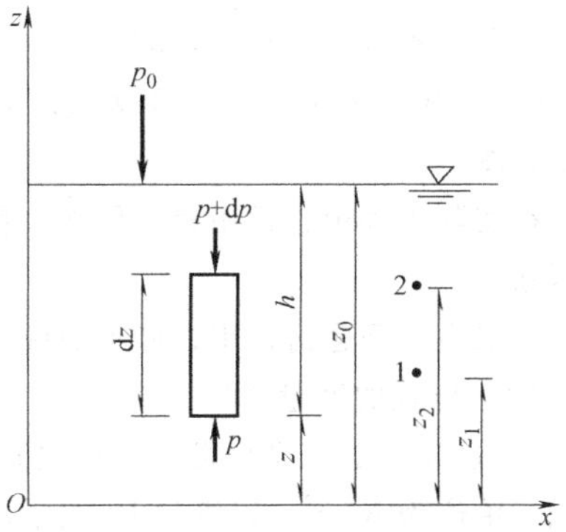

图 2-2 重力作用下压强分布

式（2-8）中的 c 为常数，其值可根据边界条件确定。式（2-8）表明，当质量力仅为重力时，静止液体中任一点的 $z+\frac{p}{\gamma}$ 均为常数，$z+\frac{p}{\gamma}$ 也称为测管水头，其中 z 为位置水头，$\frac{p}{\gamma}$ 为压强水头。因此，在静止液体中的任意两点 1 和 2，其坐标分别为 z_1 和 z_2，压强分别为 p_1 和 p_2，代入式（2-8）得 $z_1+\frac{p_1}{\gamma}=z_2+\frac{p_2}{\gamma}$。

令自由表面距坐标原点的垂直距离为 z_0，自由表面的压强为 p_0，代入式（2-8）得 $c=z_0+\frac{p_0}{\gamma}$，因此

$$p=p_0+\gamma(z_0-z)$$

或

$$p=p_0+\gamma h \tag{2-9}$$

式中，h 为水深，$h=z_0-z$，表示讨论点在自由表面以下的淹没深度，即离自由表面的垂直距离。

由式（2-9）可得自由表面以下任意点 1、2 点的压强为

$$p_1=p_0+\gamma h_1$$

$$p_2=p_0+\gamma h_2$$

或

$$p_1=p_2+\gamma(h_1-h_2)=p_2+\gamma\Delta h \tag{2-10}$$

式中　h_1，h_2——自由表面以下1、2点的淹没深度（m）；

　　Δh——两点间淹没深度之差值（m）。

式（2-8），式（2-9），式（2-10）均为重力液体水静力学的基本方程。式（2-9）中液体任一点的位置是用水深表示的，因此该式是最常见的静水压强计算公式。

从基本方程可以推出静止液体的性质有：

1）静止液体中的压强与水深呈线性关系。

2）静止液体中任意两点的压差仅与它们的垂直距离有关。

3）静止液体中任意点压强的变化，将等值地传递到其他各点。

2. 静水压强的表示方法

（1）压强的两种计算基准　压强有绝对压强和相对压强两种计算基准。以绝对真空为起算点的压强称为绝对压强，用p_{abs}表示；以当地同高程的大气压强为起算点的压强称为相对压强，用p_γ表示。

绝对压强大于零。相对压强是以大气压强为基准，可正可负。相对压强表示有两种方法：相对压强大于零，表示为相对压强（压力表读数）；相对压强小于零，用其绝对值表示，通常称为真空度（真空表读数），用h_v表示。

为了区别以上几种压强的表示方法，现以图2-3中A点（大于大气压）和B点（小于大气压）为例，将它们的关系表示在图上。

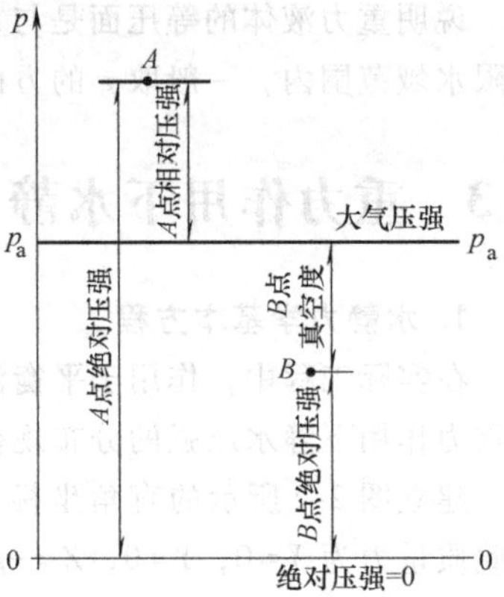

图2-3　静水压强表示示例

在实际工程中，常用相对压强。目前，绝大部分测量压强的仪器设备所表示的压强均为相对压强。

在水力学问题讨论中，如不加说明，压强均指相对压强。

（2）压强的度量单位

1）从压强的定义出发，用单位面积上的作用力表示，即作用力除以面积。单位为N/m^2，以符号Pa表示。

2）以式（2-9）静止压强计算方程为基础，将压强转换成相应的液体高度，用液柱高度表示，如10m水柱高。

【例2-1】　如图2-4所示，一封闭盛水容器，水面上的压力表的读数值为10000Pa，当地大气压为98000Pa。试求水面下2m处的压强。

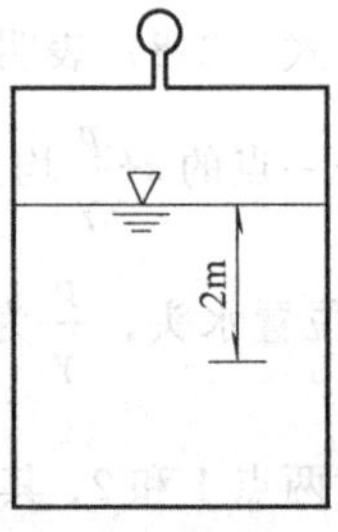

图2-4　【例2-1】图

解　$p=p_0+\gamma h=10000\text{Pa}+9800\times2\text{Pa}=29600\text{Pa}$

因压力表的读数值为相对压强，所以上面的计算值是相对压强。其绝对压强为

$$p_{abs}=p_a+p=98000\text{Pa}+29600\text{Pa}=127600\text{Pa}。$$

2.4　静水压强测量

测量液体压强是实际工程基本要求，如水泵、风机和压缩机等均装有压力表和真空表。常用的有弹簧金属式、电测式和液位式三种。

1. 弹簧金属式

弹簧金属式测压装置可用来测量相对压强和真空度。它内部装有一根截面为椭圆形，一端开口，另一端封闭的黄铜管，如图 2-5 所示。开口端通过黄铜管与被测液体相连通。压力表工作时，管子上端在压力作用下会伸缩，同时就带动联动结构的指针，从而就可读出压强的数值。金属压力表测出的压强是相对压强。

2. 电测式

电测式测压装置可将压力传感器连接在被测液体中，液体压力的作用使金属片变形，从而改变金属片的电阻，这样通过压力传感器将压力转变成电信号，达到测量压力的目的。

3. 液位式

(1) 一个弯头的测压管　该测压管是与被测点连接，竖直向上的开口玻璃管。通过测出测压管的液柱高度，便可确定被测点的相对压强，如图 2-6 所示，其原理为 $p=\gamma h$。

用这种测压管测量压强，被测点的相对压强一般不宜太大。另外，为避免表面张力的影响，测压管的直径不能过细，一般直径 $d \geqslant 5\mathrm{mm}$。

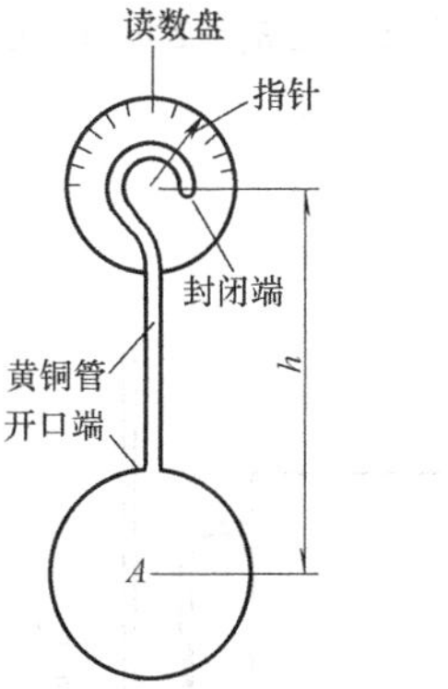

图 2-5　弹簧金属式测压装置

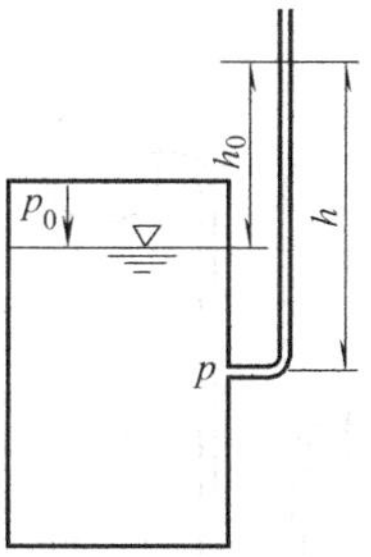

图 2-6　液位式测压装置（一个弯头的测压管）

(2) U 形测压管　U 形测压管内常装入汞或其他界面清晰的工作液体。测点 A 在压强的作用下，使 U 形管中汞的液面产生变化。通过测出汞的液面高差 Δh_p，就可换算被测点的压强，如图 2-7 所示。

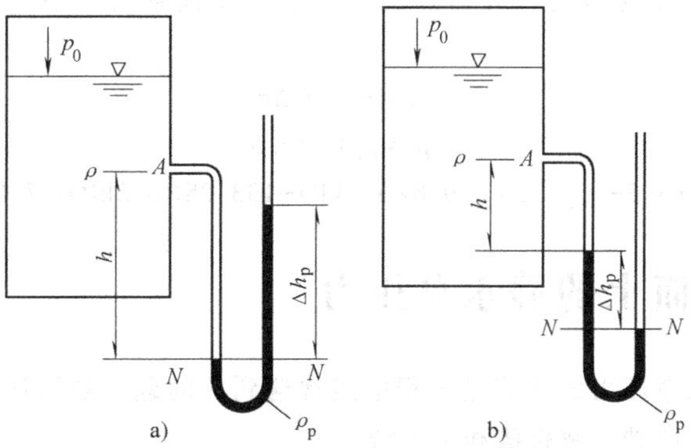

图 2-7　液位式测压装置（U 形测压管）

a) 相对压强　b) 真空度

取等压面 N-N，得

$$p_A+\gamma h=\gamma_p \cdot \Delta h_p$$

$$p_A=\gamma_p\cdot\Delta h_p-\gamma h$$

当被测点的压强为真空状态时，则

$$p_A=\gamma_p\cdot\Delta h_p+\gamma h$$

即测得的是真空度。

(3) 压差计　上述的U形管其实也是压差计的概念，所不同的是U形管测的是被测点与大气压的差值，即相对压强，压差计测的是两个被测点之间的压差值。

压差计常用U形管汞测压计，如图2-8所示，左右两支管分别与被测点A和B连接，在两点压差的作用下，压差计内的汞柱形成高差Δh_p，两点的高程差为Δz。在U形管中做等压面N-N，则

$$p_A+\gamma_A\cdot h=p_B+\gamma_p\cdot\Delta h_p+\gamma_B\cdot(\Delta z+h-\Delta h_p) \tag{2-11}$$

如$\gamma_A=\gamma_B=\gamma$，A和B两点的压差为

$$\Delta p=p_A-p_B=(\gamma_p-\gamma)\cdot\Delta h_p+\gamma\cdot\Delta z$$

【例2-2】　如图2-9所示，一密闭容器侧壁上装有U形管汞测压计，$\Delta h_p=20\text{mm}$，试求安装在水面下3.5m处A点的压力的数值。

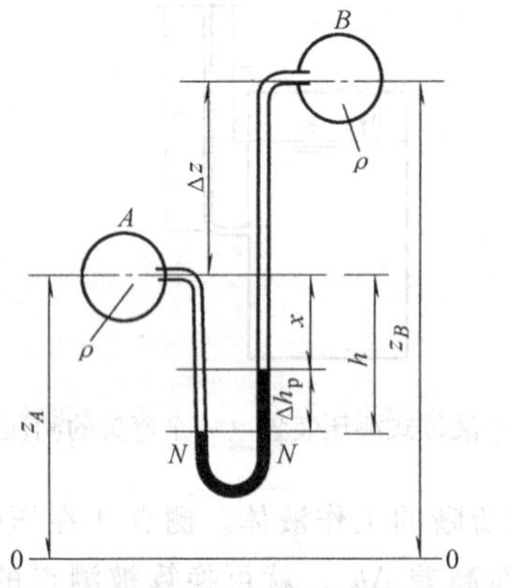

图2-8　液位式测压装置（压差计）

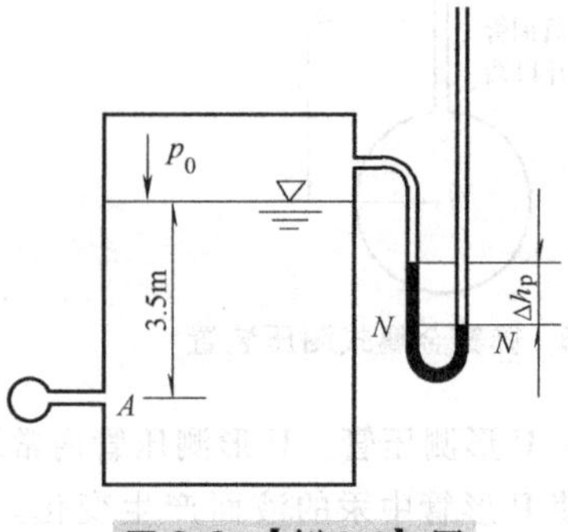

图2-9　【例2-2】图

解　U形管汞测压计的右支管开口通大气，由液面读数可知$\Delta h_p=20\text{cm}$。做等压面N-N，则

$$p_0=-\gamma_{Hg}\cdot\Delta h_p$$

$$p_A=p_0+\gamma\times3.5$$

$$p_A=\gamma\times3.5-\gamma_{Hg}\cdot\Delta h_p=9.8\times3.5\text{kPa}-133.28\times0.2\text{kPa}=7.644\text{kPa}$$

2.5　作用在平面上的静水总压力

作用在平面上静水总压力的计算是工程中经常遇到的问题，如沿江路堤、围堰及闸门等设计。常用的计算方法有两种，解析法和图解法。

1. 解析法

如图2-10所示，设平板ab倾斜放置在静水中，受压面积为A，与水平面的夹角为α，平面形心C在自由表面下的深度为h_C，静水总压力P的作用点D在自由表面下的深度为h_D，现讨论作用在平面上的静水总压力。

(1) 计算静水总压力P　沿平板ab取xoy坐标平面，Oy轴沿平板方向，坐标平面与水面的

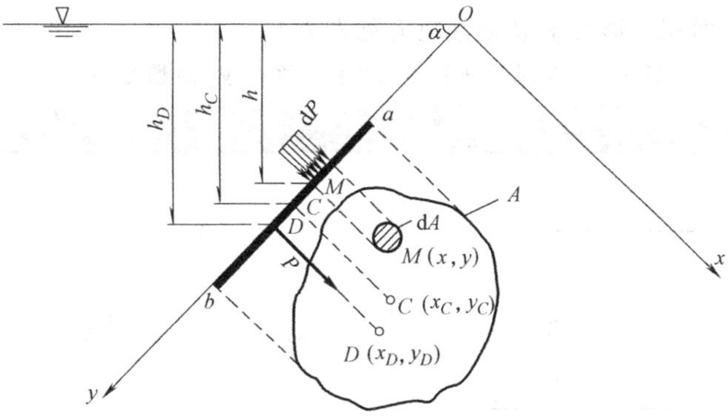

图 2-10 平面上静水总压力计算

交线为 Ox 轴。为便于分析，将 xOy 坐标平面绕 O 点旋转 90°，以展示平板 ab 在坐标平面中的位置及形状尺寸。

在平板 ab 上任取一微元 dA，该微元形心点 M 在自由表面下的深度为 h，压强为 p，有

$$h=y\sin\alpha$$
$$h_C=y_C\sin\alpha$$
$$h_D=y_D\sin\alpha$$
$$\mathrm{d}P=p\mathrm{d}A=\gamma h\mathrm{d}A=\gamma y\sin\alpha\mathrm{d}A$$

平板 ab 上各点静水压力属平行力系，可直接求和，因此有

$$P=\int_A \mathrm{d}P=\gamma\sin\alpha\int_A y\mathrm{d}A=\gamma\sin\alpha y_C A$$

即
$$P=\gamma h_C A=p_C A \tag{2-12}$$

其中
$$\int_A y\mathrm{d}A=y_C A$$

式中 p_C——平板形心处压强；

$\int_A y\mathrm{d}A$——平板 ab 对 Ox 轴的静面矩。

式（2-12）即为作用于平面上的静水总压力计算公式。平面上所受静水总压力的大小等于其形心处的压强与受压面积的乘积，而与平板的倾斜角 α 无关，作用力的方向垂直于平面。

应用式（2-12）时，应先找出受压平面形心的位置，再确定形心在自由表面以下的深度，最后按式（2-12）即可求得静水总压力 P。

（2）确定总压力的作用点 $D(x_D,\ y_D)$　实际工程中，挡水平面一般为轴对称的平面，如矩形，圆形等，D 点必然位于其对称轴上，若沿对称轴取 Oy 轴，则有 $x_D=0$，故只需确定 y_D 值。按合力矩定理，有

$$Py_D=\int_A y\mathrm{d}P=\int_A y(\gamma y\sin\alpha\mathrm{d}A)=\gamma\sin\alpha\int_A y^2\mathrm{d}A=\gamma\sin\alpha I_x$$

由于
$$I_x=\int_A y^2\mathrm{d}A=I_C+y_C^2A$$
$$P=\gamma\sin\alpha y_C A$$

因此得
$$y_D=y_C+\frac{I_C}{y_C A} \tag{2-13}$$

式中 I_x——受压平面对 Ox 轴的惯性矩；

I_C——受压平面对过其形心 C 而又与 Ox 轴平行的坐标轴 Cx 轴的惯性矩。

常见平面图形的面积、形心 y_C 及惯性矩 I_C 见表 2-1。

表 2-1 常见平面图形的面积、形心 y_C 及惯性矩 I_C

名称	图形	A	y_C	I_C
矩形	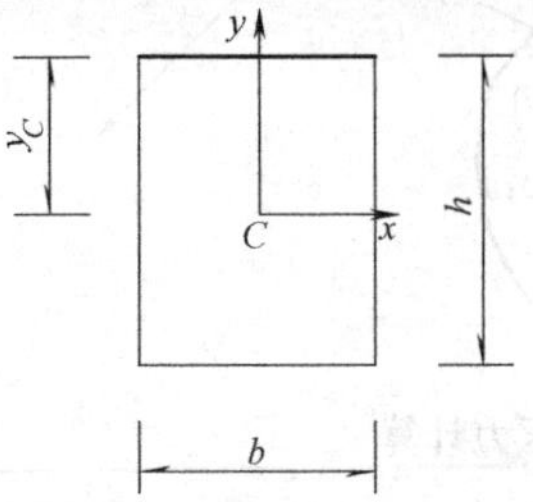	bh	$\frac{1}{2}h$	$\frac{1}{12}bh^3$
三角形	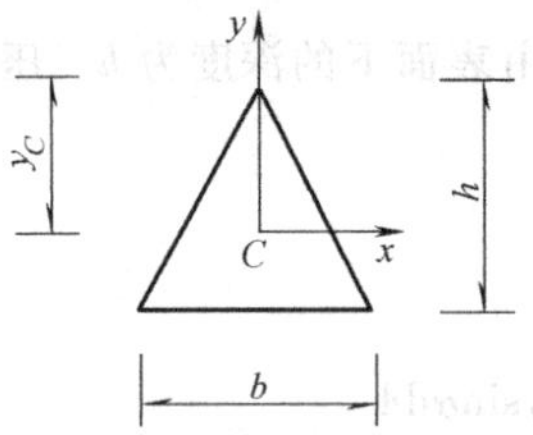	$\frac{1}{2}bh$	$\frac{2}{3}h$	$\frac{1}{36}bh^3$
梯形	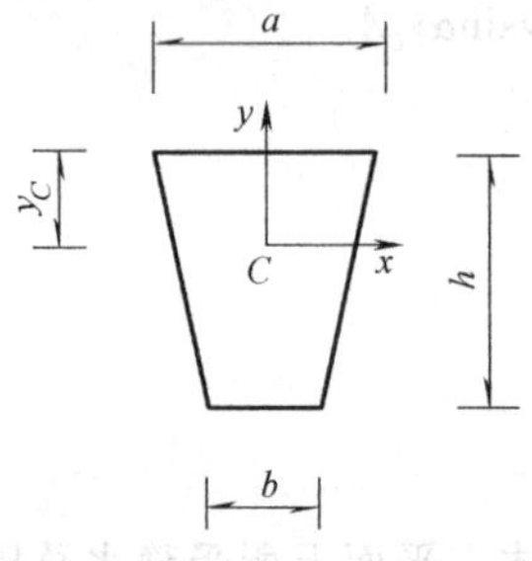	$\frac{1}{2}h(a+b)$	$\frac{h}{3}\left(\frac{a+2b}{a+b}\right)$	$\frac{1}{36}h^3\left(\frac{a^2+4ab+b^2}{a+b}\right)$
圆形	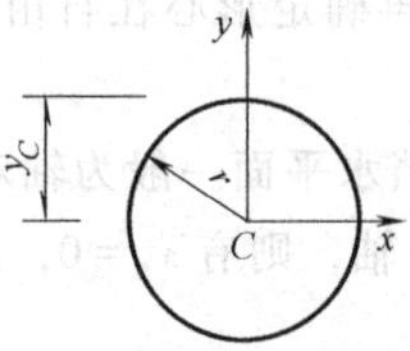	πr^2	r	$\frac{1}{4}\pi r^4$
半圆形	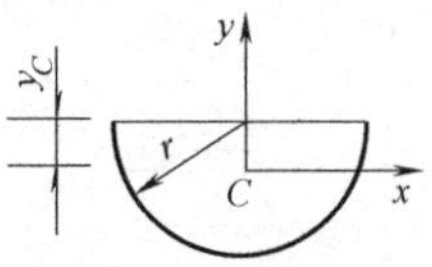	$\frac{1}{2}\pi r^2$	$\frac{4}{3}r/\pi$	$\frac{9\pi^2-64}{72\pi}r^4$

2. 图解法

（1）静水压强分布图　静水压强分布图，是在液体的受压面模拟图上，以一定的比例绘制压强（大小、方向）分布的图形。由于压强是沿水深线性变化的，平面压强分布图绘制简单，只要标出平面起点和终点的压强，以直线连接，方向垂直于平面，如图2-11所示。

（2）图解法　用图解法计算作用力，仅对于一边平行于水面的矩形平面有效，而对非矩形平面，用解析法求解。

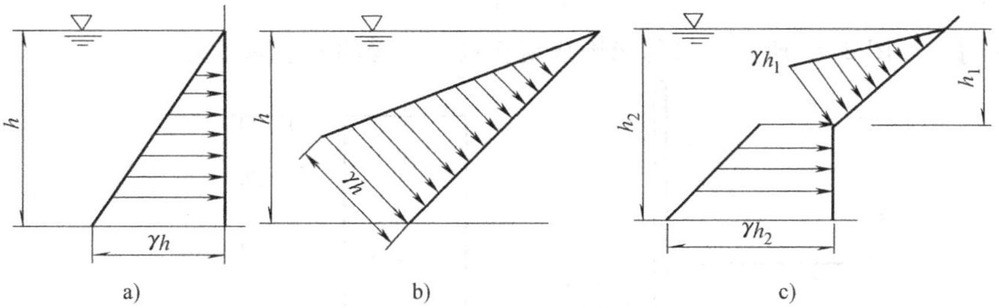

图2-11　不同放置形式的平面静水压强分布图

a）垂直平面　b）倾斜平面　c）组合平面

图解法计算作用力的步骤是先绘制压强分布图，作用力的大小等于压强分布图的面积乘以受压面的宽度，作用点的位置相当于压强分布图的形心点位置。

【例2-3】　如图2-12a所示，矩形平板一侧挡水，与水平面的夹角 α 为30°，平板上边与水面齐平，水深 $h=3\text{m}$，平板宽度 $b=5\text{m}$。试分别用解析法和图解法求平板上静水总压力。

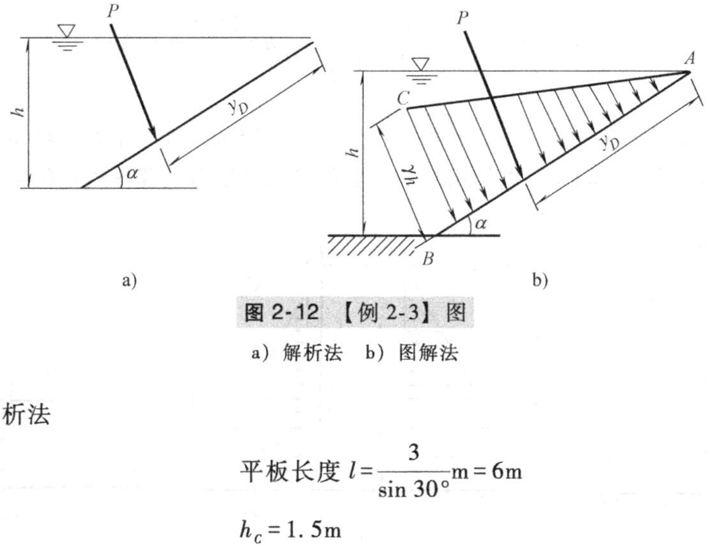

图2-12　【例2-3】图

a）解析法　b）图解法

解：（1）解析法

$$平板长度\ l=\frac{3}{\sin 30^\circ}\text{m}=6\text{m}$$

$$h_C=1.5\text{m}$$

总压力 P 的大小由式（2-12）得

$$P=p_CA=\gamma h_CA=9.8\times1.5\times6\times5\text{kN}=441\text{kN}。$$

方向为受压面内法线方向。作用点由式（2-13）得

$$y_D=y_C+\frac{I_C}{y_CA}=\frac{l}{2}+\frac{\frac{bl^3}{12}}{\frac{l}{2}bl}=\frac{l}{2}+\frac{l}{6}=\frac{6}{2}\text{m}+\frac{6}{6}\text{m}=4\text{m}$$

（2）图解法

绘出压强分布图 ABC，如图 2-12b 所示，作用力的大小等于压强分布图的面积，即

$$P=b\frac{1}{2}\gamma hl=5\times\frac{1}{2}\times9.8\times3\times6\text{kN}=441\text{kN}$$

方向为受压面内法线方向。

总压力作用点为压强分布图的形心，即

$$y_D=\frac{2}{3}l=\frac{2}{3}\times6\text{m}=4\text{m}$$

【例 2-4】 如图 2-13 所示，求每米围堰钢板桩上所受的静水总压力。

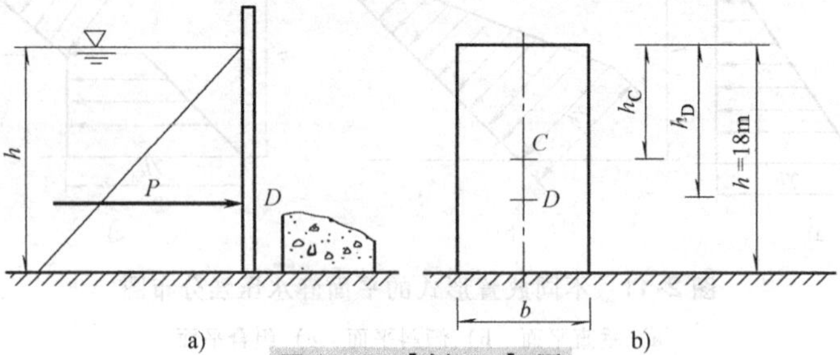

图 2-13 【例 2-4】图

解：$h_C=y_C=\frac{h}{2}$，$x_C=x_D=\frac{b}{2}$，$I_C=\frac{bh^3}{12}$

$$P=p_CA=\gamma h_C bh=9.8\times9\times1\times18\text{kN}=1587.6\text{kN}$$

$$y_D=h_D=y_C+\frac{I_C}{y_CA}=\frac{h}{2}+\frac{\frac{bh^3}{12}}{\frac{h}{2}bh}=\frac{2}{3}h=\frac{2\times18}{3}\text{m}=12\text{m}$$

【例 2-5】 如图 2-14a 所示，矩形闸门，高 2m，宽 5m，闸门开关可绕 M 轴转动，上游水深 $h_1=3\text{m}$，下游水深 $h_2=2.5\text{m}$，求作用在闸门上的静水总压力及其作用点位置。

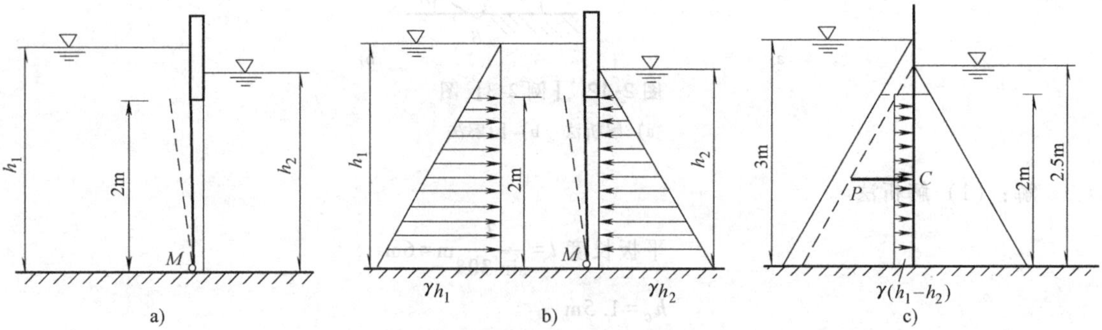

图 2-14 【例 2-5】图

解：（1）解析法

上游水压力　　$P_1=p_{C1}A=2\times9.8\times2\times5\text{kN}=196\text{kN}$（方向向右）

作用点距水面距离　$y_{D1}=y_{C1}+\frac{I_C}{y_{C1}A}=2\text{m}+\frac{\frac{5\times2^3}{12}}{2\times2\times5}\text{m}=2.167\text{m}$

下游水压力　$P_2=p_{C2}A=1.5\times9.8\times2\times5\text{kN}=147\text{kN}$（方向向左）

作用点距水面距离　$y_{D2}=y_{C2}+\dfrac{I_C}{y_{C2}A}=1.5\text{m}+\dfrac{\frac{5\times2^3}{12}}{1.5\times2\times5}\text{m}=1.722\text{m}$

闸门上的静水总压力　$P=P_1-P_2=196\text{kN}-147\text{kN}=49\text{kN}$（合力方向向右）

合力作用点距闸门底的距离为 e，按合力矩定律，有

$$Pe=P_1y_{D1}-P_2y_{D2}$$

$$e=\frac{196\times(3-2.167)-147\times(2.5-1.722)}{49}\text{m}=1\text{m}$$

（2）图解法

做静水压强分布图，如图 2-14b 所示。叠加后的静水压强分布图为矩形，如图 2-14c 所示。

因此，合力 $P=\gamma(h_1-h_2)hb=9.8\times[(2+1)-(2+0.5)]\times2\times5\text{kN}=49\text{kN}$。

同理，按合力矩定律计算，合力作用点距底板距离为 1m。

【例 2-6】 如图 2-15 所示桥头路堤，水深 $h=4\text{m}$，坡角 $\alpha=60°$，取 1m 堤长计算，分别用解析法和图解法计算路堤所受的静水总压力。

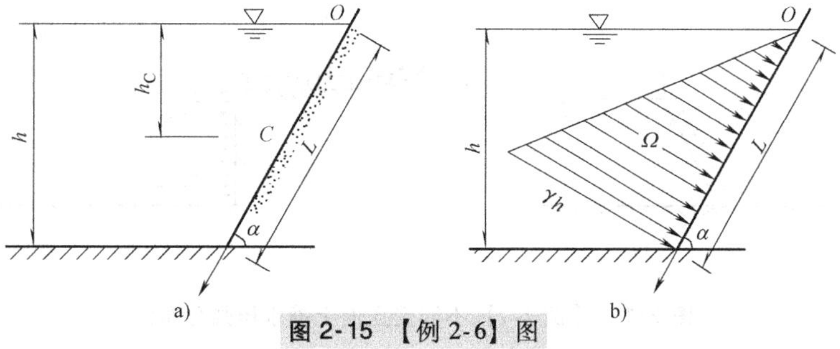

图 2-15 【例 2-6】图

解：（1）解析法

如图 2-15a 所示，$L=\dfrac{h}{\sin\alpha}=\dfrac{4\text{m}}{\sin 60°}=\dfrac{8}{3}\sqrt{3}\text{m}$

$$A=bL=1\times\frac{8}{3}\sqrt{3}\text{m}^2$$

$$x_C=0,y_C=\frac{L}{2}=\frac{4}{3}\sqrt{3}\text{m}$$

$$h_C=\frac{h}{2}=\frac{4}{2}\text{m}=2\text{m}$$

总压力　$$P=p_CA=\gamma h_CA=9.8\times2\times\frac{8}{3}\sqrt{3}\text{kN}=90.5\text{kN}$$

$$I_C=\frac{bL^3}{12}=\frac{1\times\left(\frac{8}{3}\sqrt{3}\right)^3}{12}\text{m}^4=8.12\text{m}^4$$

压力中心 $D(x_D, y_D)$

$$x_D=0$$

$$y_D=y_C+\frac{I_C}{y_CA}=\frac{4}{3}\sqrt{3}\text{m}+\frac{8.12}{\frac{4}{3}\sqrt{3}\times\frac{8}{3}\sqrt{3}}\text{m}=3.08\text{m}$$

（2）图解法

如图 2-15b 所示，有

$$p=\frac{1}{2}(\gamma h)\ L\cdot 1=\frac{1}{2}\times 9.8\times 4\times\frac{8}{3}\sqrt{3}\,\text{kN}=90.5\text{kN}$$

压力中心 $D(x_D,\ y_D)$

$$x_D=0$$

$$y_D=\frac{2}{3}L=\frac{2}{3}\times\frac{8}{3}\sqrt{3}\,\text{m}=3.08\text{m}$$

【例 2-7】 试绘出图 2-16 所示受压面上静水压强分布图。

解：结果如图 2-16 所示。

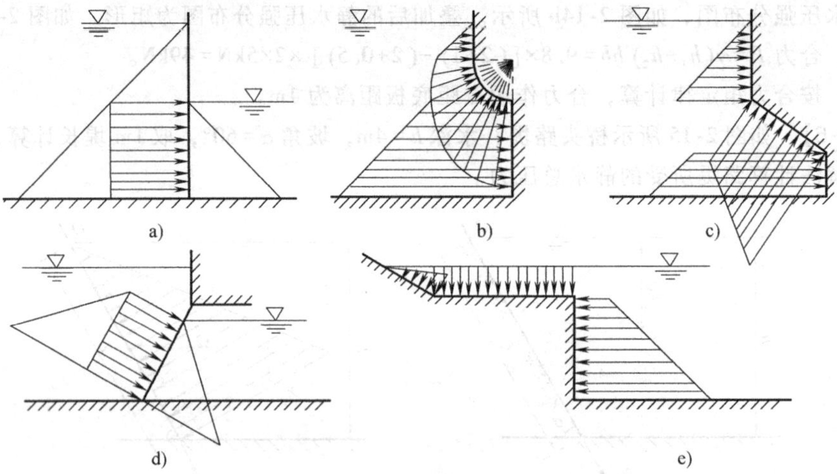

图 2-16 【例 2-7】不同受压面上静水压强分布图

2.6 作用在曲面上的静水总压力

在实际工程中遇到的各种曲面，一般为与圆有关的曲面，如圆管的壁面、球面等二向曲面。本章主要讨论液体作用在二向曲面上的总压力。

1. 曲面上的静水总压力

作用在曲面上任意点的水压力，其大小与水深成正比，方向垂直于作用面。由于曲面上各点的压强方向不同，各点的水压力为非平行力系。按理论力学的分析方法，通常从水平方向和竖直方向来计算液体对曲面的作用力。

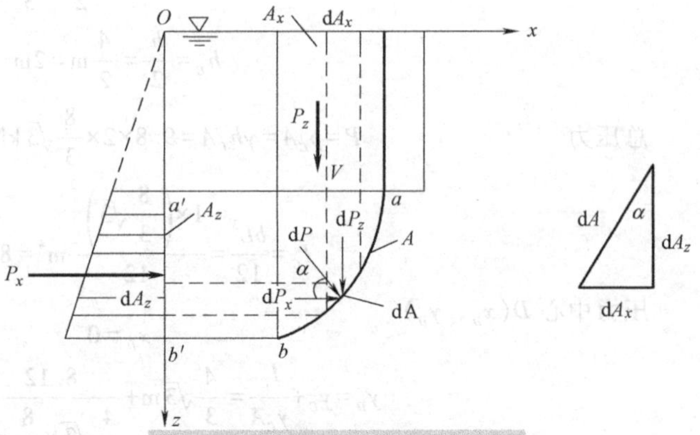

图 2-17 曲面上静水总压力计算

如图 2-17 所示，作用在曲面 ab 上的静水总压力为 P，P 在水平方向上的投影为 P_x，在竖直方向上的投影为 P_z。在曲面 ab 上任取微元面积

dA，dA 形心处的压力为 dP，dP 与水平方向的夹角为 α，形心在水面下的深度为 h，则有

$$dP = pdA$$
$$dP_x = dP\cos\alpha = pdA\cos\alpha = \gamma hdA\cos\alpha = \gamma hdA_z$$
$$dP_z = dP\sin\alpha = pdA\sin\alpha = \gamma hdA\sin\alpha = \gamma hdA_x$$

式中　dA_x，dA_z——微元面积 dA 在水平，铅垂面上的投影面积。

由此得

$$P_x = \int dP_x = \int pdA\cos\alpha = \int \gamma hdA\cos\alpha = \int \gamma hdA_z = \gamma h_C A_z = p_C A_z \quad (2\text{-}14)$$

$$P_z = \int dP_z = \int pdA\sin\alpha = \int \gamma hdA\sin\alpha = \int \gamma hdA_x = \gamma V \quad (2\text{-}15)$$

式中　h_C——投影面积形心处在自由表面下的深度；

p_C——投影面积 A_z 形心处压强；

V——压力体体积，即以曲面为底至自由水面间铅垂水体的体积；

A_x，A_z——曲面 ab 在水平，铅垂面上的投影面积。

其合力 P 为

$$P = \sqrt{P_x^2 + P_z^2} \quad (2\text{-}16)$$

合力 P 的作用线与水平线的夹角

$$\alpha = \arctan\frac{P_z}{P_x}$$

合力作用点位置即为水平方向作用力作用线和垂直方向作用力作用线的交点。水平作用线的位置与平面的求法一致，垂直方向作用线的位置相当于柱体中液体的重心。

对于一般曲面上的合力作用点位置，求解比较困难。二向曲面，即圆柱体或球体，求解就相对容易。如球体，根据压强的作用方向垂直于表面，而垂直于表面的作用力必然通过球心。因此，可将一空间力系简化成一共点力系，一共点力系其合力也将通过球心，又如圆柱体，最终合力也通过圆心。

求解液体在曲面上的作用力，关键在于理解受压曲面边界线的投影方法。水平分力是受压曲面边界线在铅垂面投影面积上的液体压力，垂直方向的分力，通过受压曲面的边界线，向与大气相通的自由表面（如实际的自由表面压强不为大气压强，可虚设一自由表面）延伸形成一柱体，该柱体体积（为延伸面和自由表面及曲面包围的体积）乘以水的重度。

2. 压力体

式（2-15）中，V 表示延伸面和自由表面及曲面所包围的体积，在水力学中常称为压力体。因曲面承压的位置不同，压力体有三种情况。

（1）实压力体　压力体和液体在曲面 ab 的同侧，压力体所包含的是实际液体，习惯上称此为实压力体。实压力体作用力的垂直分力方向向下，如图 2-18a 所示。

（2）虚压力体　压力体和液体在曲面 ab 的两侧，压力体所包含的是虚设的液体，习惯上称此为虚压力体。其作用力的垂直分力方向向上，如图 2-18b 所示。

（3）混合压力体　在实际问题中，如有一复杂的曲面，部分曲面的压力体是实的，部分曲面的压力体是虚的，此时，必须将这两类压力体叠加。叠加时注意压力体受力的方向和大小，如果实压力体大于虚压力体，作用力的垂直分力方向向下，反之方向向上，如图 2-18c 所示。

【例 2-8】　如图 2-19 所示，圆柱闸门直径 $d = 1\text{m}$，上游水深 $h_1 = 1\text{m}$，下游水深 $h_2 = 0.5\text{m}$，求每米长柱体上所受的静水总压力的水平分力和铅垂分力。

解：（1）水平分力 P_x

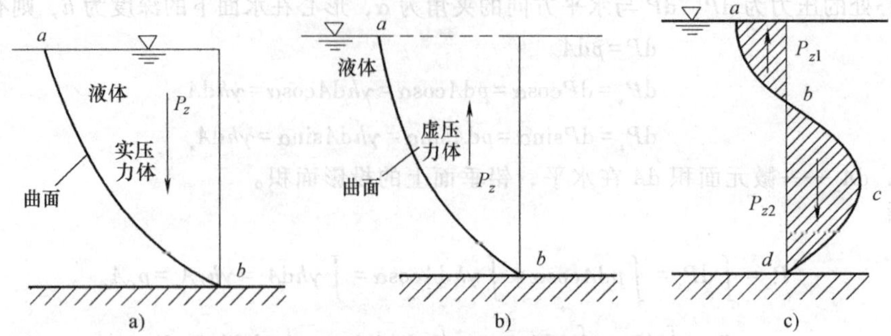

图 2-18　压力体的三种情况

a）实压力体　b）虚压力体　c）混合压力体

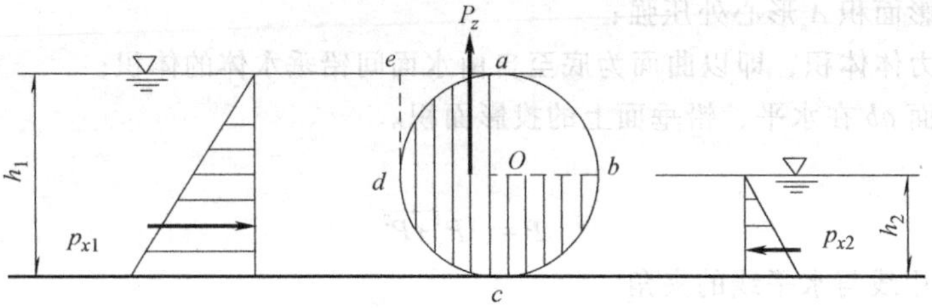

图 2-19 【例 2-8】图

$$P_x=\frac{1}{2}\gamma(h_1^2-h_2^2)=\frac{1}{2}\times9.8\times(1^2-0.5^2)\text{ kN}=3.68\text{kN}$$

（2）铅垂分力 P_z

先求压力体，计算压力体体积，再计算 P_z。压力体：受压圆柱曲面可分为三部分，即 ad，dc，cb，分别讨论其压力体。V_{adea} 为实压力体，垂直分力方向向下；V_{aedca} 为虚压力体，$V_{aedca}=V_{adea}+V_{adca}$，垂直分力方向向上；$V_{bcob}$ 为虚压力体，垂直分力方向向上。

$$P_z=\gamma(V_{adea}-V_{aedca}-V_{bcob})=-\gamma(V_{adca}+V_{bcob})=-\gamma V_{adcboa}$$

$$=-\gamma\frac{3}{4}\times\frac{\pi d^2}{4}\times1\text{kN}=-9.8\times\frac{3}{4}\times\frac{\pi\times1^2}{4}\times1\text{kN}=-5.77\text{kN}$$

方向向上，通过压力体重心。

【例 2-9】 如图 2-20 所示，圆柱形压力罐由螺栓将两半圆筒连接而成。半径 $r=0.5$m，长 $l=2$m，压力表读数 $p_m=23.72$kPa。试求：（1）端部平面盖板所受的水压力；（2）上、下半圆筒分别所受的水压力；（3）连接螺栓所受的总拉力。

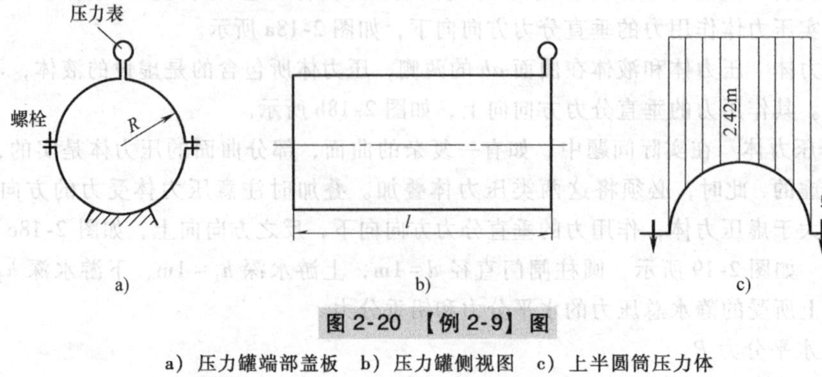

图 2-20 【例 2-9】图

a）压力罐端部盖板　b）压力罐侧视图　c）上半圆筒压力体

解：（1）端部盖板所受的力

受压面为圆形平面，如图 2-20a 所示，则

$$P=p_CA=(p_m+\gamma r)\pi r^2=(23.72+9.8\times0.5)\times\pi\times0.5^2\text{kN}=22.47\text{kN}$$

（2）上、下半圆筒所受水压力

上、下半圆筒所受水压力只有垂直分力，上半圆筒压力体受力情况如图 2-20c 所示，即为

$$P_{z上}=\gamma V_上=\gamma\left[\left(\frac{p_m}{\gamma}+r\right)2r-\frac{1}{2}\pi r^2\right]l=9.8\times\left[\left(\frac{23.72}{9.8}+0.5\right)\times2\times0.5-\frac{1}{2}\times\pi\times0.5^2\right]\times2\text{kN}=49.54\text{kN}$$

下半圆筒为

$$P_{z下}=\gamma V_下=\gamma\left[\left(\frac{p_m}{\gamma}+r\right)2r+\frac{1}{2}\pi r^2\right]l=9.8\times\left[\left(\frac{23.72}{9.8}+0.5\right)\times2\times0.5+\frac{1}{2}\times\pi\times0.5^2\right]\times2\text{kN}=64.93\text{kN}$$

（3）连接螺栓所受的总拉力

由上半圆筒计算可得 $T=P_{z上}=49.54\text{kN}$。

【例 2-10】 试绘出图 2-21 所示各圆柱体的压力体。

解：结果如图 2-21 所示。

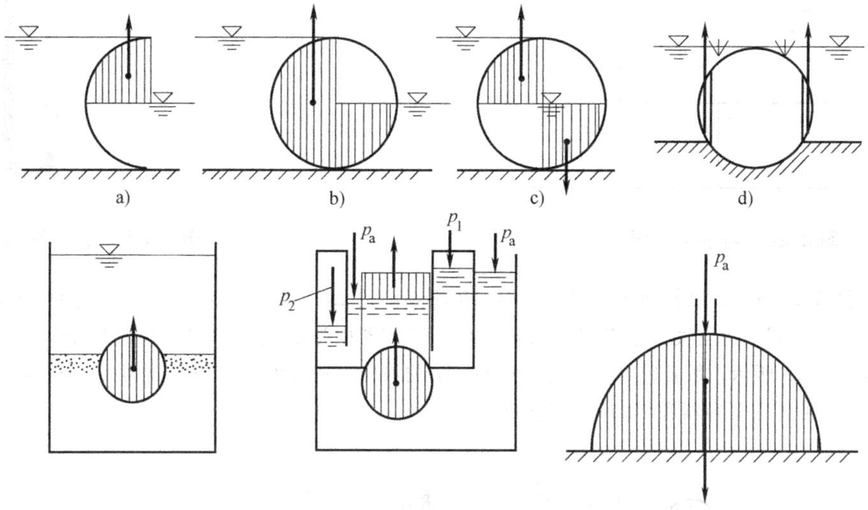

图 2-21 【例 2-10】压力体图

本 章 小 结

静止或相对静止的水对其接触面上的作用力称为静水压力，单位面积上所受的静水压力称为静水压强。静水压强有两个特性，一是垂直指向作用面；二是同一点处静水压强各向等值。压强相等的空间点构成的面称为等压面。

液体中任意一点的静水压强用公式 $p=p_0+\gamma h$ 计算。压强有两种计算基准，绝对压强和相对压强，也可将压强转换成相应的液体高度，用液柱高度表示。

静水总压力的计算包括总压力的大小、方向和作用点。作用在平面上静水总压力的计算方法有解析法和图解法两种。作用在曲面上静水总压力的计算先求其水平分力和垂直分力，再求合力。

思考题与习题

2-1　压力表测得的压强属哪类压强？绝对压强可否为负值。

2-2　液体中某点压强为什么可以从该点前、后、左、右方向去测量。测压管安装在容器壁处，为什么可以测量液体内部距测压管较远处的压强？

2-3　什么是测管水头线，其物理意义是什么？

2-4　如图 2-22 所示，已知 $Z=1\text{m}$，$h=2\text{m}$，$p_0=196\text{kPa}$，问水塔箱底部的测管水头为多少？该处的相对压强及绝对压强各为多少？

2-5　如图 2-23 所示，已知大气压强 $p_a=98\text{kPa}$，液体重度 $\gamma=9.8\text{kN/m}^3$，汞重度 $\gamma_p=133.28\text{kN/m}^3$，$y=20\text{cm}$，$h_p=10\text{cm}$。求 A 点的绝对压强 p_{abs}，相对压强 p_γ，并分别用两种压强单位表示。

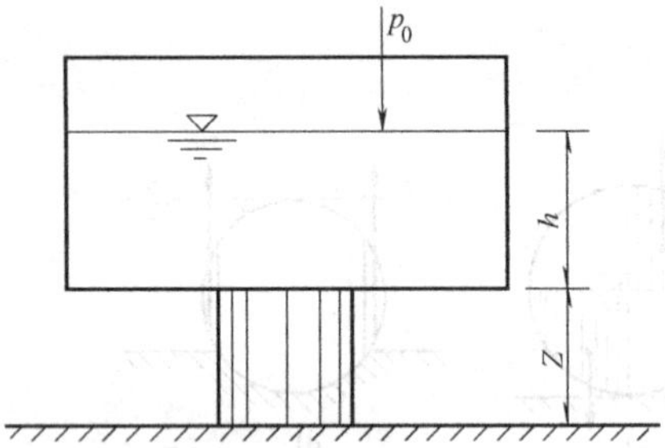

图 2-22　习题 2-4 图

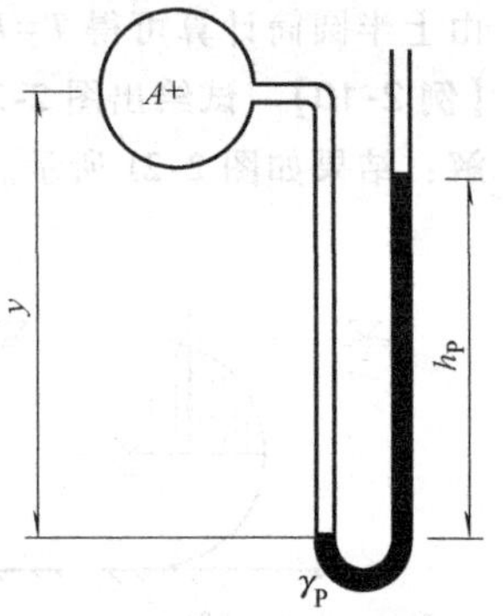

图 2-23　习题 2-5 图

2-6　如图 2-24 所示，已知两压力容器中 A、B 两点高差 $\Delta Z=2\text{m}$，$p_A=21.4\text{kPa}$，$\gamma_p=133.28\text{kN/m}^3$，$\Delta h=0.5\text{m}$，(1) 容器中为空气，求 B 点压强 p_B；(2) 若容器中为水，$p_B=1.37\text{kPa}$，求 Δh。

2-7　如图 2-25 所示，敞开容器内注有三种不相混的液体，三种液体的重度分别为 γ_1，γ_2，γ_3。求侧壁三根测压管内液体面至容器底部的高度 h_1，h_2，h_3。

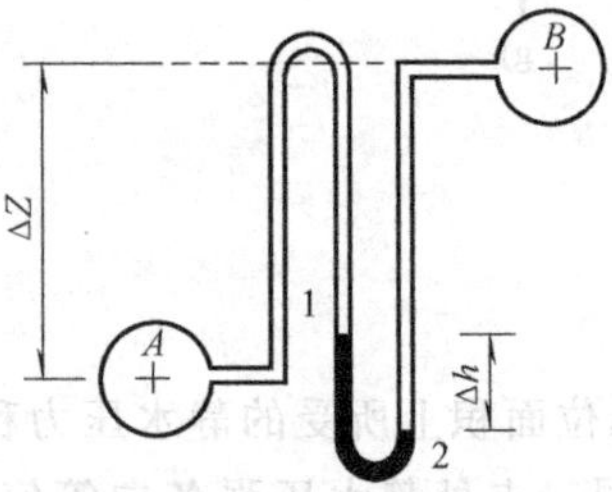

图 2-24　习题 2-6 图

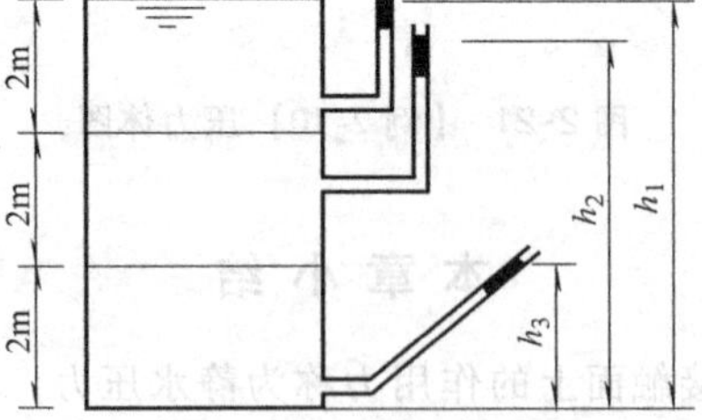

图 2-25　习题 2-7 图

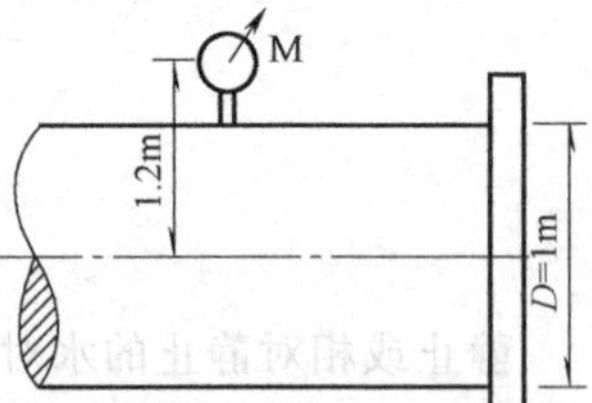

图 2-26　习题 2-8 图

2-8　如图 2-26 所示，做给水管道承压试验时得压力表 **M** 的度数为 $p_a=980\text{kPa}$，管直径 $d=1\text{m}$，压力表中心至管轴的高度为 1.2m。求作用在管端法兰平面堵头上的静水总压力。

2-9　如图 2-27 所示，一长方形平面闸门高 3m，宽 2m，上游水位高出门顶 3m，下游水位高出门顶 2m，求：(1) 闸门所受总压力和作用点；(2) 若上下游水位同时上涨 1m，总压力作用点是否会有变化？试做简要论证。

2-10　如图 2-28 所示，为满足农业灌溉蓄水需要，涵洞进口设圆形平板闸门，其直径 $d=1\text{m}$，闸门与

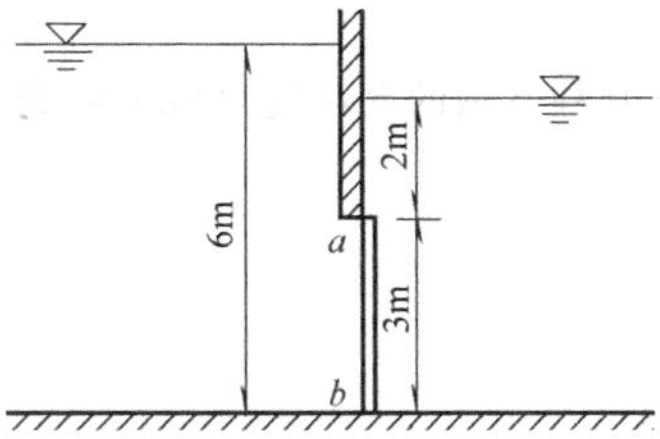

图 2-27　习题 2-9 图

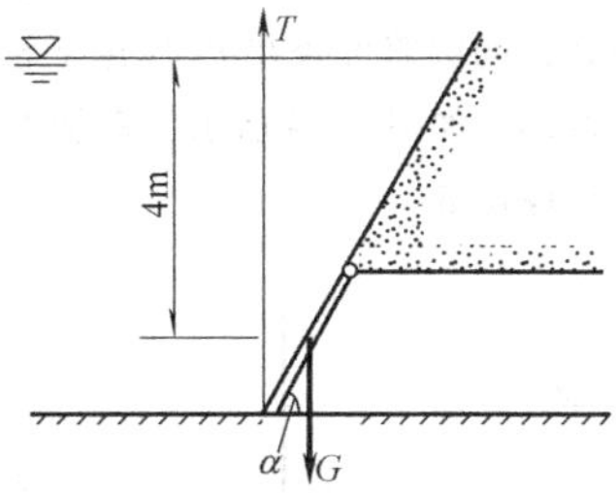

图 2-28　习题 2-10 图

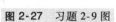

水平面成 $\alpha=60°$ 倾角并铰接于 **B** 点，闸门中心点位于水下 4m，门重 $G=980N$。当门后无水时，求启门力 T（不计摩擦力）。

2-11　图 2-29 所示自动翻倒闸门，其支撑横轴距门底 $h_1=0.4m$，门可绕此横轴做顺时针方向转动（如图中虚线所示）开起，门高 $h=1m$，宽 $b=0.4m$，不计支撑部分摩擦力，试确定门前水深 H 为多少时，此门才可启动打开？

2-12　图 2-30 所示为水力自动翻板闸门，门可绕支撑横轴转动（如图中虚线所示），求水深 h 为多少时，此门才能自动绕顺时针方向旋转开起。

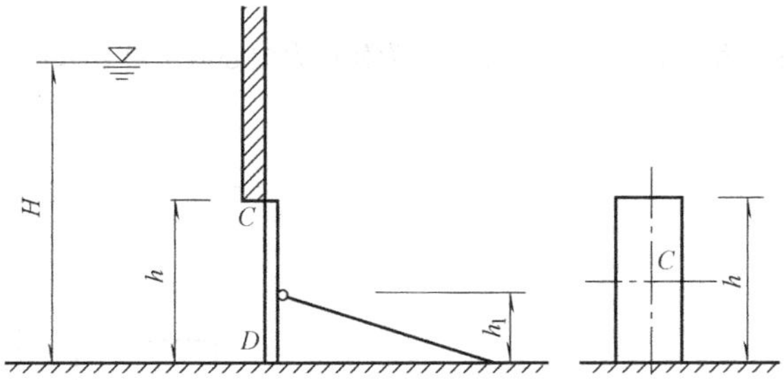

图 2-29　习题 2-11 图

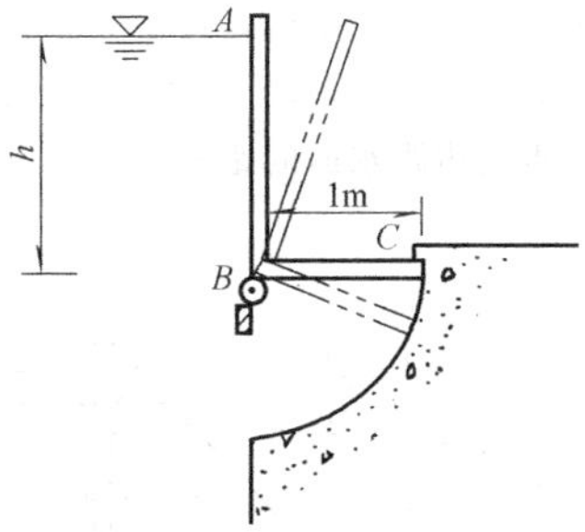

图 2-30　习题 2-12 图

2-13　如图 2-31 所示，上、下两半圆柱体构成的容器用螺栓连接，柱体直径 $d=2m$，长 $L=2m$，其中充水。当测压管读数 $H=3m$ 时，求：

（1）上半个圆柱体固定不动时，螺栓群所受的总拉力；

（2）下半个圆柱体固定不动时，螺栓群所受的总拉力。

2-14　图 2-32 所示为某圆柱形桥墩，半径 $R=2m$，埋设在透水层内，其基础为正方形，边长 $b=4.3m$，高 $h=2m$。水深 $H=10m$，试求整个桥墩及基础所受静水总压力。

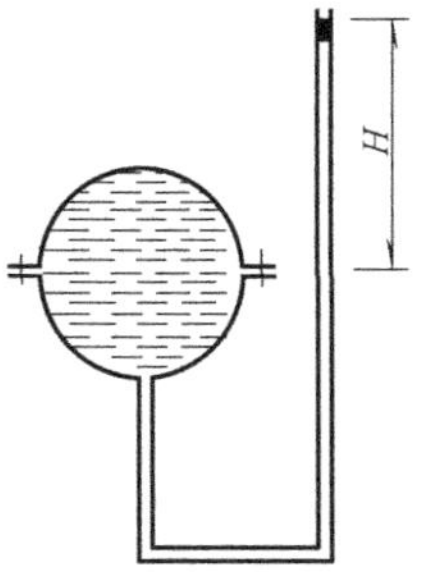

图 2-31　习题 2-13 图

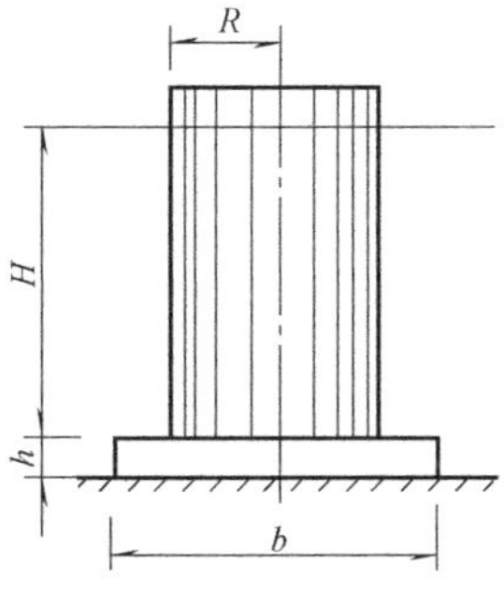

图 2-32　习题 2-14 图

2-15　如图 2-33 所示，其左半部在水中，受有浮力 P_z 作用，设圆筒可绕横轴转动，轴间摩擦力可忽略不计，问圆筒可否在 P_z 作用下转动不止？

2-16　如图 2-34 所示，钢管内径 $D=1\text{m}$，管内水压强 P 为 500m 水柱，钢的允许应力 $[\sigma]=150\text{MPa}$，求管壁厚度 δ。

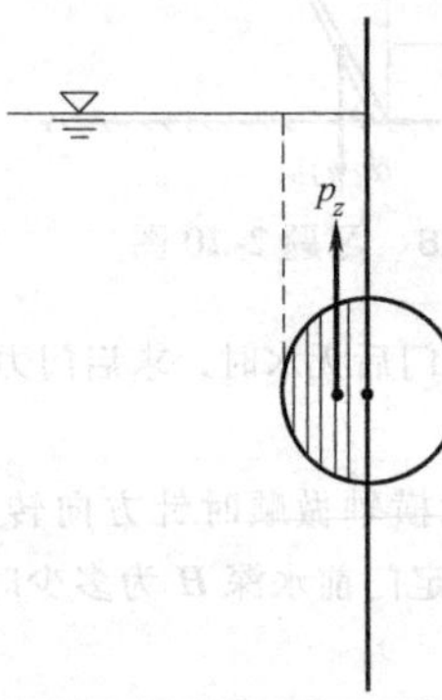

图 2-33　习题 2-15 图

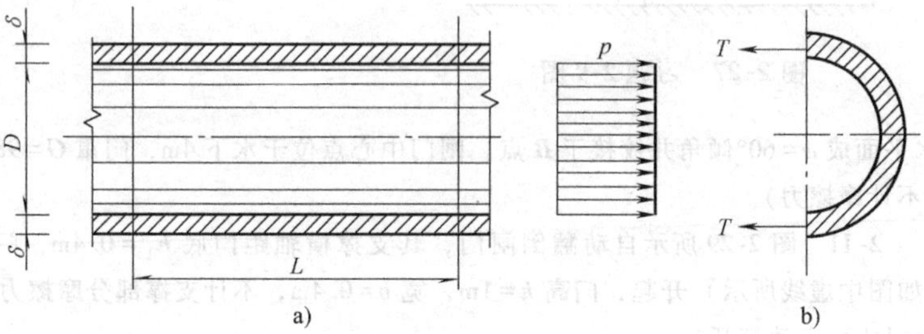

图 2-34　习题 2-16 图

2-17　如图 2-35 所示，一直立矩形平面闸门 AB，高 $H=3\text{m}$，用三根尺寸相同的工字梁作为支撑横梁。试确定其位置 y_1、y_2、y_3。

2-18　如图 2-36 所示，一正方形平板的边长为 1.2m，置于静水中，为使压力中心低于形心 75mm，求此平板顶边距水面的距离 x。

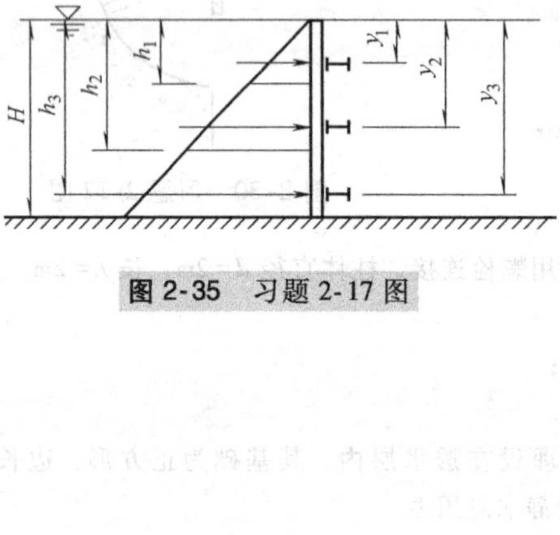

图 2-35　习题 2-17 图

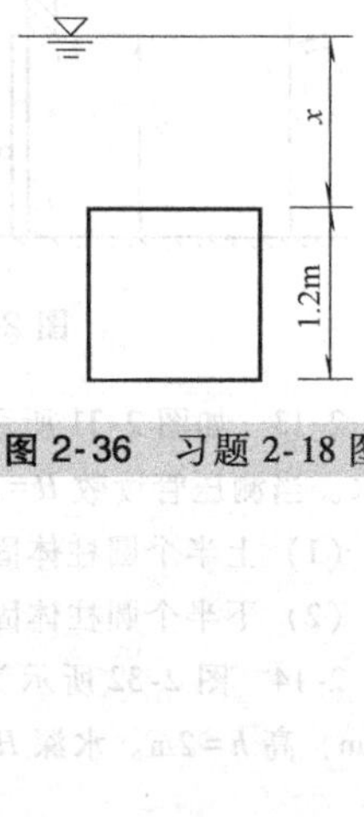

图 2-36　习题 2-18 图

第 3 章

水动力学

学习重点

过水断面、流量和断面平均流速，恒定流与非恒定流，均匀流与非均匀流的概念；恒定总流连续性方程、能量方程、动量方程的表达式及其应用。

学习目标

了解描述液体运动的两种方法；熟悉渐变流、急变流过水断面上压强的分布规律，恒定总流能量方程的意义；掌握恒定总流连续性方程、能量方程和动量方程的应用。

水动力学研究液体运动的规律及其应用。液体的运动用流速和动水压强等运动要素来描述，研究方法有理论分析法和实验法。水动力学中引用了物理学的三个基本定律，即质量守恒定律、能量守恒定律和动量定律。

3.1 描述液体运动的两种方法

液体运动是由无数质点构成的连续介质的流动，描述方法必须符合这种运动性质。在学习理论力学或物理学固体运动时，一般以质点或刚体作为研究对象，分析其运动规律及产生这种运动的原因。由于液体运动性质与固体不同，许多情况无法用上述方法来分析，因此有必要探讨适合于液体运动的方法。

1. 拉格朗日法

拉格朗日法沿用了固体研究问题的方法，将液体运动视为无数质点运动的总和，分别对每个质点分析研究，并将其质点运动汇总起来，得到整个液体运动情况。

拉格朗日法是以质点为研究对象。为识别每个质点，用质点初始状态坐标（a，b，c）作为该质点的标识。其运动轨迹就是初始坐标和时间的连续函数。

$$\begin{aligned} x&=x(a,b,c,t)\\ y&=y(a,b,c,t)\\ z&=z(a,b,c,t) \end{aligned} \tag{3-1}$$

式中　a，b，c，t——拉格朗日变数。

通过轨迹对时间 t 求导数，可得液体质点的运动速度 u，其在各坐标方向的投影为

$$\begin{cases} u_x=\dfrac{\mathrm{d}x}{\mathrm{d}t}=\dfrac{\partial x}{\partial t}\\ u_y=\dfrac{\mathrm{d}y}{\mathrm{d}t}=\dfrac{\partial y}{\partial t}\\ u_z=\dfrac{\mathrm{d}z}{\mathrm{d}t}=\dfrac{\partial z}{\partial t} \end{cases} \tag{3-2}$$

由于液体质点的初始坐标（a，b，c）与时间 t 无关，因此式（3-2）的全导数与偏导数一致。同理可得液体的加速度 a 在各坐标方向的投影为

$$\begin{cases} a_x = \dfrac{d^2 x}{d^2 t} = \dfrac{\partial^2 x}{\partial t^2} \\ a_y = \dfrac{d^2 y}{d^2 t} = \dfrac{\partial^2 y}{\partial t^2} \\ a_z = \dfrac{d^2 z}{d^2 t} = \dfrac{\partial^2 z}{\partial t^2} \end{cases} \tag{3-3}$$

流场中各种物理量如压力、密度等都可用拉格朗日变数表示。

2. 欧拉法

在解决实际问题中，需要关注的并不是每个质点的具体历程，而是流场中各空间点上液体物理量的变化及相互关系，这种对于空间点的描述方法称为欧拉法。

欧拉法研究的不是每个液体质点的运动过程，而是不同时刻，在某个空间点上液体物理量的变化。当采用欧拉法研究液体运动时，观察者着重是液体质点通过某个固定空间点时所体现的物理量，如速度、加速度等。液体运动的速度可表示为

$$\begin{cases} u_x = u_x(x,y,z,t) \\ u_y = u_y(x,y,z,t) \\ u_z = u_z(x,y,z,t) \end{cases} \tag{3-4}$$

式（3-4）表示某个液体质点在时间 t、空间位置为（x，y，z）时的速度，造成该点速度的变化不是由一个质点引起的。式中，x，y，z，t 称为欧拉变数。如固定空间点（x，y，z），当时间变化，则表示该点物理量随时间的变化；反之，如果时间不变，空间坐标变化，则表示在某一瞬时该物理量随空间的变化，即在空间的分布情况。同理，流场的其他物理量如压力、密度等，也可用欧拉变数表示。

加速度是表示一液体质点单位时间的速度变化，即速度对时间的导数。在求导过程中，液体质点的位置是变化的，因此在用速度对时间求导数时，空间坐标（x，y，z）不能视为常数，而是时间 t 的函数。所以，加速度需按复合函数求导。以 x 方向为例加速度可表示为

$$a_x = \frac{du_x}{dt} = \frac{\partial u_x}{\partial t} + \frac{\partial u_x}{\partial x}\frac{dx}{dt} + \frac{\partial u_x}{\partial y}\frac{dy}{dt} + \frac{\partial u_x}{\partial z}\frac{dz}{dt}$$

式中 $\dfrac{dx}{dt}$，$\dfrac{dy}{dt}$，$\dfrac{dz}{dt}$——质点运动轨迹对时间的导数，即速度在三个方向上的投影。

同理可得

$$\begin{cases} a_x = \dfrac{\partial u_x}{\partial t} + u_x\dfrac{\partial u_x}{\partial x} + u_y\dfrac{\partial u_x}{\partial y} + u_z\dfrac{\partial u_x}{\partial z} \\ a_y = \dfrac{\partial u_y}{\partial t} + u_x\dfrac{\partial u_y}{\partial x} + u_y\dfrac{\partial u_y}{\partial y} + u_z\dfrac{\partial u_y}{\partial z} \\ a_z = \dfrac{\partial u_z}{\partial t} + u_x\dfrac{\partial u_z}{\partial x} + u_y\dfrac{\partial u_z}{\partial y} + u_z\dfrac{\partial u_z}{\partial z} \end{cases} \tag{3-5}$$

式中加速度的第一项，是指同一空间点由于时间的变化而形成的加速度，此项称为当地加速度；加速度的后几项，是由于空间点的变化而形成的加速度，而时间固定，称为迁移加速度。所以，欧拉法表示的加速度是当地加速度和迁移加速度之和。

在以后的讨论中，如不加说明，均以欧拉法为描述问题的方法。

3.2 液体运动的基本概念

1. 迹线与流线

描述液体运动有两种不同方法。拉格朗日法是研究个别液体质点在不同时刻的运动情况，欧拉法是描述同一时刻液体质点在不同空间点的运动情况。拉格朗日法引出迹线的概念，欧拉法给出流线的概念。

某一液体质点在运动过程中，不同时刻所流经的空间点所连成的线称为迹线。迹线是液体质点在连续时间内所走过的轨迹线。

流线是液体中不存在的假想线，是用来反映流速场内瞬时流速方向的曲线。某一瞬时，在流场中划出这样的一条光滑曲线，这条曲线上任意一点在该瞬时的速度矢量在该点处与曲线相切，这条曲线就称为该瞬时的一条流线。可见，流线具有瞬时性，表明某时刻这条曲线上各点的流动方向，如图3-1所示，流线上的1、2、3…各点的质点流速方向都和流线相切。

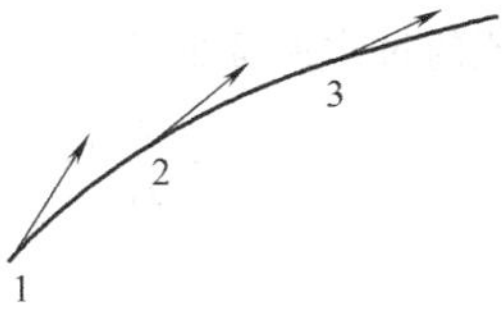

图3-1 流线

对于一个具体的实际水流，可以根据流线方程式，或者采用实验方法来绘制其流线。在流场中绘出一系列同一瞬时的流线，这些流线构成的图形，称为流线图或流谱。对于不可压缩液体，流线的疏密程度还可以用来反映该时刻流场中各处流速大小的变化情况，流线密集的地方流速大，流线稀疏的地方流速小。

根据流线定义，流线具有以下基本特性。

1）流线是一条光滑的曲线。因为液体是连续介质，运动要素的空间分布为连续函数，液体运动受惯性影响，其方向只能是逐渐变化。

2）在同一时刻，流场中两条流线不会相交，否则在交点处会有一个液体质点在同一时刻有两个不同方向的速度，所以流线不能相交。

3）通过流场中同一点在不同瞬时所绘出的流线是不同的。一般情况下，流速矢量不仅随位置变化，也随时间变化，流速 $u=u(x, y, z, t)$，不同时刻，流线的图形不同。

显然，流线与迹线是两个不同的概念。迹线是单个液体质点在某一时间段内的运动轨迹线，而流线代表某一瞬时流场中一系列液体质点的流动方向线。一般情况下，流线与迹线的形状也不同。但是，当运动要素不随时间变化时，即流速 $u=u(x, y, z)$，流线的位置和形状不随时间改变，流线上的质点速度沿流线切向，质点只能一直沿着这条曲线运动，则流线将与迹线重合。

2. 元流与总流

（1）元流　在流场中任取一封闭曲线 L，通过该封闭曲线上各点作某一瞬间的流线，由这些流线所构成的封闭管状曲面称为流管，如图3-2所示。根据流线的特性，流管的周界可以视为与固体边壁一样，在该瞬时，液体只能在流管内部或沿流管表面流动，而不能穿越管壁流入或流出。一般情况下，不同瞬时通过同一封闭曲线所画出的流管的形状和位置不同。

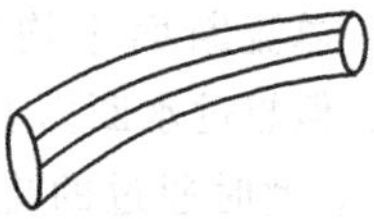
图3-2 流管

当封闭曲线 L 所包围的面积无限小时，充满微小流管内的液流称为元流或微小流束。因为元流横断面积很小，一般在其横断面上各点的流速或动水压强可看作相等。从元流推导得出的方程，同样适用于一条流线，故常用流线表示元流。

（2）总流　任何一个实际水流都具有一定规模的边界，这种具有一定大小尺寸的实际水流称为总流。总流可以视为是流场中无限多个元流的总和。

天然水道或管道中的水流，均属于总流。在总流横断面上，流速和动水压强一般呈不均匀分布。例如，河道中的水流，其横断面上流速分布受边界条件的影响，呈现河中心大，两岸边小；河水面大，河底小的分布规律。

3. 过水断面、流量、断面平均流速

（1）过水断面　与元流或总流的流线相垂直的横断面，称为过水断面，其面积用符号 dA 或 A 表示，称为元流或总流的过水断面面积，单位为 cm^2 或 m^2。根据过水断面的定义，过水断面上处处与流线垂直，液流将不会沿过水断面方向流动。由于元流的过水断面为一无限微小的面积，可以认为元流的过水断面为平面。对于总流，当水流的所有流线相互平行时，总流过水断面是平面，否则就是曲面，如图 3-3 所示。

若元流的过水断面面积为 dA，则总流的过水断面面积为

$$A=\int_A dA \tag{3-6}$$

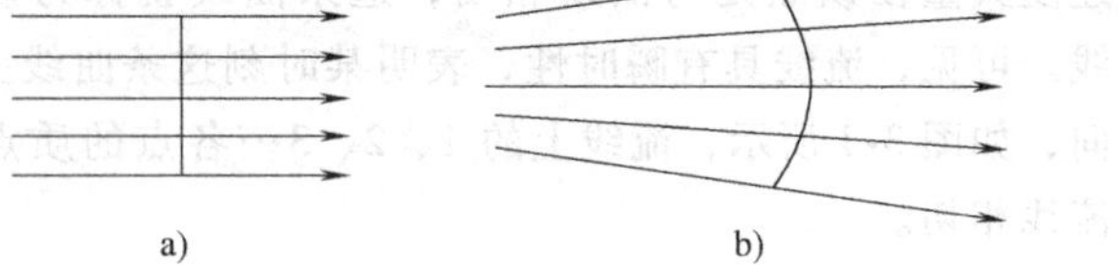

图 3-3　过水断面

（2）流量　工程上经常使用流量表示渠道输水量、河流水量、供水和排水管路的输水能力等的大小。单位时间内通过某一过水断面液体的数量，称为流量。一般液体的数量以体积来度量，称为体积流量，对于元流用 dQ 表示，对于总流用 Q 表示，常用单位是 m^3/s。

对于元流，可以近似认为过水断面上各点的流速 u 在同一时刻是相同的，因此，单位时间内通过过水断面的液体体积，即元流的流量为

$$dQ=u\,dA \tag{3-7}$$

式中　u——元流流速（m/s）。

总流的流量等于通过总流过水断面的无限多个元流流量之和，即

体积流量　$$Q=\int_A u\,dA \quad (m^3/s) \tag{3-8}$$

质量流量　$$Q_m=\int_A \rho u\,dA \quad (kg/s) \tag{3-9}$$

（3）断面平均流速　由于液体的黏滞性及固体边界的影响，总流过水断面上各点的流速不同。如图 3-4 所示的管道流动，管轴线处的流速最大，越靠近管壁，流速越小。为了表示过水断面上流速的平均情况，引入断面平均流速，用符号 v 表示，工程上所称的流速往往是指断面平均流速。

总流断面平均流速，是一个想象的流速，假想过水断面上各点的流速都相等并等于 v，此时通过的流量与实际流速分布不均匀时通过的流量相等，则流速 v 就称为断面平均流速。

根据断面平均流速的定义，可知

$$Q=\int_A u\,dA=vA$$

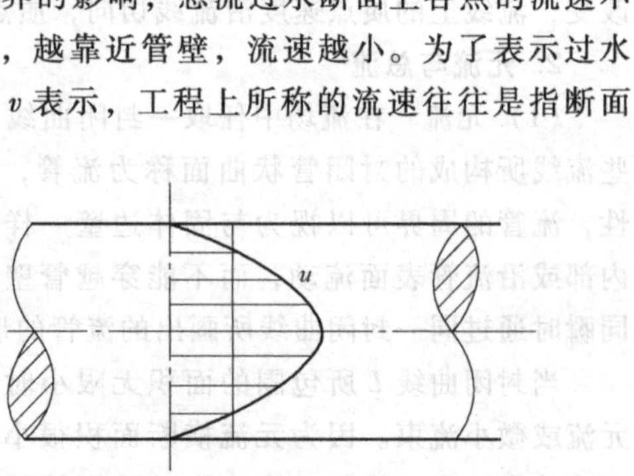

图 3-4　管道流速分布

或
$$v=\frac{Q}{A} \tag{3-10}$$

由此可见，通过总流过水断面上的流量等于断面平均流速 v 和过水断面面积 A 的乘积。

引入断面平均流速概念，是欧拉法的一种科学手段，它等于流量与过水断面面积之比，当流量一定时，过水断面面积越大，断面平均流速越小；过水断面面积越小，断面平均流速越大。它使三元流动简化为一元流动，若沿流程取坐标轴，则 $v=v(s, t)$ 。

4. 液体运动分类

（1）恒定流与非恒定流　用欧拉法描述液体运动时，一般情况下，将各种运动要素表示为空间位置坐标和时间的连续函数。液体的运动按其运动要素是否随时间而发生变化，分为恒定流与非恒定流两类。

若流场中的任何空间点上的所有运动要素都不随时间而变化，这种流动称为恒定流。恒定流中，所有运动要素仅仅是空间坐标 x、y、z 的连续函数，而与时间 t 无关，例如对流速来说，则有

$$\frac{\partial u_x}{\partial t}=\frac{\partial u_y}{\partial t}=\frac{\partial u_z}{\partial t}=0 \tag{3-11}$$

式（3-11）表明在恒定流中，运动液体的当地加速度等于零，但迁移加速度可以不等于零。因为恒定流中各点的流速矢量不随时间变化，流线的形状和位置均恒定不变，这时流线与迹线在空间上相重合。

如果流场中任何空间点上有任何一个运动要素随时间而变化，这种流动称为非恒定流。非恒定流动中，当地加速度不等于零，且流线的形状随时间变化，因而流线与迹线不相重合。

在实际工程中许多非恒定流动问题的运动要素随时间变化非常缓慢，可以在一定时间范围内将这种流动近似地作为恒定流处理。

（2）均匀流与非均匀流　根据流线形状及过水断面上的流速分布是否沿流程变化，将液体流动分为均匀流与非均匀流。

当流场中的所有流线是相互平行的直线时，该流动称为均匀流。均匀流要求液体流动边界必须是直的，而且过水断面形状、尺寸都沿程一致，如直径不变的长直管道中的水流（进口段除外），顺直长棱柱形渠道中水深不变的恒定流动等，均属于均匀流。

因均匀流的流线是平行直线，所以均匀流的过水断面为平面，且同一流线上各点的流速大小相等且方向相同，沿流程各过水断面上的流速分布规律相同，断面平均流速也相等，如图3-3a所示。

若流场中的流线不是相互平行的直线，这样的流动称为非均匀流，如图 3-3b 所示。如果流线虽是直线但不平行，如液体在管径沿程缓慢均匀扩散或收缩的渐变管中的流动；或者流线虽然平行但不是直线，如液体在管径不变的弯管中的流动，都属于非均匀流。非均匀流各过水断面上的流速大小与流速分布均不相同。

均匀流（或非均匀流）和恒定流（或非恒定流）是从不同角度对流动进行划分，它们相互独立。液体的流动可以有恒定均匀流、恒定非均匀流、非恒定均匀流、非恒定非均匀流等四种组合，任何一种组合都有可能出现。例如，流量不随时间变化时，在等直径的长、直管段中的管流，是恒定均匀流，在逐渐扩散管中的管流，是恒定非均匀流；当流量随时间而变化时，就分别成为非恒定均匀流和非恒定非均匀流了。在明渠流动中，因为存在自由表面，一般没有非恒定的均匀流，只可能有恒定均匀流，这时液体质点做匀速直线运动；至于非均匀流，则恒定流与非恒定流都可能发生。

根据流线不平行和弯曲的程度，还可以将非均匀流分为渐变流和急变流两种类型。当流场中的流线虽然不是相互平行的直线，但几乎近似于平行直线的流动，称为渐变流。它是一种近似的均匀流。渐变水流沿程的迁移加速度也很小，惯性力影响可以忽略不计。

若水流的流线之间夹角很大或流线弯曲较大，这种水流称为急变流。在急变流中，惯性力的影响不可忽略。

一般情况下，实际水流是渐变流还是急变流与水流的边界有密切关系，当固体边界为近于平行的直线时，水流往往作为渐变流研究；当管道转弯，断面扩大或收缩以及明渠中由于建筑物的存在使水面发生急剧变化时的水流都是急变流。

(3) 一元流、二元流、三元流　根据液流运动要素的变化与多少个空间坐标变量相关联，可把液体的流动分为一元（维）流、二元（维）流和三元（维）流。

若水流中任一点的运动要素只与一个空间自变量（流程坐标 S）有关，这种水流称为一元流。元流就是一元流。对于总流，若把过水断面上的各点的流速用断面平均流速代替，而不涉及各空间点的流速时，总流也可看作为一元流。

如果在水流中任意取一过水断面，断面上任一点的流速，除了随断面位置变化外，还和另外一个空间坐标变量有关，这种流场中任一点的流速和两个空间自变量有关的水流称为二元流。

若流场中任一点的运动要素与三个空间位置变量有关，这种水流称为三元流。

严格地说，任何实际液体的运动都是三元流。研究运动要素在三个空间坐标方向的变化，使三元流问题非常复杂，而且还会遇到数学上的困难。所以水力学常引入断面平均流速的概念，把总流简化为一元流。实践证明，工程中的一般水力学问题，把水流视为一元流处理可以满足要求。

(4) 有压流和无压流　按照液体流动的边界条件和产生运动力的性质可将水流分为有压流和无压流。

当液体完全充满输水管道所有横断面，管道中的水流不直接与空气相接，没有自由表面，整个管壁都受到液体压力的作用，过水断面上的压强一般不等于大气压，这样的水流称为有压流。有压流动主要是依靠两端的压力差。在有压管流中，液流由于受到边界条件的约束，过水断面的大小和形状固定不变，流量变化只会引起压强和流速的变化，水力计算主要是寻找流量 Q、流速 v 和压强 p 三者的关系。

天然河道、人工渠道中以及具有自由表面的排水管中的液体流动，具有与气体接触的自由表面，其表面压强等于大气压强，这种水流称为无压流，又称为明渠流。无压流动受液体重力作用。无压流的特性与有压流动不同，当流量变化时，其过水断面的大小、形状均可随之改变，流速和压强的变化表现为水深的变化。

3.3 恒定流连续性方程

液体连续性方程是质量守恒定律在水力学中的应用，它建立了液体流速与过水断面面积的关系。

1. 恒定元流连续性方程

在恒定元流中取过水断面 1—1 和过水断面 2—2 之间的液体作为研究对象，如图 3-5 所示。设过水断面 1—1 的面积为 dA_1，流速为 u_1，过水断面 2—2 的面积为 dA_2，流速为 u_2。由于在恒定流条件下，元流的形状和位置不随时间而变化，从而控制体的形状及位置也不随时间而变化；液体是不可压缩的连续介质，$\rho_1=\rho_2=$常数；液体不可能穿越元流管壁流入或流出。根据质量守

恒定律，单位时间内流进 dA_1 的液体质量等于流出 dA_2 的液体质量，即

$$\rho_1 u_1 dA_1 = \rho_2 u_2 dA_2 = 常数 \tag{3-12}$$

化简后得

$$u_1 dA_1 = u_2 dA_2 = dQ = 常数 \tag{3-13}$$

或

$$dQ_1 = dQ_2 = dQ \tag{3-14}$$

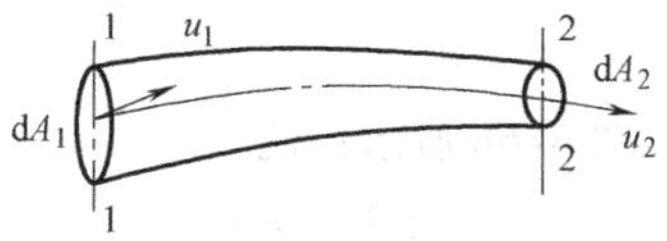

图 3-5　恒定元流

式（3-13）和式（3-14）即为不可压缩液体恒定一元流的连续方程。

式（3-13）表明，对于不可压缩液体，恒定元流流速的大小与其过水断面面积成反比，由此说明流线的疏密与流速的大小之间的关系，即流线密集的地方流速大，流线稀疏的地方流速小。

式（3-14）表明，通过恒定元流的任一过水断面的流量相等。

2. 恒定总流连续性方程

总流是流场中无限多个元流的总和，因而将元流的连续性方程在总流过水断面上积分，可得到总流的连续性方程

$$\int_A dQ = \int_{A_1} u_1 dA_1 = \int_{A_2} u_2 dA_2 = Q$$

引入断面平均流速，上式可写为

$$v_1 A_1 = v_2 A_2 = Q = 常数 \tag{3-15}$$

或

$$Q_1 = Q_2 = Q \tag{3-16}$$

式中　v_1，v_2——总流过水断面 A_1 和 A_2 断面的平均流速。

式（3-15）和式（3-16）即为恒定总流的连续性方程。

式（3-15）表明，对于不可压缩液体的恒定总流，任意两过水断面的平均流速与过水断面面积成反比。

式（3-16）表明，任意恒定总流的过水断面所通过的流量相等。也就是说，上游断面流进多少流量，下游任何断面也必然流走多少流量。

连续性方程是水力学三个基本方程之一，它总结和反映了水流的过水断面面积与断面平均流速沿程变化的规律性。

无论是元流还是总流连续性方程，由于未涉及作用力，因此元流和总流的连续性方程都是运动学方程，对于理想液体或实际液体都适用。连续性方程对于有压管流，即使是非恒定流，对于同一时刻的两过水断面仍然适用。

3. 有分流和汇流时总流连续性方程

式（3-15）和式（3-16）所示的连续性方程只适用于一股总流。

若沿程有分流或汇流，如图 3-6 所示，根据质量守恒定律，流入控制体的流量应等于流出控制体的流量，即

图 3-6a 所示分流

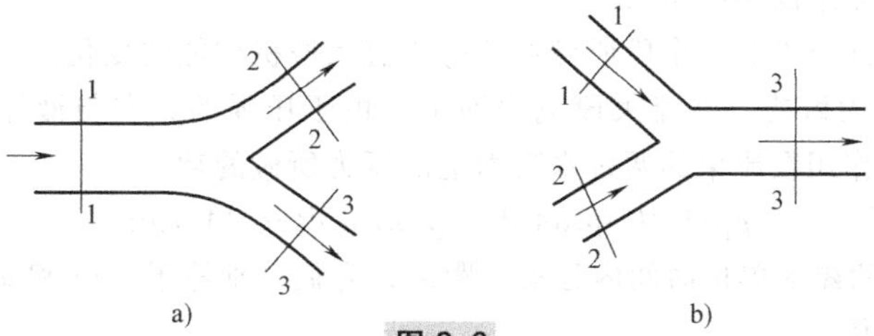

图 3-6

a）分流　b）汇流

$$\begin{cases} Q_1 = Q_2 + Q_3 \\ A_1 v_1 = A_2 v_2 + A_3 v_3 \end{cases} \tag{3-17a}$$

图 3-6b 所示汇流

$$\begin{cases} Q_3 = Q_1 + Q_2 \\ A_3 v_3 = A_1 v_1 + A_2 v_2 \end{cases} \tag{3-17b}$$

【例 3-1】 已知输水管各段直径分别为 $d_1 = 2.5\text{cm}$，$d_2 = 5\text{cm}$，$d_3 = 10\text{cm}$，出口流速 $v_3 = 0.51\text{m/s}$，如图 3-7 所示，求流量及其他管段的断面平均流速。

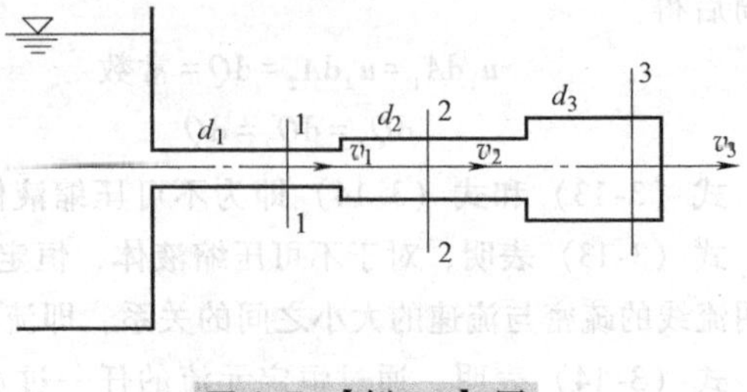

图 3-7 【例 3-1】图

解：$Q = v_3 A_3 = \frac{1}{4}\pi d_3^2 v_3 = \frac{1}{4} \times \pi \times 0.1^2 \times 0.51\text{m}^3/\text{s} = 0.004\text{m}^3/\text{s}$

$$v_1 = \left(\frac{A_3}{A_1}\right) v_3 = \left(\frac{d_3}{d_1}\right)^2 v_3 = \left(\frac{0.1}{0.025}\right)^2 \times 0.51\text{m/s} = 8.15\text{m/s}$$

$$v_2 = \left(\frac{A_3}{A_2}\right) v_3 = \left(\frac{d_3}{d_2}\right)^2 v_3 = \left(\frac{0.1}{0.05}\right)^2 \times 0.51\text{m/s} = 2.04\text{m/s}$$

3.4 恒定流元流能量方程

液体的能量方程是自然界中能量守恒定律在液体运动中的应用。连续性方程仅建立液体流速与过水断面面积之间的关系，要了解流场中压强的变化过程，或了解压强与流速之间的关系，必须建立液体流动中的能量关系。

1. 理想液体元流能量方程

在恒定流理想液体中任意取一段元流，并截取其中断面 1—1 与断面 2—2 之间的流束段为研究对象。液体从断面 1—1 流向断面 2—2，如图 3-8 所示。设断面 1—1 与断面 2—2 的微元面积分别为 dA_1和 dA_2，在某一时刻，断面距某一基准面 0—0 的垂直距离分别为 z_1与 z_2，两断面上压强分别为 p_1与 p_2，断面上的流速分别为 u_1与 u_2。如经过 dt 时，流束段由原来的断面 1—1 与断面 2—2 移到新的位置断面 1′—1′与断面 2′—2′。

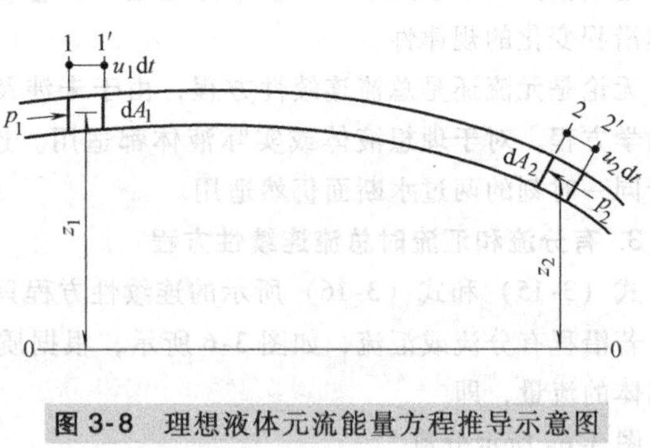

图 3-8 理想液体元流能量方程推导示意图

现讨论所截取的流束段中能量的变化与外界做功的关系，即外界对流束段所做的功等于流束段机械能的变化。

(1) 流束段表面力做功 在流束段侧表面上，由于压强的方向与液体运动的方向相垂直，侧表面压力不做功。作用在流束的两过水断面上的压力所做的功为

$$p_1 dA_1 dl_1 - p_2 dA_2 dl_2 = p_1 dA_1 u_1 dt - p_2 dA_2 u_2 dt$$

式中 dl_1 和 dl_2——两断面单位时间内移动的距离，它们分别等于 $u_1 dt$ 和 $u_2 dt$。

由连续性方程可得

$$dQ = u_1 dA_1 = u_2 dA_2$$

因此可改写成

$$p_1 \mathrm{d}A_1 \mathrm{d}l_1 - p_2 \mathrm{d}A_2 l_2 = (p_1 - p_2)\,\mathrm{d}Q\mathrm{d}t \tag{3-18a}$$

（2）动能的增量　流束段动能的增量为流束段移动前后的动能差。因为是恒定流动，由断面1′—1′与断面2—2之间的流动参数不变，因此动能的增量仅为断面2—2与断面2′—2′间的动能减去断面1—1与断面1′—1′间的动能，即

$$\frac{1}{2}\rho \mathrm{d}A_2 \mathrm{d}l_2 u_2^2 - \frac{1}{2}\rho \mathrm{d}A_1 \mathrm{d}l_1 u_1^2 = \frac{1}{2}\rho(u_2^2 - u_1^2)\,\mathrm{d}Q\mathrm{d}t \tag{3-18b}$$

（3）位能的增量　位能增量计算方法与动能增量计算方法基本一致，其位能的变化为

$$\rho g \mathrm{d}A_2 \mathrm{d}l_2 z_2 - \rho g \mathrm{d}A_1 \mathrm{d}l_1 z_1 = \rho g(z_2 - z_1)\,\mathrm{d}Q\mathrm{d}t \tag{3-18c}$$

由功能原理可知，外力所做的功等于动能与位能的增量，即式（3-18a）= 式(3-18b)+式(3-18c)，将等式两边除以 $\gamma \mathrm{d}Q\mathrm{d}t$，则

$$\frac{p_1}{\gamma} - \frac{p_2}{\gamma} = \frac{u_2^2}{2g} - \frac{u_1^2}{2g} + z_2 - z_1$$

或

$$z_1 + \frac{p_1}{\gamma} + \frac{u_1^2}{2g} = z_2 + \frac{p_2}{\gamma} + \frac{u_2^2}{2g} \tag{3-19}$$

2. 理想液体元流能量方程的意义

（1）物理意义　恒定流理想液体元流能量方程的物理意义反映了能量守恒与转化定律。

z 代表单位重力液体具有的相对于基准面（即 $z=0$ 的水平面）的位置势能（简称比位能）。$\frac{p}{\gamma}$代表单位重力液体具有的压力势能（简称比压能）。$\left(z+\frac{p}{\gamma}\right)$称为单位重力液体具有的总势能（简称比势能）。在运动液体中，液体除了具有位置势能和压力势能之外，还具有动能。$\frac{u^2}{2g}$可以改写为$\frac{mu^2}{2mg}$，可见$\frac{u^2}{2g}$是单位重力液体具有的动能（简称比动能）。$\left(z+\frac{p}{\gamma}+\frac{u^2}{2g}\right)$称为单位重力液体的总机械能。

式（3-19）表明，理想液体的位能 z、压能$\frac{p}{\gamma}$和动能$\frac{u^2}{2g}$在流动过程中可以相互转化，但总机械能沿流程守恒。

（2）几何意义　理想液体恒定元流能量方程中的每一项都具有长度的量纲。z 为位置高度（或位置水头），$\frac{p}{\gamma}$为压强高度（或压强水头），$\frac{u^2}{2g}$为流速高度（或流速水头）。位置水头 z 表示元流过水断面上某点相对于某基准面的位置高度。当 p 为相对压强时，压强水头$\frac{p}{\gamma}$表示测压管中液柱高度（测压管内液面到测点之间的高差）。流速水头$\frac{u^2}{2g}$指不计空气阻力时，液体以初速度 u 垂直向上喷射到空气中所能达到的理论高度。$z+\frac{p}{\gamma}$表示测压管内液面到基准面的高度，又称测管水头，用 H_p 表示；$z+\frac{p}{\gamma}+\frac{u^2}{2g}$称为总水头，用 H 表示。

式（3-19）表明，理想液体的三种形式水头在流动过程中可以相互转化，但总水头沿流程守恒。

3. 实际液体元流能量方程

理想液体没有黏滞性，液体不需要克服内摩擦力做功而消耗能量，运动液体总机械能沿程保持不变。

由于实际液体具有黏滞性，在流动过程中，液体质点之间的内摩擦阻力做功而消耗部分机械能，因而液流的机械能沿程减小，对机械能来说即存在能量损失。

令 h'_w 为元流中单位重力液体从过水断面 1—1 流至过水断面 2—2 所损失的机械能，则实际液体元流能量方程式可以写为

$$z_1+\frac{p_1}{\gamma}+\frac{u_1^2}{2g}=z_2+\frac{p_2}{\gamma}+\frac{u_2^2}{2g}+h'_w \tag{3-20}$$

式中 h'_w——元流的水头损失，h'_w 也具有长度的量纲。

式（3-20）就是考虑能量损失的不可压缩实际液体元流的能量方程。

4. 水力坡度与测管坡度

（1）水力坡度　实际液体总水头沿流程的降低值与流程长度之比，称为总水头线坡度，也称水力坡度（即总水头线向下倾斜的陡缓程度），表示单位重力液体在单位流程上的水头损失，用 J 表示，即

$$J=-\frac{\mathrm{d}}{\mathrm{d}L}\left(z+\frac{p}{\gamma}+\frac{u^2}{2g}\right)=\frac{\mathrm{d}h'_w}{\mathrm{d}L} \tag{3-21}$$

式中 $\mathrm{d}L$——沿流程的微元长度；

$\mathrm{d}h'_w$——在 $\mathrm{d}L$ 距离上的单位重力液体的水头损失。

由于总水头沿程总是减小的，即 $\mathrm{d}\left(z+\frac{p}{\gamma}+\frac{u^2}{2g}\right)$ 只能为负，为使 J 永远为正值，式（3-21）中加负号。

当总水头线为曲线时，其坡度为变值。

用式（3-21）计算某一断面处的水力坡度，当水头损失沿流程为均匀分布时，即总水头线为一条向下倾斜的直线时，水力坡度为常数，可用下式计算

$$J=\frac{h'_{w1-2}}{L_{1-2}} \tag{3-22}$$

式中 h'_{w1-2}——单位重力液体从过水断面 1—1 至过水断面 2—2 的水头损失；

L_{1-2}——过水断面 1—1 到过水断面 2—2 的流程长度。

（2）测管坡度　单位长度上的测管水头变化称为测压管水头线坡度，也称测管坡度，用 J_p 表示。测管坡度反映测压管水头线沿程变化的快慢，它是单位重力液体在单位长度流程上的势能变化，即

$$J_p=-\frac{\mathrm{d}\left(z+\frac{p}{\gamma}\right)}{\mathrm{d}L} \tag{3-23}$$

式中 $\mathrm{d}\left(z+\frac{p}{\gamma}\right)$——沿流程的微元长度上单位重力液体的势能增量。一般规定当测压管水头线向下时为正，上升时为负。

5. 元流能量方程的应用

现以毕托管为例，说明元流能量方程的应用。在实际工程中，毕托管常用于测量液体或气体的流速。如图 3-9 所示，管前端开口处 a 正对来流方向，a 端内部有一管道与 a' 管联系；管侧

有多个孔 b（一般为 6 个或 4 个），它的内部也有管道与 b'联系，但这两个管道是不相通的。当测定流速时，a'、b'两管水面形成高差 h_v，根据该高差就可测定流速。其原理如下：

当毕托管放入液体中，起初液体从端口 a 逐渐流入，并沿内部管道进入 a'管，水位逐步上升，直到静止，此时端口 a 的液体也处于静止，其压强为 p_a。同时液体也逐渐从孔口 b 处，沿内部管道徐徐流入，水位在 b'管中逐渐上升直至停止，此时在毕托管的外部 b 孔口处的流速即为进水流速 u，压强为 p_b。由 a 和 b 两点元流的能量方程

$$\frac{P_a}{\gamma}+0=\frac{P_b}{\gamma}+\frac{u^2}{2g}$$

得
$$u=\sqrt{2g\frac{P_a-P_b}{\gamma}}=\sqrt{2gh_v}$$

毕托管放入流场后会产生扰动影响，故应使用修正系数 φ，对该式的计算结果加以修正。即

$$u=\varphi\sqrt{2gh_v}$$

式中　φ——毕托管的校正系数，一般 φ 约为 0.98~1.0。

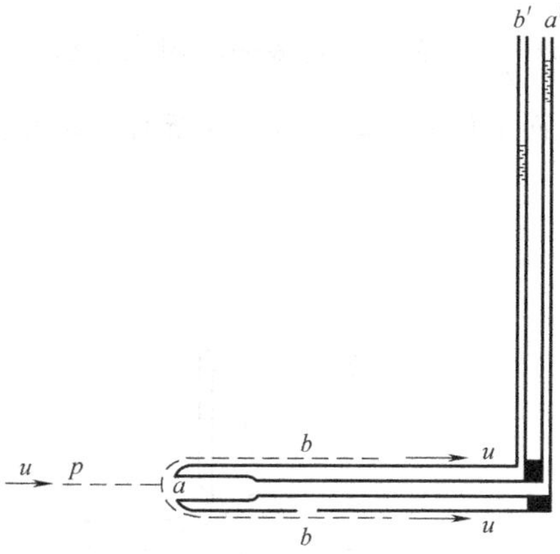

图 3-9　毕托管测定流速示意图

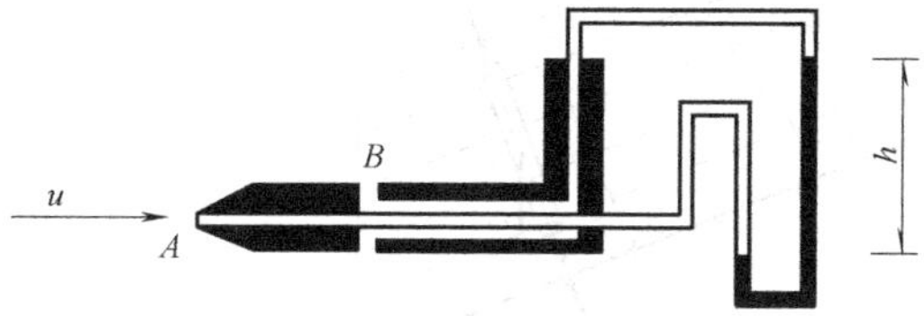

图 3-10 【例 3-2】图

【例 3-2】　如图 3-10 所示微压计，$h=24$mm 水柱，求被测点的气流速度。空气重度 $\gamma_a=11.86\text{N/m}^2$。

解： $\Delta p_{AB}=p_A-p_B=\gamma h$

$$\left(Z_A+\frac{p_A}{\gamma_a}\right)-\left(Z_B-\frac{p_B}{\gamma_a}\right)=\frac{\gamma h}{\gamma_a}$$

得
$$u=\sqrt{2g\frac{\gamma h}{\gamma_a}}=\sqrt{2\times9.8\times\frac{9800\times0.024}{11.86}}\text{m/s}=19.7\text{m/s}$$

3.5　恒定流实际液体总流能量方程

在工程实际中遇到的水流运动都是总流，为了求得实际液体恒定总流的能量方程，先讨论恒定总流过水断面上的压强分布规律。

1. 恒定总流过水断面上的压强分布

根据流线形状及过水断面上的流速分布是否沿流程变化，将液体流动分为均匀流与非均匀

流，非均匀流又分为渐变流和急变流两种情况。

（1）均匀流压强分布规律　均匀流过水断面上的动水压强分布规律与静水压强分布规律相同。在管道均匀流中，任意选择1-1及2-2两个过水断面，分别在两个过水断面上设置测压管，同一断面上各测压管水面必上升至同一高程，即 $z+\frac{p}{\gamma}=c$，但不同的过水断面上的测压管水头值不相等，对1-1断面 $\left(z+\frac{p}{\gamma}\right)=c_1$，对2-2断面 $\left(z+\frac{p}{\gamma}\right)=c_2$。

如图3-11所示，在均匀流过水断面上，取一高度为 l、截面积为 dA 的微分柱体，其轴线1-2与流线正交，并与铅垂线成夹角 α，微分柱体两端面形心点距基准面高度分别为 z_1 及 z_2，其动水压强分别为 p_1 和 p_2。作用在微分柱体上的力在轴向1-2方向的投影有柱体两端面上的动水压力 $P_1=p_1\mathrm{d}A$，$P_2=p_2\mathrm{d}A$ 以及柱体自重沿轴向的投影 $G\cos\alpha=\gamma l\mathrm{d}A\cos\alpha$。柱体侧表面上所受的动水压力以及水流的内摩擦力与轴向正交，所以沿1-2方向投影为零。由于均匀流是一种等速直线运动，所以在均匀流中，与水流成正交的轴线方向无加速度，即无惯性力存在。以上各力在轴向投影的代数和为零。

$$p_1\mathrm{d}A+\gamma l\mathrm{d}A\cos\alpha=p_2\mathrm{d}A$$

由几何关系知，$l\cos\alpha=z_1-z_2$，则有 $z_1+\frac{p_1}{\gamma}=z_2+\frac{p_2}{\gamma}$ 或 $z+\frac{p}{\gamma}=$ 常数。由此表明均匀流过水断面上的动水压强分布规律与静水压强分布规律相同，过水断面上任一点动水压强或断面上动水总压力都可以按照静水压强以及静水总压力的公式计算。

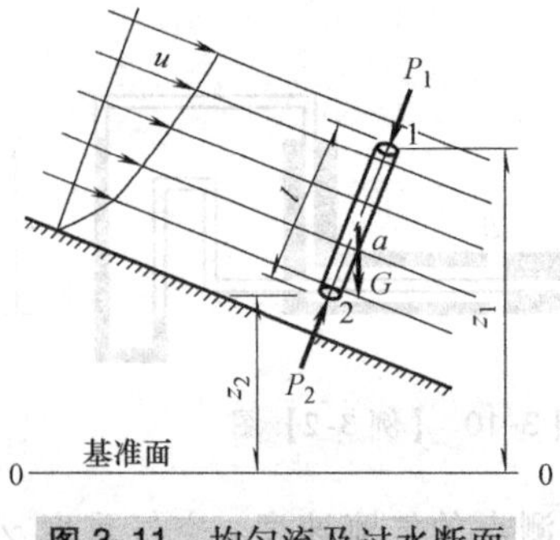

图3-11　均匀流及过水断面

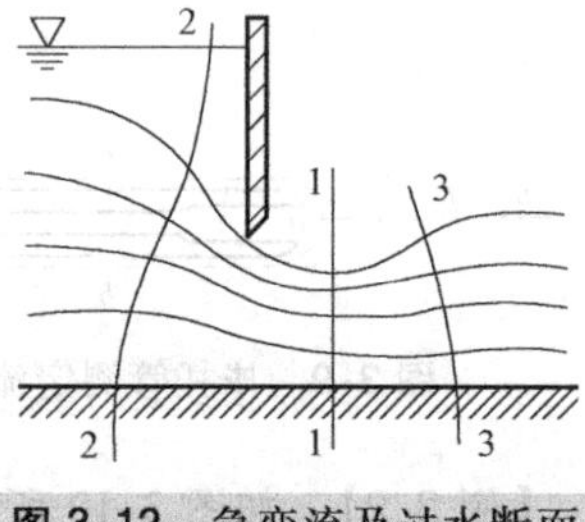

图3-12　急变流及过水断面

（2）渐变流压强分布规律　渐变流中的流线近似于平行直线，过水断面上动水压强分布规律，近似于均匀流情况。

均匀流或渐变流过水断面上动水压强遵循静水压强分布规律的结论，必须是对于有固体边界约束的水流才适用。如由孔口或管道末端射入空气的射流，虽然在出口断面处或距出口断面不远处，水流的流线也近似于平行的直线，可视为渐变流，但因该断面的周界上均与大气接触，断面上各点压强均为大气压强，从而过水断面上的动水压强分布不服从静水压强的分布规律。

（3）急变流压强分布规律　由实验表明，急变流过水断面上的压强分布不服从静水压强的分布规律。如图3-12所示明渠的闸下出流，即使在过水断面1-1处，流线平行，但该过水断面上的质点，除受重力加速度的影响外，还受到离心加速度的影响，若其离心加速度为 u^2/r（r 为流线的曲率半径），则断面上的压强分布将有 $p=\rho[g+(u^2/r)]h$ 的关系。可见，急变流过水断面上的压强分布规律不仅不服从静水压强分布规律，而且不同的急变流过水断面有不同的压强分布函数。例如，图3-12中的1—1、2—2及3—3断面，它们的压强分布函数均不相同。

在明渠急变流中，由于流线的显著弯曲，在过水断面上产生离心力（惯性力），其压强分布与液体静水压强分布对比，沿离心力的方向压强是增加的，如图 3-13 所示。这是由于明渠中河床不平直所造成的压强分布与静水压强分布的区别。

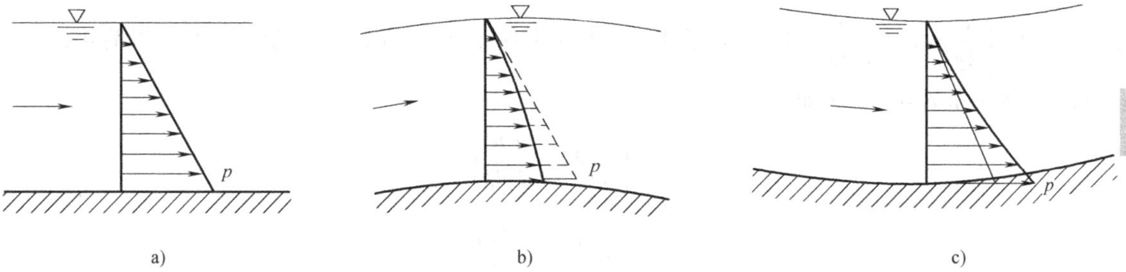

图 3-13　明渠过水断面压强分布

a）平直河床　b）凸曲面河床　c）凹曲面河床

2. 建立方程

如图 3-14 所示，设一恒定总流过水断面 1—1 和过水断面 2—2 为渐变流断面，断面面积分别为 A_1和 A_2。在总流中任取一元流，由理想液体元流能量方程得

$$z_1+\frac{p_1}{\gamma}+\frac{u_1^2}{2g}=z_2+\frac{p_2}{\gamma}+\frac{u_2^2}{\gamma}$$

因元流能量方程是单位重力的能量方程，在研究总流的能量方程时，必须在等式两边同时乘以 $\gamma \mathrm{d}Q$，方程变为单位时间元流两过水断面的能量关系为

$$\left(z_1+\frac{p_1}{\gamma}+\frac{u_1^2}{2g}\right)\gamma \mathrm{d}Q=\left(z_2+\frac{p_2}{\gamma}+\frac{u_2^2}{2g}\right)\gamma \mathrm{d}Q$$

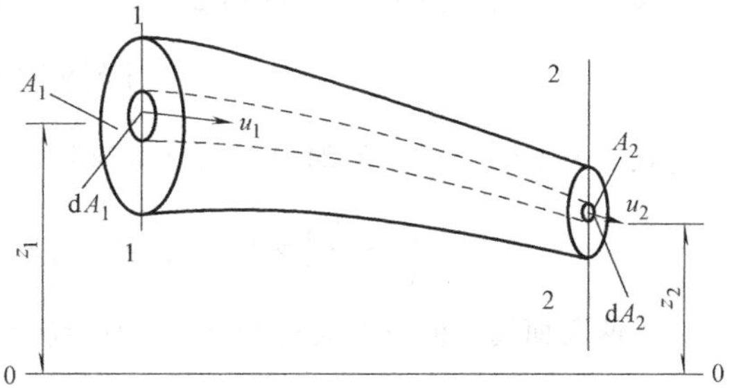

图 3-14　实际液体总流能量方程推导示意图

由连续性方程可得，元流的流量可表述为 $\mathrm{d}Q=u_1\mathrm{d}A_1=u_2\mathrm{d}A_2$，上式变为

$$\left(z_1+\frac{p_1}{\gamma}+\frac{u_1^2}{2g}\right)\gamma u_1\mathrm{d}A_1=\left(z_2+\frac{p_2}{\gamma}+\frac{u_2^2}{2g}\right)\gamma u_2\mathrm{d}A_2$$

总流是由无数元流组成的，按上式对总流过水断面积分，得到单位时间通过总流中两过水断面的总能量关系。设 h_w'为单位重力液体由断面 1—1 运动至断面 2—2 的能量损失，其中包括液体黏性造成的损失，也包括两断面间由于各种其他原因如流速大小变化和方向的变化等造成的能量损失，h_w'为长度单位，所以，总流的能量方程改写成

$$\left(z_1+\frac{p_1}{\gamma}+\frac{u_1^2}{2g}\right)\gamma u_1\mathrm{d}A_1=\left(z_2+\frac{p_2}{\gamma}+\frac{u_2^2}{2g}\right)\gamma u_2\mathrm{d}A_2+h_w'\gamma \mathrm{d}Q$$

积分得

$$\int_{A_1}\left(z_1+\frac{p_1}{\gamma}\right)\gamma u_1\mathrm{d}A_1+\int_{A_1}\left(\frac{u_1^2}{2g}\right)\gamma u_1\mathrm{d}A_1=\int_{A_2}\left(z_2+\frac{p_2}{\gamma}\right)\gamma u_2\mathrm{d}A_2+\int_{A_2}\left(\frac{u_2^2}{2g}\right)\gamma u_2\mathrm{d}A_2+\int_{A}h_w'\gamma \mathrm{d}Q \quad (3\text{-}24\mathrm{a})$$

3. 确定三种类型的积分

（1）$\int_A\left(z+\frac{p}{\gamma}\right)\gamma u\mathrm{d}A$　因所取的过水断面是渐变流断面，其断面上压强分布满足静水压强分

布，即 $z+\frac{p}{\gamma}=c$（常数），有

$$\int_A\left(z+\frac{p}{\gamma}\right)\gamma u\mathrm{d}A=\left(z+\frac{p}{\gamma}\right)\gamma Q \tag{3-24b}$$

（2）$\int_A\frac{u^2}{2g}\gamma u\mathrm{d}A=\int_A\frac{u^3}{2g}\gamma\mathrm{d}A$　恒定总流过水断面中各点流速不同。为使能量方程得以简化，引入动能修正系数 α，定义如下

$$\alpha=\frac{\int_A\frac{u^3}{2g}\mathrm{d}A}{\frac{v^3}{2g}A}=\frac{\int_A\frac{u^3}{2g}\mathrm{d}A}{\frac{v^2}{2g}Q}$$

则

$$\int_A\frac{u^2}{2g}\gamma u\mathrm{d}A=\alpha\cdot\frac{v^2}{2g}\gamma\cdot Q \tag{3-24c}$$

式中 α 值反映过水断面上的流速分布情况。如断面速度是均匀的，则 $\alpha=1$；一般在紊流情况，流速分布较均匀，$\alpha=1.05\sim1.10$。为简便起见，通常取 $\alpha=1$ 来计算。

（3）$\int_A h'_{\mathrm{w}}\gamma\mathrm{d}Q$　该积分是单位时间总流由断面 1—1 至断面 2—2 的能量损失。现定义 h_{w} 为单位重力液体总流由断面 1—1 至断面 2—2 的平均能量损失，称之为总流的能量损失，即

$$\int_A h'_{\mathrm{w}}\gamma\mathrm{d}Q=h_{\mathrm{w}}\gamma Q \tag{3-24d}$$

将式（3-24b）、式（3-24c）、式（3-24d）代入式（3-24a），得

$$\left(z_1+\frac{p_1}{\gamma}\right)\gamma Q_1+\alpha_1\frac{v_1^2}{2g}\gamma Q_1=\left(z_2+\frac{p_2}{\gamma}\right)\gamma Q_2+\alpha_2\frac{v_2^2}{2g}\gamma Q_2+h_{\mathrm{w}}\gamma Q$$

由于两断面间无流量的流进和流出，$Q_1=Q_2=Q$，整理得

$$z_1+\frac{p_1}{\gamma}+\alpha_1\frac{v_1^2}{2g_1}=z_2+\frac{p_2}{\gamma}+\alpha_2\frac{v_2^2}{2g}+h_{\mathrm{w}} \tag{3-25}$$

式（3-25）为实际液体恒定总流的能量方程。它反映了总流中不同过水断面上测压管水头值和断面平均流速的变化规律及其相互关系，是水动力学中第二个基本方程，它和连续性方程联合运用，可以解决许多水力学计算问题。

恒定总流的能量方程与恒定元流的能量方程形式类似。实际液体恒定总流的能量方程中各项的物理意义及几何意义与元流的能量方程中各对应项相同，只是总流的能量方程中采用断面平均流速 v 计算流速水头，并考虑了相应的修正系数，而 h_{w} 代表总流单位重力液体由一个断面流至另一个断面的平均能量损失。总流的水头损失机理十分复杂，关于 h_{w} 的分析与计算将在第 4 章中介绍。

4. 总流能量方程的物理意义和几何意义

总流的能量方程表达式是断面间平均能量的关系，对所取的断面有限制，而对断面间的流动不做任何限制（如中间可能存在急变流等，这些影响均在能量损失中加以考虑）。总流能量方程中各物理意义如下：

z——单位重力液体过水断面所具有的位能（重力势能）、位置高度或位置水头；

$\frac{p_1}{\gamma}$——单位重力液体过水断面所具有的压能（压强势能）或压强水头；

$\alpha \cdot \frac{v^2}{2g}$——总流单位重力液体过水断面上的平均动能或平均流速水头；

h_w——总流两断面间单位重力液体平均的能量损失或水头损失。

恒定流实际液体总水头线和测压管水头线如图3-15所示。

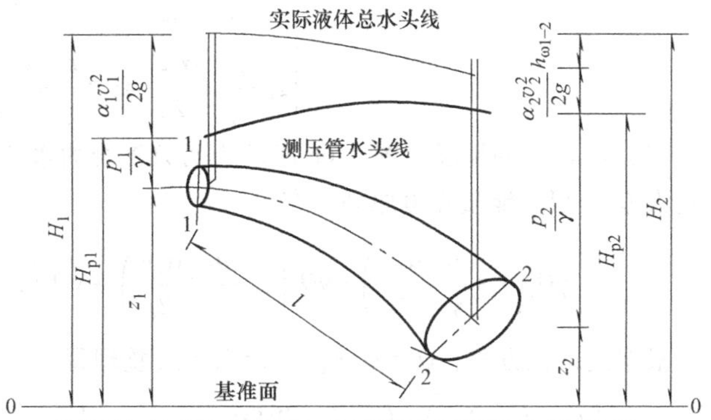

图3-15　实际液体总水头线和测压管水头线图示

位能的计算点和压能的计算点应一致。因为在推导恒定总流能量方程时，渐变流断面中的位能和压能之和为常数，作为整体从积分号内提出。

5. 恒定总流能量方程的应用条件及注意问题

恒定总流能量方程的推导是在一定条件下建立的，因而应用时应满足以下条件：

1）均质不可压缩液体的恒定流。

2）作用在液体上的质量力只有重力。

3）建立能量方程的两个过水断面，必须符合均匀流或渐变流条件，但在所取的两个过水断面之间，允许存在急变流。

4）在所取的两个过水断面之间，总流的流量保持不变（没有分流或汇流情况）；在两个过水断面之间，除水头损失以外，没有其他的机械能输入或输出。

应用总流能量方程，需注意以下几个问题：

1）选取基准面。z是过水断面上任一点（称为计算点）相对于某一基准面的位置高程，基准面的选择是可以任意的，但同一方程的两个z值必须选取同一基准面。一般选在较低位置上，使其位置水头大于等于零。

2）方程中的动水压强，可以采用绝对压强，也可以用相对压强，但在同一方程中p_1和p_2必须采用相同的表示方法。工程中大多采用相对压强。

3）过水断面上的计算点原则上是可以任意选取，因为在均匀流或渐变流断面上任一点的测压管水头相等，即$z+\frac{p}{\gamma}=$常数；并且对于同一个过水断面，平均流速水头$\frac{\alpha v^2}{2g}$值与计算点位置无关。但为计算方便，对于有压管流，一般选取管轴中心点作为计算点，对于具有自由表面的无压流（明渠流），计算点一般取在自由表面处或渠底处。

4）不同过水断面上的动能修正系数不相等，且不等于1.0，实用上对大多数渐变流，可取$\alpha_1=\alpha_2=1.0$。

6. 有分流或汇流时实际液体总流能量方程

总流能量方程中各项都是指单位重力液体的能量，在水流有分支或汇合的情况下，可以分别对每一支液流建立能量方程。

（1）有分流的情况　图3-6a所示为一股流量为Q_1的液流，分为两股流量分别为Q_2和Q_3的液流，根据能量守恒原理，得

$$\gamma Q_1\left(z_1+\frac{p_1}{\gamma}+\frac{\alpha_1 v_1^2}{2g}\right)=\gamma Q_2\left(z_2+\frac{p_2}{\gamma}+\frac{\alpha_2 v_2^2}{2g}\right)+\gamma Q_3\left(z_3+\frac{p_3}{\gamma}+\frac{\alpha_3 v_3^2}{2g}\right)+\gamma Q_2 h_{w12}+\gamma Q_3 h_{w13}$$

根据连续性方程，$Q_1=Q_2+Q_3$，带入上式整理得

$$Q_2\left[\left(z_1+\frac{p_1}{\gamma}+\frac{\alpha_1 v_1^2}{2g}\right)-\left(z_2+\frac{p_2}{\gamma}+\frac{\alpha_2 v_2^2}{2g}\right)-h_{w12}\right]+Q_3\left[\left(z_1+\frac{p_1}{\gamma}+\frac{\alpha_1 v_1^2}{2g}\right)-\left(z_3+\frac{p_3}{\gamma}+\frac{\alpha_3 v_3^2}{2g}\right)-h_{w13}\right]=0$$

上式中，若要左端两项之和等于零，必须是要求各自分别为零，因此有

$$\begin{cases} z_1+\dfrac{p_1}{\gamma}+\dfrac{\alpha_1 v_1^2}{2g}=z_2+\dfrac{p_2}{\gamma}+\dfrac{\alpha_2 v_2^2}{2g}+h_{w12} \\ z_1+\dfrac{p_1}{\gamma}+\dfrac{\alpha_1 v_1^2}{2g}=z_3+\dfrac{p_3}{\gamma}+\dfrac{\alpha_3 v_3^2}{2g}+h_{w13} \end{cases} \tag{3-26}$$

(2) 有汇流的情况　图 3-6b 所示为两只汇合的水流，其每支流量分别为 Q_1 与 Q_2，汇合后流量为 Q_3。根据能量守恒原理，有

$$\gamma Q_1\left(z_1+\frac{p_1}{\gamma}+\frac{\alpha_1 v_1^2}{2g}\right)+\gamma Q_2\left(z_2+\frac{p_2}{\gamma}+\frac{\alpha_2 v_2^2}{2g}\right)=\gamma Q_3\left(z_3+\frac{p_3}{\gamma}+\frac{\alpha_3 v_3^2}{2g}\right)+\gamma Q_1 h_{w13}+\gamma Q_2 h_{w23}$$

根据连续性方程，$Q_3=Q_1+Q_2$，带入上式整理得

$$Q_1\left[\left(z_1+\frac{p_1}{\gamma}+\frac{\alpha_1 v_1^2}{2g}\right)-\left(z_3+\frac{p_3}{\gamma}+\frac{\alpha_3 v_3^2}{2g}\right)-h_{w13}\right]+Q_2\left[\left(z_2+\frac{p_2}{\gamma}+\frac{\alpha_2 v_2^2}{2g}\right)-\left(z_3+\frac{p_3}{\gamma}+\frac{\alpha_3 v_3^2}{2g}\right)-h_{w23}\right]=0$$

同理

$$\begin{cases} z_1+\dfrac{p_1}{\gamma}+\dfrac{\alpha_1 v_1^2}{2g}=z_3+\dfrac{p_3}{\gamma}+\dfrac{\alpha_3 v_3^2}{2g}+h_{w13} \\ z_2+\dfrac{p_2}{\gamma}+\dfrac{\alpha_2 v_2^2}{2g}=z_3+\dfrac{p_3}{\gamma}+\dfrac{\alpha_3 v_3^2}{2g}+h_{w23} \end{cases} \tag{3-27}$$

7. 流程中途有机械能输入或输出时实际液体总流能量方程

以上推导的总流能量方程，没有考虑到计算断面 1—1 至断面 2—2 间，中途有机械能输入水流内部或者从水流内部输出能量的情况。例如，抽水管路系统中设置的抽水机，通过水泵叶片转动向水流输入能量；在水电站安装了水轮机的有压管路系统的水流，通过水轮机叶片由水流向外界输出能量。

设单位重力液体从外界获得（或向外界输出）的机械能为 H_m，根据能量守恒原理，实际液体总流能量方程应为

$$z_1+\frac{p_1}{\gamma}+\frac{\alpha_1 v_1^2}{2g}\pm H_m=z_2+\frac{p_2}{\gamma}+\frac{\alpha_2 v_2^2}{2g}+h_{w12} \tag{3-28}$$

式 (3-28) 中：当为输入能量时，H_m 前的符号取"+"号；当为输出能量时，H_m 前的符号取"-"号。

8. 恒定总流能量方程的应用

(1) 文丘里流量计　文丘里（Venturi）流量计是一种测量有压管道中流量大小的一种装置，它是由两段锥形管和一段较细的管子相连接而组成，如图 3-16 所示。若欲测量某管道中通过流量，则把文丘里流量计连接在管道中，在收缩段进口断面 1—1 与喉管断面 2—2 处分别安装测压管（也可直接设置差压计），测得两断面上的测压管水头差 Δh，再运用能量方程计算通过管道中流量。

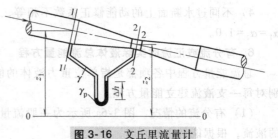

图 3-16　文丘里流量计

任选一基准面 0—0，对安装测压管的断面 1—1 和断面 2—2 列出总流的能量方程如下

$$z_1+\frac{p_1}{\gamma}+\frac{\alpha_1 v_1^2}{2g}=z_2+\frac{p_2}{\gamma}+\frac{\alpha_2 v_2^2}{2g}+h_w$$

取 $\alpha_1=\alpha_2=1$，因断面1—1和断面2—2相距很近，暂时略去水头损失 h_w，令 $h_w=0$，能量方程变为

$$\frac{v_2^2-v_1^2}{2g}=\left(z_1+\frac{p_1}{\gamma}\right)-\left(z_2+\frac{p_2}{\gamma}\right) \tag{3-29}$$

其中

$$\left(z_1+\frac{p_1}{\gamma}\right)-\left(z_2+\frac{p_2}{\gamma}\right)=\Delta h$$

由总流连续性方程，得

$$v_1 A_1=v_2 A_2$$

故

$$v_2=\frac{A_1}{A_2}v_1=\left(\frac{d_1}{d_2}\right)^2 v_1$$

式中　d_1，d_2——断面1—1及断面2—2处管道的直径。

把 v_1 和 v_2 的关系式代入式（3-29），可得

$$\frac{v_1^2}{2g}\left[\left(\frac{d_1}{d_2}\right)^4-1\right]=\Delta h$$

或

$$v_1=\frac{1}{\sqrt{\left(\frac{d_1}{d_2}\right)^4-1}}\sqrt{2g\Delta h}$$

因而通过文丘里流量计的流量为

$$Q=v_1 A_1=\frac{\frac{1}{4}\pi d_1^2}{\sqrt{\left(\frac{d_1}{d_2}\right)^4-1}}\sqrt{2g\Delta h}$$

令 $K=\dfrac{\frac{1}{4}\pi d_1^2}{\sqrt{\left(\frac{d_1}{d_2}\right)^4-1}}\sqrt{2g}$

K 值取决于文丘里管的结构尺寸，称为文丘里管常数。则 $Q=K\sqrt{\Delta h}$

当管道直径 d_1 和 d_2 确定以后，K 值为一定值，可以预先计算。只要测得水管断面与喉部断面的测压管高差 Δh，就可以根据上式计算出管道流量值。

由于上面的分析计算中，没有考虑水头损失，因此实际流量比上式计算流量小，这个误差一般用修正系数 μ（称为文丘里管流量系数）来修正，故实际液体的流量为

$$Q=\mu K\sqrt{\Delta h}$$

流量系数 $\mu=\dfrac{Q_{实际}}{Q_{理想}}<1$，$\mu$ 一般约为0.95~0.98。

如果文丘里流量计上直接安装汞测压计，由压差计原理可知

$$\left(z_1+\frac{p_1}{\gamma}\right)-\left(z_2+\frac{p_2}{\gamma}\right)=\frac{\gamma_p-\gamma}{\gamma}h_p=12.6h_p$$

式中 h_p——汞测压计两支汞面高差。

此时文丘里流量计的流量为

$$Q=\mu K\sqrt{12.6h_p} \qquad (3\text{-}30)$$

（2）恒定流实际液体总流能量方程算例

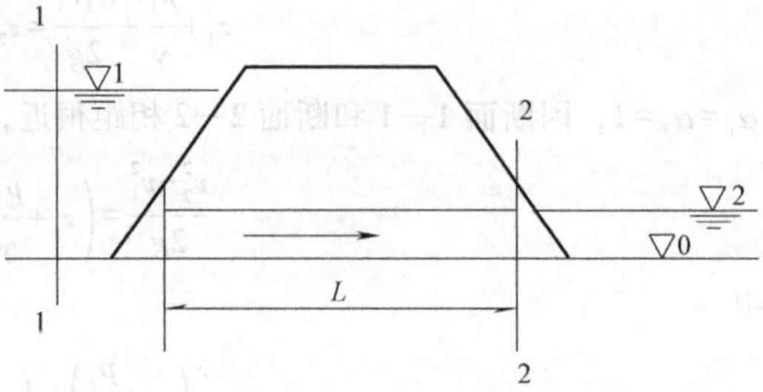

图 3-17 【例 3-3】图

【例 3-3】 如图 3-17 所示，水平放置的有压涵管，直径 $d=1.8\text{m}$，长 $L=103\text{m}$，出口底部高程 $\nabla_0=96.7\text{m}$，上、下游水位分别为 $\nabla_1=118.5\text{m}$，$\nabla_2=98.50\text{m}$，涵管水头损失 $h_w=12\text{m}$（水柱），求涵内的流速及泄流量。

解：列断面 1—1，断面 2—2 能量方程，取 $\alpha_1=\alpha_2=1$

$$\nabla_1+0+0=\nabla_2+0+\frac{\alpha_2 v_2^2}{2g}+h_w$$

$$v_2=\sqrt{2g(\nabla_1-\nabla_2-h_\omega)}=\sqrt{2g(118.5-98.5-12)}$$
$$=12.5\text{m/s}$$

$$Q=Av_2=\frac{\pi}{4}d^2v_2=\frac{\pi\times(1.8)^2}{4}\times 12.5\text{m}^3/\text{s}=31.9\text{m}^3/\text{s}$$

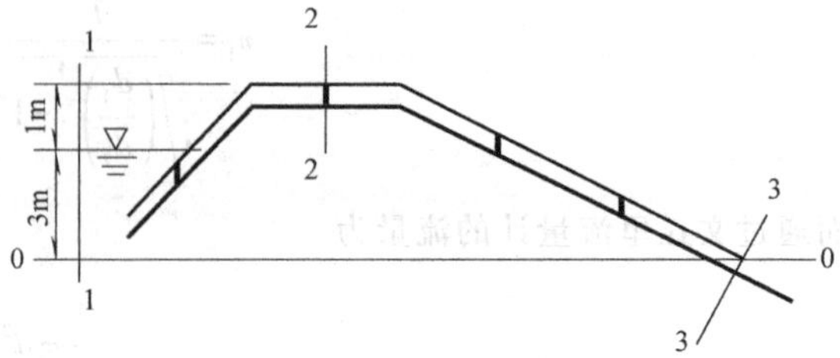

图 3-18 【例 3-4】图

【例 3-4】 如图 3-18 所示，虹吸管直径 $d=50\text{mm}$，求虹吸管的流量 Q 和断面 2—2 的压强水头 $\frac{p_2}{\gamma}$（不计水头损失）。

解：设计算基准面通过虹吸管出口形心处，列出断面 1—1、断面 3—3 能量方程，其中断面 1—1 计算点取在上游自由表面处，断面 3—3 计算点取在出口管轴处。水库中流速很小，忽略不计，出口断面在大气中，$p=0$。不计水头损失，取 $\alpha_1=\alpha_2=1$，则

$$3+0+0=0+0+\frac{v_3^2}{2g}$$

得

$$v_3=\sqrt{2g\times 3}=\sqrt{2\times 9.8\times 3}\text{m/s}=7.67\text{m/s}$$

$$Q=v_3\times\frac{\pi d^2}{4}=7.67\times\frac{\pi}{4}\times 0.05^2\text{m}^3/\text{s}=0.015\text{m}^3/\text{s}$$
$$=15\text{L/s}$$

列出断面 2—2、断面 3—3 处的能量方程，取 $\alpha_3=\alpha_4=1$，有

$$Z_2+\frac{p_2}{\gamma}+\frac{v_2^2}{2g}=0+0+\frac{v_3^2}{2g}+0$$

因 $\qquad v_2=v_3=7.67\text{m/s}$

得 $\qquad \frac{p_2}{\gamma}=-Z_2=-4\text{m}(\text{水柱})$

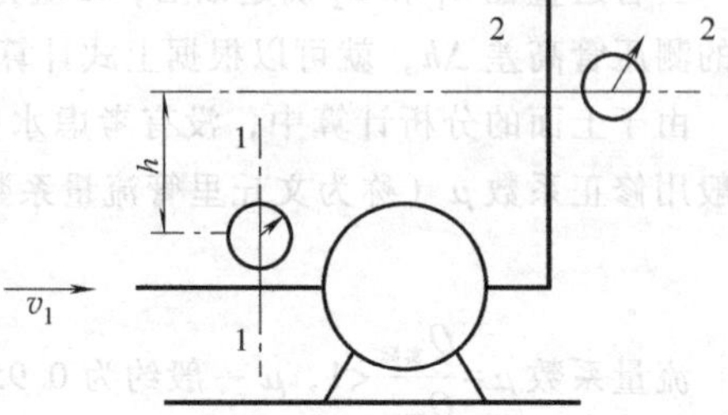

图 3-19 【例 3-5】图

【例 3-5】 图 3-19 所示为测定水泵扬程装置。

已知水泵吸水管直径 $d_1=200\text{mm}$，压水管直径 $d_2=150\text{mm}$，抽水流量 $Q=60\text{L/s}$，水泵进口真空表读数为 4m 水柱，出口压力表读数为 196kPa，两表连接测孔的位置高差 $h=0.5\text{m}$。求水泵扬程 H_m。若同时测得水泵功率 $N_p=18.38\text{kW}$，求水泵效率 η_p。

解：水泵效率中已考虑了水泵进出口间的水头损失，故水流经水泵时，可不再计算水流水头的损失。如图 3-19 所示，列出断面 1—1，断面 2—2 的能量方程，取 $\alpha_1=\alpha_2=1$，则

$$H_m+Z_1+\frac{p_1}{\gamma}+\frac{\alpha_1 v_1^2}{2g}=Z_2+\frac{p_2}{\gamma}+\frac{\alpha_2 v_2^2}{2g}+0$$

即
$$H_m+0+(-4)+\frac{\alpha_1 v_1^2}{2g}=0.5+20+\frac{\alpha_2 v_2^2}{2g}$$

因
$$A_1=\frac{1}{4}\pi d_1{}^2=\frac{1}{4}\times\pi\times0.2^2\text{m}^2=0.0314\text{m}^2$$

$$A_2=\frac{1}{4}\pi d_2^2=\frac{1}{4}\times\pi\times0.15^2\text{m}^2=0.0177\text{m}^2$$

$$v_1=\frac{Q}{A_1}=\frac{0.06}{0.0314}\text{m/s}=1.91\text{m/s},\frac{v_1^2}{2g}=\frac{1.91^2}{2\times9.8}\text{m}=0.186\text{m}$$

$$v_2=\frac{Q}{A_2}=\frac{0.06}{0.0177}\text{m/s}=3.39\text{m/s},\frac{v_2^2}{2g}=\frac{3.39^2}{2\times9.8}\text{m}=0.586\text{m}$$

由此得
$$H_m=0.5\text{m}+20\text{m}+0.586\text{m}+4\text{m}-0.186\text{m}=24.9\text{m}$$

又
$$N_p=18.38\text{kW}=18.38\text{kN}\cdot\text{m/s}$$

$$\gamma=9.8\text{kN/m}^3$$

得
$$\eta_p=\frac{\gamma Q H_m}{N_p}=\frac{9.8\times0.06\times24.9}{18.38}=0.797=79.7\%$$

3.6 恒定流总流动量方程

总流的连续性方程和能量方程建立了液体流动中各参数之间的相互关系。但要解决液体与固体的相互作用力问题，还需引入动量方程。

总流动量方程是继连续性方程、能量方程之后的又一个积分形式的方程。它以动量原理为前提，即在被考虑的控制体中，液体的动量变化等于外力的冲量。

如图 3-20 所示恒定总流，任意截取断面 1—1 与断面 2—2 之间的一段液流。经过 dt 时段后，流段从位置 1-2 流动到新的位置 1′—2′，从而产生了动量的变化。动量是向量，设流段内动量的变化为 $\Delta\vec{K}$，应等于 1′—2′与 1—2 流段内液体的动量 $\vec{K}_{1'-2'}$和 $\vec{K}_{1-2}$之差，即

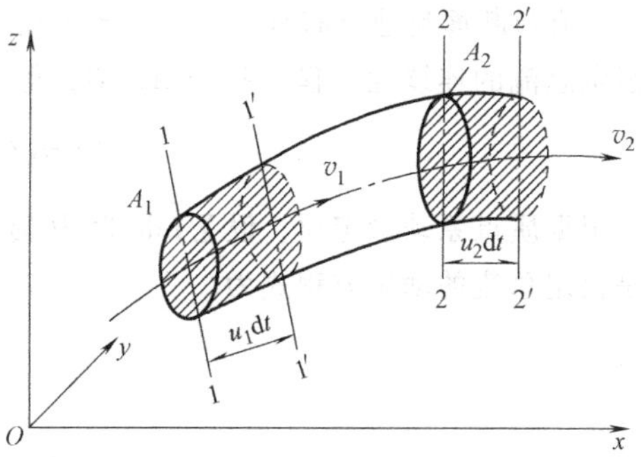

图 3-20　恒定总流动量方程推导示意图

$$\Delta\vec{K}=\vec{K}_{1'-2'}-\vec{K}_{1-2}$$

而 $\vec{K}_{1-2}$是 1—1′和 1′—2 两段液体动量之和，即

$$\vec{K}_{1-2}=\vec{K}_{1-1'}+\vec{K}_{1'-2}$$

同理 $\vec{K}_{1'-2'}=\vec{K}_{1'-2}+\vec{K}_{2-2'}$

由于水流是恒定流动，1′—2段内的几何形状和液体的质量及流速等均不随时间而改变，因此1—2流段在经过时段 dt 后的动量增量等于2—2′段动量减去1—1′段动量，即

$$\Delta\vec{K}=\vec{K}_{2-2'}-\vec{K}_{1-1'}$$

为了确定动量 $\vec{K}_{2-2'}$ 和 $\vec{K}_{1-1'}$，在所取的恒定总流中任取一束元流进行分析。设元流断面1—1的面积为 dA_1，流速为 u_1，流量为 dQ_1；元流断面2—2的面积为 dA_2，流速为 u_2，流量为 dQ_2；则微小流束液体动量的增量为

$$d\vec{K}=\rho dQ_2 dt\vec{u}_2-\rho dQ_1 dt\vec{u}_1$$

对于不可压缩液体，$dQ_1=dQ_2=dQ$，故

$$d\vec{K}=\rho dQ dt(\vec{u}_2-\vec{u}_1)$$

根据质点系的动量定理，可得恒定元流的动量方程为

$$\rho dQ(\vec{u}_2-\vec{u}_1)=\vec{F} \tag{3-31}$$

式中 $\vec{F}$——作用在元流1—2上外力的合力。

通过对总流上无数多个元流动量增量进行积分，可以得到总流1—2流段经过时段 dt 后的动量的改变量为

$$\Delta\vec{K}=\int_{A_2}\rho dQ dt\vec{u}_2-\int_{A_1}\rho dQ dt\vec{u}_1=\rho dt\left[\int_{A_2}\vec{u}_2 u_2 dA_2-\int_{A_1}\vec{u}_1 u_1 dA_1\right]$$

总流过水断面上的流速分布，一般是未知函数，所以用断面平均流速 v 代替断面上流速分布函数 u，并引入动量修正系数 α'，则总流的动量增量为

$$\Delta\vec{K}=\rho dt(\alpha_2'\vec{v}_2 v_2 A_2-\alpha_1'\vec{v}_1 v_1 A_1)$$

α' 是实际动量与按断面平均流速计算的动量的比值，表达式为

$$\alpha'=\frac{\int_A u^2 dA}{v^2 A}$$

α' 值与断面流速分布有关，在一般渐变流中，$\alpha'=1.02\sim1.05$，为计算方便，通常采用1.0。由恒定总流的连续性方程 $v_1A_1=v_2A_2=Q$，得

$$\Delta\vec{K}=\rho Q dt(\alpha_2'\vec{v}_2-\alpha_1'\vec{v}_1)$$

根据质点系动量定律，设 $\sum\vec{F}dt$ 为 dt 时间内作用于总流流段上所有外力的冲量的代数和，于是恒定总流的动量方程式为

$$\sum\vec{F}=\frac{\Delta\vec{K}}{dt}$$

即

$$\sum\vec{F}=\rho Q(\alpha_2'\vec{v}_2-\alpha_1'\vec{v}_1) \tag{3-32}$$

为计算方便，常将矢量型的动量方程变成分量型方程。

$$\begin{cases}\sum F_x=\rho Q(\alpha_2'v_{2x}-\alpha_1'v_{1x})\\ \sum F_y=\rho Q(\alpha_2'v_{2y}-\alpha_1'v_{1y})\\ \sum F_z=\rho Q(\alpha_2'v_{2z}-\alpha_1'v_{1z})\end{cases} \tag{3-33}$$

式（3-32）不仅适用于理想液体，而且也适用于实际液体。

动量方程是水动力学中重要的基本方程之一，应用广泛。在应用动量方程时，需要注意以下各点：

1）动量方程式是向量式，流速和作用力都有方向，因此必须选定投影轴，并标明投影轴的正方向，然后把流速和作用力向该投影轴投影。投影轴的选取以计算方便为宜。

2）控制体可以任意选取，一般是取整个总流的边界为控制边界，控制体的横向边界一般是过水断面，应选在均匀流或者渐变流断面上，以便于计算断面平均流速和断面上的压力。

3）$\sum \vec{F}$ 是作用在被截取的液流上的全部外力之和，外力应包括质量力（通常为重力）以及作用在断面上的压力和固体边界对液流的压力及摩擦力。

4）动量方程式的右端，是单位时间内控制体内液体的动量改变值，必须是输出的动量减去输入的动量。

5）动量方程只能求解一个未知数，若方程中未知数多于一个时，必须联合连续性方程或能量方程。

当液流有分流或汇流的情况，动量方程可推广应用于流场中任意选取的封闭控制体。

如图 3-6a 所示分流情况时，有 $Q_1=Q_2+Q_3$，则

$$\begin{cases}\sum F_x=\rho(Q_2\alpha_2'v_{2x}+Q_3\alpha_3'v_{3x}-Q_1\alpha_1'v_{1x})\\ \sum F_y=\rho(Q_2\alpha_2'v_{2y}+Q_3\alpha_3'v_{3y}-Q_1\alpha_1'v_{1y})\\ \sum F_z=\rho(Q_2\alpha_2'v_{2z}+Q_3\alpha_3'v_{3z}-Q_1\alpha_1'v_{1z})\end{cases} \tag{3-34}$$

如图 3-6b 所示汇流情况时，有 $Q_1+Q_2=Q_3$，则

$$\begin{cases}\sum F_x=\rho(Q_3\alpha_3'v_{3x}-Q_2\alpha_2'v_{2x}-Q_1\alpha_1'v_{1x})\\ \sum F_y=\rho(Q_3\alpha_3'v_{3y}-Q_2\alpha_2'v_{2y}-Q_1\alpha_1'v_{1y})\\ \sum F_z=\rho(Q_3\alpha_3'v_{3z}-Q_2\alpha_2'v_{2z}-Q_1\alpha_1'v_{1z})\end{cases} \tag{3-35}$$

【例 3-6】 如图 3-21a 所示为一水平安装的三通水管，干管 $d_1=1200\text{mm}$，支管 $d_2=d_3=900\text{mm}$，夹角 $\theta=45°$，干管流量 $Q_1=3\text{m}^3/\text{s}$，支管流量 $Q_2=Q_3$，断面 1—1 的相对压强 $p_1=100\text{kPa}$，断面 1—1 至断面 2—2 或断面 3—3 的能量损失 $h_w=\left(0.03\dfrac{L_1}{d}+0.5\right)\dfrac{v_1^2}{2g}$，其中 $L_1=20\text{m}$，求水流对管道支墩的力 R'。

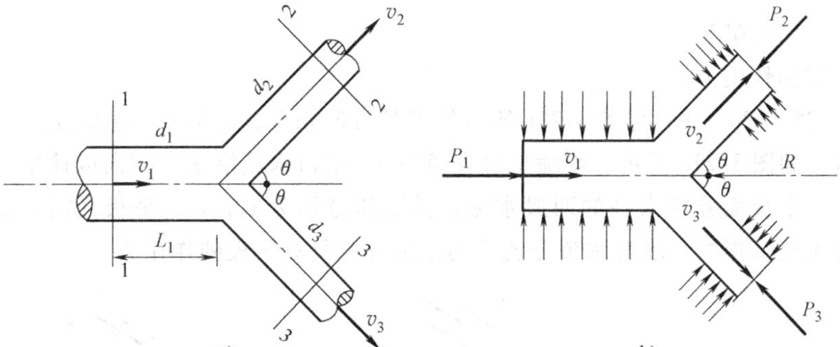

图 3-21 【例 3-6】图

解：（1）绘出计算流段的隔离体，外力方向如图 3-21b 所示，

（2）计算进口流速 v_1 与出口流速 v_2、v_3。

$$Q_2=Q_3=\frac{1}{2}Q_1=\frac{3}{2}\text{m}^3/\text{s}=1.5\text{m}^3/\text{s}$$

$$v_1=\frac{4Q_1}{\pi d_1{}^2}=\frac{4\times3}{\pi\times1.2^2}\mathrm{m/s}=2.653\mathrm{m/s}$$

$$v_2=v_3=\frac{4Q_2}{\pi d_2^2}=\frac{4\times1.5}{\pi\times0.9^2}\mathrm{m/s}=2.358\mathrm{m/s}$$

（3）求 p_2，p_3

取 $\alpha_1=\alpha_2=1$，列断面 1—1 与断面 2—2、断面 3—3 能量方程

$$Z_1+\frac{p_1}{\gamma}+\frac{v_1^2}{2g}=Z_2+\frac{p_2}{\gamma}+\frac{v_2^2}{2g}+h_{w1-2}$$

$$Z_1+\frac{p_1}{\gamma}+\frac{v_1^2}{2g}=Z_3+\frac{p_3}{\gamma}+\frac{v_3^2}{2g}+h_{w1-3}$$

因 $Z_2=Z_3, v_2=v_3, h_{w1-2}=h_{w1-3}$，有 $p_2=p_3$

得

$$p_2=p_3=p_1+\gamma\frac{v_1^2-v_2^2}{2g}-\gamma\left(0.33\frac{L_1}{d_1}+0.5\right)\frac{v_1^2}{2g}$$

$$=100\mathrm{kPa}+98\times\frac{2.653^2-2.358^2}{2\times9.8}\mathrm{kPa}-9.8\left(0.03\times\frac{20}{1.2}+0.5\right)\frac{2.653^2}{2\times9.8}\mathrm{kPa}$$

$$=97.22\mathrm{kPa}$$

（4）列动量方程求解反力

如图 3-21b 所示，取 $\alpha_1'=\alpha_2'=\alpha_3'=1$，列断面 1—1 与断面 2—2 及断面 3—3 间的动量方程，有

$$P_1-R-P_2\cos45°-P_3\cos45°=(\rho Q_2v_2\cos45°+\rho Q_3v_3\cos45°)-\rho Q_1v_1$$

又 $Q_1=Q_2+Q_3, P_2=P_3$

得

$$R=P_1-2P_2\cos45°+\rho Q_1(v_1-v_2\cos45°)$$

$$=p_1\frac{\pi d_1^2}{4}+2p_2\frac{\pi d_2^2}{4}\cos45°+\rho Q_1(v_1-v_2\cos45°)$$

$$=100\times\frac{3.14\times1.2^2}{4}\mathrm{kN}+2\times97.22\times\frac{3.14\times0.9^2}{4}\times0.707\mathrm{kN}+1\times3\times(2.635-2.358\times0.707)\mathrm{kN}$$

$$=28.6\mathrm{kN}$$

水流对支墩的作用力：

$R'=-R=-28.6\mathrm{kN}$，方向与图 3-21b 所示的 R 的方向相反，并同在一直线上。

【例 3-7】 如图 3-22a 所示，喷嘴出口直径为 d，出口水流沿水平方向以速度 v_0 射向一斜置的固定平板后，沿板面分成水平的两股水流，其流速分别为 v_1，v_2。平板光滑，如不计水流重力、空气阻力及喷嘴损失，求此水流分流后的流量分配及对平板的作用力。

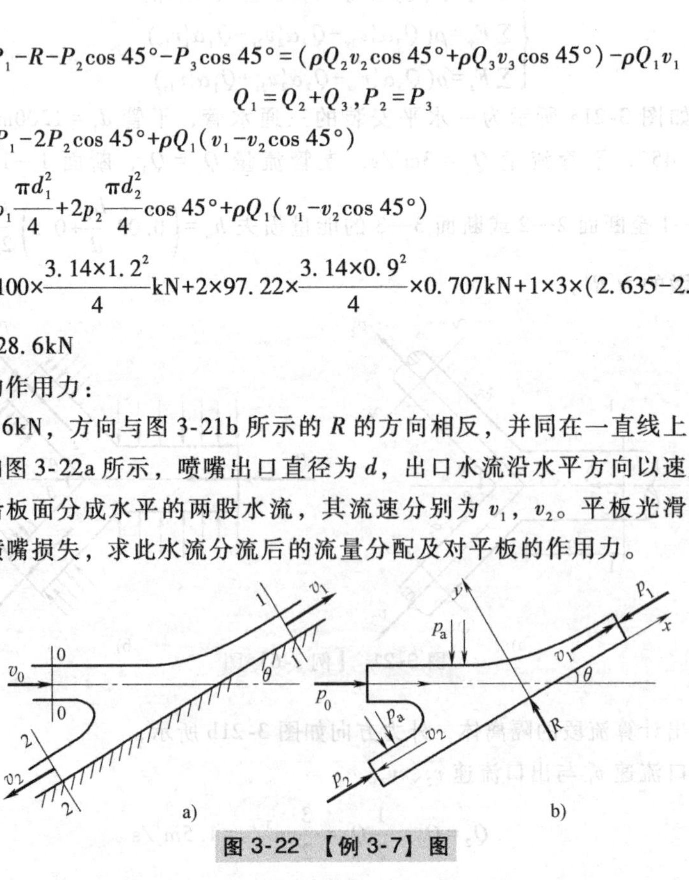

图 3-22 【例 3-7】图

解：(1) 绘隔离体，标明外力方向，如图 3-22b 所示。

(2) 确定 v_1，v_2

因 $h_w=0$，$Z_1=Z_2=Z_0$，喷嘴出流四周为大气，则 $p_{1\gamma}=p_{2\gamma}=p_{0\gamma}=0$，取 $\alpha_1=\alpha_2=\alpha_0=1$，列断面 0—0 与断面 1—1，断面 2—2 能量方程，有

$$Z_0+0+\frac{\alpha_0 v_0^2}{2g}=Z_1+0+\frac{\alpha_1 v_1^2}{2g}+0$$

$$Z_0+0+\frac{\alpha_0 v_0^2}{2g}=Z_2+0+\frac{\alpha_2 v_2^2}{2g}+0$$

得

$$v_1=v_2=v_0$$

(3) 列动量方程求解流量分配及边界反力 R

为计算简便，沿平板板面取 x 轴、y 轴垂直于平板。因 $p_{1r}=p_{2r}=p_{0r}=0$，故 $P_1=P_2=P_0=0$，列 x 轴向的动量方程，有

$$\rho Q_1 v_1-\rho Q_2 v_2-\rho Q_0 v_{0x}=\Sigma F_x$$

$$\Sigma F_x=-P_1+P_2+P_0\cos\theta=0+0+0\times\cos\theta=0$$

又

$$v_1=v_2=v_0$$

得

$$Q_1-Q_2-Q_0\cos\theta=0$$

而

$$Q_1+Q_2=Q_0$$

得

$$\begin{cases} Q_1=\dfrac{Q_0}{2}(1+\cos\theta) \\ Q_2=\dfrac{Q_0}{2}(1-\cos\theta) \end{cases}$$

列 y 轴向动量方程，有

$$\Sigma F_y=R=0-(-\rho Q_0 v_{0y})=\rho Q_0 v_0\sin\theta$$

水流对平板作用力

$R'=-R=-\rho Q_0 v_0\sin\theta$（方向与 y 轴向相反，即垂直指向平板）。

本 章 小 结

本章主要讨论液体运动规律及产生运动的原因，重点介绍三大方程（连续性方程、能量方程和动量方程）及其应用。

描述液体运动的方法有欧拉法和拉格朗日法，通常采用欧拉法。欧拉法是研究不同质点在通过固定空间点的运动情况，其运动参数是空间位置坐标（x，y，z）和时间 t 的函数。欧拉法的主要概念有过水断面、流量、断面平均流速、恒定流与非恒定流、均匀流与非均匀流等。

连续性方程是质量守恒定律在水力学中的具体表达形式，它不涉及力的影响，因此该方程在无黏性液体和黏性液体中都可使用。

总流能量方程是在一定条件下建立的，具有一定的应用条件。在应用方程求解问题时，方程中压能与位能作为一个整体。

正确分析外力是应用动量方程的先决条件。外力是指作用在所取的液流段隔离体上的一切作用力，包括质量力和表面力。应用动量方程时，先建立坐标系，取出隔离体，标出所有外力和断面上的流速，对于未知作用力，假设一个方向，如解出的结果为正值，则说明假设方向正确，如为负值，则表示与假设方向相反。动量方程对理想液体与实际液体均适用，它常与能量

方程、连续方程联立解题。

思考题与习题

3-1 已知圆管内半径为 r_0，断面流速分布关系为（1）$u=u_{\max}\left[1-\left(\frac{r}{r_0}\right)^2\right]$，（2）$u=u_{\max}\left(\frac{y}{r_0}\right)^{\frac{1}{7}}$。$u_{\max}$为管线上最大流速。求此两种流速分布下的动能修正系数 α。

3-2 恒定流是否可以同时为急变流？均匀流是否可以同时为非恒定流？

3-3 应用能量方程时，计算断面为什么只能选用渐变流断面？但两断面间为什么允许存在急变流？两计算断面是否可以选在非均匀流断面处？

3-4 渐变流或均匀流过水断面压强分布与静水中的压强分布有何异同之处？

3-5 如图 3-23 所示，铅垂放置的有压流管道，已知 $d_1=200\text{mm}$，$d_2=100\text{mm}$，断面 1—1 流速 $v=1\text{m/s}$，求

（1）断面 2—2 处平均流速 v_2；

（2）输水流量 Q；

（3）若此管道平置或斜置，上述 v_2、Q 计算结果是否会变化，如图 3-23b、c 所示；

（4）如图 3-23a 所示，数据不变，若水自下而上流动，v_2 与 Q 的上述计算结果是否会有变化？

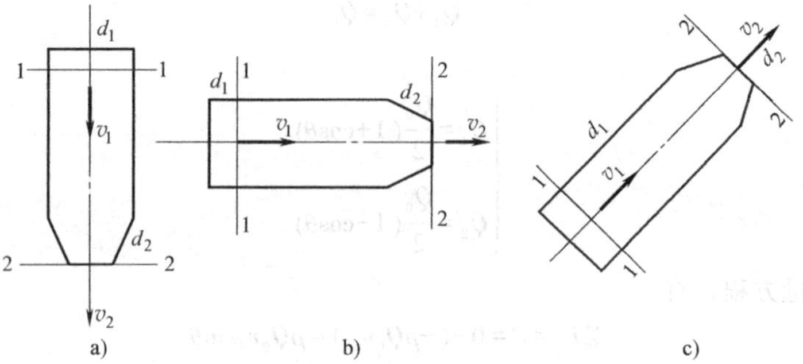

图 3-23 习题 3-5 图

3-6 如图 3-24 所示，$d_1=200\text{mm}$，$d_2=400\text{mm}$，已知 $p_1=68.6\text{kPa}$，$p_2=30.2\text{kPa}$，$v_2=1\text{m/s}$，$\Delta z=1\text{m}$，试确定水流方向及断面的水头损失。

图 3-24 习题 3-6 图

3-7 如图 3-25 所示，在倒 U 型管比压计中，油的重度 $\gamma=8.16\text{kN/m}^3$，水油界面高差 $\Delta h=200\text{mm}$，求 A 点流速 u。

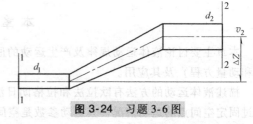

3-8 如图 3-26 所示文丘里管，已知 $d_1=50\text{mm}$，$d_2=100\text{mm}$，$h=2\text{m}$，不计水头损失，问管中流量至少为多少时，才能抽出基坑中的积水？

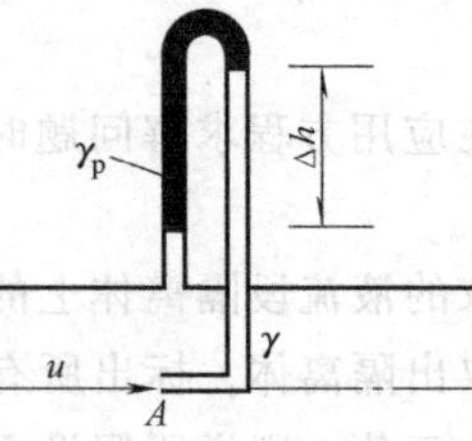

图 3-25 习题 3-7 图

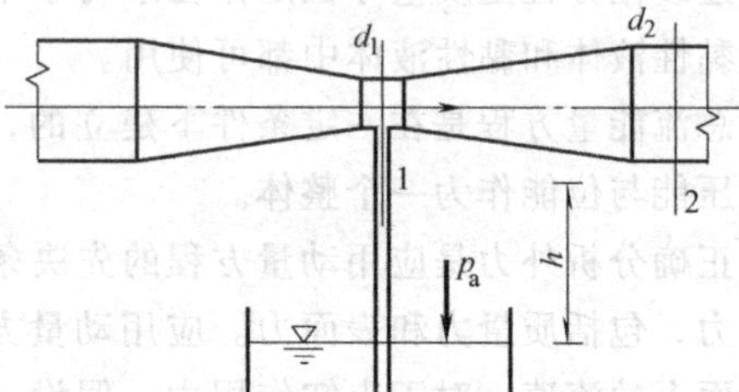

图 3-26 习题 3-8 图

3-9 如图 3-27 所示平底渠道，断面为矩形、宽 $b=1\text{m}$，渠底上升的坎高 $P=0.5\text{m}$，坎前渐变流断面处水深 $H=1.8\text{m}$，坎后水面跌落 $\Delta z=0.3\text{m}$，坎顶水流为渐变流，忽略水头损失，求渠中流量 Q。

3-10 如图 3-28 所示的有压涵管，其管径 $d=1.5\text{m}$，上下游水位差 $H=2\text{m}$。设涵管水头损失 $h_w=2\dfrac{v^2}{2g}$（v 为管中流速），求涵管泄流量 Q。

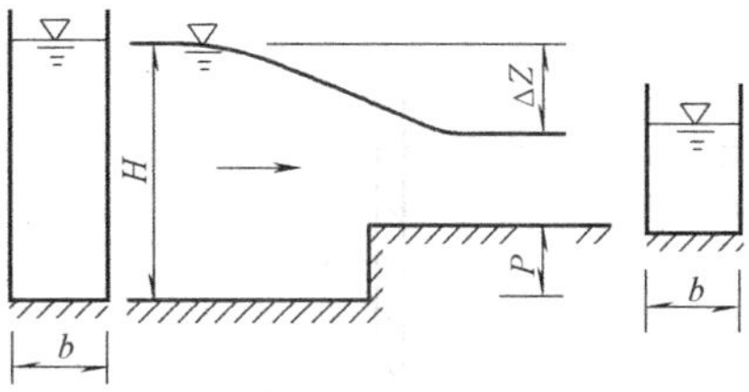

图 3-27 习题 3-9 图

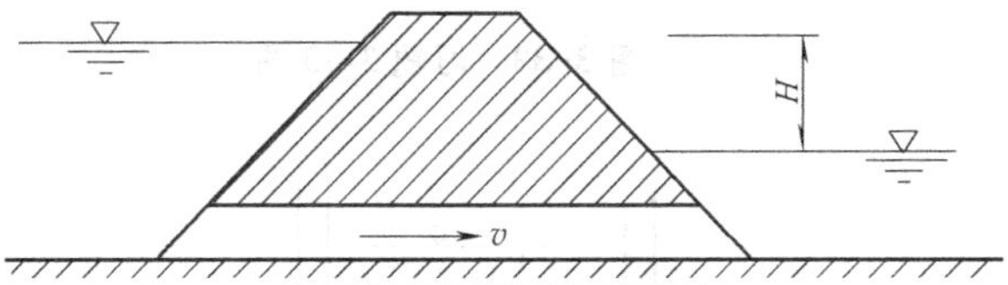

图 3-28 习题 3-10 图

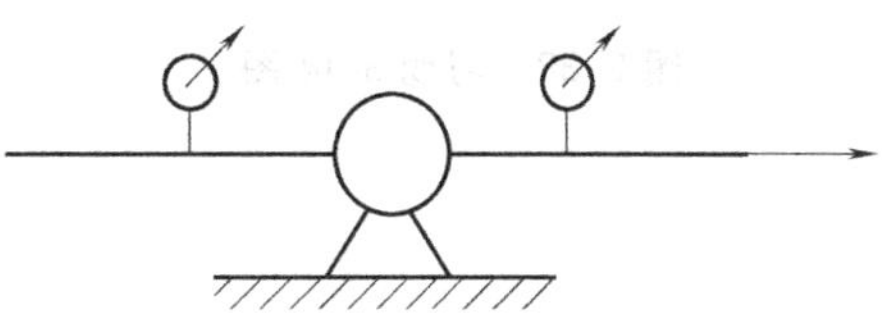

图 3-29 习题 3-11 图

3-11 如图 3-29 所示，某水泵在运行时，其进口真空表读数为 3m 水柱，出口压力表读数为 28m 水柱，吸水管直径 $d_1=400\text{mm}$，压水管直径 $d_2=300\text{mm}$，流量读数为 180L/s，设此水泵吸水管和压力管的总水头损失 $h_w=8\text{m}$，求水泵扬程。

3-12 如图 3-30 所示，竖管直径 $d_1=100\text{mm}$，出口为一收缩喷嘴，其直径 $d_2=60\text{mm}$，不计水头损失，求泄流量 Q 及 A 点压强 p_A。

3-13 如图 3-31 所示，平板与自由射流轴线垂直，它截去射流的一部分流量 Q_1，并使其余部分偏转角度 θ 后继续自由射流。已知射流流速 $v=30\text{m/s}$，流量 $Q=36\text{L/s}$，$Q_1=12\text{L/s}$。求射流对平板的用力 R' 以及偏角 θ。不计摩擦力及液体重力影响。

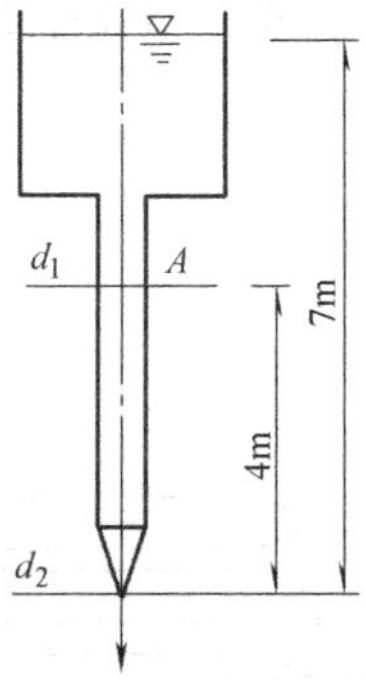

图 3-30 习题 3-12 图

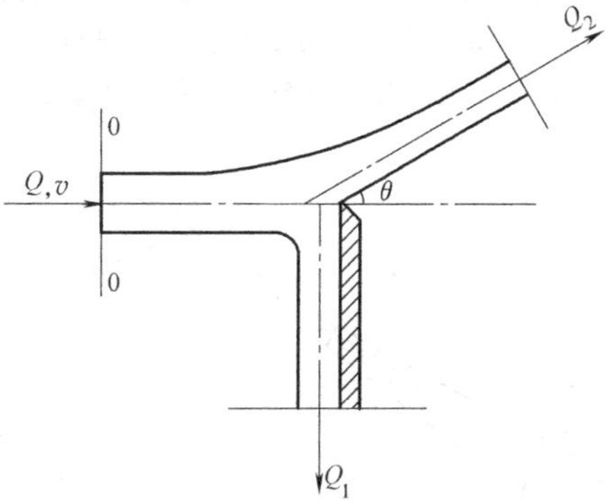

图 3-31 习题 3-13 图

3-14 图 3-32 所示为矩形断面渠道，渠宽 $B=10\text{m}$。渠内插入一直立式平板闸门。已知闸门前水深 $H=5\text{m}$，行近流速 $v_0=0.96\text{m/s}$，门后收缩断面水深 $h_c=0.8\text{m}$。求水流对闸门的推力 R'。

3-15 图 3-33 所示为水平放置的弯管，弯转角度 $\alpha=45°$，其出口水流流入大气，为恒定流。已知 $Q=50\text{L/s}$，$d_1=150\text{mm}$，$d_2=100\text{mm}$，不计摩擦阻力和水头损失，求限制弯管变形的混凝土支墩所受作用力的大小和方向。

3-16 图 3-34 所示为嵌入支座的一段输水管，其管径 $d_1=1.5\text{m}$，$d_2=1\text{m}$，支座前压力表 M 读数为 $p=4\times98\text{kPa}$，流量 $Q=1.8\text{m}^3$。不计水龙头损失，试确定支座所受的轴向力 R'。

3-17 水由一容器小孔口流出，如图 3-35 所示。孔口直径 $d=10\text{cm}$，若容器中水面至孔口中心的铅垂距离 $H=3\text{m}$，求射流的反作用力 R。

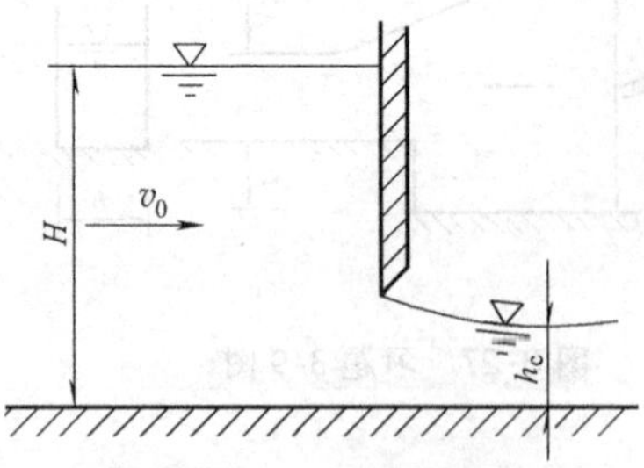

图 3-32　习题 3-14 图

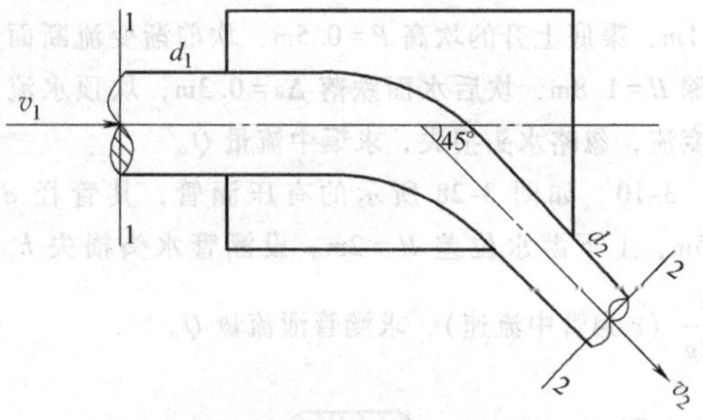

图 3-33　习题 3-15 图

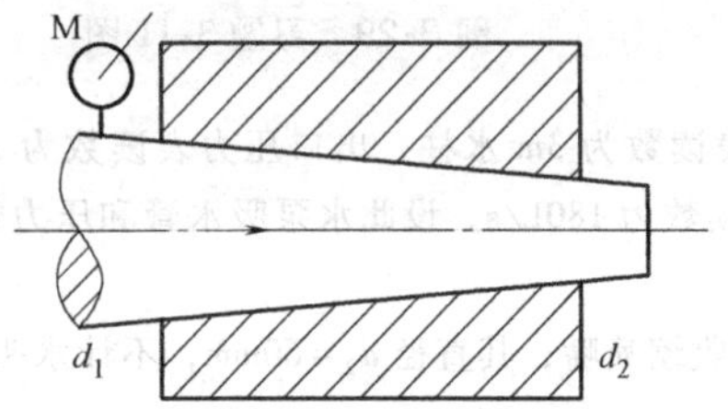

图 3-34　习题 3-16 图

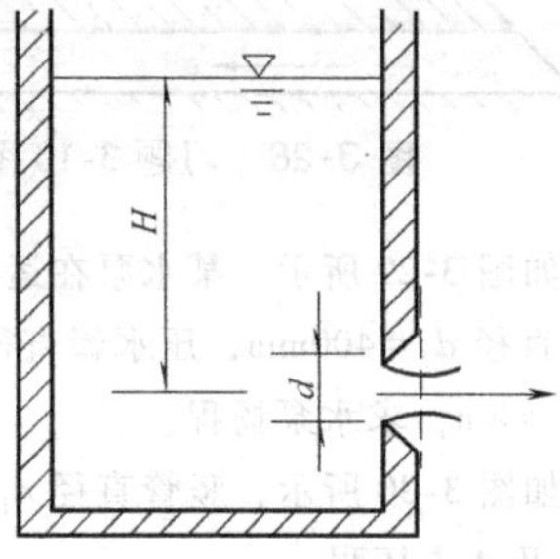

图 3-35　习题 3-17 图

3-18　如图 3-36 所示，已知喷枪流量 $Q=5\text{L/s}$，$d_1=80\text{mm}$，$d_2=20\text{mm}$，长 $L=500\text{mm}$，仰角 $\alpha=30°$，求水喷枪作用于支柱的力 R 和冲击物体 A 的力 R'。

3-19　如图 3-37 所示，河内有一排桥墩，其间距 $B=2\text{m}$，墩前 1—1 断面水深 $H_1=6\text{m}$，墩前行近流速 $v_0=2\text{m/s}$，下游水深 $H_1=5\text{m}$，求每个桥墩所受的水平推力。

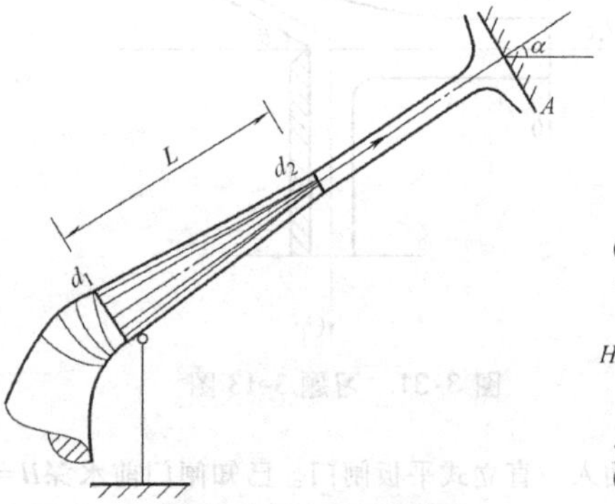

图 3-36　习题 3-18 图

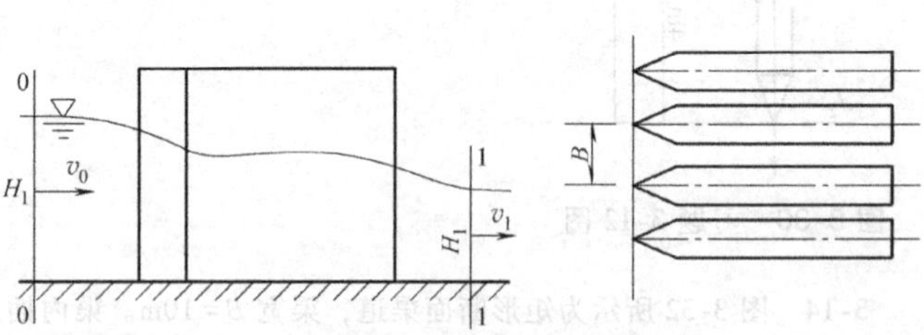

图 3-37　习题 3-19 图

第 4 章

水流阻力与水头损失

学习重点

水流阻力、水头损失的概念及类型；水流两种流态及判别；水头损失的计算公式，沿程及局部阻力系数的确定；谢才公式及应用；短管水力计算。

学习目标

了解水流阻力与水头损失产生的原因；熟悉雷诺试验和尼古拉兹试验；掌握水头损失的概念，液体流动的两种流态和判别方法，沿程、局部水头损失计算，短管出流形式和水力计算。

实际液体具有黏滞性，在流动过程中会产生水流阻力，克服阻力就要耗损一部分机械能，产生水头损失。水头损失与液体的物理特性、边界条件以及液流流态有密切关系，本章在阐明液流流态及其特征的基础上，讨论水头损失的变化规律及其计算方法。

4.1　水流阻力与水头损失的概念

产生水流阻力与水头损失的主要原因包括两个方面。一是液体具有黏滞性，由于液体的黏滞性以及固壁边界引起的过水断面上流速分布不均匀导致横向速度梯度，从而使水流中存在摩擦阻力，而液体运动克服摩擦阻力需消耗一部分能量；二是固体边界的影响，由于液体黏滞性、边界条件变化以及其他原因，使液流中产生漩涡，从而改变了水流的内部结构，水流中各质点间产生相对运动，并进行势能与动能的相互转化，在这个过程中有一部分机械能转化为热能，造成机械能损失。把每单位重力液体所消耗的能量称为水头损失，以 h_w 表示。

为了便于分析研究，根据造成水流阻力的外在因素，即流动的不同边界条件，将水流阻力分为沿程阻力和局部阻力两种形式，相应的水头损失称为沿程水头损失和局部水头损失。

1. 沿程阻力和沿程水头损失

在流动边界条件沿流程不变的均匀流中，固壁边界虽然是平直的，但由于边界粗糙及液流的黏滞作用，引起过水断面上流速分布不均匀，液流内部质点之间发生相对运动，产生切应力。但是，因均匀流沿流程的流动情况不变，则过水断面上切应力的大小及分布沿流程不变，这种切应力称为沿程阻力（或摩擦阻力）。在流动过程中，要克服这种摩擦阻力就需要做功，单位重力液体由于沿程阻力做功所引起的机械能损失称为沿程水头损失，以 h_f 表示。由于沿程阻力沿流程均匀分布，因而沿程水头损失与流程的长度成正比。均匀流的水力坡度 J 沿程不变，总水头线为一条直线。由能量方程可计算出均匀流从过水断面 1—1 到过水断面 2—2 之间流段的沿程水头损失为

$$h_{f1-2}=\left(z_1+\frac{p_1}{\gamma}\right)-\left(z_2+\frac{p_2}{\gamma}\right) \tag{4-1}$$

式（4-1）说明均匀流时，克服沿程阻力所消耗的能量由势能提供。

当液体流动为渐变流时，水流阻力就不仅仅有沿程阻力了，而且沿程阻力的大小沿流程也要发生变化。为了简化计算，常将比较接近的两过水断面之间的渐变流视为均匀流，用均匀流的计算方法计算该段的沿程水头损失。

2. 局部阻力和局部水头损失

在急变流段上所产生的流动阻力称为局部阻力，相应的水头损失称为局部水头损失，以 h_j 表示。急变流段上流动边界急剧变化，使得过水断面形状及大小、断面上的流速分布与压强分布均沿程迅速变化，并且往往会发生主流与固壁边界分离，在主流与固壁边界之间形成漩涡区，漩涡区内过水断面上的流速梯度增大，相应的摩擦阻力也增大。漩涡运动的产生及发展还会使液体质点的运动更加紊乱，相互碰撞加剧。局部阻力一般集中在不长的流程上，水流结构发生急剧变化，如水管的弯头、变径、闸门、阀门等处的阻力均属此类。

工程实际中的液体运动，通常是由若干段均匀流、渐变流和急变流组成，整个流动的水头损失应该是各流段的水头损失之和。

如图 4-1 所示的管道流动，其中 ab，bc 和 cd 各段只有沿程阻力，h_{fab}、h_{fbc} 和 h_{fcd} 是各段的沿程水头损失；管道入口、管截面突变、阀门及出口处产生的局部水头损失，h_{ja}、h_{jb}、h_{jc} 及 h_{jd} 是各处的局部水头损失。整个管道的水头损失 h_w 等于各段沿程损失和各处局部损失的总和。

$$h_w=\sum h_f+\sum h_j \tag{4-2}$$

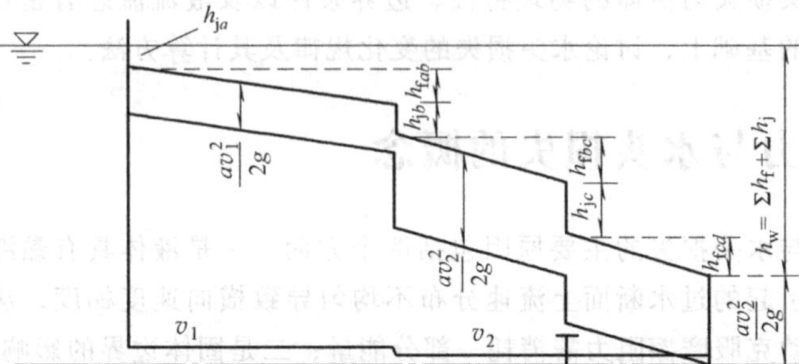

图 4-1 沿程水头损失和局部水头损失

4.2 液体运动的两种流态

1. 雷诺试验

水流阻力和水头损失的形成原因，不仅与边界条件有关，也与液体内部的微观运动结构有关。从运动液体内部的微观运动结构分析，流动存在两种形态，即层流和紊流。1883 年英国物理学家雷诺（Osborne Reynolds）通过试验揭示了两种流态的本质。雷诺通过管道水流试验，研究不同的管径、管壁粗糙度及不同流速与沿程水头损失之间的关系，证实了实际液体运动在不同边界条件下和不同流速时有层流和紊流两种不同的流态。流态不同时，其断面流速分布、水头损失等规律均不相同。

雷诺试验的装置如图 4-2a 所示。水平放置一玻璃管与水箱相连，水箱水面保持恒定，另接一装有颜色水的容器，颜色水与水的重度相同，经细管流入玻璃管中，以小阀门调节颜色水的

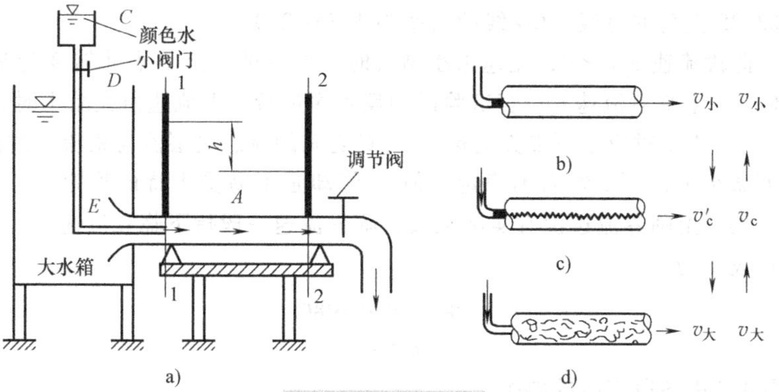

图 4-2 雷诺试验

a）试验装置 b）层流 c）过渡区 d）紊流

流量。以调节阀调节玻璃管内水的流量，从而达到控制流速的目的。

试验时，首先缓慢打开调节阀，使玻璃管内水的流速很小，再打开小阀门放出颜色水，此时可见颜色水呈一细股界限分明的直线流束，与周围清水互不混掺，各流层液体质点有条不紊的运动，这种形态的流动称为层流，如图 4-2b 所示。若逐渐开大调节阀，使流速逐渐增大到足够大时，颜色水产生微小波动，如图 4-2c 所示。继续开大调节阀，当流速增大到某一数值时，颜色水横向扩散遍及管道的整个断面，各流层的液体质点形成涡体，在流动过程中互相混掺，杂乱无章，这种流态的流动称为紊流，如图 4-2d 所示。图 4-2c 所示状态是从层流与紊流之间的过渡状态。由层流转化为紊流时的流速称为上临界流速，以 v_c'表示。紊流状态下液体质点的运动轨迹极不规则，既有沿质点主流方向的运动，又有垂直于主流方向的运动，各点速度的大小和方向随时间无规律的随机变化。

若经相反的程序进行试验，将开大的调节阀逐渐关小，玻璃管中已处于紊流状态的液体逐渐减速，经图 4-2c 所示的过渡状态后，当液体的流速降低到某一值 v_c 时，玻璃管中的液流又呈现出颜色水鲜明的直线流动，说明水流已由紊流转变为层流了。由试验知 $v_c<v_c'$，即紊流转变为层流的流速要比层流转变为紊流的流速小，v_c 称为下临界流速。

为了探讨沿程水头损失与边界情况及流速等之间的关系，在玻璃管的断面 1—1 及断面 2—2 分别接一测压管，由能量方程 $h_w=h_{f1-2}=\left(z_1+\dfrac{p_1}{\gamma}\right)-\left(z_2+\dfrac{p_2}{\gamma}\right)$，可知两断面间的水头损失等于两断面的测压管水头差。当管内流速不同时，测压管水头差值也不相同，即沿程水头损失也不相同。试验时，每调节一次流速，测定一次测压管水头差值，并同时观察流态，最后将不同的流速 v 及相应的水头损失 h_f 的试验数据点绘在双对数坐标纸上，得出 h_f 与 v 的关系曲线，如图 4-3 所示。从图中可以看出，曲线有三段不同的规律。

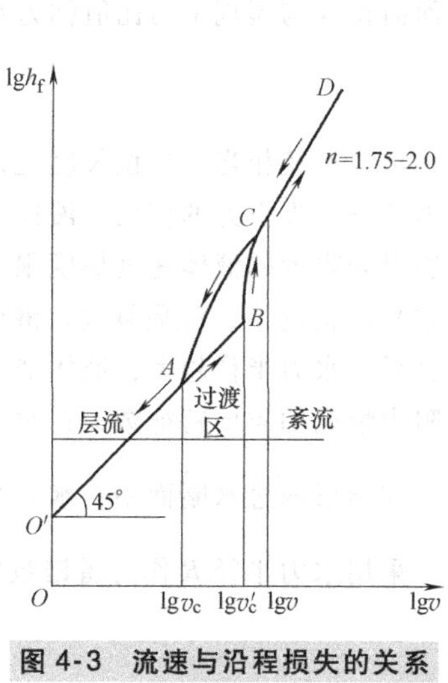

图 4-3 流速与沿程损失的关系

1）$O'A$ 段：此段流速 $v<v_c$，流动为稳定的层流，h_f 与流速 v 的一次方成正比，试验点分布在与横坐标轴 $\lg v$ 呈 45°的直线上，因而 $O'A$ 线的斜率为 1。

2）CD 段：此段流速 $v>v_c'$，流态为紊流，试验曲线 CD 的开始部分为与横轴 $\lg v$ 呈约 60°夹角的直线，向上微弯后又渐为与横轴成63°25′夹角的直线，*CD* 线的斜率为 1.75~2.0。

3）*AC* 段：此段流速 $v_c<v<v_c'$，流速由小增大时，层流维持至 *B* 点才转变为紊流，试验曲线为 *ABC*，*B* 点对应于上临界流速 v_c'；若试验以相反程序进行，即流速由大减小时，则紊流维持至 *A* 点才转变为层流，*A* 点对应于下临界流速 v_c，*AC* 之间的流态是层流与紊流的过渡段。v_c'值易受试验过程中任何微小干扰的影响而不稳定，但 v_c 值却是不易受干扰的稳定值。在实际工程中，扰动是普遍存在的，上临界流速没有实际意义，临界流速一般指下临界流速。

试验结果可表示为

$$\lg h_f=\lg k+m\lg v$$

即

$$h_f=kv^m \tag{4-3}$$

式中　m——图 4-3 中各段直线的斜率。

层流时，$m=1.0$，$h_f=kv$，此时，沿程水头损失与流速的一次方成正比；紊流时，$m=1.75\sim2.0$，$h_f=kv^{1.75\sim2.0}$，此时沿程水头损失与流速的 1.75~2.0 次方成正比。

因此，要计算水头损失，必须首先判别水流流态。

2. 流态的判别——临界雷诺数

上述试验观察到两种不同的流态，以及流态与管道流速之间的关系。由雷诺等人的进一步实验表明，流态不仅和断面平均流速 v 有关，还和管径 d、液体的动力黏滞系数 μ、密度 ρ 有关。流态既反映管道中流体的特性，同时也反映管道的特性。

将上述四个参数合成一无量纲数，称为雷诺数，用 Re 表示。

$$Re=\frac{vd\rho}{\mu}=\frac{vd}{\nu} \tag{4-4}$$

式中　ν——液体的运动黏滞系数（m^2/s）（见第 1 章）。

对应于临界流速的雷诺数称为临界雷诺数，通常用Re_c 表示。大量实验表明，尽管在不同的管道、不同的液体以及不同的外界条件下，其临界雷诺数有所不同，但通常情况下，临界雷诺数总在 2320 附近，即$Re_c=2320$。

当管中雷诺数小于临界雷诺数时，管中流动处于层流状态，反之则为紊流。

对于非圆形管道的有压管流或过水断面为非圆形的明渠、河道中的水流也有层流和紊流之别，同样可用临界雷诺数进行流态的判别，只是雷诺数中的特征长度采用水力半径 R。

设过水断面面积为 A，过水断面上液体与固壁接触部分的长度，称为湿周，以 χ 表示，过水断面面积 A 与湿周 χ 的比值称为水力半径，即

$$R=\frac{A}{\chi} \tag{4-5}$$

水力半径相当于单位长度湿周对应的过水断面面积，具有长度的量纲。在边界上，由于黏滞力和分子吸引力的作用，液体质点速度为零，而稍离开边界处的液体具有较大的流速，这说明边界处附近的液体速度梯度很大，则内摩擦力也大。所以在其他条件不变（如过水断面面积一定）的情况下，湿周越大，液体消耗于克服内摩擦力的能量也越多；而水力半径与湿周成反比关系，水力半径越大，液体消耗于克服内摩擦力的能量越小。水力半径和湿周是表示液体承受阻力情况的重要特征数，在水力学中广泛应用。

在圆形的过水断面中，水力半径等于圆直径的 1/4，即 $R=\frac{d}{4}$。

采用水力半径 R 作为雷诺数中的特征长度，则雷诺数和临界雷诺数可表示为

$$Re=\frac{vR}{\nu}$$

$$Re_c=\frac{v_c R}{\nu}$$

在公路工程中，所涉及的绝大多数水流运动是紊流，层流只有在实验室和地下水中出现，所以在公路工程中重点研究紊流运动。

采用水力半径 R 作为雷诺数中的特征长度时，$Re_c=580$。

【例 4-1】 有压管道直径 $d=100\text{mm}$，流速 $v=1\text{m/s}$，水温 $t=10℃$，试判别水流的流态。

解：$t=10℃$ 时得

$$\nu=\frac{0.01775}{1+0.0337t+0.000221t^2}=\frac{0.01775}{1.3591}\text{cm}^2/\text{s}=0.0131\text{cm}^2/\text{s}$$

$$Re=\frac{vd}{\nu}=\frac{100\times10}{0.0131}=76600>Re_c=2320$$

水流的流态属紊流。

【例 4-2】 有压管道直径 $d=2\text{cm}$，流速 $v=8\text{cm/s}$，水温 $t=15℃$，试确定水流流态及水流流态转变时的临界流速与水温。

解：$t=15℃$ 时，查表 1-1 得　$\nu=0.01139\text{cm}^2/\text{s}$

$$Re=\frac{vd}{\nu}=\frac{8\times2}{0.01139}=1400<Re_c=2320$$

水流的流态属层流。

又

$$\nu_c=\frac{Re_c\nu}{d}=\frac{2320\times0.01139}{2}\text{cm/s}=13.2\text{cm/s}$$

$$\nu=\frac{vd}{Re_c}=\frac{8\times2}{2320}\text{cm}^2/\text{s}=0.006896\text{cm}^2/\text{s}$$

$\nu=0.006896\text{cm}^2/\text{s}$ 时，查表 1-1 可知 $t=37.77℃$（流态转变时的水温）。

【例 4-3】 矩形明渠，底宽 $b=2\text{m}$，水深 $h=1\text{m}$，渠中流速 $v=0.7\text{m/s}$，水温 $t=15℃$，试判别流态。

解：$t=15℃$ 时，查表 1-1 得 $\nu=0.01139\text{cm}^2/\text{s}$

$$R=\frac{A}{\chi}=\frac{bh}{b+2h}=\frac{200\times100}{200+2\times100}\text{cm}=50\text{cm}$$

$Re=\dfrac{vR}{\nu}=\dfrac{70\times50}{0.01139}=3.07\times10^5>580$，紊流。

4.3 沿程水头损失计算

1. 均匀流基本方程

均匀流中流层间的黏性阻力（切应力）是造成沿程水头损失的直接原因。因此，先建立沿程水头损失与切应力的关系式。

以有压管流中的均匀流为例，取过水断面 1—1 至断面 2—2 长度为 l 流段作为控制体进行轴向受力分析，由于是等直径圆管，两个过水断面的面积相等，即 $A_1=A_2=A$，如图 4-4 所示。

设流动轴线与竖直方向的夹角为 α，流段所受的轴向外力有 $P_1=p_1A_1$，$P_2=p_2A_2$，重力的分量 $G\cos\alpha=\gamma Al\cos\alpha=\gamma A(z_1-z_2)$，流段边壁的摩擦切力 $T=\tau_0\chi l$，τ_0 为边壁上的平均切应力，χ 是湿周。均匀流是等流速直线流动，故流段所受轴向外力必定相互平衡，即

$$P_1+G\cos\alpha-P_2-T=0$$

$$(p_1-p_2)A+\gamma A(z_1-z_2)-\tau_0\chi l=0$$

用 γAl 除上式中的各项，可得

$$\frac{\left(z_1+\frac{p_1}{\gamma}\right)-\left(z_2+\frac{p_2}{\gamma}\right)}{l}=\frac{\tau_0\chi}{\gamma A}$$

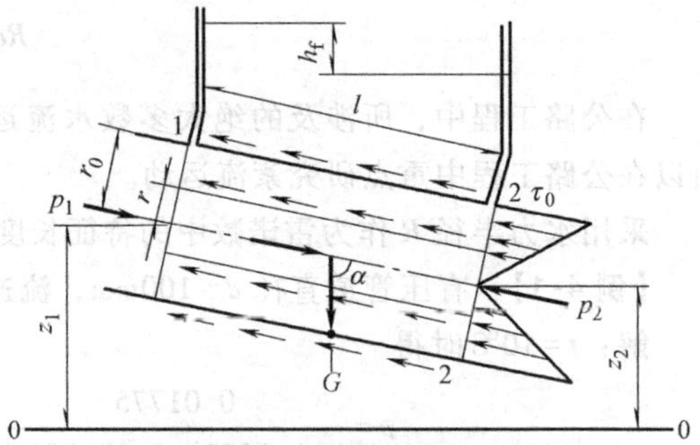

图 4-4　均匀流方程推导图示

式（4-14）中左端为均匀流单位长度上的测压管水头损失或总水头损失$\left(\frac{v_1^2}{2g}=\frac{v_2^2}{2g}\right)$，即为水力坡度 J。而水力半径 R 是过水断面面积 A 与湿周 χ 的比值。这样，上式可简化为

$$\tau_0=\gamma RJ \tag{4-6}$$

或

$$h_f=\frac{\tau_0 l}{\gamma R} \tag{4-7}$$

式中　R——水力半径；

J——水力坡度，$J=\frac{h_f}{l}$。

式（4-6）或式（4-7）就是均匀流基本方程，它表明均匀流单位长度的水头损失 J 与内摩擦力 τ_0 的一次方成正比。只要内摩擦力能够求出，则水头损失就很容易确定。均匀流基本方程在推导过程中未加限制，所以对层流和紊流都适用。

因 J 与 R 成反比，而 $R=A/\chi$。当 A 一定时，χ 越小，R 越大，则 J 越小，即水头损失越小。水头损失随水力半径的增大而减小，说明水力半径是反映液体水头损失的因素。水力学上把影响水头损失的断面几何条件，如 A、χ、R 等，称为断面水力要素。对同样大小的 A，χ 最小、R 最大的断面形状是圆形，工程上常将水管做成圆形，渠道做成接近圆形的梯形，这样就能减小水头损失（减小阻力），使液体的流动更通畅。

2. 圆管过流断面上切应力的分布

在图 4-4 所示的圆管恒定均匀流中，取轴线与管轴重合、半径为 r 的流束，用推导均匀流方程式相同的步骤，即可得出流束的均匀流方程式。

$$\tau=\rho gR'J'$$

式中　τ——流束表面的切应力；

R'——流束的水力半径；

J'——流束的水力坡度。

由于圆管流为恒定均匀流，断面上的压力分布满足静水压力分布，因此流束的水力坡度与总流的水力坡度相等，$J'=J$，$R=\frac{d}{4}=\frac{r_0}{2}$，得

$$\tau_0=\gamma\frac{r_0}{2}J$$

$$\tau=\gamma\frac{r}{2}J \tag{4-8}$$

因此

$$\tau=\frac{r}{r_0}\tau_0 \tag{4-9}$$

即圆管均匀流过流断面上的切应力与半径呈线性关系，且管轴处为最小值（$\tau=0$），管壁处为最大值（$\tau=\tau_0$）。

3. 沿程水头损失计算公式

根据均匀流基本方程，沿程水头损失 h_f 是由于 τ_0 的存在而产生的。从物理性质分析和实验观测可知，液体流动的内摩擦切应力 τ_0 与流速 v、水力半径 R、液体密度 ρ、液体的动力黏滞系数 μ 以及流动边界固壁的粗糙凸起高度 Δ 等因素有关。

通过量纲分析求得

$$\tau_0=\frac{\lambda}{8}\rho v^2 \tag{4-10}$$

$$\lambda=f\left(Re,\frac{\Delta}{R}\right) \tag{4-11}$$

式中 λ——沿程阻力系数或达西系数，它综合反映各个与 τ_0 有关的因素对 h_f 的影响；

$\frac{\Delta}{R}$——壁面的相对粗糙度。

将式（4-10）代入均匀流基本方程式（4-7），可得

$$h_f=\lambda\frac{l}{4R}\frac{v^2}{2g} \tag{4-12}$$

式（4-12）称为达西-魏兹巴赫公式（Darcy-Weisbach equation），是计算沿程水头损失的通用公式，适用于任何流态的液流。

对于有压圆管流动，$4R=d$，代入式（4-12），可得到有压圆管流动的沿程水头损失计算公式为

$$h_f=\lambda\frac{l}{d}\frac{v^2}{2g} \tag{4-13}$$

利用上述公式，计算 h_f 的问题就转化为求解 λ 值的问题了。由式（4-11）可知，λ 与液流的雷诺数 Re 及壁面的相对粗糙度 $\frac{\Delta}{R}$ 有关，下面讨论沿程阻力系数 λ 的确定。

4. 圆管层流沿程阻力系数

（1）圆管层流的流速分布　当圆管中的流动雷诺数小于临界雷诺数时，流动处于层流状态。层流是一种非常有规则的流动，流动液体中除了微观分子间的干扰外，流层间液体互不混掺，圆管中各层液体质点均沿管轴方向做平行运动。由于液体具有黏滞性，液体在圆管壁处处于静止状态，这相当于流速要满足的边界条件。本书讨论的液体均为牛顿流体，各流层间切应力满足牛顿切应力定律，即

$$\tau=\mu\frac{du}{dy}$$

式中，$y=r_0-r$（见图 4-4），$dr=-dy$

则

$$\tau=-\mu\frac{du}{dr} \tag{4-14}$$

将式（4-14）代入均匀流方程式（4-8）中，得

$$-\mu\frac{du}{dr}=\rho g\frac{r}{2}J$$

由于式中 μ，ρ 和 g 为常数，在均匀流情况下，水力坡度 J 也为常数，积分上式得

$$u=-\frac{\rho gJ}{4\mu}r^2+c$$

积分常数 c 由边界条件确定，当 $r=r_0$，$u=0$ 时，$c=\frac{\rho gJ}{4\mu}r_0^2$，将其代入上式

$$u=\frac{\rho gJ}{4\mu}({r_0}^2-r^2) \tag{4-15}$$

式（4-15）是均匀流断面上的层流流速分布表达式，分布形状为抛物面。从表达式及抛物面的性质可得

在管轴处，$r=0$，流速最大值
$$u_{max}=\frac{\rho gJ}{4\mu}r_0^2 \tag{4-16}$$

流量
$$Q=\int_A u\mathrm{d}A=\frac{\rho gJ}{8\mu}\pi r_0^4 \tag{4-17}$$

平均流速
$$v=\frac{Q}{A}=\frac{\rho gJ}{8\mu}r_0^2 \tag{4-18}$$

从上述关系式可得，最大流速值发生在管轴线上，并且最大流速为平均流速的两倍，这是圆管层流的流速特性，也是抛物面的特性。

（2）圆管层流沿程阻力系数　以 $r_0=d/2$，$J=h_f/l$ 代入式（4-18），整理得

$$h_f=\frac{32\mu l}{\rho gd^2}v=\frac{64}{Re}\frac{l}{d}\frac{v^2}{2g}=\lambda\frac{l}{d}\frac{v^2}{2g} \tag{4-19}$$

因此圆管均匀层流沿程阻力系数

$$\lambda=\frac{64}{Re} \tag{4-20}$$

式（4-20）表明，圆管层流的沿程阻力系数只是雷诺数的函数，与管壁的粗糙程度无关。

5. 圆管紊流沿程阻力系数

（1）层流底层厚度　在雷诺流态试验中发现，当雷诺数达到临界值时，紊流首先发生的区域是圆管的中心区域。随着雷诺数增加，紊流区域逐渐向固体壁面扩展。但无论雷诺数增加到多大，在壁面附近总存在一个层流区域，称为层流底层。在层流底层之外的液流，统称为紊流核心，如图4-5所示。

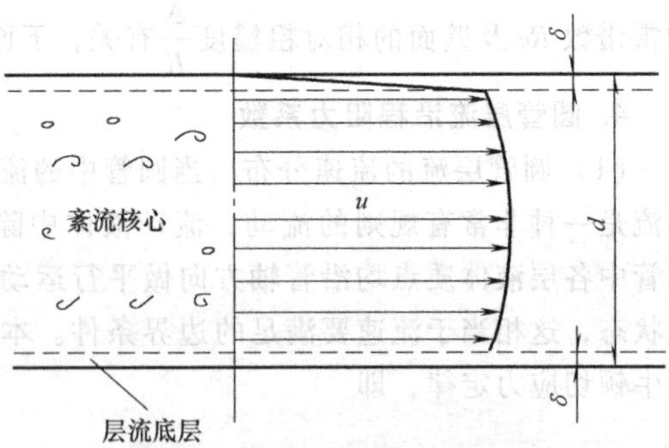

图4-5　紊流核心与层流底层

在层流底层内，切应力为壁面应力，$\tau=\tau_0$，则

$$\tau_0=\mu\frac{\mathrm{d}u}{\mathrm{d}y}$$

积分得

$$u=\frac{\tau_0}{\mu}y+c$$

由边界条件 $y=0$，$u=0$，得 $c=0$，即

$$u=\frac{\tau_0}{\mu}y \tag{4-21}$$

引入阻力流速 $u^*=\sqrt{\frac{\tau_0}{\rho}}$，代入式（4-21），整理得

$$\frac{u}{u_*}=\frac{\rho u^*}{\mu}y \tag{4-22}$$

将 $y=\delta$，$u=u_\delta$，u_δ 为黏性底层上边界的流速，代入式（4-22），得

$$\frac{u_\delta}{u^*}=\frac{\rho u^*}{\mu}\delta$$

即 $u^{*2}=\nu\dfrac{u_\delta}{\delta}$，$\dfrac{\delta u^*}{\nu}=\dfrac{u_\delta}{u^*}=N$

根据尼古拉兹试验，$N=11.6$，所以

层流底层厚度
$$\delta=11.6\frac{\nu}{u^*} \tag{4-23}$$

$$u^*=\sqrt{\frac{\tau_0}{\rho}}$$

$$\tau_0=\frac{1}{8}\lambda\rho v^2$$

式中　u^*——具有速度量纲且反映边壁切应力大小的量，称为切应力流速（阻力流速）。

有压圆管流动中紊流时层流底层厚度 δ 的计算公式为

$$\delta=\frac{32.8d}{Re\sqrt{\lambda}} \tag{4-24}$$

式中　Re——管内液体流动的雷诺数；

　　λ——沿程阻力系数。

由式（4-24）可见，层流底层的厚度 δ 与雷诺数 Re 有关，且随着雷诺数的增大而减小。层流底层的厚度 δ 很小，一般只有零点几毫米，但对紊流阻力和水头损失却有重要的影响。

大量实验资料和现场实地观测资料表明，紊流沿程阻力和沿程水头损失的变化受层流底层厚度和液体流动固体边壁表面粗糙程度的影响。以 Δ 表示壁面粗糙凸起的平均高度，称为壁面材料的绝对粗糙度；Δ 与流动边界的特征尺寸（如水力半径 R、圆管直径 d）的比值称为相对粗糙度。

当 Re 较小时，δ 相对较大，若 δ 比 Δ 大得比较多时，壁面的粗糙凸起完全被层流底层所掩盖，如图4-6a所示，紊流核心与壁面的粗糙凸起被层流底层完全隔开，紊流阻力不受绝对粗糙度 Δ 的影响，沿程阻力系数 λ 仅与雷诺数 Re 有关，即 $\lambda=f(Re)$，这样的紊流称为紊流光滑，这时候的固体壁面称为水力光滑壁面，若是管道流动则称为水力光滑管；若 Re 数很大，则层流底层的厚度 δ 很小，壁面粗糙凸起中的很大一部分，甚至全部都伸入到紊流核心中如图4-6b所示，成为产生紊流漩涡的重要场所，壁面粗糙凸起成为阻碍液体运动的最主要因素，紊流沿程阻力和沿程水头损失几乎与雷诺数 Re 无关，而只与壁面的相对粗糙度 $\dfrac{\Delta}{R}$ 有关，沿程阻力系数 $\lambda=f\left(\dfrac{\Delta}{R}\right)$，这样紊流称为紊流粗糙，这时候的固体壁面称为水力粗糙壁面，管道则称为水力粗糙管。介于以上二者之间的情况，即层流底层的厚度 δ 与绝对粗糙度 Δ 在数值上相当，层流底层不能完全掩盖住壁面粗糙凸起，绝对粗糙度 Δ 对紊流阻力产生一定程度的影响，紊流沿程阻力及沿程水头损失

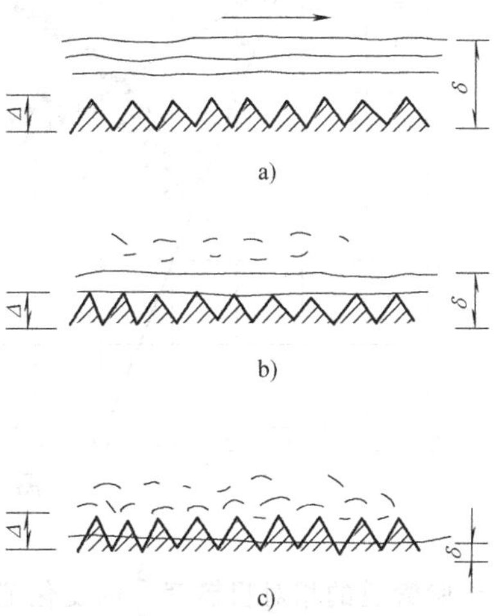

图4-6　层流底层厚度随 Re 的变化

a）紊流光滑区　b）紊流过渡区　c）紊流粗糙区

与雷诺数及壁面粗糙度均有关，沿程阻力系数 $\lambda=f\left(Re,\ \frac{\Delta}{R}\right)$，这样的紊流称为紊流过渡，即紊流光滑与紊流粗糙之间的过渡区，如图 4-6c 所示。

判别流动的固体壁面属于水力光滑还是水力粗糙取决于紊流阻力规律属于哪一区域，而不是单纯取决于壁面的粗糙度。由于层流底层厚度 δ 是随紊流雷诺数 Re 的增大而减小的，因此，对于一定的固体壁面，在某些雷诺数范围内属于水力光滑壁面，而在更大的雷诺数条件下有可能转化为水力粗糙壁面。

（2）尼古拉兹试验　沿程阻力系数取决于流动的特性、流动介质的特性和管道的特性，而管道的特性主要反映在管壁的粗糙度上。为了便于分析粗糙度的影响，1933 年德国科学家尼古拉兹将颗粒均匀的沙粒粘贴在光滑的管壁上，制成人工模拟的粗糙管，进行了管道沿程阻力系数的测定。对于人工粗糙管，可用沙粒的直径大小来表示管壁的粗糙程度，通常用 Δ 表示绝对粗糙度，而用 $\frac{\Delta}{d}$ 表示相对粗糙度。尼古拉兹用同一种沙粒，在不同直径的圆管上粘贴，模拟各种相对粗糙度的圆管。试验结果表明，沿程阻力系数和圆管的相对粗糙度与管道的雷诺数有关。尼古拉兹将试验结果在双对数坐标图上绘制出来，所绘出的曲线称为尼古拉兹试验曲线，如图 4-7 所示。

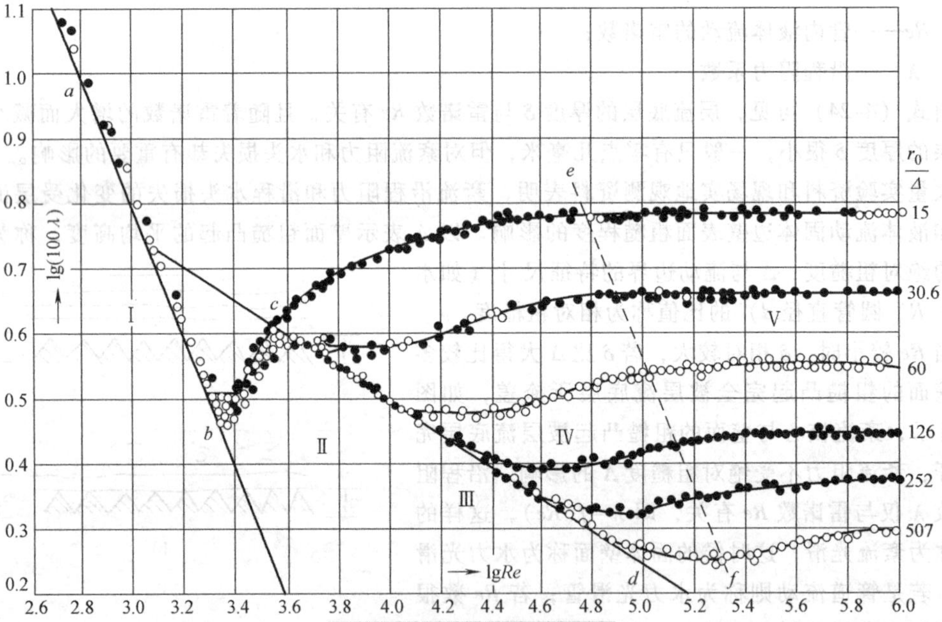

图 4-7　尼古拉兹试验曲线

试验管道的相对粗糙度 $\frac{\Delta}{d}$ 的变化范围为 1/30～1/1014，或 $\frac{\Delta}{r_0}$=1/15～1/507，雷诺数为小于 1.0×10^6。根据沿程阻力的变化特性，可将尼古拉兹试验曲线分成 5 个区域，图中分别以Ⅰ、Ⅱ、Ⅲ、Ⅳ、Ⅴ表示。

第Ⅰ区：层流区。雷诺数 $Re<2320$，流动处于层流状态，不同粗糙度的试验点均落在同一直线 ab 上。这表明此区的 λ 与相对粗糙度无关，只是雷诺数的函数，与均匀层流理论推导结果一致，即 $\lambda=\frac{64}{Re}$。反映在对数坐标上的是一直线。

第Ⅱ区：层流转变为紊流的过渡区。$Re=2320\sim4000$，该区域范围较窄，试验点不很集中，规律性较差，未能总结出成熟的计算公式，基本上是 λ 值只与 Re 有关，与粗糙度$\frac{\Delta}{d}$无关。

第Ⅲ区：紊流光滑区。对应于图中的 cd 线，该区 $Re>4000$，此时的水流已处于紊流状态，属于紊流光滑区，即水力光滑管。在该区内，对于各种不同相对粗糙度的管道，其试验点都集中在 cd 线上，说明这时的 λ 值仍不受粗糙度变化的影响，仅仅是雷诺数 Re 的函数。但不同相对粗糙度$\frac{\Delta}{d}$的管流，试验点离开 cd 线（即离开紊流光滑区）的位置不同。相对粗糙度较大的管流较早离开 cd 线，而相对粗糙度小的管道，则在 Re 数较大时才离开该线。

第Ⅳ区：紊流光滑转变为紊流粗糙的紊流过渡区。对应于图中 cd 线与 ef 线之间的区域。在该区域内，对相对粗糙度不同的管道，具有不同的阻力系数曲线，说明这时的阻力系数 λ 不仅与雷诺数 Re 有关，而且与相对粗糙度$\frac{\Delta}{d}$有关，即 $\lambda=f\left(Re,\ \frac{\Delta}{d}\right)$。

第Ⅴ区：紊流粗糙区。ef 线的右侧区域。在该区域内，阻力系数 λ 与雷诺数无关，只是相对粗糙度的函数，即 $\lambda=f\left(\frac{\Delta}{d}\right)$。水流属于充分发展的紊流状态，水流阻力与流速的平方成正比，该区称为紊流粗糙区或阻力平方区。

如上所述，按管道沿程损失系数的变化规律分成5个区域：层流区，从层流向紊流过渡区（是由于流态发生变化而造成的），紊流中又分光滑区、紊流过渡区和粗糙区。各区的 λ 变化规律不同。层流区 $\lambda=\frac{64}{Re}$；紊流区因为管道中存在层流底层，在紊流光滑区，层流底层的厚度大于壁面的绝对粗糙度，λ 只与 Re 有关，与$\frac{\Delta}{d}$无关；在紊流过渡区，随着 Re 的增加，层流底层的厚度变薄，紊流区逐渐感受到壁面粗糙的存在，因而 λ 与 Re 和$\frac{\Delta}{d}$两个因素有关；在紊流粗糙区，随着 Re 数的进一步增大，层流底层的厚度已充分变薄，壁面的粗糙部分几乎完全暴露在紊流区中，Re 的变化对层流底层的影响已微不足道，所以 λ 与 Re 无关，只取决于$\frac{\Delta}{d}$。

（3）沿程阻力系数

1）人工粗糙管的经验公式。尼古拉兹通过实测人工粗糙管的断面流速分布，确定了混合长度理论所得到的流速分布中的常数，经整理得到了紊流沿程阻力系数的经验公式。

① 紊流光滑区。尼古拉兹光滑管公式

$$\frac{1}{\sqrt{\lambda}}=2\lg(Re\sqrt{\lambda})-0.8 \tag{4-25}$$

公式的适用范围为 $5\times10^4<Re<3\times10^6$

式（4-25）是关于 λ 的隐式方程，要通过试算法求得 λ 值。

②紊流粗糙区。尼古拉兹粗糙管公式

$$\frac{1}{\sqrt{\lambda}}=2\lg\frac{3.7d}{\Delta} \tag{4-26}$$

由于紊流过渡区中问题的复杂性，因此无法用数学方法求得沿程阻力系数的经验公式。公式的适用范围很难用一简单的方法来划分。因为，紊流落在哪个区，不是由单个因素来确定的，它同时取决于雷诺数和相对粗糙度。总之，当雷诺数很大时，即大于10^5时，流动基本处于粗糙区。在实际问题中，一般以尼古拉兹曲线图来判别。

2）工业管道的经验公式。尼古拉兹通过对人工粗糙管道进行实测，并结合混合长度理论，推导出紊流光滑区和粗糙区的经验公式。但人工粗糙与实际工业管道的粗糙形式有很大的差异。怎么将两种不同的粗糙形式联系起来，使尼古拉兹的经验公式能用于工业管道呢？

工业管道的粗糙面是高低不平的，很难用一具体数值表示。如何用一特征值来表示工业管道的粗糙度颇有讲究。

在尼古拉兹试验中，紊流有明显的光滑区，因为人工粗糙沙粒的直径是一致的，只要层流底层的厚度大于沙粒直径，流动就处于光滑区。而工业管道，由于工业加工的缘故，不可能制造出粗糙度完全一致的管道。壁面的粗糙部分，从微观上讲，高低不一，因此没有明显的光滑区，或者光滑区的跨越范围很窄，无法进行对比。进入粗糙区，无论是人工管道，还是工业管道，由于粗糙面完全暴露在紊流中，其水头损失的变化规律也是一致的。因此在λ相同的情况下，可用人工管道的相对粗糙度来表示工业管道的相对粗糙度，即当量粗糙度。

当量粗糙度是用直径相同、在紊流粗糙区λ值相同的人工管道的粗糙度Δ来定义该工业管道的粗糙度。表4-1列出了常用工业管道的当量粗糙度。

表4-1　常用工业管道的当量粗糙度

管道材料	Δ/mm	管道材料	Δ/mm
新氯乙烯管	0~0.002	镀锌钢管	0.15
铅管、铜管、玻璃管	0.01	新铸铁管	0.15~0.5
钢管	0.046	旧铸铁管	1~1.5
涂沥青铸铁管	0.12	混凝土管	0.3~3.0

由表4-1中数据可知工业管道的计算方法与人工管道的计算方法一样。但尼古拉兹阻力系数公式在紊流过渡区是不适用的。1939年，柯列勃洛克和怀特给出了工业管道紊流区中λ的计算公式

$$\frac{1}{\sqrt{\lambda}}=-2\lg\left(\frac{\Delta}{0.37d}+\frac{2.51}{Re\sqrt{\lambda}}\right) \tag{4-27}$$

式中　Δ——工业管道的当量粗糙度。

比较上式与尼古拉兹两个公式可以看出，式（4-27）是将尼古拉兹两个公式结合起来。由于该公式适用范围广，并且与工业管道实验结果符合良好，在工程界得到了广泛应用。

3）沿程阻力系数的其他公式

① 伯拉休斯（Blasius）光滑区公式

$$\lambda=\frac{0.316}{Re^{0.25}} \tag{4-28}$$

该式较尼古拉兹计算公式简单，计算方便，在$Re<10^5$范围内。

河流　$$\frac{1}{\sqrt{\lambda}}=2\lg(Re\sqrt{\lambda})-0.398$$

② 希林松粗糙区公式

$$\lambda=0.11\left(\frac{k_s}{d}\right)^{0.25} \tag{4-29}$$

③ 舍维列夫公式。舍维列夫根据他对旧钢管和旧铸铁管的水力实验，提出了计算紊流过渡区和粗糙区的经验公式。

a. 紊流过渡区，管道流速 $v\leqslant 1.2$m/s 时

$$\lambda=\frac{0.0179}{d^{0.3}}\left(1+\frac{0.876}{v}\right)^{0.3} \tag{4-30}$$

b. 粗糙区，管道流速 $v>1.2$m/s 时

$$\lambda=\frac{0.0210}{d^{0.3}} \tag{4-31}$$

以上公式中，管径 d 均以 m 计，流速 v 以 m/s 计。

④ 谢·维列夫粗糙区公式

$$\lambda=\frac{0.0210}{d^{0.3}}$$

⑤ 谢才公式。1769 年，法国工程师谢才根据大量的渠道实测数据，归纳出断面平均流速与水力坡度和水力半径的关系式。

$$v=C\sqrt{RJ} \tag{4-32}$$

式中 v——断面平均流速（m/s）；

R——水力半径（m）；

J——水力坡度；

C——谢才系数，是有因次的系数，其单位是 $m^{0.5}/s$，它综合反映各种因素对断面平均流速与水力坡度关系的影响。

将 $J=\dfrac{h_F}{l}$代入并整理得

$$h_f=\frac{2g}{C^2}\frac{l}{R}\frac{v^2}{2g}=\lambda\frac{l}{4R}\frac{v^2}{2g}$$

即得 $\lambda=\dfrac{8g}{C^2}$或 $C=\sqrt{8g/\lambda}$。因此谢才系数含有阻力的因素。流动阻力越大，谢才系数越小，反之亦然。

谢才系数 C 常用下列经验公式计算：

1895 年，爱尔兰工程师曼宁提出了计算谢才系数的经验公式

$$C=\frac{1}{n}R^{1/6} \tag{4-33}$$

式中 n——反映壁面粗糙性质的、并与流动性质无关的系数，称为粗糙系数，见表 4-2。

表 4-2 各种不同粗糙面的粗糙系数 n

等级	槽壁种类	n	$\frac{1}{n}$
1	涂覆珐琅或釉质的表面，极精细刨光面而拼合良好的木板	0.009	111.1
2	刨光的木板，纯粹水泥的粉饰面	0.010	100.0
3	水泥（含 1/3 细沙）粉饰面，安装和接合良好（新）的陶土、铸铁管和钢管	0.011	90.9
4	未刨而拼合良好的木板，在正常情况下内无显著积垢的给水管，极洁净的排水管，极好的混凝土面	0.012	83.3
5	砖石砌体，极好的砖砌体，正常情况下的排水管，略微污染的给水管，非完全精密拼合的、未刨的木板	0.013	76.9
6	“污染”的给水管和排水管，一般的砖砌体，一般情况下渠道的混凝土面	0.014	71.4
7	粗糙的砖砌体，未琢磨的石砌体，有洁净修饰的表面、石块安置平整、极多污垢的排水管	0.015	66.7
8	普通块石砌体（其状况尚可），破旧砖砌体，较粗糙的混凝土，光滑的开凿得极好的崖岸	0.017	58.8
9	覆有坚厚淤泥层的渠槽，用致密黄土和致密卵石做成而为整片淤泥薄层所覆盖的、无不良情况的渠槽	0.018	55.6

（续）

等级	槽壁种类	n	$\frac{1}{n}$
10	很粗糙的块石砌体，大块石的干砌体，碎石铺筑面，纯由岩石中开筑的渠槽，由黄土、卵石和致密泥土做成而为淤泥薄层所覆盖的渠槽（正常情况）	0.020	50.0
11	尖角的大块乱石铺筑，表面经过一般处理的岩石渠槽，由黄土、卵石和泥土做成而为非整片的（有些地方断裂的）淤泥薄层所覆盖的渠槽，受到较好养护的大型渠槽	0.0225	44.4
12	受到一般养护的大型土渠，受到良好养护的小型土渠，在有利条件下（自由流动无淤塞和显著水草等）的小河和溪涧	0.025	40.0
13	中等条件以下的大渠道，中等条件的小渠槽	0.0275	36.4
14	条件较差（有些地方有水草和乱石或显著的茂草，有局部的坍坡等）的渠道和小河	0.030	33.3
15	条件很差（断面不规则，受到石块和水草的严重阻塞等）的渠道和小河	0.035	28.6
16	条件特别差（沿河有崩崖的巨石，绵密的树根，深潭、坍岸等）的渠道和小河	0.040	25.0

1925 年，巴甫洛夫斯基提出了计算谢才系数的经验公式。

$$C=\frac{1}{n}R^{y} \tag{4-34}$$

$$y=2.5\sqrt{n}-0.13-0.75\sqrt{R}(\sqrt{n}-0.10)$$

或采用近似公式

$$y=1.5\sqrt{n} \quad (R<1.0\text{m 时})$$

$$y=1.3\sqrt{n} \quad (R>1.0\text{m 时})$$

式中，n 和 R 的意义与曼宁公式相同。

巴甫洛夫斯基公式适用于 $0.1\text{m}\leqslant R\leqslant 5.0\text{m}$ 和 $0.011\leqslant n\leqslant 0.40$ 的范围，显然比曼宁公式的适用范围要宽。

由于谢才系数计算公式的资料是在紊流粗糙区的大量实测数据基础上得到的，因而只适用于紊流粗糙区的流动。

【例 4-4】 梯形断面渠道，底宽 $b=10\text{m}$，水深 $h_0=3\text{m}$，边坡系数 $m=1$，混凝土衬砌，糙率 $n=0.014$，流动为阻力平方区。试确定其谢才系数 C 值。

解：

$$A=(b+mh_0)h_0=(10+1\times3)\times3\text{m}^2=39\text{m}^2$$

$$\chi=b+2h_0\sqrt{1+m^2}=10\text{m}+2\times3\sqrt{1+1^2}\ \text{m}=18.5\text{m}$$

$$R=\frac{A}{\chi}=\frac{39}{18.5}\text{m}=2.11\text{m}$$

按曼宁公式计算

$$C=\frac{1}{n}R^{\frac{1}{6}}=\frac{1}{0.014}\times(2.11)^{\frac{1}{6}}\text{m}^{0.5}/\text{s}=71.5\times1.132\text{m}^{0.5}/\text{s}=81.0\text{m}^{0.5}/\text{s}$$

按巴甫洛夫斯基公式计算

$$\begin{aligned} y&=2.5\sqrt{n}-0.13-0.75\sqrt{R}(\sqrt{n}-0.10)\\ &=2.5\times\sqrt{0.014}-0.13-0.75\times\sqrt{2.11}(\sqrt{0.14}-0.1)\\ &=0.146 \end{aligned}$$

$$\begin{aligned} C&=\frac{1}{n}R^{y}=\frac{1}{0.014}\times(2.11)^{0.146}\text{m}^{0.5}/\text{s}=71.5\times1.115\text{m}^{0.5}/\text{s}\\ &=79.7\text{m}^{0.5}/\text{s} \end{aligned}$$

上述计算结果表明，按曼宁公式计算的 C 值偏大，比巴甫洛夫斯基公式计算结果大 1.6%。

4.4 局部水头损失计算

1. 局部水头损失的特征

本章开始介绍过，当流动断面发生突变（包括流动断面大小的突变，流动方向的突变）时，流动将产生局部阻力和局部水头损失。液体流经这突变处，因突然扩大、突然缩小、转弯、分岔等缘故，在惯性的作用下，将不沿壁面流动，产生分离现象，并在此局部形成旋涡，如图 4-8 所示。

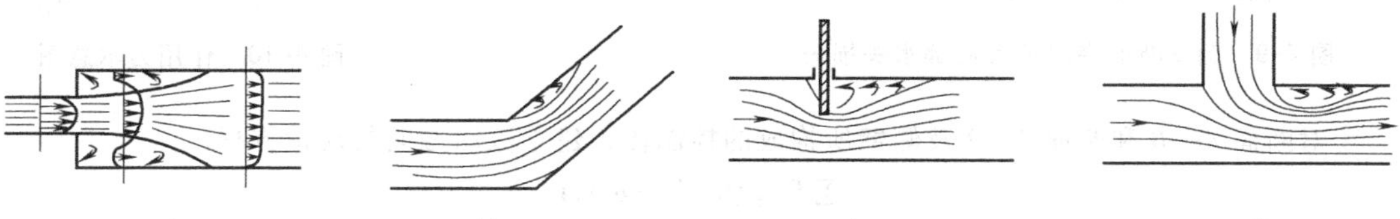

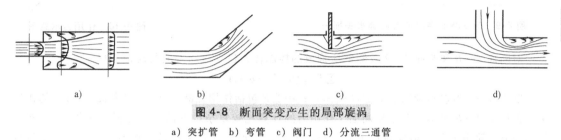

图 4-8 断面突变产生的局部旋涡

a）突扩管 b）弯管 c）阀门 d）分流三通管

局部水头损失产生的主要原因是旋涡的存在，旋涡形成需要能量，这能量是流动所提供的。在旋涡区内，液体在摩擦阻力作用下不断消耗能量，而液体流动不断地提供能量。另外，流动中旋涡的存在使流动的紊流度（紊流强度）增加，从而加大了能量的损失。实验结果表明，流动突变处旋涡区越大，旋涡的强度就越强，局部水头损失就越大。

大量实验表明，局部阻力系数与雷诺数和突变形式有关。但在实际流动中，由于局部突变处旋涡的干扰，致使流动在较小的雷诺数（$Re=10^4$）已进入阻力平方区。因此在一般情况下，局部阻力系数只取决于局部突变的形式，与雷诺数无关。

2. 局部水头损失通用公式

在产生局部水头损失的流段上，流态一般位于紊流粗糙区。由于局部障碍形状千差万别，水力现象极为复杂，对大多数流段，目前还不能用理论方法推导。但由于各种类型局部水头损失的基本特征有共同点，所以在工程水力计算问题中，局部水头损失的通用公式用下式表示

$$h_j=\zeta\frac{v^2}{2g} \tag{4-35}$$

式中 ζ——对应于断面平均流速 v 的局部阻力系数。

局部阻力情况不同，局部阻力系数 ζ 值不同。用不同的流速水头计算 h_j，则 ζ 值也不同。对于不同形态的局部阻力，其局部阻力系数一般由实验确定。

3. 局部阻力系数

（1）圆管断面突然扩大 设一圆管断面突然扩大如图 4-9 所示，其直径从 d_1 突然扩大到 d_2，在突变处形成旋涡。建立扩前断面 1—1 和扩后断面 2—2 的能量方程。因能量方程所取断面必须为渐变流断面，断面 1—1 可认为是渐变流断面，但在取断面 2—2 时，必须要离突变处一定的距离，即在流动处于渐变流处。为方便起见，在列两断面的能量方程时，忽略沿程水头损失。由此得

$$h_j=\left(z_1+\frac{p_1}{\rho g}+\frac{\alpha_1 v_1^2}{2g}\right)-\left(z_2+\frac{p_2}{\rho g}+\frac{\alpha_2 v_2^2}{2g}\right)$$

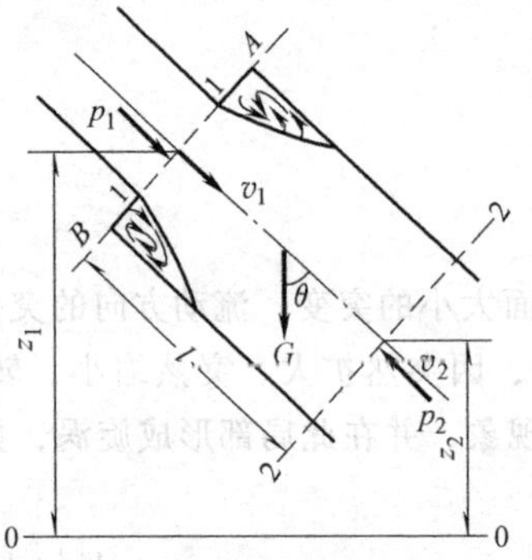

图 4-9　圆管断面突然扩大局部水头损失

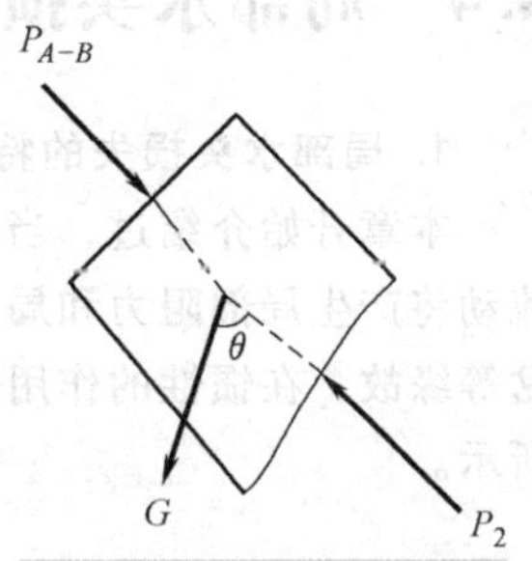

图 4-10　作用力示意图

对断面 $A—B$ 和断面 2—2 及侧壁所构成的控制体，建立流动方向的动量方程。

$$\sum F=\rho Q(\alpha_2' v_2-\alpha_1' v_1)$$

断面 $A—B$ 为包括旋涡区的流动断面。式中 $\sum F$ 包括作用在断面 $A—B$ 和断面 2—2 上的作用力。但由于 $A—B$ 面不是渐变流断面，作用力的计算比较复杂。根据实验分析，在断面 $A—B$ 上可假设其压强分布基本满足静水压强分布，重力在沿水流方向有分量。将各作用力代入动量方程得

$$P_{A-B}-P_2+G\cos\theta=\rho Q(\alpha_2' v_2-\alpha_1' v_1)$$

控制体受力分析如图 4-10 所示。

因为
$$P_{A-B}=p_1A_2,P_2=p_2A_2,G=\rho gA_2(z_1-z_2)$$

整理得

$$\left(z_1+\frac{P_1}{\rho g}\right)-\left(z_2+\frac{P_2}{\rho g}\right)=\frac{v_2}{g}(\alpha_2' v_2-\alpha_1' v_1)$$

与能量方程比较，并取动能、动量修正系数 $\alpha_1=\alpha_2=1$，$\alpha_1'=\alpha_2'=1$

整理得
$$h_j=\frac{(v_1-v_2)^2}{2g} \tag{4-36}$$

式（4-36）即为断面突然扩大局部水头损失的理论计算式，它表明断面突然扩大的水头损失等于所减小的平均流速水头。又由连续性方程 $v_1A_1=v_2A_2$，得：$v_1=\frac{A_2}{A_1}v_2$，代入式（4-36）得

$$h_j=\left(1-\frac{A_1}{A_2}\right)^2\frac{v_1^2}{2g}=\zeta_1\frac{v_1^2}{2g}$$

或
$$h_j=\left(\frac{A_2}{A_1}-1\right)^2\frac{v_2^2}{2g}=\zeta_2\frac{v_2^2}{2g}$$

式中　A_1，A_2——断面 1—1，断面 2—2 的过水断面面积；

ζ_1，ζ_2——对应于断面平均流速 v_1，v_2 的局部阻力系数。

$$\zeta_1=\left(1-\frac{A_1}{A_2}\right)^2 \tag{4-37}$$

$$\zeta_2=\left(\frac{A_2}{A_1}-1\right)^2 \tag{4-38}$$

以上是一个局部阻力中的两个局部损失系数。要注意的是，局部阻力系数是对应于断面流速的。同一局部形式，由于所取的断面流速不同，其对应的阻力系数也不同。

当液体在淹没出流情况下，流入一很大的容器时，即为突然扩大，则$A_1/A_2 \approx 0$，$\zeta_{出}=1$一般称之为管道出口局部阻力系数，这是断面突然扩大的局部阻力系数的特殊情况。

（2）圆管断面突然缩小　突然缩小管道，由于其旋涡区及旋涡的个数与突然扩大管道不同，因此其局部阻力系数也不同。突然缩小管的局部阻力系数取决于面积收缩比。根据大量的实验结果，可按下列经验公式计算。

$$h_j = 0.5\left(1-\frac{A_2}{A_1}\right)^2 \frac{v_2^2}{2g} \tag{4-39}$$

即

$$\zeta_2 = 0.5\left(1-\frac{A_2}{A_1}\right) \tag{4-40}$$

式（4-40）对应收缩后的流速。

当液体从一很大容器流入管道时，则$\frac{A_2}{A_1}\approx 0$，$\zeta_{进}=0.5$，此时的$\zeta_{进}$一般称之为管道进口水头损失系数。

（3）平面上断面突变的局部阻力系数及局部水头损失　在明渠水流中，常存在过水断面由宽变窄的情况，变化前后断面水深、平均流速可测量获得，有关参数也可用动量定律简化计算。当断面突然缩窄（直角入口）时，断面面积由A_1变为A_2，$\zeta_c=f(A_2/A_1)$，根据试验测定，其值见表4-3。当断面逐渐缩窄时，$\zeta_c=0.05\sim0.10$。

$$h_j = \zeta_c \frac{v_2^2}{2g} \tag{4-41}$$

表4-3　断面突然缩窄的局部阻力系数ζ_c值

A_2/A_1	0.1	0.2	0.4	0.6	0.8	1.0
ζ_c	0.5	0.4	0.3	0.2	0.1	0

渠道中断面扩宽的局部水头损失可表示为

$$h_j = \zeta \frac{(v_1-v_2)^2}{2g} \tag{4-42}$$

据试验资料，ζ值见表4-4。

表4-4　渠道中断面扩宽局部阻力系数

扩宽边界条件	局部阻力系数ζ值
突然扩宽（直角出口）	0.82
逐渐扩宽（边墙直线扩宽）1∶1	0.87
逐渐扩宽（边墙直线扩宽）1∶2	0.68
逐渐扩宽（边墙直线扩宽）1∶3	0.41
逐渐扩宽（边墙直线扩宽）1∶4	0.29

（4）管道局部阻力系数　其他各种局部阻力，虽然形式各不同，但产生能量损失的机理是一致的。表4-5、表4-6列出了常见的各种局部损失的形式，并给出了相应的局部阻力系数。

表 4-5 进口处管道局部阻力系数

名称	简图		ζ
进口	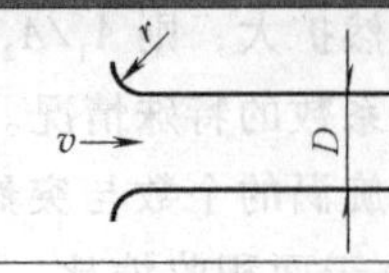	完全修圆	0.10
		稍微修圆	0.20~0.25
	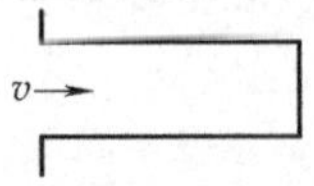	不加修圆的直角进口	0.50
	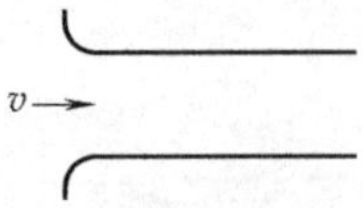	圆形喇叭口	0.05
	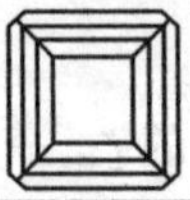	方形喇叭口	0.16

表 4-6 管道局部阻力系数

类型	图形和系数	
分岔管	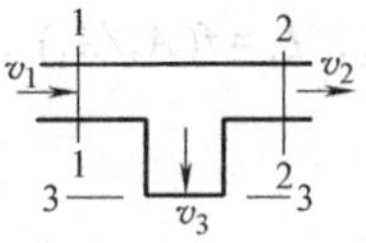	$\zeta_{1-3}=2,h_{j1-3}=2\times\frac{v_3^2}{2g}$ $\zeta_{1-2}=0.1,h_{j1-2},=0.1\times\frac{v_2^2}{2g}$
	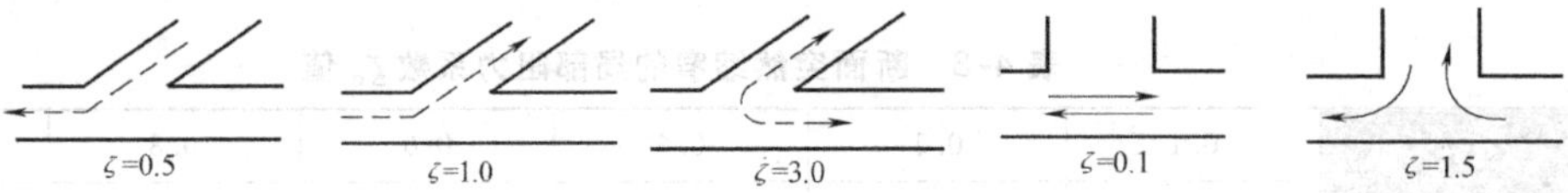 ζ=0.5　ζ=1.0　ζ=3.0　ζ=0.1　ζ=1.5	

急转弯管：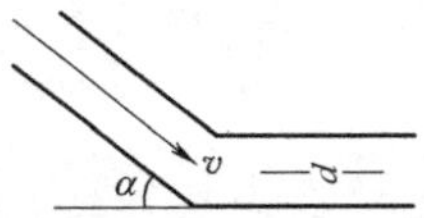

圆形									
α	10°	20°	30°	40°	50°	60°	70°	80°	90°
ζ	0.04	0.1	0.2	0.3	0.4	0.55	0.7	0.9	1.10

矩形					
α	15°	30°	45°	60°	90°
ζ	0.025	0.11	0.26	0.49	1.20

缓弯管：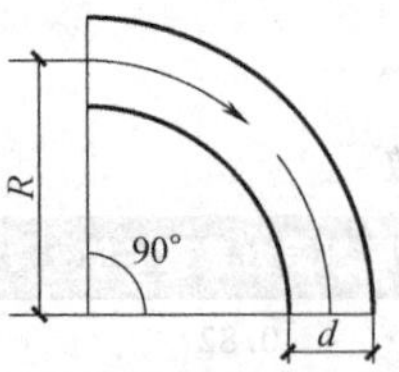

90°					
$\frac{d}{R}$	0.2	0.4	0.6	0.8	1.0
ζ	0.132	0.138	0.158	0.206	0.294
$\frac{d}{R}$	1.2	1.4	1.6	1.8	2.0
ζ	0.440	0.660	0.976	1.406	1.975

4.5 有压管道水力计算

水沿管道做满管流动的水力现象，称为有压管流。有压管流的管道，又称有压管道或有压管路。它是一切生产、生活输水系统的重要组成部分。交通土建工程的工地临时供水、路基涵洞的泄水能力计算、以及有关试验研究，都会遇到有压管道的水力计算问题。有压管道水力计算是连续性方程、能量方程、水流阻力和水头损失规律的具体应用。

1. 有压管道的类型

有压管流的基本特征是断面形状多为圆形，整个断面上被水充满，无自由表面，过水断面的周界即为湿周，管壁处处受到水压力作用，液体压强一般都不等于大气压强，管中流量变化，只会引起过水断面上的压强和流速变化，总水头线及测管水头线则是这种变化的几何图示。

对于有压管流，根据局部水头损失及沿程水头损失在总水头损失中所占的比例不同，分为短管和长管。

（1）短管　必须同时计算管路沿程水头损失、局部水头损失及流速水头的管路，称为短管。通常管道长度 l 与管径 d 的比值 $\frac{l}{d}<1000$ 时，按短管计算。交通土建工程常见的倒虹吸管、有压涵管、水泵的吸水管和压水管等属于此类。

（2）长管　管路流速水头及局部水头损失可忽略不计的管路，称为长管。通常 $\frac{l}{d}>1000$ 时，一般按长管计算。

本节主要介绍短管水力计算

2. 短管水力计算

根据短管出流形式不同，将其分为自由出流和淹没出流两种。

（1）自由出流　若短管中的液体经出口流入大气，水股四周受大气压作用，则该流动称为自由出流，如图 4-11 所示。设管路长度为 l，管径为 d，在管路上还设有两只弯头和一只阀门。以通过管路末端断面 2—2 中心的水平面为基准面，取水池内距管路进口前一定距离断面 1—1 和管路末端断面 2—2 为计算断面，列能量方程

$$H+\frac{P_a}{\gamma}+\frac{\alpha_0 v_0^2}{2g}=0+\frac{P_a}{\gamma}+\frac{\alpha v^2}{2g}+h_w$$

即

$$H+0+\frac{\alpha_0 v_0^2}{2g}=0+0+\frac{\alpha v^2}{2g}+h_w$$

令 $H_0=H+\frac{\alpha_0 v^2}{2g}$，可得

$$H_0=\frac{\alpha v^2}{2g}+h_w=\frac{\alpha v^2}{2g}+\left(\sum\lambda\frac{l}{d}+\sum\zeta+\right)\frac{v^2}{2g} \tag{4-43}$$

式（4-43）说明，短管水流在自由出流情况下，它的作用水头 H_0 除了克服水流阻力而引起的能量损失（包括局部和沿程两种水头损失）外，还有一部分变成动能 $\frac{\alpha v^2}{2g}$ 被水流带到大气中去。这样，就可求得管中流速 v 和通过的流量 Q。

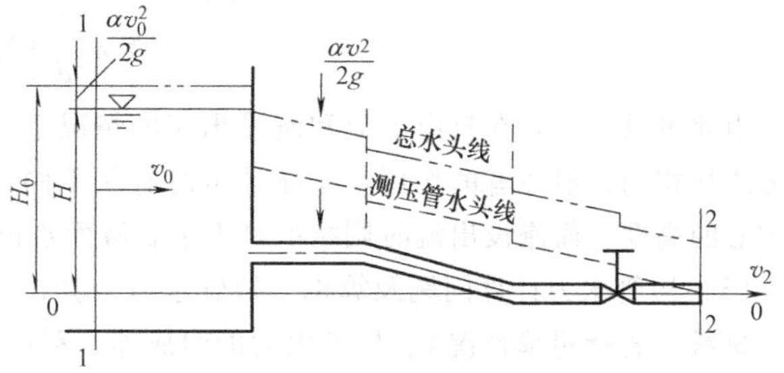

图 4-11　短管自由出流

$$v=\frac{1}{\sqrt{\alpha+\sum\lambda\frac{l}{d}+\sum\zeta}}\sqrt{2gH_0} \tag{4-44}$$

$$Q=vA=\mu_c A\sqrt{2gH_0} \tag{4-45}$$

式中　A——管道过水断面面积，$A=\frac{1}{4}\pi d^2$；

μ_c——短管自由出流流量系数，其值为

$$\mu_c=\frac{1}{\sqrt{\alpha+\sum\lambda\frac{l}{d}+\sum\zeta}} \quad (4\text{-}46)$$

（2）淹没出流　若短管中的液体经出口流入下游自由表面以下的液体中，则称为淹没出流，如图4-12所示。它和图4-11所示的短管自由出流除出口形式不一样外，其余条件相同。

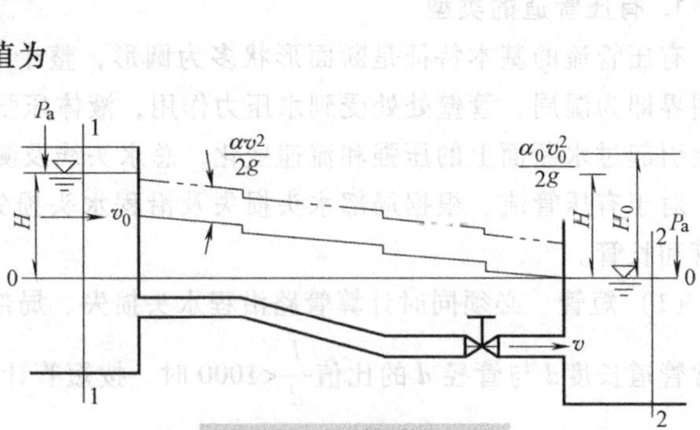

图4-12　短管淹没出流

74

以下游水池液面作为基准面0—0，分别在上下游水池符合渐变流条件处取断面1—1和断面2—2为计算断面，列能量方程

$$H+\frac{P_a}{\gamma}+\frac{\alpha_1 v_{01}^2}{2g}=0+\frac{P_a}{\gamma}+\frac{\alpha_2 v_{02}^2}{2g}+h_w$$

当$\alpha_1=\alpha_2=\alpha_0=1$，考虑到上、下游水池内的流速$v_{01}$和$v_{02}$相比短管中的流速$v$很小，可忽略不计，即$v_{01}=v_{02}=v_0=0$。

$$H_0=H=h_w=\left(\sum\lambda\frac{l}{d}+\sum\zeta\right)\frac{v^2}{2g} \tag{4-47}$$

式（4-47）表示短管水流在淹没出流的情况下，两断面的水位差（即作用水头H）全部消耗在克服水流阻力h_w上。同理，也可求出淹没出流时的流速和流量。

$$v=\frac{1}{\sqrt{\sum\lambda\frac{l}{d}+\sum\zeta}}\sqrt{2gH} \tag{4-48}$$

$$Q=A\mu_s\sqrt{2gH} \tag{4-49}$$

式中　H——上、下游液面高差；

μ_s——短管淹没出流流量系数，其值为

$$\mu_s=\frac{1}{\sqrt{\sum\lambda\frac{l}{d}+\sum\zeta}} \tag{4-50}$$

由此可见，短管在自由出流和淹没出流的情况下，其流量计算公式的形式以及流量系数计算方式均相同，但两者的作用水头在计量时有所不同，自由出流时是指上游水池液面至下游出口中心的高度，而淹没出流时则指的是上下游液面水位差。

（3）短管水力计算问题及算例　短管水力计算，实际上是根据一些已知条件，如管道的长度、材料（管壁粗糙情况）、局部阻力的组成等，利用前述各公式或直接列能量方程来解决以下三类问题。

1）已知水头H、管径d，计算通过的流量Q。

2）已知流量Q、管径d，计算作用水头H，以确定水箱、水塔水位高程或水泵扬程H值。

3）已知流量Q、水头H，设计管道断面，即计算管径d。

对三类计算问题，结合具体问题进一步说明。

1）虹吸管。虹吸管上下游水位高差H，是虹吸管水流的原动力。但要使水流流动，须先从

虹吸管顶部抽出管中空气。由于进出口为水所封闭（如自由出流，则需人为地将出口封闭），管中空气减少，就会形成真空，把上游的水引入，待水升至管顶以后，即开始溢下，最后水流充满整个虹吸管，虹吸管中的水开始在上下游水位差作用下流动。

由于虹吸管中形成真空，而真空会使溶解在水中的空气分离出来。如果真空值很大，可能会造成水的汽化，会使虹吸管顶部经常积聚气体，阻碍甚至破坏水流。因此为了使虹吸管正常工作，必须限制虹吸管的最大真空值 h_v，$[h_v]$ 一般取 7~8m（70~80kPa）。

虹吸管水力计算的主要目的是确定管中流量和确定管顶最大真空值或管顶最大安装高度。

【例 4-5】 如图 4-13 所示，某工厂用直径 $d=600$mm 的钢管从大江中取水至进水井。设江水水位和井水水位高差 $H=1.5$m，虹吸管 $l=100$m，已知管道粗糙系数 $n=0.0125$，管道带有滤头的进口，$\zeta_{进口}=2.0$，弯头两个，$\zeta_{90°}=0.6$，弯头两个，$\zeta_{45°}=0.4$，$\zeta_{出口}=1.0$。进口断面至断面 2—2 间的长度 $l_1=96$m，断面 2—2 的管轴高出上游水面 $z=1.5$m。求：（1）通过虹吸管的流量；（2）断面 2—2 的真空度。

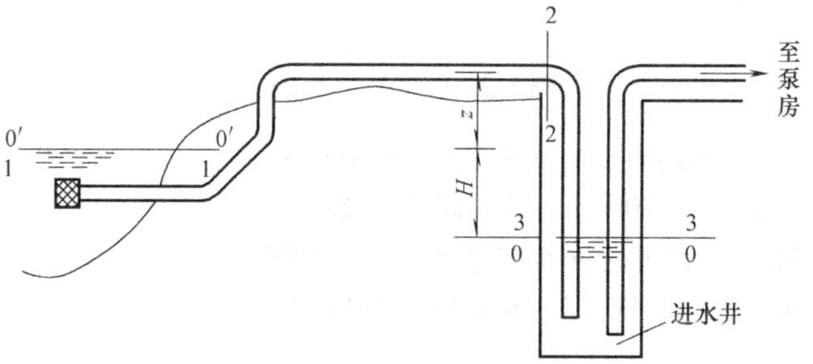

图 4-13 【例 4-5】图

解：（1）取江水面 1—1 和井水面 3—3，并以井水面为基准面 0，列能量方程

$$H+\frac{P_a}{\gamma}+0=0+\frac{P_a}{\gamma}+0+h_w$$

$$H=h_w=\left(\lambda\frac{l}{d}+\zeta_{进口}+2\zeta_{90°}+2\zeta_{45°}+\zeta_{出口}\right)\frac{v^2}{2g}$$

$$=\left(\lambda\frac{l}{d}+2+2\times0.6+2\times0.4+1\right)\frac{v^2}{2g}=\left(5+\lambda\frac{l}{d}\right)\frac{v^2}{2g}=1.5$$

由 $n=0.0125$，用曼宁公式求沿程阻力系数 λ：

水力半径

$$R=\frac{d}{4}=0.15\text{m}$$

$$C=\frac{1}{n}R^{\frac{1}{6}}=\frac{1}{0.0125}\times0.15^{\frac{1}{6}}\text{m}^{0.5}/\text{s}=80\times0.73\text{m}^{0.5}/\text{s}=58\text{m}^{0.5}/\text{s}$$

$$\lambda=\frac{8g}{C^2}=\frac{8\times9.8}{58.4^2}=0.023$$

$$H=\left(5+0.023\times\frac{100}{0.6}\right)\frac{v^2}{2g}=1.5$$

解得 $v^2=3.32$，$v=1.82$m/s，通过虹吸管的流量为

$$Q=\frac{\pi d^2}{4}\times1.82\text{m}^3/\text{s}=0.513\text{m}^3/\text{s}$$

（2）求断面2—2的真空度

取江水面为基准面，列江水面1—1和断面2—2的能量方程

$$0+0+0=z+\frac{P_2}{\gamma}+\frac{v^2}{2g}+\left(2+2\times0.4+0.6+0.023\times\frac{96}{0.6}\right)\frac{v^2}{2g}$$

$$-\frac{P_2}{\gamma}=\frac{P_v}{\gamma}=\left(1.5\text{m}+\frac{1.82^2}{19.6}\text{m}+7.08\times\frac{1.82^2}{19.6}\text{m}\right)=(1.5\text{m}+1.33\text{m})=2.83\text{m}$$

即断面2—2的真空度为2.83m，小于 $[h_v]=7\sim8$m，在允许范围之内。

2）水泵吸水管。取水点至水泵进口的管道称为吸水管，如图4-14所示。吸水管长度一般较短，且管路配件多，局部水头损失所占的比例较大，所以不能忽略，因此通常按短管计算。水泵吸水管的水力计算主要是确定水泵的允许安装高度 H_s，而水泵的允许安装高度是根据水泵进口断面的允许真空高度 $[h_v]$ 来确定的。

$$H_s=[h_v]-\left(\alpha+\lambda\frac{l}{d}+\sum\zeta\right)\frac{v^2}{2g} \tag{4-51}$$

【例4-6】 图4-14所示的离心泵流量 $Q=0.0081\text{m}^3/\text{s}$，吸水管长度 $l=7.5$m，直径 $d=100$mm，沿程阻力系数 $\lambda=0.045$，局部阻力系数：带底阀的进水口 $\zeta_1=7.0$，弯管 $\zeta_2=0.25$。如果允许吸水真空高度 $[h_v]=5.7$m（56kPa），求允许安装高度 H_s。

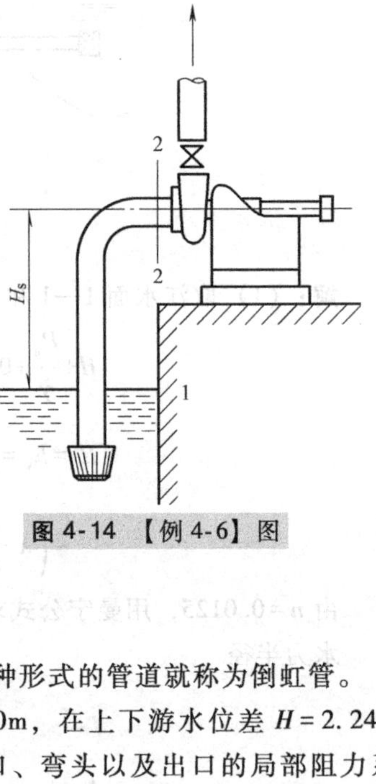

图4-14 【例4-6】图

解：采用式（4-51）

$$H_s=[h_v]-\left(\alpha+\lambda\frac{l}{d}+\sum\zeta\right)\frac{v^2}{2g}$$

式中，局部阻力系数总和为

$$\sum\zeta=7+0.25=7.25$$

管中流速 $$v=\frac{4Q}{\pi d^2}=\frac{4\times0.0081}{\pi\times0.1}\text{m/s}=1.03\text{m/s}$$

将上述各值代入式（4-51）得

$$H_s=5.7\text{m}-\left(1+0.045\frac{7.5}{0.1}+7.25\right)\frac{1.03^2}{2\times9.8}\text{m}=5.07\text{m}$$

3）倒虹管。路堤下的排水管道，中间部分低于进出口，这种形式的管道就称为倒虹管。

【例4-7】 图4-15所示的倒虹管，截面为圆形，管长 $l=50$m，在上下游水位差 $H=2.24$m 时，要求通过流量 $Q=3\text{m}^3/\text{s}$；现设倒虹管的 $\lambda=0.02$，管道进口、弯头以及出口的局部阻力系数分别为 $\zeta_1=0.5$，$\zeta_2=0.25$，$\zeta_3=1.0$。试选择其管径 d。

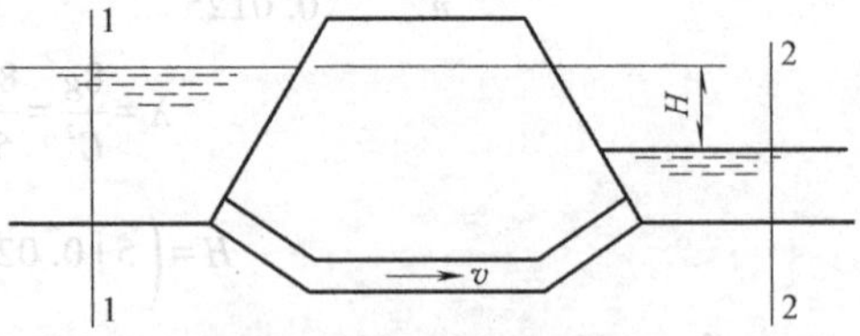

图4-15 【例4-7】图

解：以下游水面为基准面，列断面1—1和断面2—2的能量方程。

$$H=h_w=\left(\lambda\frac{l}{d}+\zeta_1+2\zeta_2+\zeta_3\right)\frac{v^2}{2g}=2.24\text{m}$$

$$h_w=\left(0.02\times\frac{50}{d}+0.5+2\times0.25+1\right)\times\frac{4^2\times3^2}{19.6\times\pi^2d^4}$$

$$h_w=\frac{0.745}{d^5}+\frac{1.49}{d^4}=2.24$$

$$2.24d^5-1.49d-0.745=0$$

用试算法求 d，设 $d=1.0\text{m}$，代入上式得

$$2.24-1.49-0.745\approx0$$

通常第一次所设直径不会恰好是方程式的解，就要经过多次试算。若试算所得的解并不是整数，就应采用相接近的产品规格。选择时应注意，选用较大规格时，H 值将减少；而选用较小规格时，H 要增大。H 值减少或增大多少，可以用能量方程来计算。

【例 4-8】 如图 4-16 所示，ab 段为路基倒虹吸有压涵管，长 $l=50\text{m}$，上下游水位差 $z=3\text{m}$，沿程阻力系数 $\lambda=0.03$，局部阻力系数：进口 $\zeta_1=0.5$，弯折 $\zeta_2=0.65$，出口 $\zeta_3=1.0$；流量 $Q=3\text{m}^3/\text{s}$，求管径 d。

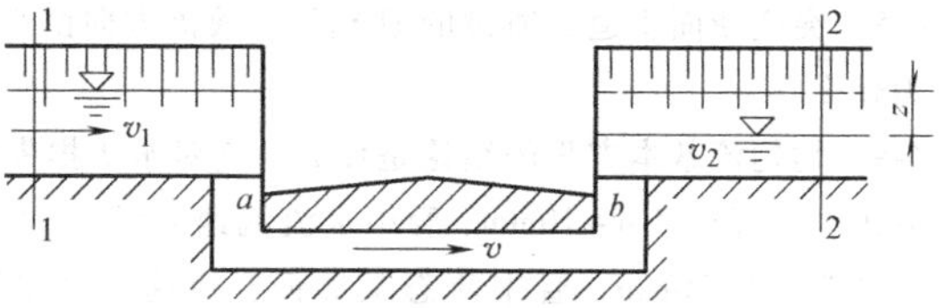

图 4-16 【例 4-8】图

解：忽略上、下游渠中流速水头，列断面 1—1，断面 2—2 的能量方程，有

$$z+0+0=0+0+0+h_w$$

$$z=h_w=\sum h_{fi}+\sum h_{ji}=\left(\lambda\frac{1}{d}+\zeta_1+2\zeta_2+\zeta_3\right)\frac{(4Q)^2}{2g(\pi d^2)^2}$$

$$3d^5-2.08d-1.12=0$$

解之得：$d\approx1\text{m}$，采用标准管径 $d=1\text{m}$。

本章小结

本章重点介绍水流阻力产生的原因以及水头损失计算。内容比较繁杂，经验公式和经验数据很多，在学习时要善于总结对比，不必硬记。

1）水流阻力有沿程阻力和局部阻力，实际管流中这两种阻力同时存在，计算时根据不同问题来考虑。

2）水流阻力与流动状态有关。水流运动特征主要体现在断面上流速分布、切应力分布、沿程阻力系数等方面。

3）尼古拉兹试验是解决沿程阻力的基础，但这是对人工粗糙管道进行的试验。对于实际管道需引入当量粗糙度的概念。

4）经验公式广泛应用于实际工程中的，如谢才公式、布拉修斯公式、希林松公式等。

5）有压管道计算是液体连续性方程、能量方程的实际应用。短管计算需考虑管路的沿程水头损失、局部水头损失及流速水头，长管计算只需考虑管路的沿程水头损失，流速水头及局部水头损失可忽略不计。

思考题与习题

4-1 能量损失有几种形式？产生能量损失的原因是什么？

4-2 雷诺数 Re 有什么物理意义？它为什么能起判别流态的作用？当输水管直径一定时，随着流量的加大，雷诺数是增大还是变小？当输水管流量一定时，随着管径的加大，雷诺数是增大还是变小？

4-3 两个不同管径的管道，对通过的不同黏滞性的液体，它们的临界雷诺数是否相同？

4-4 层流底层厚度与哪些因素有关？它在紊流分析中有什么作用？

4-5 绝对粗糙度为一定值的管道，为什么当 Re 数较小时，可能是水力光滑管？而当 Re 数较大时，又可能是水力粗糙管？是否壁面光滑的管子一定是水力光滑管，壁面粗糙的一定是水力粗糙管？为什么？

4-6 壁面的当量粗糙度 Δ、粗糙系数 n、阻力系数 λ、谢才系数 C 各表示什么意思？它们之间有什么区别和联系？

4-7 有两根管道，直径 d、长度 l 和绝对粗糙度 Δ 均相同，一根输送水，另一根输送油。试问：

（1）当两管道中液流的流速相等，其沿程水头损失 h_f 是否也相等？

（2）两管道中液流的 Re 相等，其沿程水头损失 h_f 是否相等？

4-8 突变断面管道，通过的 Q 相等，液流方向由小管到大管与由大管到小管的局部水头损失是否相等？为什么？

4-9 均匀流基本方程的结论是什么，它对水头损失计算有什么意义？

4-10 水管直径 $d=10$mm，管中水流流速 $v=0.2$m/s，水温 $t=10$℃，试判别其流态。若流速与水温同上，管径改变为 30mm，管中流态又如何？流速与水温同上，管流由层流转变为紊流时，水管直径应为多大？

4-11 断面为梯形的排水沟，已知底宽 $b=50$cm，边坡系数 $m=1.5$，水温 $t=20$℃，水深 $h=40$cm，流速 $v=10$cm/s。试判别其流态。如果水温及水深保持不变，流速减到多大才是层流？

4-12 已知实验渠道断面为矩形，底宽 $b=25$cm，当 $Q=10$L/s 时，渠中水深 $h=30$cm，测知水温 $t=20$℃，运动黏度 $\nu=0.0101\text{cm}^2/\text{s}$，试判别渠中流态。

4-13 输送石油管道直径 $d=200$mm，石油重度 $\gamma=8.34\text{kN/m}^3$，动力黏度 $\mu=0.29$Pa·s，求管中流量 Q 为多少时，液流将从层流转变为紊流。

4-14 某水管长 $l=500$m，直径 $d=200$mm，当量粗糙度 $\Delta=0.1$mm，输水流量 $Q=10$L/s，水温 $t=10$℃，试计算沿程水头损失 h_f（注意区别阻力流区而后选用计算公式）。

4-15 铸铁管直径 $d=250$m，长 $l=700$m，流量 $Q=56$L/s 时，水温 $t=10$℃，求管中流动所属的流区与沿程水头损失 h_f。

4-16 管道直径 $d=200$mm，流量 $Q=0.09\text{m}^3/\text{s}$，水力坡度 $J=46\%$。试求该管道的沿程阻力系数。

4-17 管道直径 $d=15$mm，量测段长 $l=4$m，水温 $t=10$ ℃。试求：（1）当流量 $Q=0.03$L/ s 时，管中的流态；（2）此时的沿程阻力系数 λ；（3）量测段的沿程水头损失 h_f；（4）为保持管中为层流，量测段的最大测压管水头差应为多少？

4-18 直径 $d=200$mm 的新铸铁管，其当量粗糙度 $\Delta=0.35$mm，水温 $t=15$ ℃。试求：（1）维持水力光滑管紊流的最大流量；（2）维持水力粗糙管紊流的最小流量。

4-19 直径 $d=300$mm 的旧铸铁管，长度 $l=200$m，流量 $Q=0.25\text{m}^3/\text{s}$，取当量粗糙度 $\Delta=0.6$mm，水温 $t=10$ ℃。试分别用公式和查图法求沿程水头损失 h_f。

4-20 管径 $d=300$mm，水温 $t=15$℃，流速 $v=3$m/s，沿程阻力系数 $\lambda=0.015$，求管壁切应力 τ_0 及 $r=0.5r_0$ 处的切应力 τ（r_0 为圆管半径）。

4-21 水管直径 $d=50$mm，长 $l=10$m，$Q=10$L/s，处于阻力平方区，若测得沿程水头损失，$h_f=7.5$m，求管壁材料的当量粗糙度。

4-22 钢筋混凝土涵管内径 $d=800$mm，粗糙系数 $n=0.014$，长 $l=240$m，沿程水头损失 $h_f=2$m，求断面平均流速及流量。

4-23 新铸铁管，$\Delta=0.3$mm，长 $l=1000$m，内径 $d=300$mm，流量 $Q=100$L/s，水温 $t=10$℃，试用谢才公式计算水头损失。

4-24 土渠断面为梯形，底宽 $b=1$m，边坡系数 $m=1.4$（渠道斜边与水平夹角的余切），渠中水深 $h=1$m，粗糙系数 $n=0.03$，试用曼宁公式和巴甫洛夫斯基公式计算谢才系数 C。

4-25 如图 4-17 所示，流速由 v_1 变为 v_3 的突然扩大圆管。若改为两级断面扩大，问中间级流速 v_2 应取多大时，所产生的局部水头损失最小？

4-26　如图4-18所示，直立水管 $d_1=150\text{mm}$，$d_2=300\text{mm}$，$h=1.5\text{m}$，$v_2=3\text{m/s}$，问水银比压计中的液面哪一侧较高？求高差 Δh 值。

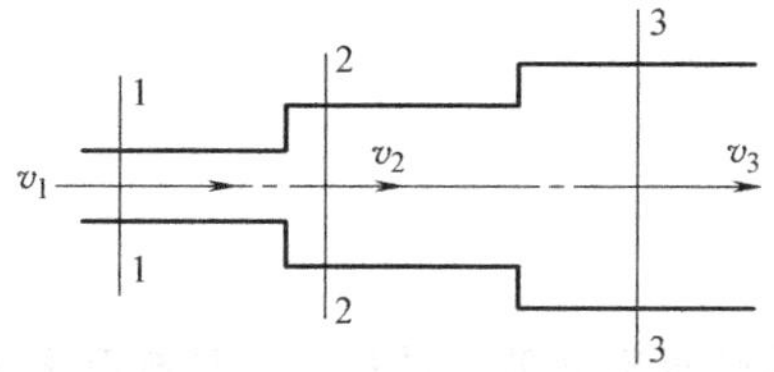

图4-17　习题4-25图

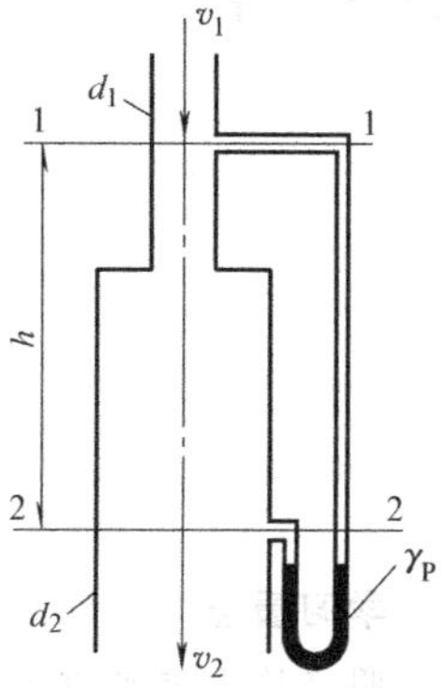

图4-18　习题4-26图

4-27　如图4-19所示，为测定阀门的阻力系数 ζ，在阀门的上下游装三个测压管。已知水管直径 $d=50\text{mm}$，$l_1=1\text{m}$，$l_2=2\text{m}$，$\nabla_1=150\text{cm}$，$\nabla_2=125\text{cm}$，$\nabla_3=40\text{cm}$，$v=3\text{m/s}$，试确定 ζ 值。

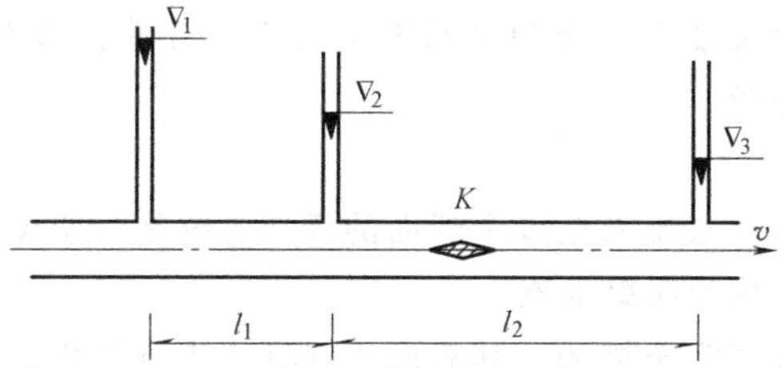

图4-19　习题4-27图

4-28　试证明在直径一定的圆管中，层流区：$h_f \propto v$，水力光滑区：$h_f \propto v^{1.75}$，阻力平方区：$h_f \propto v^2$。

第 5 章

明渠水流

学习重点

明渠均匀流水力计算公式；水力最优断面、允许流速的概念及应用；梯形、矩形断面明渠、无压圆管及复式断面明渠均匀流的水力计算方法；明渠非均匀流水流特性，水流状态及判别方法；临界水深、临界底坡的概念及计算；棱柱形渠道恒定渐变流水面曲线定性分析方法。

学习目标

了解明渠均匀流、非均匀流的基本概念；熟悉明渠均匀流、非均匀流水力特性和产生条件；掌握矩形、梯形、无压圆管及复式断面明渠均匀流的水力计算，临界水深、临界底坡的计算，棱柱形渠道水面曲线定性分析。

人工渠道、天然河道以及水流未充满全断面的管道，统称为明渠。天然河道和人工渠道中的水流，都具有自由表面，称为明渠水流。

明渠水流自由表面与大气完全接触，其表面压强等于大气压强，相对压强为零，所以明渠水流又称为无压水流。

当明渠水流的各运动要素不随时间变化时，称为明渠恒定流，否则为明渠非恒定流。理论上，明渠恒定流不存在，但当研究的时间较短或者水流各运动要素随时间变化较小时，工程上也可近似看作是恒定流。

5.1 明渠的类型及断面水力要素

1. 明渠的类型

（1）按明渠底坡分类　沿渠道中心线所做的铅直面与渠底的交线称为底坡线，该铅直面与水面的交线称为水面线，如图 5-1a 所示。

对于人工渠道，渠底可看作是平面，在纵剖面图上它是一段直线，或互相衔接的几段直线。天然河道的河底起伏不平，所以在纵剖面图上，河底线是一条有起伏而总趋势是下降的曲线，如图 5-1b 所示。

渠底高程沿水流方向单位长度的降落值称为渠道底坡，又称为比降，以 i 表示。如取两个断面的间距为 $\mathrm{d}s$，两个断面的渠底高程分别为 z_{01} 和 z_{02}，则渠底高程的降落值为 $(z_{01}-z_{02})=-(z_{02}-z_{01})=-\mathrm{d}z_0$。按定义，底坡 i 表示为

$$i=-\frac{\mathrm{d}z_0}{\mathrm{d}s}=\sin\theta \tag{5-1}$$

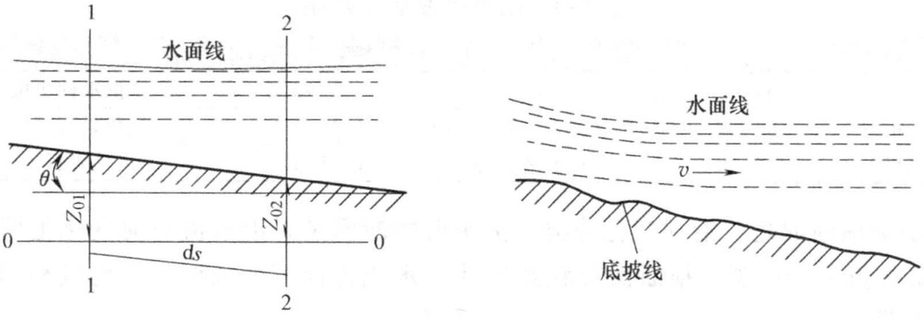

a) b)

图 5-1 渠道底坡

式中 θ——渠底线与水平线间的夹角。

当 $dz_0<0$，$i>0$，渠底高程沿水流方向降低称为顺坡渠道；当 $dz_0=0$，$i=0$，渠底高程沿水流方向不变称为平坡渠道；当 $dz_0>0$，$i<0$，渠底高程沿水流方向增加称为逆坡渠道，如图 5-2所示。人工渠道的底坡 i 一般变化不大，天然河道底坡通常可在一段河道内取平均值作为计算值。

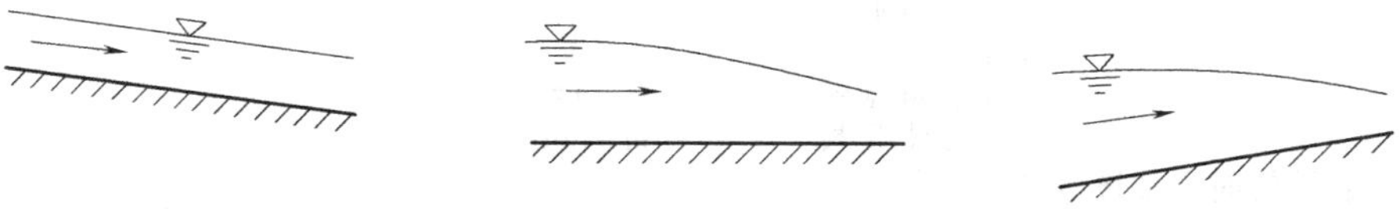

a) b) c)

图 5-2 渠道的底坡形式

a) $i>0$（顺坡渠道） b) $i=0$（平坡渠道） c) $i<0$（逆坡渠道）

（2）按明渠断面形式分类 渠道的断面形状有多种。人工渠道一般常做成对称的几何形状，如梯形、矩形、抛物线形及多边形等，如图 5-3a~f。天然河道的横断面与河槽地质条件及水力条件有关，上游水流急、冲刷力强，河槽断面多呈“V”字形（见图 5-3g)；中、下游水流较缓，淤积加剧，断面多呈“U”字形（见图 5-3h）或复式情况（见图 5-3i)；由于水流离心力的影响，河槽还可呈深浅不对称的断面（见图 5-3j)。

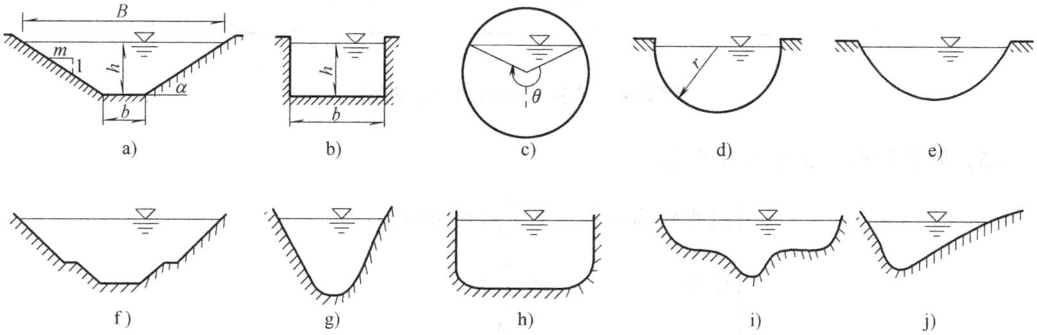

f) g) h) i) j)

图 5-3 渠道的横断面形式

在土质地基上开挖的明渠，为避免崩塌和便于施工，多挖成梯形断面，它的两侧倾斜度用边坡系数 m 表示，如图 5-3a 所示。

明渠边坡系数取决于土质条件，见表 5-1。

表 5-1　明渠边坡系数 m 值

土壤种类	m	土壤种类	m	土壤种类	m
粉砂	3~3.5	粉土	1.25~2.0	半岩土抗水性土壤	0.5~1
疏松的细、中、粗砂	2~2.5	粉质黏土、黄土、黏土	1.25~1.5	风化岩石	0.25~0.5
密实的细、中、粗砂	1.5~2.0	卵石和砌石	1.25~1.5	未风化岩石	0~0.25

（3）按明渠横断面是否沿程变化分类　按明渠横断面是否沿水流方向变化把明渠分为棱柱形明渠和非棱柱形明渠两类。横断面形状及尺寸沿水流方向不变的明渠称为棱柱形明渠，否则称为非棱柱形明渠。

人工渠道大多为梯形或矩形断面的棱柱形渠道。有时为了连接两条断面不同的渠道，在其间设置断面逐渐变化的过渡渠段，称为渐变段，这是非棱柱形渠道。天然河道一般均为非棱柱形，但对断面变化不大又比较平顺的河段，可以近似当作棱柱形渠道。

2. 明渠断面水力要素

（1）梯形断面，如图 5-4a 所示。

$$\begin{cases} \text{过水断面面积} & A=(b+mh)h \\ \text{湿周} & \chi=b+2h\sqrt{1+m^2} \\ \text{水力半径} & R=\dfrac{A}{\chi} \\ \text{水面宽度} & B=b+2mh \\ \text{边坡系数} & m=\cot\alpha \end{cases} \tag{5-2}$$

（2）矩形断面，如图 5-4b 所示。

$$\begin{cases} \text{过水断面面积} & A=bh \\ \text{湿周} & \chi=b+2h \\ \text{水力半径} & R=\dfrac{A}{\chi} \\ \text{水面宽度} & B=b \end{cases} \tag{5-3}$$

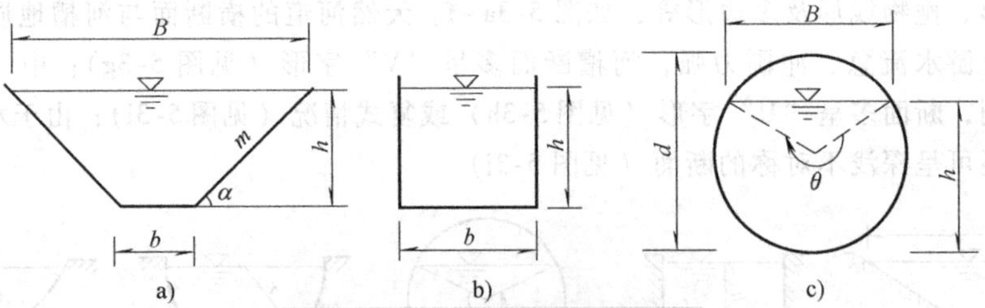

图 5-4　几种典型的明渠横断面

（3）圆形断面，如图 5-4c 所示。

$$\begin{cases} \text{过水断面面积} & A=\dfrac{d^2}{8}(\theta-\sin\theta) \\ \text{湿周} & \chi=\dfrac{d}{2}\theta \\ \text{水力半径} & R=\dfrac{A}{\chi} \\ \text{水面宽度} & B=d\sin\dfrac{\theta}{2}=2\sqrt{h(d-h)} \\ \text{充满度} & a=\dfrac{h}{d}=\sin^2\dfrac{\theta}{4} \end{cases} \tag{5-4}$$

式中 θ——充满角，如图 5-4c 所示。

5.2 明渠均匀流

1. 明渠均匀流的形成条件与水力特性

若明渠恒定流中的水深、流速及流速分布沿程不变，称为明渠均匀流。

（1）明渠均匀流形成条件 要保证明渠恒定流中的水深和流速等沿程不变，比较困难。因此明渠均匀流必须满足以下条件：

1）底坡沿程不变的顺坡渠道。

2）长而直的棱柱形渠道，过水断面大小及形状、渠道表面粗糙系数均沿程不变。

3）恒定流，渠道中的流量沿程不变。

明渠均匀流中，没有分流或汇流情况存在，也无障碍物对水流运动的干扰。人工渠道在基本符合上述条件时，可按明渠均匀流计算；天然河道中一般不可能形成均匀流，在没有障碍的天然顺直河道，如果过水断面基本一致，可近似视为均匀流。

（2）明渠均匀流的水力特性 明渠均匀流的流线为一簇相互平行的直线，具有下列主要特征：

1）过水断面的形状、尺寸及水深沿程不变，过水断面上流速情况（大小、方向及分布）沿程不变，因此过水断面上的平均流速 v、动能修正系数 α、动量修正系数 α' 也都沿流程不变，所以流速水头 $\frac{\alpha v^2}{2g}$ 沿流程不变。

2）过水断面上的压强满足静水压强分布规律，水面线就是测压管水头线。

3）总水头线坡度 J、测压管水头线坡度 J_p、渠底坡度 i 这三个坡度相等。即

$$J=J_p=i \tag{5-5}$$

从式（5-5）可以看出，明渠均匀流的动能和压能沿程不变，位能则沿程减少，其减少数值，等于水流克服阻力所消耗的能量，即明渠均匀流的重力功完全用来克服摩擦力消耗的能量损失，所以明渠均匀流是重力和阻力达到平衡的一种流动。

明渠水流做均匀流流动时所对应的水深称为正常水深，用 h_0 表示。

2. 明渠均匀流基本公式

对于顺直的棱柱形渠道，其渠道底坡为 i，由明渠均匀流的水力特性知 $J=i$，流速按谢才公式计算。

$$v=C\sqrt{Ri} \tag{5-6}$$

在公路工程中，谢才系数 C 常按曼宁公式计算，将谢才系数 C 代入式（5-6），得谢才—曼宁公式

$$v=\frac{1}{n}R^{2/3}i^{1/2} \tag{5-7}$$

式中 $\frac{1}{n}$——粗糙系数 n 的倒数，工程常见渠道 $\frac{1}{n}$ 的数值见表 5-2。

将谢才—曼宁公式代入流量计算公式，得明渠均匀流的流量计算公式

$$Q=AC\sqrt{Ri}=\frac{1}{n}AR^{2/3}i^{1/2} \tag{5-8}$$

表 5-2 常见渠道的 $\frac{1}{n}$ 值

渠道特征	$\frac{1}{n}$ 值	
	灌溉渠	泄水渠
A. 土质渠道		
a. 流量大于 $25m^3/s$		
平整顺直，养护良好	50	45
平整顺直，养护一般	45	40
渠床多石、杂草丛生、养护较差	40	35
b. 流量 $1\sim25m^3/s$		
平整顺直，养护良好	45	40
平整顺直，养护一般	40	35
渠底多石、杂草丛生、养护较差	35	33
c. 流量小于 $1m^3/s$		
渠床弯曲，养护一般	40	36
d. 支渠以下的固定渠道	36~33	
B. 岩石上开凿的渠道		
经过良好修整	40	
经过中等修整的，无凸出部分	33	
经过中等修整的，有凸出部分	30	
未经过修整的，有凸出部分	29~22	
C. 用各种材料护面的渠道		
抹光的水泥抹面	83	
不抹光的水泥抹面	71	
光滑的混凝土护面	67	
平整的喷浆护面	67	
料石砌护面	67	
砖砌护面	67	
粗糙的混凝土护面	59	
不平整的喷浆护面	56	
浆砌护面	40	
干砌护面	30	

在计算流速和流量时，有时还采用下列两模数作为简化计算

$$W=C\sqrt{R}=\frac{v}{\sqrt{i}} \tag{5-9}$$

$$K=AC\sqrt{R}=\frac{Q}{\sqrt{i}} \tag{5-10}$$

式中　W，K——渠道的流速模数和流量模数，是 $i=1$ 时的假想流速和流量，它们综合反映渠道断面形状、尺寸和壁面粗糙度对输水能力的影响。当渠道断面形状及粗糙系数一定时，W、K 都是正常水深 h_0 的函数。

从式（5-10）可以看出，当流量 Q 一定时，明渠底坡 i 越大，均匀流正常水深 h_0 越小，反之 i 越小，则 h_0 越大。

3. 水力最优断面和允许流速

（1）水力最优断面　修建渠道需要大量工程投资，因此，如何从水力条件出发，选择输水性能最优的过水断面形状具有重要意义。

明渠的渠道底坡、粗糙系数以及过水断面的形状和大小是影响明渠均匀流流量大小的主要因素。在设计渠道时，底坡 i 一般随地形条件而定，粗糙系数 n 取决于所采用的渠壁材料，通常

是就地取材。在渠道底坡和粗糙系数已定的前提下，明渠的流量 Q 取决于过水断面的大小和形状。

水力最优断面是指当渠道过水断面面积 A、粗糙系数 n 及渠道底坡 i 一定时，渠道通过最大流量的断面形状。

由明渠均匀流的基本公式（5-8）得

$$Q=AC\sqrt{Ri}=\frac{1}{n}AR^{2/3}i^{1/2}=\frac{i^{1/2}A^{5/3}}{n\chi^{2/3}} \tag{5-11}$$

若 i、n、A 不变，湿周 χ 最小的断面能通过最大流量；若 Q、n、i 不变，A 最小，则 χ 也最小，所以水力最优断面的过水断面面积和湿周都最小。从工程经济性及水工需要来看，过水断面面积最小，土方开挖量最小；湿周最小，渠壁的阻力最小，渠壁加固数量和渠道渗漏也最小。

根据几何学可知，渠道断面面积相同时，半圆形断面具有最小的湿周，所以它是水力最优断面，但这种断面的边坡比较陡，只能用砖石、混凝土等坚硬的材料修筑，比较适合于预制管涵及砌筑物。从施工方便及经济出发，工程上多采用梯形断面渠道。通常根据渠面土壤的种类确定边坡系数 m。在边坡系数不变的条件下，选择一个梯形渠道水力最优断面。

由梯形渠道的过水断面面积 A 和湿周 χ 的计算公式

$$A=(b+mh)h,\ \chi=b+2h\sqrt{1+m^2}$$

得

$$b=\frac{A}{h}-mh$$

$$\chi=\frac{A}{h}-mh+2h\sqrt{1+m^2} \tag{5-12}$$

分析式（5-12），湿周是断面面积 A 和水深 h 的函数，而水力最优断面是过水断面面积 A 一定时，湿周 χ 最小的断面。因此，将式（5-12）对水深 h 取导数，求 $\chi=f(h)$ 的极小值，即可确定底宽 b 和水深 h 的关系。

$$\frac{d\chi}{dh}=-\frac{A}{h^2}-m+2\sqrt{1+m^2}=-\frac{bh+mh^2}{h^2}-m+2\sqrt{1+m^2}$$

$$=-\frac{b}{h}-2m+2\sqrt{1+m^2}=0$$

又

$$\frac{d^2\chi}{dh^2}=\frac{-b(-1)}{h^2}>0$$

二阶导数大于 0，故有极小值，即湿周最小时，梯形断面的宽深比为

$$\beta_0=\frac{b}{h}=2(\sqrt{1+m^2}-m) \tag{5-13}$$

式（5-13）是梯形断面渠道水力最优断面的宽深比条件。

当为矩形断面时，$m=0$，其水力最优断面宽深比为 $\beta_0=2$，$b=2h$。

由式（5-13）的关系可得梯形水力最优断面的断面参数为

$$A=(b+mh)h=(2\sqrt{1+m^2}-m)h^2 \tag{5-14}$$

$$\chi=b+2h\sqrt{1+m^2}=2h(2\sqrt{1+m^2}-m) \tag{5-15}$$

$$R=\frac{A}{\chi}=\frac{h}{2} \tag{5-16}$$

表明梯形渠道水力最优断面水力半径等于正常水深的一半，它与渠道的边坡系数无关。

水力最优断面只是从水力学角度讨论，在实际工程中还要考虑流速大小、造价、施工技术及维修养护条件等。对于中小型渠道，挖土不深，造价基本由渠道的土方工程量决定，因此水力最优断面的造价也最经济。对于大型渠道，按水力最优断面设计，往往挖土过深，受地质条件和地下水影响，工程支护困难，使土方的单价增加，工程养护也难，一般不经济，也不适用。因此，是否采用水力最优断面，应综合考虑各方面因素确定。

(2) 允许流速　明渠水流流速过大或过小，都会对明渠正常使用产生影响。流速过大，渠道冲刷或塌方，流速过小，渠道发生淤积。在渠道设计中，除了考虑水力最优断面外，还必须对水流最大和最小流速进行限制，渠道中的流速应是不冲不淤流速。

允许流速是指对渠身不会产生冲刷，也不会使水中悬浮的泥沙在渠道中发生淤积的断面平均流速。

设渠道中最大允许流速为不冲流速，用 v_{max} 表示，最小允许流速为不淤流速，用 v_{min} 表示，则渠道中的设计流速应满足

$$v_{min}<v<v_{max}$$

渠道中的不冲流速与渠道壁面的土壤或加固材料和水深有关，由实验确定。表 5-3、表 5-4、表 5-5 可供渠道设计时参考。

渠道中的最小允许不淤流速与水流中含砂量、泥沙的粒径以及水深等因素有关，一般不小于 0.5m/s，也可按经验公式或有关经验值确定。

$$v_{min}=\beta h_0^{0.64}(\mathrm{m/s}) \tag{5-17}$$

式中　h_0——正常水深或实际水深（m）；

β——淤积系数，与水流挟沙情况有关。挟带粗砂：$\beta=0.6\sim0.7$；挟带中砂：$\beta=0.54\sim0.57$；挟带细砂：$\beta=0.39\sim0.41$。

此外，为防止渠中滋生植物，应有 $v>0.6$m/s；为防止淤泥沉积，应有 $v>0.2$m/s；为防止淤砂，应有 $v>0.4$m/s。

表 5-3　坚硬岩石和人工护面渠道的最大允许不冲流速　　（单位：m/s）

岩石或护面的种类	渠道的流量/(m^3/s)		
	<1	1~10	>10
软质水成岩(泥灰岩、页岩、软砾岩)	2.5	3.0	3.5
中等硬质水成岩(致密砾岩、多孔石灰岩、层状石灰岩、白云石灰岩、灰质砂岩)	3.5	4.3	5.0
硬质水成岩(白云砂岩、砂质石灰岩)	5.0	6.0	7.0
结晶岩、火成岩	8.0	9.0	10.0
单层块石铺砌	2.5	3.5	4.0
双层块石铺砌	3.5	4.5	5.0
混凝土护面(水流中不含砂和砾石)	6.0	8.0	10.0

表 5-4　均质黏性土质渠道最大允许不冲流速　　（单位：m/s）

土　质	最大允许不冲流速	土　质	最大允许不冲流速
轻壤土	0.6~0.8	重壤土	0.75~1.0
中壤土	0.65~0.85	黏土	0.75~0.95

表 5-5　均质无黏性土质渠道最大允许不冲流速　　　（单位：m/s）

土　质	粒径/mm	最大允许不冲流速	土　质	粒径/mm	最大允许不冲流速
极细砂	0.05~0.1	0.35~0.45	中砾石	5.0~10.0	0.90~1.10
细砂和中砂	0.25~0.5	0.45~0.60	粗砾石	10.0~20.0	1.10~1.30
粗砂	0.5~2.0	0.60~0.75	小卵石	20.0~40.0	1.30~1.80
细砾石	2.0~5.0	0.75~0.90	中卵石	40.0~60.0	1.80~2.20

注：1. 均质黏性土质渠道中各种土质的干容重为 $12.74\sim16.66\text{kN/m}^3$。

2. 表中所列为水力半径 $R=1.0\text{m}$ 的情况，若 $R\neq1.0\text{m}$ 时，则应将表中数值乘以 R^{α} 才得到相应的不允许流速值。对于砂、砾石、卵石、疏松的沙壤土、壤土和黏土，$\alpha=\frac{1}{3}\sim\frac{1}{4}$；对于中等密实和密实的沙壤土、壤土和黏土，$\alpha=\frac{1}{4}\sim\frac{1}{5}$。

3. 对于流量大于 $50\text{m}^3/\text{s}$ 的渠道，最大允许不冲流速应专门研究确定。

4. 均匀流水力计算

（1）梯形断面明渠均匀流水力计算　由明渠均匀流的基本公式 $Q=K\sqrt{i}$ 可知，K 决定于渠道断面特征。在 Q、K、i 中，已知其二，即可求出另一个。因此，梯形断面中明渠均匀流的水力计算可归纳为以下几类。

1）已知渠道断面形状及大小、渠壁的粗糙系数及渠道底坡，求渠道的输水能力。

这一类问题多用来校核已建成渠道的过水能力，根据已知条件，求出 A，χ，R，C，直接用式（5-8）计算流量 Q。

【例 5-1】　梯形断面浆砌石长直渠道，底宽 $b=3\text{m}$，$n=0.025$，底坡 $i=0.001$，$m=0.25$，按水力最优断面设计，求流量 Q。

解： 因渠道较长，断面规则，底坡一致，故可按均匀流计算。由于按水力最优的断面设计，所以由式（5-15）得

$$\frac{b}{h}=2(\sqrt{1+m^2}-m)=2(\sqrt{1+0.25^2}-0.25)=1.56$$

水深
$$h=\frac{b}{1.56}=\frac{3}{1.56}\text{m}=1.92\text{m}$$

过水断面面积
$$A=(b+mh)h=(3+0.25\times1.92)\times1.92\text{m}^2=6.68\text{m}^2$$

湿周
$$\chi=b+2h\sqrt{1+m^2}=3\text{m}+2\times1.92\times\sqrt{1+0.25^2}\text{m}=6.96\text{m}$$

水力半径
$$R=\frac{A}{\chi}=\frac{6.68}{6.96}\text{m}=0.96\text{m}$$

谢才系数
$$C=\frac{1}{n}R^{1/6}=\frac{1}{0.025}\times0.96^{1/6}\text{m}^{0.5}/\text{s}=39.7\text{m}^{0.5}/\text{s}$$

流量
$$Q=AC\sqrt{Ri}=6.68\times39.7\times\sqrt{0.96\times0.001}\text{m}^3/\text{s}=8.22\text{m}^3/\text{s}$$

【例 5-2】　梯形断面路基排水沟渠，长 1.5km，底宽 $b=3\text{m}$，若渠中正常水深为 $h_0=0.8\text{m}$，边坡系数 $m=1.5$，渠底落差为 0.75m，渠道粗糙系数 $n=0.03$，按均匀流计算，试校核该渠道的泄水能力和水流流速。

解：
$$i=\frac{\Delta z}{l}=\frac{0.75}{1500}=0.0005$$

$$A=(b+mh)h=(3+1.5\times0.8)\times0.8\text{m}^2=3.36\text{m}^2$$

$$\chi=b+2h\sqrt{1+m^2}=2\text{m}+2\times0.8\times\sqrt{1+1.5^2}\text{m}=5.88\text{m}$$

$$R=\frac{A}{\chi}=\frac{3.36}{5.88}\text{m}=0.57\text{m}$$

按巴甫洛夫斯基公式计算，因 $R<1\text{m}$，有

$$y=1.5\sqrt{n}=1.5\times\sqrt{0.03}=0.2598$$

$$C=\frac{1}{n}R^{y}=\frac{1}{0.03}\times0.57^{0.2589}\text{m}^{0.5}/\text{s}=28.8\text{m}^{0.5}/\text{s}$$

$$Q=AC\sqrt{Ri}=3.36\times28.8\times\sqrt{0.57\times0.0005}\text{m}^3/\text{s}=1.63\text{m}^3/\text{s}$$

$$v=\frac{Q}{A}=\frac{1.63}{3.36}\text{m/s}=0.485\text{m/s}$$

按曼宁公式计算

$$C=\frac{1}{n}R^{1/6}=\frac{1}{0.03}\times0.57^{1/6}\text{m}^{0.5}/\text{s}=30.4\text{m}^{0.5}/\text{s}$$

$$Q=AC\sqrt{Ri}=3.36\times30.4\times\sqrt{0.57\times0.0005}\text{m}^3/\text{s}=1.72\text{m}^3/\text{s}$$

$$v=\frac{Q}{A}=\frac{1.72}{3.36}\text{m/s}=0.513\text{m/s}$$

由上式计算结果知，巴甫洛夫斯基公式计算结果偏小，曼宁公式偏大。对于渠道泄水能力估算，巴甫洛夫斯基公式结果偏安全，但曼宁公式简单方便，对于渠道的护面设计偏于安全。在进行桥涵设计时多用曼宁公式。

2）已知渠道断面尺寸、粗糙系数以及通过的流量或速度，求渠道的底坡。

设计新建渠道时，要求确定渠道的底坡。与第一类问题相似，根据已知参数算出流量模数 $K=AC\sqrt{R}$，再按式（5-10）直接求出渠道底坡 i，即 $i=Q^2/K^2$。

【例 5-3】 已知某石砌渠道，底宽 $b=10\text{m}$，水深 $h=3.5\text{m}$，壁面粗糙系数 $n=0.025$，设计流量 $Q=54.6\text{m}^3/\text{s}$，边坡系数 $m=1.5$。按均匀流计算，求渠道底坡 i 及流速。

解：计算流量模数 K

过水断面 $A=(b+mh)h=(10+1.5\times3.5)\times3.5\text{m}^2=53.4\text{m}^2$

湿周 $\chi=b+2h\sqrt{1+m^2}=10\text{m}+2\times3.5\times\sqrt{1+1.5^2}\text{m}=22.6\text{m}$

水力半径 $R=\dfrac{A}{\chi}=\dfrac{53.4}{22.6}\text{m}=2.36\text{m}$

谢才系数 $C=\dfrac{1}{n}R^{1/6}=\dfrac{1}{0.025}\times2.36^{1/6}\text{m}^{0.5}/\text{s}=46.15\text{m}^{0.5}/\text{s}$

流量模数 $K=AC\sqrt{R}=53.4\times46.15\times\sqrt{2.36}\text{m}^3/\text{s}=3785.9\text{m}^3/\text{s}$

故渠道的底坡为 $i=\dfrac{Q^2}{K^2}=\dfrac{54.6^2}{3785.9^2}=0.0002$

渠道中的流速 $v=\dfrac{Q}{A}=\dfrac{54.6}{53.4}\text{m/s}=1.02\text{m/s}$

【例 5-4】 某灌溉区需兴建一条跨越公路上方的钢筋混凝土矩形输水渡槽，其底宽 $b=5.1\text{m}$，水深 $h=3.08\text{m}$，粗糙系数 $n=0.014$，设计流量 $Q=25.6\text{m}^3/\text{s}$。试确定渠道底坡 i 及渠中流速 v，并判断该渠道能否产生淤积。

解：

$$A=bh=5.1\times3.08\text{m}^2=15.71\text{m}^2$$

$$\chi=b+2h=5.1\text{m}+2\times3.08\text{m}=11.26\text{m}$$

$$R=\frac{A}{\chi}=\frac{15.71}{11.26}\text{m}=1.3952\text{m}$$

按巴甫洛夫斯基公式计算，因 $R>1\text{m}$，有

$$y=1.3\sqrt{n}=1.3\times\sqrt{0.014}=0.1538$$

$$C=\frac{1}{n}R^{y}=\frac{1}{0.014}\times1.3952^{0.1538}\text{m}^{0.5}/\text{s}=75.18\text{m}^{0.5}/\text{s}$$

$$K=AC\sqrt{R}=15.71\times75.18\times\sqrt{1.3952}\text{m}^3/\text{s}=1395\text{m}^3/\text{s}$$

$$i=\frac{Q^2}{K^2}=\left(\frac{25.6}{1395}\right)^2=0.000337$$

$$v=\frac{Q}{A}=\frac{25.6}{15.71}\text{m/s}=1.63\text{m/s}$$

按曼宁公式计算

$$C=\frac{1}{n}R^{\frac{1}{6}}=\frac{1}{0.014}\times1.3952^{\frac{1}{6}}\text{m}^{0.5}/\text{s}=75.51\text{m}^{0.5}/\text{s}$$

$$K=AC\sqrt{R}=15.71\times75.51\times\sqrt{1.3952}\text{m}^3/\text{s}=1401\text{m}^3/\text{s}$$

$$i=\frac{Q^2}{K^2}=\left(\frac{25.6}{1401}\right)^2=0.000338$$

$$v=\frac{Q}{A}=\frac{25.6}{15.71}\text{m/s}=1.63\text{m/s}$$

该渠道不会产生淤积。因为防止淤泥沉积，应有 $v>0.2\text{m/s}$；为防止淤砂，应有 $v>0.4\text{m/s}$。

3）已知渠道断面尺寸、底坡情况和设计流量，求粗糙系数。

按曼宁公式，$C=\frac{1}{n}R^{\frac{1}{6}}$计算谢才系数，按式（5-8）即可求得粗糙系数。

$$n=\frac{A}{Q}R^{\frac{2}{3}}i^{\frac{1}{2}}$$

【例 5-5】 已知梯形渠道底宽 $b=1.5\text{m}$，底坡 $i=0.0006$，边坡系数 $m=1.0$，当流量 $Q=1.0\text{m}^3/\text{s}$ 时，测得水深 $h=0.86\text{m}$，求粗糙系数 n。

解： 此渠道的 A、χ、R 分别为

$$A=(b+mh)h=(1.5+1\times0.86)\times0.86\text{m}^2=2.03\text{m}^2$$

$$\chi=b+2h\sqrt{1+m^2}=1.5\text{m}+2\times0.86\times\sqrt{1+1^2}\text{m}=3.93\text{m}$$

$$R=\frac{A}{\chi}=\frac{2.03}{3.93}\text{m}=0.5165\text{m}$$

故 $n=\frac{A}{Q}R^{\frac{2}{3}}i^{\frac{1}{2}}=\frac{2.03}{1.0}\times0.5165^{\frac{2}{3}}0.0006^{\frac{1}{2}}=0.032$

4）已知输水量 Q、底坡 i，确定渠道断面尺寸。

由渠道土壤种类、护面材料，参阅表 5-1、表 5-2 确定边坡系数 m、粗糙系数 n 值。这类问题的未知数有两个，满足式（5-8）的 b 和对应的 h 有无限多个，因此，必须结合工程实际和技术经济要求，附加一个条件，一般工程中有以下两种情况。

① 根据工程要求或地形，选定渠道底宽 b 或水深 h，求对应水深 h 或对应渠道底宽 b。

采用试算法，先假定若干个水深 h 值或若干个渠底宽度 b 值，计算出相应的 K 值，作 h-K 或 b-K 曲线，如图 5-5 所示，从已知 K 值上作 OK 坐标轴的垂线和 h-K 或 b-K 曲线交于 A 点，过

A 点做水平线和纵轴的交点 B，即为所求的 h 值或 b 值。

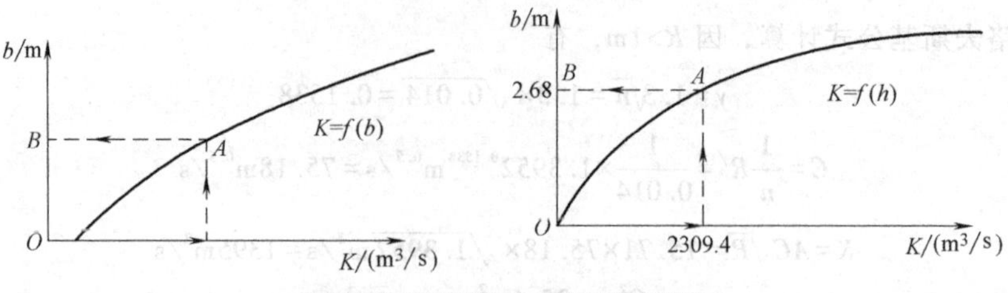

图 5-5　试算法确定渠底 b 或 h

【例 5-6】　已知梯形渠道，底宽 $b=10m$，边坡系数 $m=1.5$，底坡 $i=0.0003$，粗糙系数 $n=0.025$，流量 $Q=40m^3/s$，求 h。

解：由已知 Q，i 值，计算 K

$$K=\frac{Q}{\sqrt{i}}=\frac{40}{\sqrt{0.0003}}m^3/s=2309.4m^3/s$$

假定不同的 h 值，计算过水断面的水力要素及 K 值，计算结果见表 5-6。

$$A=(b+mh)h$$

$$\chi=b+2h\sqrt{1+m^2}$$

$$R=\frac{A}{\chi}$$

$$K=\frac{1}{n}AR^{2/3}$$

表 5-6　h-K 关系计算

h	A	χ	R	$R^{2/3}$	K
3.00	43.50	20.80	2.09	1.63	2836
2.70	37.94	19.70	1.93	1.55	2352
2.66	37.20	19.60	1.90	1.53	2277
2.50	34.40	19.00	1.81	1.49	2050

如图 5-5 所示，做 h-K 关系曲线，在横坐标轴上取 $K=2309.4m^3/s$，引垂线和曲线相交，再从交点引水平线和 h 轴相交，得 $h=2.68m$，即为所求。

② 按水力最优断面的条件或给定设计流速 v，求设计断面尺寸 b、h。

【例 5-7】　一梯形断面渠道，通过设计流量为 $Q=4.0m^3/s$，边坡系数 $m=1.5$，壁面粗糙系数 $n=0.025$，底坡 $i=0.003$，按水力最优断面设计，试求渠道的底宽 b 和水深 h。

解：根据水力最优断面的特点，由式（5-14）和式（5-16），即

$$A=(2\sqrt{1+m^2}-m)h^2,\quad R=\frac{h}{2}$$

将上两式代入式（5-8）中，并加以整理就可得出

$$h=\left[\frac{1.58nQ}{(2\sqrt{1+m^2}-m)i^{1/2}}\right]^{3/8}$$

代入已知值，求得 $h=1.127m$。

当 $m=1.5$ 时，$\frac{b}{h}=0.61$，所以

$$b=0.61\times1.127\text{m}=0.69\text{m}$$

【例 5-8】 已知某石砌梯形断面渠道，设计流量 $Q=4.0\text{m}^3/\text{s}$，边坡系数 $m=1.5$，壁面粗糙系数 $n=0.025$，底坡 $i=0.003$，渠道的设计流速为 1.4m/s，求渠道的 b 和 h。

解：根据梯形断面的几何关系可知

$$A=(b+mh)h$$

$$\chi=\frac{A}{R}=b+2h\sqrt{1+m^2}$$

解方程组，消去 b 得

$$h=\frac{\frac{A}{R}-\sqrt{\frac{A^2}{R^2}-4A(2\sqrt{1+m^2}-m)}}{2(2\sqrt{1+m^2}-m)}$$

由连续性方程 $$A=\frac{Q}{v}=\frac{4}{1.4}\text{m}^2=2.86\text{m}^2$$

水力半径 $$R=\left(\frac{nv}{i^{\frac{1}{2}}}\right)^{\frac{3}{2}}=\left(\frac{0.025\times1.4}{0.003^{\frac{1}{2}}}\right)^{\frac{3}{2}}\text{m}=0.511\text{m}$$

将以上数值代入，得 $h=0.69\text{m}$，$b=3.11\text{m}$。

【例 5-9】 有一条梯形断面路基排水沟，底坡 $i=0.005$，粗糙系数 $n=0.025$，边坡系数 $m=1.5$，流量 $Q=3.5\text{m}^3/\text{s}$，渠道不冲刷的最大允许流速 $v_{max}=0.9\text{m/s}$，试设计此排水沟的断面尺寸，并考虑是否需要加固。

解：按水力最佳条件设计。

由 $\beta=2(\sqrt{1+m^2}-m)=2\times(\sqrt{1+1.5^2}-1.5)=0.61$

即 $b=0.61h$

又 $A=(b+mh)h=(0.61h+1.5h)h=2.11h^2$

$$R=0.5h$$

$$C=\frac{1}{n}R^{\frac{1}{6}}=\frac{1}{0.025}\times(0.5h)^{\frac{1}{6}}$$

从而由 $Q=AC\sqrt{Ri}$，得到

$$Q=3.76h^{\frac{8}{3}}$$

将 $Q=3.5\text{m}^3/\text{s}$ 代入上式，得

$$h=\left(\frac{3.5}{3.76}\right)^{\frac{3}{8}}\text{m}=0.97\text{m}$$

$$b=0.61h=0.61\times0.97\text{m}=0.59\text{m}$$

断面尺寸 b、h 求出后，再验算流速。

$$v=C\sqrt{Ri}=\frac{1}{n}R^{\frac{1}{6}}\sqrt{Ri}=\frac{1}{n}R^{\frac{2}{3}}i^{\frac{1}{2}}=\frac{1}{0.025}\times(0.5\times0.97)^{\frac{2}{3}}\times0.005^{\frac{1}{2}}\text{m/s}=1.75\text{m/s}>v_{max}=0.90\text{m/s}$$

结果说明渠道需要加固。护面材料可参考表 5-3、表 5-4 或表 5-5 选用 $v_{max}\geqslant1.75\text{m/s}$ 者，但做护面后，粗糙系数与原渠道不同，渠中实际流速将有变化，即 $v\neq1.75\text{m/s}$，因此还需要按新的护面粗糙系数重新计算过水断面尺寸，计算方法同前面一致。

(2) 无压圆管均匀流水力计算　工程上常采用圆形管道输送液体，它既是水力最优断面，又具有受力性能良好、制作方便、节省材料的优点。

无压圆管均匀流是指管道中的水流具有自由表面时的均匀流，即不满流的长管道中的水流，它的性质与明渠水流相同。在公路工程中常采用的钢筋混凝土圆形涵洞（简称涵管）中，当水流为无压流动且洞身很长时，就存在这样的均匀流。无压圆管均匀流仍采用谢才—曼宁公式计算。

1）当水流恰好满管，但最高点的压强等于大气压时，仍可按无压均匀流计算。对于钢筋混凝土圆管，粗糙系数 $n=0.013$，满管时水力半径 $R=\frac{d}{4}$，因此满管时均匀流的流速和流量为

$$v_d=\frac{1}{n}R^{\frac{2}{3}}i^{\frac{1}{2}}=30.5d^{\frac{2}{3}}i^{\frac{1}{2}} \tag{5-18}$$

$$Q_d=\frac{\pi}{4}d^2v_d=\frac{\pi}{4}d^2\frac{1}{n}R^{\frac{2}{3}}i^{\frac{1}{2}}=24.0d^{\frac{8}{3}}i^{\frac{1}{2}} \tag{5-19}$$

2）不满管时，无压圆管均匀流的各水力要素均为圆心角的函数，如图 5-4 所示。由式（5-4）计算 A、R，再计算 Q，v。

(3) 明渠复式断面均匀流的水力计算　梯形、矩形等明渠断面，又称为单式断面。

对于人工渠道，明渠复式断面是指由两个及以上单式断面组合而成的多边形断面，如图 5-6 所示。

对于天然河流，只有河槽而没有河滩的河流断面，称为单式河流断面；既有河槽，又有河滩的河流断面，称为复式河流断面，如图 5-7 所示。复式河流断面通常是由一个河槽和一个河滩组成（单侧复式河流断面）或一个河槽和两个河滩组成（双侧复式河流断面）。

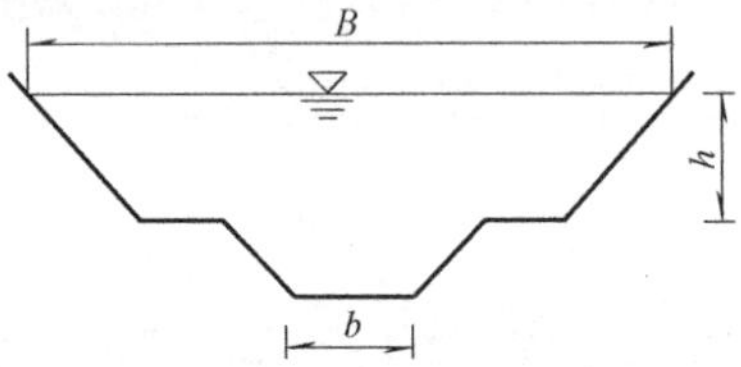

图 5-6　规则复式断面

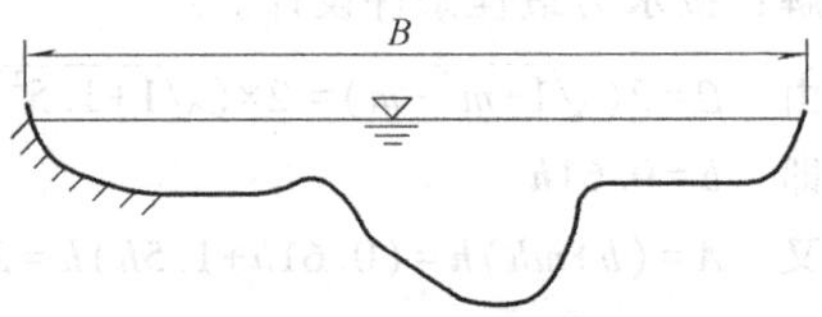

图 5-7　不规则复式断面

河槽是在洪水期，河底有泥沙运动的部分，壁面较光滑，糙率小；河滩的底面上一般没有泥沙运动，只有洪水期高水位时，才有水流通过，因而河滩上往往长有杂草灌木和农作物，壁面粗糙系数大。

由于过水断面上不同位置的粗糙系数不同，明渠复式断面水力计算，一般须对河槽和河滩分别计算其流速和流量，计算公式与明渠均匀流公式相同。但必须注意，划分槽、滩水流的竖直分界线不能计入湿周。

【例 5-10】　如图 5-8 所示复式断面渠道，已知下部渠道的底及边坡用干砌块石护面，$m_1=1.0$，$n_1=0.03$，$b_1=10\text{m}$，$h_1=2\text{m}$；上部渠道的底及边坡为黏性土，$m_2=1.5$，$n_2=0.0225$，$b_2=5\text{m}$，$h_2=1.5\text{m}$；底坡 $i=0.0003$，试求渠中流量和断面平均流速。

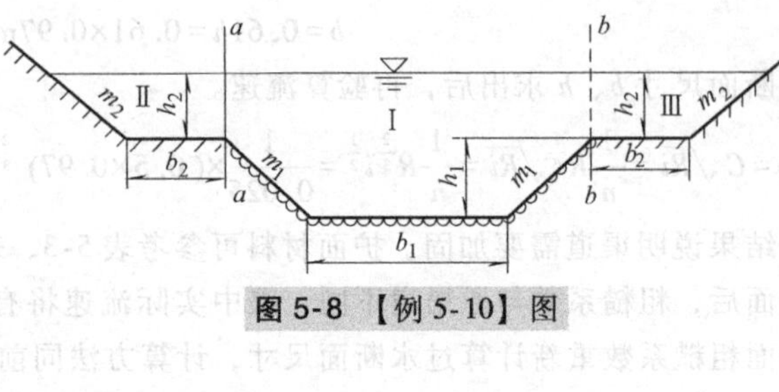

图 5-8　【例 5-10】图

解：计算流量

用铅垂线 a-a 及 b-b 将复式断面分成Ⅰ、Ⅱ、Ⅲ三部分，各部分的过水断面面积分别为

$$A_{\mathrm{I}}=(b_1+m_1h_1)h_1+(b_1+2m_1h_1)h_2=(10+1\times2)\times2\mathrm{m}^2+(10+2\times1\times2)\times1.5\mathrm{m}^2=45\mathrm{m}^2$$

$$A_{\mathrm{II}}=b_2h_2+\frac{m_2}{2}h_2^2=5\times1.5\mathrm{m}^2+\frac{1.5}{2}\times1.5^2\mathrm{m}^2=9.19\mathrm{m}^2$$

$$A_{\mathrm{III}}=A_{\mathrm{II}}=9.19\mathrm{m}^2$$

$$A=A_{\mathrm{I}}+A_{\mathrm{II}}+A_{\mathrm{III}}=45\mathrm{m}^2+9.19\mathrm{m}^2+9.19\mathrm{m}^2=63.38\mathrm{m}^2$$

各部分的湿周分别为

$$\chi_{\mathrm{I}}=b_1+2h_1\sqrt{1+m_1^2}=10\mathrm{m}+2\times2\sqrt{1+1^2}\,\mathrm{m}=15.66\mathrm{m}$$

$$\chi_{\mathrm{II}}=\chi_{\mathrm{III}}=b_2+h_2\sqrt{1+m_2^2}=5\mathrm{m}+1.5\sqrt{1+1.5^2}\,\mathrm{m}=7.70\mathrm{m}$$

各部分的水力半径分别为

$$R_{\mathrm{I}}=\frac{A_{\mathrm{I}}}{\chi_{\mathrm{I}}}=\frac{45}{15.66}\mathrm{m}=2.87\mathrm{m}$$

$$R_{\mathrm{II}}=R_{\mathrm{II}}=\frac{A_{\mathrm{II}}}{\chi_{\mathrm{II}}}=\frac{9.19}{7.70}\mathrm{m}=1.19\mathrm{m}$$

各部分的谢才系数分别为

$$C_{\mathrm{I}}=\frac{1}{n}R_{\mathrm{I}}^{1/6}=\frac{1}{0.03}\times2.87^{1/6}\mathrm{m}^{0.5}/\mathrm{s}=39.74\mathrm{m}^{0.5}/\mathrm{s}$$

$$C_{\mathrm{II}}=C_{\mathrm{III}}=\frac{1}{n}R_{\mathrm{II}}^{1/6}=\frac{1}{0.0225}\times1.19^{1/6}\mathrm{m}^{0.5}/\mathrm{s}=45.75\mathrm{m}^{0.5}/\mathrm{s}$$

各部分的流量模数分别为

$$K_{\mathrm{I}}=A_{\mathrm{I}}C_{\mathrm{I}}\sqrt{R_{\mathrm{I}}}=45\times39.74\times\sqrt{2.87}\,\mathrm{m}^3/\mathrm{s}=3030\mathrm{m}^3/\mathrm{s}$$

$$K_{\mathrm{II}}=K_{\mathrm{III}}=A_{\mathrm{II}}C_{\mathrm{II}}\sqrt{R_{\mathrm{II}}}=9.19\times45.75\times\sqrt{1.19}\,\mathrm{m}^3/\mathrm{s}=559\mathrm{m}^3/\mathrm{s}$$

所以

$$Q=K\sqrt{i}=(K_{\mathrm{I}}+K_{\mathrm{II}}+K_{\mathrm{III}})\sqrt{i}=(3030+459+459)\times\sqrt{0.0003}\,\mathrm{m}^3/\mathrm{s}=68.38\mathrm{m}^3/\mathrm{s}$$

断面平均流速 $v=\dfrac{Q}{A}=\dfrac{68.38}{63.38}\mathrm{m/s}=1.08\mathrm{m/s}$

【例5-11】 图5-9所示为一顺直河段的平均断面，中间为主槽，两侧为边滩。已知主槽在中水位以下的面积为160m^2，水面宽度为80m，水面坡度为0.0002，主槽粗糙系数 $n_2=0.03$，边滩粗糙系数为 $n_1=n_3=0.05$，设计流量 $Q=2300\mathrm{m}^3/\mathrm{s}$，两岸防洪大堤高度为4m。现拟横跨两堤间建大桥，桥梁底面高程与堤顶同高，桥下净空为1m（即桥梁底面至水面的高度），两岸墩台与大堤一致，求桥孔长度。

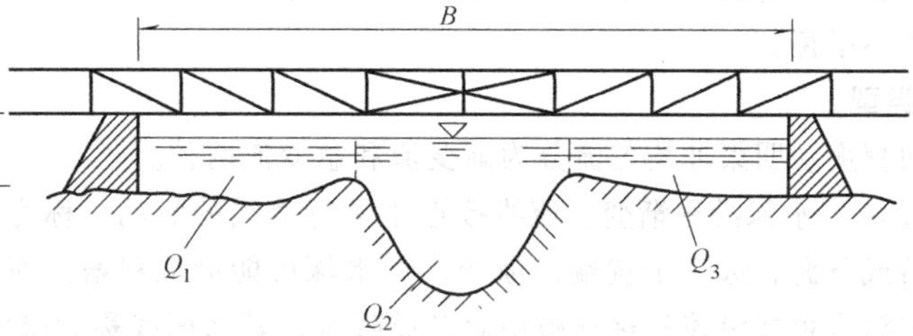

图5-9 【例5-11】图

解：桥孔长度即两岸墩台间的水面宽度 B。依据题意，这一问题是求解保证泄流量 $Q=2300\text{m}^3/\text{s}$ 时的堤距或水面宽度 B。

滩地水深 $h_1=h_3=4\text{m}-1\text{m}=3\text{m}$

滩地水力半径 $R_1\approx R_3\approx h_1=3\text{m}$

主槽过水面积 $A_2=160\text{m}^2+3\times80\text{m}^2=400\text{m}^2$

主槽湿周 $\chi_2\approx B_3=80\text{m}$

主槽水力半径 $R_2=\dfrac{A_2}{\chi_2}=\dfrac{400}{80}\text{m}=5\text{m}$

主槽流量 $Q_2=A_2C_2\sqrt{R_2i}=400\times\dfrac{1}{0.03}\times5^{\frac{2}{3}}\times0.0002^{\frac{1}{2}}\text{m}^3/\text{s}=552\text{m}^3/\text{s}$

滩地流量 $Q_1+Q_3=Q-Q_2=2300\text{m}^3/\text{s}-552\text{m}^3/\text{s}=1748\text{m}^3/\text{s}$

滩地流速 $v_1=v_3=C_1\sqrt{R_1i}=\dfrac{1}{n_1}R_1^{\frac{2}{3}}i^{\frac{1}{2}}=\dfrac{1}{0.05}\times3^{\frac{2}{3}}\times0.0002^{\frac{1}{2}}\text{m/s}=0.588\text{m/s}$

滩地过水面积 $A_1+A_3=\dfrac{Q_1+Q_3}{v_1}=\dfrac{1748}{0.588}\text{m}=2980\text{m}$

滩地水面宽度 $B_1+B_2=\dfrac{A_1+A_3}{h_1}=\dfrac{2980}{3}\text{m}=993\text{m}$

桥孔长度 $L=B=B_1+B_2+B_3=993\text{m}+80\text{m}=1073\text{m}$

由上述计算结果可知，欲减小桥长，则应增加堤高。在工程中，是增加桥长，还是增加堤高，需要进行经济比较后确定。

在明渠水流中，对于非矩形断面，其中水深各处都不一样，即中间水深大，两边水深小，为简化计算，常引用断面平均水深概念。即取断面沿宽度各点水深的加权平均值，有

$$\bar{h}=\frac{A}{B} \tag{5-20}$$

当为宽浅式河渠时，湿周可取 $\chi\approx B$，则其水力半径有

$$R=\frac{A}{\chi}=\frac{A}{B}=\bar{h} \tag{5-21}$$

5.3 明渠非均匀流水力现象

渠道中的恒定流不满足均匀流条件时称为明渠非均匀流，它是局部干扰引起的结果，如筑坝挡水、桥孔束窄、出口水面突降等都会使流动变为非均匀流动。非均匀流渠道的底坡、过水断面的形状或尺寸、壁面粗糙系数等都可能沿程发生变化，水深和流速均沿程变化，水面线一般是曲线，水力坡度、测管坡度和渠道底坡互不相等，即，$J\neq J_P\neq i$，水流所受重力沿水流方向的分力与流动阻力不平衡。

1. 非均匀流类型

根据流线弯曲程度，明渠非均匀流分为渐变流和急变流两种。

(1) 明渠渐变流　水深沿程渐变，流线接近于平行直线的流动，称为明渠渐变流。它发生在局部干扰的上游或下游，远离干扰端，渐变流的水深可能沿流程增大而形成壅水，其水面线称为壅水曲线；水深也可能沿流程逐渐减小而形成降水，其水面线称为降水曲线，如图 5-10 所示。渐变流过水断面上的压强分布近似于静水压强，过水断面、流速及水深沿程渐变。在渐变

流中，沿程阻力占主要地位。

（2）明渠急变流　水深沿程急剧变化，流线急剧弯曲或夹角很大的水流，称为明渠急变流，它发生在“干扰”附近的局部渠段。急变流的水深可能沿流程急剧增大而形成水跃，也可能沿流程急剧减小而形成水跌，如图 5-10 所示。在急变流中，局部阻力的作用影响突出。

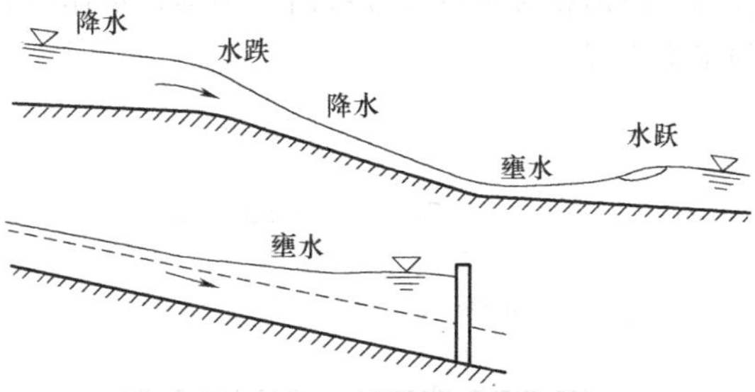

图 5-10　水面曲线沿程变化

2. 明渠的流态

（1）明渠水流干扰微波及传播特性　将石块投入静水中，水面受到扰动后将产生波高不大的波浪，称为微波。其波峰所到之处将引起一系列水深变化，平面上的波形为一系列以投石为中心的同心圆。微波波峰在静水中的传播速度，称为微波波速，以 c 表示，如图 5-11a 所示。

水流受桥墩、桥台、底坡转折等局部因素的干扰，也会产生水面波动，其性质与投石于静水中所引起的波动相同。微波在明渠水流中的传播，也会引起渠道中水面曲线一系列的变化，使渠道中水深沿流程发生变化。这种干扰微波的传播与静水情况不同，它还要受到渠道中水流速度 v 的影响。因此，出现以下三种情况。

1）当水流速度 v 大于微波波速 c 时，即 $v>c$。如图 5-11b 所示，微波只能向下游传播，不能向上游传播，向下游传播的绝对速度为 $c+v$；这说明，当 $v>c$ 时，局部干扰只能引起下游水面曲线的变化，但对上游水面曲线的形状没有影响，即急流。

2）当水流速度 v 小于微波波速 c 时，即 $v<c$。如图 5-11c 所示，此时微波既可以向下游传播，也可以向上游传播，向下游传播的绝对速度为 $c+v$，向上游传播的绝对速度为 $c-v$。这表明，当 $v<c$ 时，局部干扰不但可以引起下游水面曲线变化，而且还可以引起上游水面曲线的变化，即缓流。

3）当水流速度 v 等于微波波速 c 时，即 $v=c$。如图 5-11d 所示，此时微波只能向下游传播，不能向上游传播，向下游传播的绝对速度为 $2c$，向上游传播的绝对速度为 0；这说明，当 $v=c$ 时，局部干扰只能引起下游水面曲线的变化，对上游水面曲线无影响。这是一种临界情况，称为临界流。

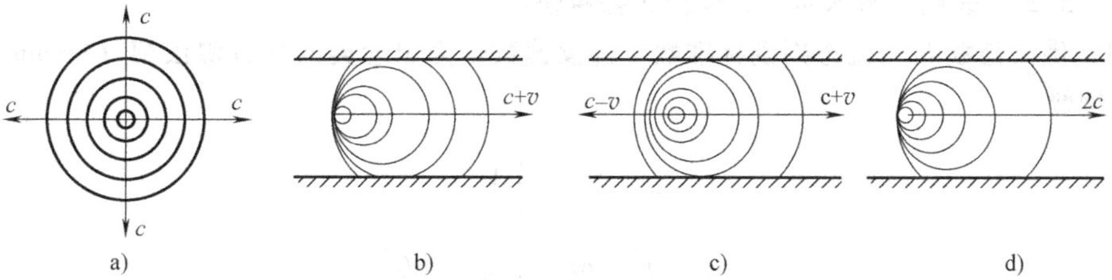

图 5-11　明渠干扰微波的传播特性

a）$v=0$　b）$v>c$　c）$v<c$　d）$v=c$

因此，急流时明渠流动的水力要素只受上游的影响，而缓流时则要受下游水流条件的控制。

（2）微波波速　以平底棱柱形渠道静水情况为例，设某一时刻由于某种原因在渠道中产生一向左传播的微幅波，如图 5-12a 所示，波速为 c，波峰高度 $\Delta h \ll h$。波形所到之处带动水体运动，形成一非恒定流动。假设波速、波高在一定时段内保持不变，取一运动惯性参考系随波峰一起移动，波形相对于该参考系固定不动，水体的相对运动呈恒定非均匀流动，可以应用恒定总流的基本方程。

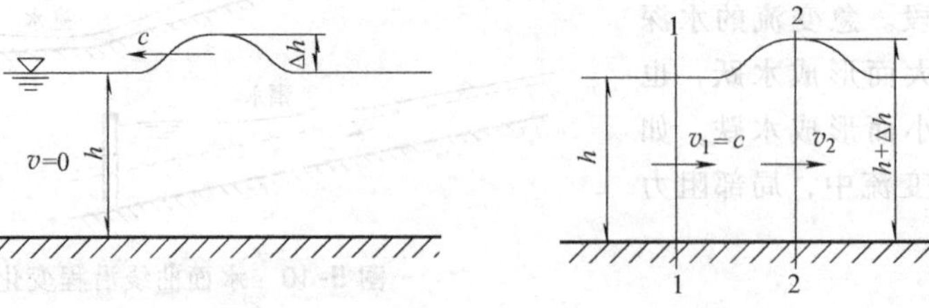

图 5-12　微波扰动波在明渠中的传播

如图 5-12b 所示，取相距很近的断面 1—1 和断面 2—2，分别位于波前和波峰，水深分别为 h 和 $h+\Delta h$，过水断面面积分别为 A 和 $A+\Delta A$；相对运动的平均流速 $v_1=c$，根据连续性方程有

$$v_2=\frac{v_1 A}{A+\Delta A}=\frac{cA}{A+\Delta A}$$

以槽渠底为基准面，忽略水头损失，静水中动能修正系数为 α，写出能量方程

$$h+\frac{\alpha c^2}{2g}=h+\Delta h+\frac{\alpha c^2}{2g}\left(\frac{A}{A+\Delta A}\right)^2$$

因为 $\Delta h=\dfrac{\Delta A}{B}$，代入上式，可得

$$c=\sqrt{g\frac{A}{B\alpha}}\sqrt{\frac{(1+\Delta A/A)^2}{1+\Delta A/2A}}$$

因为微幅波，有 $\Delta A/A\ll 1$，接近为 0，所以微幅波的波速为

$$c=\sqrt{g\frac{A}{B\alpha}}=\sqrt{\frac{g}{\alpha}\bar{h}} \tag{5-22}$$

$$\bar{h}=\frac{A}{B}$$

式（5-22）表明，水深越大，微波传播越快。

（3）佛汝德数 Fr—流态判别标准数　佛汝德数是为纪念英国学者佛汝德（Froude）而命名的无量纲数。

令　$$Fr=\left(\frac{v}{c}\right)^2$$

有　$$Fr=\frac{v^2}{g\dfrac{\bar{h}}{\alpha}}=\frac{\alpha v^2}{g\bar{h}}=\frac{\alpha Q^2}{g\bar{h}A^2}=\frac{\alpha Q^2 B}{gA^3} \tag{5-23}$$

佛汝德数 Fr 是判别明渠水流缓流、急流和临界流的标准。

$Fr<1$，$v<c$，明渠水流为缓流。

$Fr>1$，$v>c$，明渠水流为急流。

$Fr=1$，$v=c$，明渠水流为临界流。

为了区别方便，将临界流所对应的水力要素都用下标 k 表示，如 h_k，i_k，A_k，χ_k，v_k 等，均匀流的水力要素用下标 0 表示，如 h_0，i_0，A_0，χ_0，v_0 等，均匀流水深也称为正常水深。

5.4 临界水深与临界底坡

1. 临界水深

（1）断面比能　图 5-13 所示为一渐变流断面，若以 0—0 为基准面，则过水断面上单位重力液体所具有的总能量为

$$E=z+\frac{\alpha v^2}{2g}=z_0+h\cos\theta+\frac{\alpha v^2}{2g}$$

式中　θ——明渠底面与水平面的倾角。

若以渠底的水平面 0′—0′为基准面计算得到的单位能量称为断面比能，以 E_s 表示，

$$E_s=h\cos\theta+\frac{\alpha v^2}{2g}$$

一般明渠底坡较小，可认为 $\cos\theta\approx1$

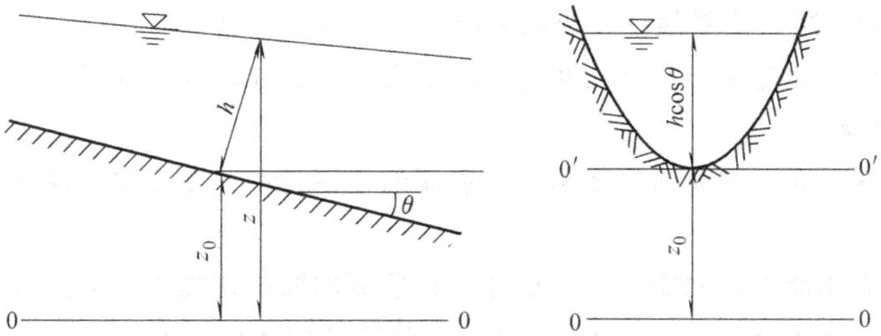

图 5-13　明渠渐变流断面能量

$$E_s=h+\frac{\alpha v^2}{2g}=h+\frac{\alpha Q^2}{2gA^2} \tag{5-24}$$

在非均匀流中，由于条件的改变，一定流量 Q 有可能以不同的水深 h 通过某一断面，因而有不同的过水断面面积和相应的断面平均流速，可得出不同的断面比能 E_s。

对于棱柱形渠道，流量一定时，断面比能 E_s 只是水深 h 的函数，式（5-24）为

$$E_s=h+\frac{\alpha v^2}{2g}=h+\frac{\alpha Q^2}{2gA^2}=f(h) \tag{5-25}$$

从式（5-25）可以看出，在明渠断面形状、尺寸和通过的流量一定时，当 $h\to0$ 时，$A\to0$，则 $\frac{Q^2}{2gA^2}\to\infty$，此时 $E_s\to\infty$，则曲线 $E_s=f(h)$ 以横坐标为渐近线；当 $h\to\infty$ 时，$A\to\infty$，则 $\frac{Q^2}{2gA^2}\to0$，此时 $E_s\approx h\to\infty$，则曲线 $E_s=f(h)$ 必以通过坐标原点与横坐标成 45°夹角的直线为渐近线。函数 $E_s=f(h)$ 一般是连续的，当 h 以 $0\to\infty$ 时，断面比能 E_s 值从无穷大减小再增至无穷大，则必有一个极小值 $E_{s\min}$。

按上述分析，以水深为纵坐标，断面比能为横坐标，绘制断面比能随水深的变化规律曲线，即 E_s-h 曲线，如图 5-14 所示。

断面比能 E_s 的极小值 $E_{s\min}$ 可由 $\frac{dE_s}{dh}=0$ 求出，即

$$\frac{dE_s}{dh}=\frac{d\left(h+\frac{\alpha Q^2}{2gA^2}\right)}{dh}=1-\frac{\alpha Q^2 dA}{gA^3 dh}=0 \quad (5\text{-}26)$$

式中 $\frac{dA}{dh}$——过水断面面积 A 由于水深 h 的变化所引起的变化率，它恰等于水面宽度 B，即 $\frac{dA}{dh}=B$，代入式（5-26）得

$$\frac{dE_s}{dh}=1-\frac{\alpha Q^2 B}{gA^3}=1-Fr=0 \quad (5\text{-}27)$$

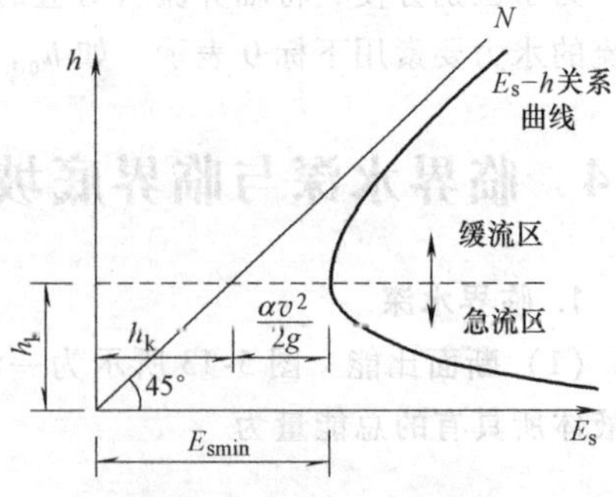

图 5-14　断面比能曲线

$Fr=1$，为临界流，断面比能 E_s 最小，它所对应的水深就是临界水深，这也经过实践证明。所以断面比能最小的那一点代表明渠水流是临界流，这一点将曲线分为上、下两支。在上支，断面比能 E_s 随水深 h 的增加而增加，则 $\frac{dE_s}{dh}>0$，$Fr<1$ 为缓流；在下支，断面比能 E_s 随水深 h 的增加而减少，则 $\frac{dE_s}{dh}<0$，$Fr>1$ 为急流。

由图 5-14 可知，断面比能随流态变化有如下几个重要特点：

1）临界流的断面比能最小，缓流和急流的断面比能都比较大，并且同一个断面比能可能是缓流，也可能是急流。

2）缓流的水深越大，则断面比能越大；急流的水深越小，断面比能越大；临界流断面比能最小。

3）缓流的断面比能中，动能只占很小部分；急流的断面比能中，动能可占较大部分；临界流中动能约占 1/3（矩形断面恰好占 1/3，其他形状的断面接近于 1/3）。

（2）临界水深　临界水深是指在断面形状、尺寸和流量一定的条件下，相应于断面比能最小的水深，即 $Fr=1$ 时对应的水深，用 h_k 表示。临界水深 h_k 可根据 $Fr=1$ 计算，由式（5-23）得

$$\frac{\alpha Q^2 B}{gA^3}=1$$

或

$$\frac{A_k^3}{B_k}=\frac{\alpha Q^2}{g} \quad (5\text{-}28)$$

式（5-28）也称为临界水深方程，它对任何形状的断面都适用。显然，临界水深与渠道底坡及壁面粗糙系数无关，仅与流量和渠道断面形状、尺寸有关。对于一个固定的断面来说，式（5-28）的左端仅随水深而变化，所以只要该式右端流量已知，临界水深就可算出。对于棱柱形渠道，在不同底坡的各个渠段中，临界水深相等。

1）矩形断面临界水深计算

$$A_k=Bh_k$$

代入式（5-28）得 $\frac{B^3h_k^3}{B}=\frac{\alpha Q^2}{g}$

化简后

$$h_k=\sqrt[3]{\frac{\alpha Q^2}{gB^2}}=\sqrt[3]{\frac{\alpha q^2}{g}} \quad (5\text{-}29)$$

式中　q——单宽流量（$m^3/s\cdot m$），$q=\frac{Q}{B}$。

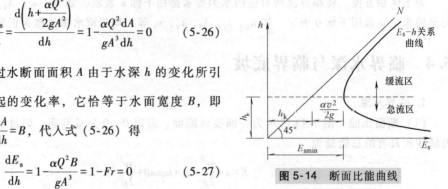

2）任意断面临界水深计算

任意断面临界水深的计算可以采用试算—图解法，即流量 Q 一定时，$\frac{\alpha Q^2}{g}$ 为一常数，假定3~5个不同的水深，求得相应的 $\frac{A^3}{B}$，当求得的 $\frac{A^3}{B}$ 把 $\frac{\alpha Q^2}{g}$ 包含在中间时，绘制 h-$\frac{A^3}{B}$ 曲线，由已知的 $\frac{\alpha Q^2}{g}$ 值可从曲线上查得相应的水深值，该水深即为所求的临界水深。

【例 5-12】 如图 5-15a 所示，梯形断面排水渠道。底宽 $b=12\text{m}$，边坡系数 $m=1.5$，流量 $Q=18\text{m}^3/\text{s}$，求渠中临界水深 h_k。

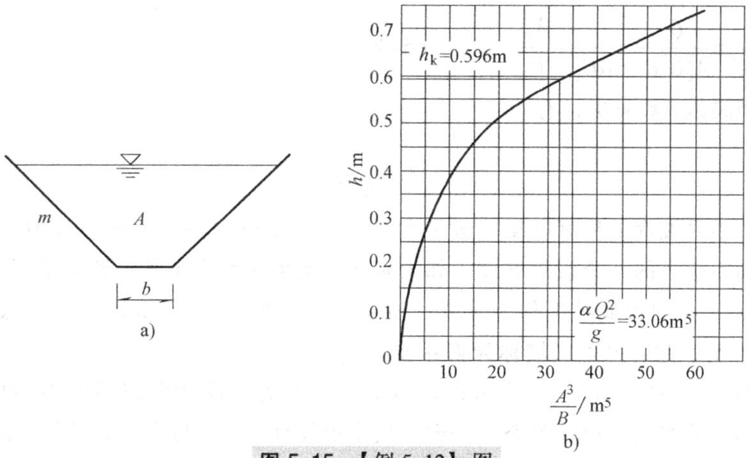

图 5-15 【例 5-12】图

解：列表计算 h-$\frac{A^3}{B}$ 关系曲线。如表 5-7 及图 5-15b 所示。以 $h=0.4$ 为例，有

$$h=0.4\text{m}$$

$$A=(b+mh)h=(12+1.5\times0.4)\times0.4\text{m}^2=5.04\text{m}^2$$

$$B=b+2mh=12+2\times1.5\times0.4\text{m}=13.2\text{m}$$

$$\frac{A^3}{B}=\frac{5.04^3}{13.2}\text{m}^5=9.7\text{m}^5$$

将上述计算结果填入表 5-7，其余类推。由

$\frac{\alpha Q^2}{g}=\frac{1\times18^2}{9.8}\text{m}^5=33.06\text{m}^5$，查 h-$\frac{A^3}{B}$ 关系曲线，可得 $h_k=0.596\text{m}$。

表 5-7 h-$\frac{A^3}{B}$ 关系计算表

h/m	0.4	0.5	0.6	0.7
A/m^2	5.04	6.38	7.74	9.14
B/m	12.3	13.5	13.80	14.10
$\frac{A^3}{B}/\text{m}^5$	9.7	19.24	33.60	54.15

2. 临界底坡

明渠均匀流中，当断面形状、尺寸和流量一定时，渠道中均匀流水深（正常水深）h_0 与渠

道底坡 i 的大小有关，i 越大，h_0越小。根据明渠均匀流的基本计算式 $Q=AC\sqrt{Ri}$，对于不同的底坡 i 计算出相应的正常水深 h_0，并绘制 $h_0=f(h)$ 曲线，如图 5-16 所示。当正常水深 h_0恰等于临界水深 h_k时，其相应的渠道底坡称为临界底坡 i_k。

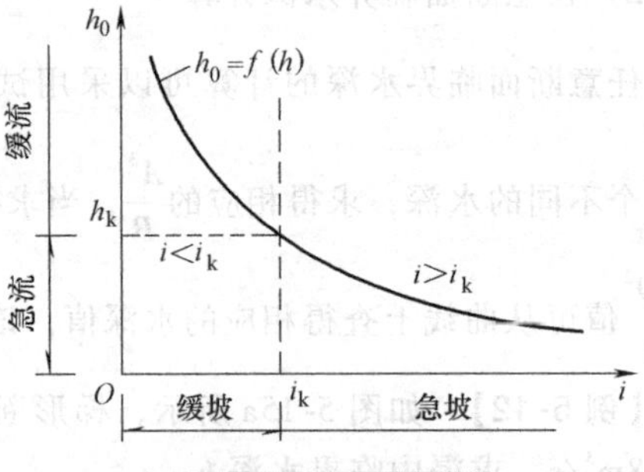

图 5-16　临界底坡

根据临界底坡定义，临界底坡可由均匀流公式 $Q=A_kC_k\sqrt{R_ki_k}$ 和临界水深方程 $\frac{A_k^3}{B_k}=\frac{\alpha Q^2}{g}$ 联立求解，得

$$i_k=\frac{Q^2}{A_k^2C_k^2R_k}=\frac{g}{\alpha C_k^2}\cdot\frac{\chi_k}{B_k} \tag{5-30}$$

对于宽浅型渠道，$\chi_k\approx B_k$，有

$$i_k=\frac{g}{\alpha C_k^2} \tag{5-31}$$

由此可见，临界坡度 i_k是对应某一流量和某一给定渠道的特定渠底坡度值，它只是为了便于分析明渠流动而引入的一个假想坡度。如果实际的明渠底坡小于某一给定流量下的临界坡度，即 $i<i_k$，则 $h_0>h_k$，此时渠底坡度称为缓坡；如果 $i>i_k$，则 $h_0<h_k$，此时渠道底坡称为陡坡；如果 $i=i_k$，则 $h_0=h_k$，此时渠道底坡称为临界坡。

临界流动通常不稳定，在一般渠道设计时应尽量避免，设计底坡通常不能接近临界坡度。为保证渠道中形成的水流是设计流态，一般常使渠道设计底坡 i_s与设计流量相应的临界底坡 i_k相差两倍以上。

【例 5-13】 有一条长直的棱柱形矩形断面渠道，$n=0.02$，渠宽 $B=5\text{m}$，正常水深 $h_0=2\text{m}$ 时的通过流量 $Q=40\text{m}^3/\text{s}$。试求 h_k，i_k，Fr，并判断明渠水流的流态。

解：(1) 临界水深 h_k

按式 (5-29) 得
$$h_k=\sqrt[3]{\frac{\alpha Q^2}{gB^2}}=\sqrt[3]{\frac{1\times40^2}{9.8\times5^2}}\text{m}=1.87\text{m}$$

$h_0>h_k$，此明渠均匀流为缓流。

(2) 临界坡度 i_k

按式 (5-30) 得
$$i_k=\frac{g}{\alpha C_k^2}\frac{\chi_k}{B_k}$$

其中
$$\chi_k=B_k+2h_k=5\text{m}+2\times1.87\text{m}=8.74\text{m}$$
$$A_k=B_kh_k=5\times1.87\text{m}^2=9.35\text{m}^2$$
$$R_k=\frac{A_k}{\chi_k}=\frac{9.35}{8.74}\text{m}=1.07\text{m}$$
$$C_k=\frac{1}{n}R_k^{1/6}=\frac{1}{0.02}\times1.07^{1/6}\text{m}^{0.5}/\text{s}=50.57\text{m}^{0.5}/\text{s}$$

所以
$$i_k=\frac{g\chi_k}{\alpha C_k^2B_k}=\frac{9.8\times8.74}{1\times50.57^2\times5}=0.0067$$

另外，正常水深 $h_0=2\text{m}$ 的渠道底坡 $i=\frac{Q^2}{K^2}$，而 $K=AC\sqrt{R}$

其中

$$A=Bh_0=5\times2\text{m}=10\text{m}$$

$$\chi=B+2h_0=5\text{m}+2\times2\text{m}=9\text{m}$$

$$R=\frac{A}{\chi}=\frac{10}{9}\text{m}=1.11\text{m}$$

$$C=\frac{1}{n}R^{1/6}=\frac{1}{0.02}\times1.11^{1/6}\text{m}^{0.5}/\text{s}=50.88\text{m}^{0.5}/\text{s}$$

$$K=AC\sqrt{R}=10\times50.88\times\sqrt{1.11}\text{m}^3/\text{s}=536.05\text{m}^3/\text{s}$$

$$i=\frac{Q^2}{K^2}=\frac{40^2}{536.05^2}=0.0056$$

可见 $i<i_k$，此明渠均匀流水流为缓流。

（3）佛汝德数 Fr

按式（5-23）得 $$Fr=\frac{\alpha Q^2B}{gA^3}=\frac{\alpha Q^2B}{g(Bh_0)^3}=\frac{1\times40^2\times5}{9.8\times(5\times2)^3}=0.816$$

可见 $Fr<1$，此明渠均匀流水流为缓流。

自然界流动的水流无论是均匀流或渐变流，在其流动过程中，可能为缓流，急流或者临界流，具体是何种状态，需要根据实际断面情况和流量情况进行分析，不同的水流状态有不同的水流特性。

为了便于记忆，将三种流态的主要特性归纳于表5-8之中。

表5-8 明渠水流三种流态的主要特性

三种流态	水深 h	流速 v	佛汝德数 Fr	渠道底坡 i		水深增大时断面比能变化	
	均匀流或非均匀流			均匀流	非均匀流	均匀流	非均匀流
缓流	$>h_k$	$<v_k$	<1	$<i_k$	与底坡无关	水深不变	增大
临界流	$=h_k$	$=v_k$	=1	$=i_k$			不变
急流	$<h_k$	$>v_k$	>1	$>i_k$			减小

5.5 明渠急变流

明渠水流流态有缓流和急流，由于明渠沿程流动边界的变化，导致流动状态由急流向缓流或由缓流向急流过渡。如闸下出流，靠近闸门附近是急流，而下游渠道中是缓流。水跃和水跌是明渠非均匀流中常见的急变流形式。

1. 水跃

（1）水跃现象 水跃是明渠水流从急流转变到缓流时，水面突然升高的一种局部水力现象，如图5-17a、b所示。在水跃内部，水流紊动剧烈，夹有大量气泡，水面附近形成封闭的旋涡，

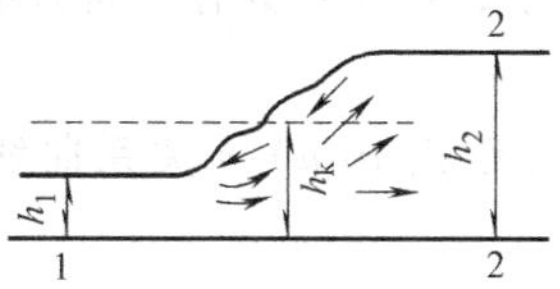

a)

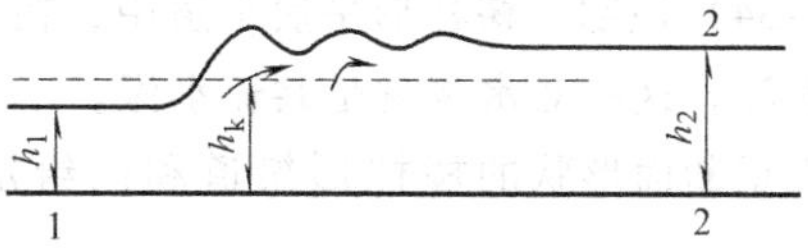

b)

图5-17 水跃现象

a）完整水跃 b）波状水跃

使水跃中水头损失很大。水跃发生前，急流 $Fr=9$ 或更高，发生水跃后，水流损失的能量可达急流中能量的85%。所以，工程上常将水跃作为一种有效的消能方式。

水跃前端的过水断面称为跃前断面，其水深 h_1 称为跃前水深，$h_1<h_k$；水跃末端的过水断面称为跃后断面，其水深 h_2 称为跃后水深，$h_2>h_k$。这两个水深，由于相互存在着函数关系，称为共轭水深。跃前水深、跃后水深只有满足这个共轭水深的条件，才能发生水跃，这是急流过渡到缓流时必须具备的条件。两个水深之差 $a=h_2-h_1$，称为水跃高度。跃前断面与跃后断面之间的距离称为水跃长度。

水跃有两种形式。当 $\frac{h_2}{h_1}>2$ 时，水跃表面产生旋滚，空气大量掺入称为完整水跃，如图5-17a所示，是典型的水跃形式；当 $\frac{h_2}{h_1}\leqslant 2$ 时，跃前水深接近于临界水深，水跃高度不大，水跃成为一系列起伏的波浪，称为波状水跃，如图5-17b所示。

(2) 水跃基本方程　棱柱形渠道中，完整水跃共轭水深之间的关系，可由动量定律求得。在推导水跃基本方程时，为了简便做如下假定：

1) 渠道底坡 $i=0$，渠道断面形状、尺寸、流量已知，水跃长度不大。

2) 水跃区内液流所受摩擦阻力不计。

3) 水跃前、后两过水断面为渐变流断面，过水断面的压强分布满足静水压强分布规律。

4) 水跃前、后两过水断面上动量修正系数相等，即 $\alpha_1'=\alpha_2'=\alpha'$。

在上述假定下，取断面1—1（跃前断面），断面2—2（跃后断面）之间的水体作为隔离体，列出沿水流方向上动量方程为

$$\sum F=\gamma h_{c1}A_1-\gamma h_{c2}A_2=\frac{\alpha'\gamma}{g}Q(v_2-v_1)$$

又因为 $v_1=\frac{Q}{A_1}$，$v_2=\frac{Q}{A_2}$ 代入上式，得

$$\frac{\alpha' Q^2}{gA_1}+h_{c1}A_1=\frac{\alpha' Q^2}{gA_2}+h_{c2}A_2 \tag{5-32}$$

式（5-32）称为棱柱形平坡渠道中完整水跃的基本方程。

令

$$\theta(h)=\frac{\alpha' Q^2}{gA}+h_c A \tag{5-33}$$

式中　h_c——断面形心的水深；

$\theta(h)$——水跃函数。

当流量和断面形状、尺寸一定时，水跃函数只是水深 h 的函数。

若水跃的共轭水深分别为 h_1 和 h_2，则完整水跃的基本方程可写为

$$\theta(h_1)=\theta(h_2) \tag{5-34}$$

式（5-34）说明，棱柱形平底渠道中，在某一流量 Q 下，存在着具有相同的水跃函数 $\theta(h)$ 值的两个水深，这一对水深就是共轭水深。

对于任意断面形状的棱柱形渠道和已给定的流量，可绘出 $\theta(h)$-h 关系曲线，如图5-18所示。

当 $h\to 0$ 时，$A\to 0$，则水跃函数 $\theta(h)\to\infty$；

当 $h\to\infty$ 时，$A\to\infty$，则水跃函数 $\theta(h)\to\infty$；

当 $0<h<\infty$ 时，水跃函数 $\theta(h)$ 为有限值。

显然，在水深变化过程中，水跃函数 $\theta(h)$ 存在一个极小值。从图 5-18 可见，对应于某一水深，$\theta(h)=\theta(h)_{min}$。由 $\frac{d\theta(h)}{dh}=0$，可证明对应于 $\theta(h)_{min}$ 的水深恰好就是临界水深 h_k，即当 $h=h_k$ 时，则 $\theta(h_k)=\theta(h)_{min}$。另外，水跃函数 $\theta(h)$ 曲线被 h_k 分为上、下两支，若已知共轭水深之一 h_1（或 h_2），则做 h 的平行线交于 M、N 两点，则 N 点（或 M 点）对应的水深 h_2（或 h_1）为所求的另一共轭水深。

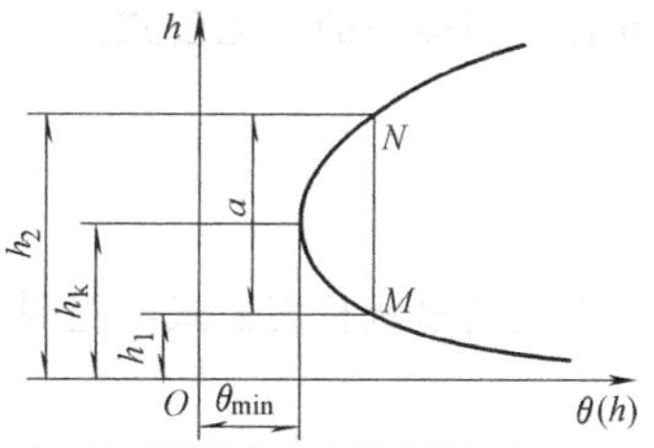

图 5-18　水跃函数曲线

（3）共轭水深的计算　对于矩形断面的棱柱形渠道，因为 $A=Bh$，$h_c=\frac{h}{2}$，根据测定，$\alpha'=1.0\sim1.05$，视流速分布均匀程度而定，一般采用 $\alpha'=1.0$，式（5-32）变成

$$\frac{Q^2}{gB^2h_1}+\frac{h_1^2}{2}=\frac{Q^2}{gB^2h_2}+\frac{h_2^2}{2}$$

化简得

$$h_1h_2(h_1+h_2)=\frac{2Q^2}{gB^2} \tag{5-35}$$

式（5-35）称为矩形断面渠道的水跃方程，方程是对称的，则解也对称，求解后可得矩形断面的水跃前、后水深为

$$h_1=\frac{h_2}{2}\left(\sqrt{1+\frac{8Q^2}{gh_2^3B^2}}-1\right) \tag{5-36}$$

或

$$h_2=\frac{h_1}{2}\left(\sqrt{1+\frac{8Q^2}{gh_1^3B^2}}-1\right) \tag{5-37}$$

若代入

$$h_k=\sqrt[3]{\frac{Q^2}{gB^2}},Fr=\frac{v^2}{gh}=\frac{Q^2}{gh^3B^2}=\frac{h_k^3}{h^3}$$

则上式也可写成

$$h_1=\frac{h_2}{2}\left[\sqrt{1+8\left(\frac{h_k}{h_2}\right)^3}-1\right] \tag{5-38}$$

$$h_2=\frac{h_1}{2}\left[\sqrt{1+8\left(\frac{h_k}{h_1}\right)^3}-1\right] \tag{5-39}$$

或

$$h_1=\frac{h_2}{2}(\sqrt{1+8Fr_2}-1) \tag{5-40}$$

$$h_2=\frac{h_1}{2}(\sqrt{1+8Fr_1}-1) \tag{5-41}$$

式中　Fr_1，Fr_2——跃前和跃后断面的佛汝德数。

对于非矩形断面的水跃，其共轭水深的计算可按类似方法求得计算公式，但公式复杂，一般须按经验公式或专门的图表进行计算。

（4）水跃长度和水跃中的能量损失

1）水跃长度。水跃运动现象复杂，理论分析还没有成熟的结果，目前是根据经验公式计算。但由于水跃的跃尾位置的选定有不同的标准，因此各种经验公式的计算值相差较大，现列出几种不同类型的常见公式。

$$l=6.9(h_2-h_1) \tag{5-42}$$

$$l=9.4(\sqrt{Fr_1}-1)h_1 \tag{5-43}$$

上述的水跃长度公式经过试验资料证实，适用于完整水跃，即 $2<\frac{h_2}{h_1}<12$。但当 $\frac{h_2}{h_1}>12$ 时，由于水跃长度很大，渠道摩阻力已不能忽略，计算的 h_2 值偏大；当 $\frac{h_2}{h_1}<2$ 时，水跃呈无旋滚的波状水跃，水跃后水面波动很大，不属于渐变流，计算的 h_2 值偏小。

2）水跃中的能量损失。对于平坡矩形渠道的水跃能量损失，由下式求得

$$\Delta h_w=\frac{(h_2-h_1)^3}{4h_1h_2} \tag{5-44}$$

可见，在给定流量下，水跃越高，则水跃中的能量损失 Δh_w 越大。

【例 5-14】 已知矩形断面渠道，流量 $Q=40m^3/s$，底宽 $B=5m$，跃前水深 $h_1=1.17m$，试求：（1）跃后共轭水深 h_2；（2）水跃长度 l；（3）水跃中能量损失 Δh_w。

解：（1）跃后共轭水深 h_2

按式（5-41），有

$$Fr_1=\frac{\alpha v^2}{gh_1}=\frac{\alpha Q^2}{gh_1{}^3B^2}=\frac{1\times40^2}{9.8\times1.17^3\times5^2}=4.0775$$

$$h_2=\frac{h_1}{2}(\sqrt{1+8Fr_1}-1)=\frac{1.17}{2}\times(\sqrt{1+8\times4.0775}-1)\,m=2.81m$$

（2）水跃长度 l

按式（5-42）、式（5-43）计算水跃长度，有

$$l=6.9(h_2-h_1)=6.9\times(2.81-1.17)\,m=11.32m$$

$$l=9.4(\sqrt{Fr_1}-1)h_1=9.4\times(\sqrt{4.0775}-1)\times1.17m=11.21m$$

为安全设计，取 $l=12m$。

（3）水跃中能量损失 Δh_w

按式（5-44），有

$$\Delta h_w=\frac{(h_2-h_1)^3}{4h_1h_2}=\frac{(2.81-1.17)^3}{4\times1.17\times2.81}m=0.335m$$

2. 水跌

水跌是明渠水流从缓流过渡到急流，水面急剧降落的局部水力现象。这种现象常见于渠道底部由缓坡突然变为陡坡（$i>i_k$）或下游渠道断面形状突然改变处。以缓坡渠道末端跌坎上的水流为例来说明水跌现象，如图 5-19 所示。

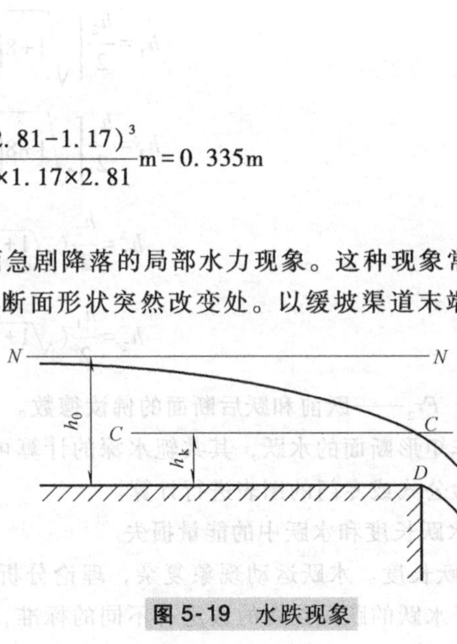

图 5-19 水跌现象

设想该渠道的底坡无变化，继续向下游延伸下去，渠道内将形成缓流状态的均匀流，水深为正常水深 h_0，水面线 $N—N$ 与渠底平行。现在渠道在断面 D 截断成为跌坎，失去了下游水

流的阻力，使得重力的分力与阻力不相平衡，造成水流加速，水面急剧降低，渠道内水流变为非均匀流。在缓流状态下，水深减小，断面比能减小，坎端断面水深降至临界水深 h_k，断面比能达到最小值。缓流以临界水深通过底坡突变的断面，过渡到急流是水跌现象的特征。

坎端面附近，水面急剧下降，流线显著弯曲，流动已不是渐变流，由实验得出，实际坎端水深 h_D略小于按渐变流计算的临界水深 h_k，$h_D \approx 0.7h_k$。h_k值发生在上游距坎端面约（3~4）h_k的位置，但一般的水面分析和计算，仍取坎端断面的水深是临界水深 h_k作为控制水深。

5.6 明渠渐变流水面曲线定性分析

渐变流的水深是沿程变化的，为了确定不同断面的水深及流速，必须先确定水面曲线的形状及其具体位置，本节只分析水面曲线的形状。

1. 渐变流基本方程

明渠渐变流有减速流动和加速流动，其相应的水面曲线也分两类。减速流动水深沿流程增加，即$\frac{dh}{dL}>0$，称为壅水曲线；加速流动水深沿流程减小，即$\frac{dh}{dL}<0$，称为降水曲线。

由于明渠的底坡不同，流量的变化，渠首、渠尾进流出流边界条件或渠内建筑物所形成的控制水深不同，可以形成许多各式各样的水面线，其中棱柱形渠道恒定渐变流的水面线分析最为简单，共有 12 条水面线。

在棱柱形渠道的恒定渐变流中，如图 5-20 所示，任取一过水断面 A—A，并以 0—0 为基准面，$\alpha=1$，则这一断面的总能量 E 为

$$E=z+h+\frac{v^2}{2g}=z+E_s$$

式中　z，h，v 都是沿流程距离 l 的连续函数，取上式各项对 l 的一次导数，可得

$$\frac{dE}{dl}=\frac{dz}{dl}+\frac{dE_s}{dl}=\frac{dz}{dl}+\frac{dE_s}{dh}\cdot\frac{dh}{dl}$$

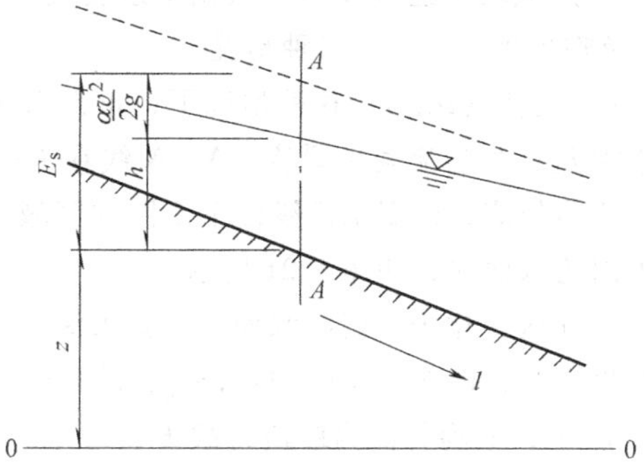

图 5-20　渐变流水面曲线

其中，$\frac{dE}{dl}=-J$，$\frac{dz}{dl}=-i$，$\frac{dE_s}{dh}=1-Fr$，代入上式可得

$$\frac{dh}{dl}=\frac{i-J}{1-Fr} \tag{5-45}$$

式（5-45）是明渠渐变流基本方程。它表明，渐变流水深沿程变化率$\frac{dh}{dl}$与底坡 i、水力坡度 J 和水流的佛汝德数 Fr 有关。

根据明渠渐变流基本方程可分析确定渐变流水面曲线的形状，但须对水面曲线的性质做下列的说明：

1）水面曲线形状根据$\frac{dh}{dl}$的性质而定。当$\frac{dh}{dl}>0$ 时，水深沿流程增加，为壅水曲线；当$\frac{dh}{dl}<0$时，水深沿流程减小，为降水曲线；当$\frac{dh}{dl}=i$ 时，水面线是一水平线；当$\frac{dh}{dl}=0$ 时，水深沿流程

不变，是均匀流；当$\frac{dh}{dl}\to\pm\infty$时，水面与渠底垂直，是急变流，已不属于渐变流的范围，实际上，在这一范围内，降水曲线与水跃相接，壅水曲线与水跃相接。

2）水力坡度 J。对于均匀流，$J=i$；对于渐变流，当非均匀流水深 $h>h_0$时，$v<v_0$，则 $J<i$；当 $h<h_0$时，$v>v_0$，则 $J>i$。

3）渠道的底坡 i。明渠渐变流对应的渠道底坡可以分为：顺坡 $i>0$，平坡 $i=0$ 或逆坡 $i<0$。

4）流态的区分。缓流时，$Fr<1$，$h>h_k$；急流时，$Fr>1$，$h<h_k$；临界流时，$Fr=1$，$h=h_k$。

根据上述特性，利用渐变流基本方程就可以很容易地确定水面曲线形状。

2. 渐变流水面曲线定性分析

由前述可知，当渠道断面形状、尺寸和流量一定时，渠道中的临界水深 h_k就可确定。同时，可以按明渠均匀流计算公式，求出相应的均匀流水深 h_0。为了便于区分水面曲线沿流程变化情况，一般在水面曲线的分析图上画出两条平行于渠底的直线，其中一条是距渠底为 h_0的正常水深线 $N—N$，另一条是距渠底为 h_k的临界水深线 $K—K$。这样，根据渠道底坡线、$N—N$ 线及 $K—K$ 线，把渠道水深变化范围划分成三个不同的区域，这三个区分别称为 a 区、b 区和 c 区。其中，a 区指 $N—N$ 线和 $K—K$ 线以上的区域，其水深 h 大于 h_0和 h_k；b 区指 $N—N$ 线和 $K—K$ 线之间的区域，其水深 h_0和 h_k之间；c 区指 $N—N$ 线和 $K—K$ 线以下的区域，其水深 h 小于 h_0和 h_k。

现分别对顺坡 $i>0$、平坡 $i=0$ 及逆坡 $i<0$ 三种棱柱形渠道中水面曲线变化的情况进行讨论。

（1）顺坡渠道（$i>0$） 根据渠道底坡 i 的大小，可将顺坡渠道分为缓坡（$i<i_k$）、急坡（$i>i_k$）及临界坡（$i=i_k$）三种情况。

1）缓坡（$i<i_k$） 这种情况下，正常水深 h_0大于临界水深 h_k，均匀流属于缓流，$N—N$ 线在 $K—K$ 线之上；对于非均匀流，根据水面线位于不同的区域，可分为三种不同的水面线，如图 5-21 所示。

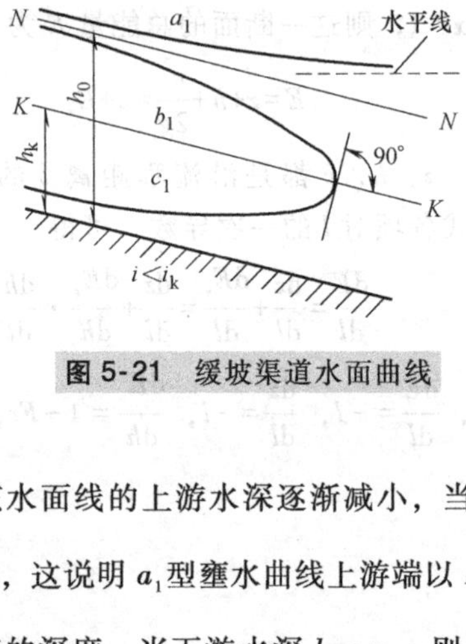

图 5-21 缓坡渠道水面曲线

① a 区：位于 a 区的水面线，其水深大于正常水深和临界水深，即 $h>h_0>h_k$。因 $h>h_0$，故 $J<i$，即 $i-J>0$；又因 $h>h_k$，非均匀流为缓流，故 $Fr<1$，即 $1-Fr>0$，所以$\frac{dh}{dl}>0$，水深沿程增加，水面线是壅水曲线，称为 a_1型壅水曲线。

从式（5-61）还可以分析 a_1型壅水曲线的两端特征：该水面线的上游水深逐渐减小，当上游水深 $h\to h_0$时，则 $J\to i$，$i-J\to 0$；$Fr<1$，$1-Fr>0$，因此$\frac{dh}{dl}\to 0$，这说明 a_1型壅水曲线上游端以 $N—N$ 线为渐近线；该水面线的下游水深逐渐增加，若渠道有足够的深度，当下游水深 $h\to\infty$，则$v\to 0$，$J\to 0$，$i-J\to i$，$Fr\to 0$，$1-Fr\to 1$，因此$\frac{dh}{dl}\to i$，说明 a_1型壅水曲线下游端以水平线为渐近线。

在缓坡渠道上修建闸、坝、桥梁墩台及其他束狭水流的建筑物时，都可能在其上游出现 a_1型壅水曲线，如图 5-22 所示。

② b 区：位于 b 区的水面线，其水深小于正常水深，但大于临界水深，即 $h_k<h<h_0$。因 $h<h_0$，故 $J>i$，即 $i-J<0$；又因 $h_k<h$，非均匀流为缓流，故 $Fr<1$，即 $1-Fr>0$，所以$\frac{dh}{dl}<0$，水深沿程减小，水面线是降水曲线，称为 b_1型降水曲线。

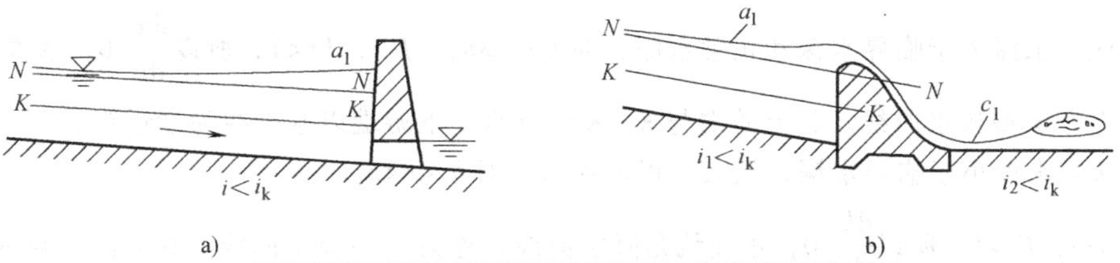

图 5-22 缓坡渠道上修建建筑物时 a_1 型壅水曲线

b_1 型降水曲线的两端特征为：该水面线的上游水深逐渐增加，当 $h \to h_0$ 时，$J \to i$，b_1 型降水曲线上游端以 N—N 线为渐近线；该水面线的下游水深逐渐减小，当 $h \to h_k$ 时，$Fr \to 1$，流态接近临界状态，$\frac{dh}{dl} \to \infty$，水面线与 K—K 正交。但此处水深急剧减小已不是渐变流，将发生从缓流到急流过渡的水跌现象，水面迅速下降，形成光滑曲线，故用虚线标出。

在缓坡渠道末端出现跌坎，就可能出现 b_1 型降水曲线，如图 5-23 所示。

③ c 区：位于 c 区的水面线，其水深小于正常水深和临界水深，即 $h<h_k<h_0$。因 $h<h_0$，故 $J>i$；又因 $h<h_k$，非均匀流为急流，故 $Fr>1$，因此，$\frac{dh}{dl}>0$，水深沿程增加，水面线是壅水曲线，称为 c_1 型壅水曲线。其上游端 h 的最小值随具体条件而定（例如收缩断面的水深 h_c），下游端 $h \to h_k$，$Fr \to 1$，$\frac{dh}{dl} \to \infty$，此处也属于急变流，c_1 型壅水曲线下游端与 K—K 线垂直，将发生水跃现象。

在缓坡渠道中的闸孔出流或溢流坝泄流时，闸坝下游出现的常是 c_1 型壅水曲线，如图 5-22b 所示。

综上所述，水面曲线的凹凸，可根据其两端特性决定。

当 $h \to h_0$ 时，$J \to i$，$\frac{dh}{dl} \to 0$，即 a_1、b_1 曲线上游端水面以正常水深线为渐近线。

当 $h \to \infty$ 时，$J \to 0$，$Fr \to 0$，$\frac{dh}{dl} \to i$，即 a_1 曲线的下游端水面趋于水平线。

当 $h \to h_k$ 时，$Fr \to 1$，$\frac{dh}{dl} \to \infty$，即 b_1、c_1 曲线的下游端水面与临界水深线 K—K 垂直。

由此可见，a_1 是下凹的壅水曲线，b_1 是下凸的降水曲线，c_1 是下凹的壅水曲线。

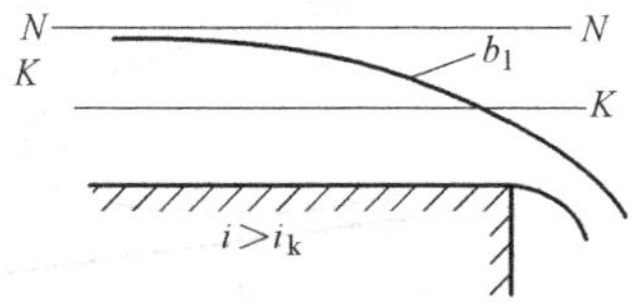

图 5-23 b_1 型降水曲线

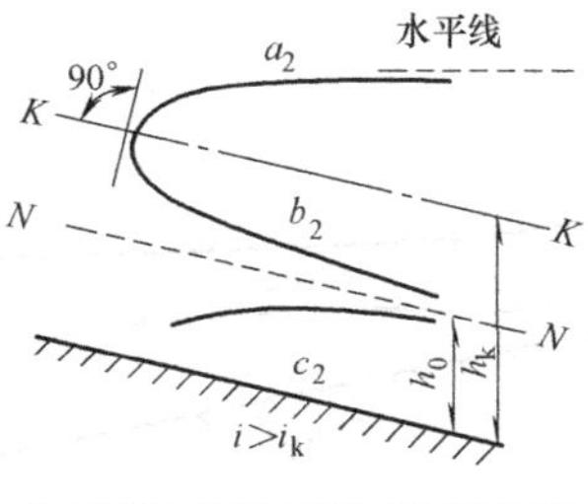

图 5-24 陡坡渠道水面曲线

2）陡坡（$i>i_k$） 在这种情况下，正常水深 h_0 小于临界水深 h_k，N—N 线在 K—K 线之下，均匀流属于急流，非均匀流的水深可以在三个区域内变化，分析方法与缓坡时相同，如图 5-24

所示。

① a 区：水深大于临界水深和正常水深，即 $h>h_k>h_0$，$J<i$，$Fr<1$，所以$\frac{dh}{dl}>0$，水面线是壅水曲线，称为 a_2型壅水曲线。其上游端与 K—K 线垂直，下游端以水平线为渐近线。

② b 区：水深小于临界水深，但大于正常水深，即 $h_0<h<h_k$。

由于 $J<i$，$Fr>1$，所以$\frac{dh}{dl}<0$，水面线是降水曲线，称为 b_2型降水曲线。其上游端与 K—K 线垂直，下游端以 N—N 线为渐近线。

③ c 区：水深小于临界水深和正常水深，即 $h<h_0<h_k$。因 $J>i$，$Fr>1$，所以$\frac{dh}{dl}>0$，水面线是壅水曲线，称为 c_2型壅水曲线。其上游端由具体条件决定，下游端以 N—N 线为渐近线。

在陡坡渠道中筑坝，当坝前水深大于临界水深，则在坝的上游形成 a_2型壅水曲线，而在坝的下游形成 c_2型壅水曲线，如图 5-25a 所示。在陡坡渠道上挡水建筑物的下游形成 b_2型降水曲线，如图 5-25b 所示。

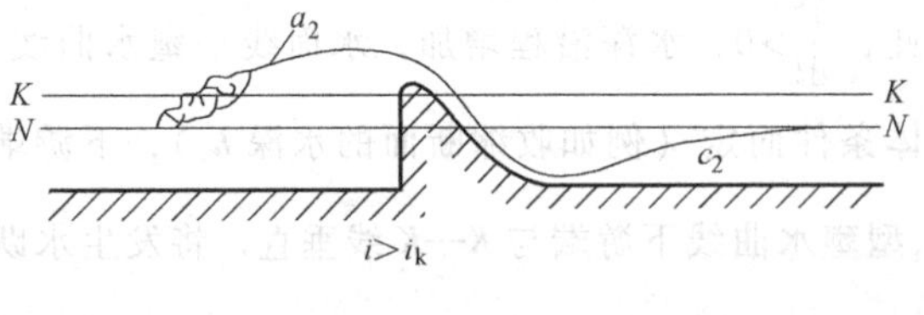

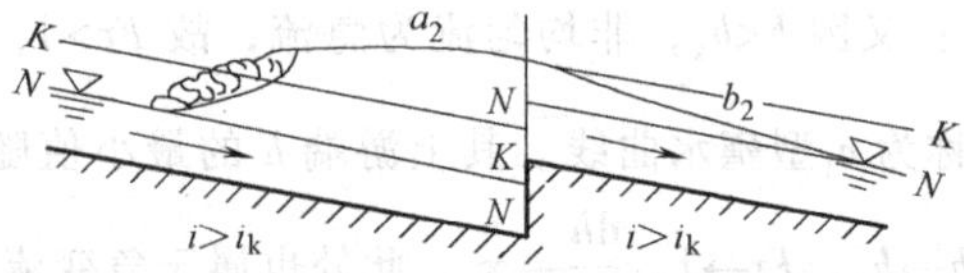

图 5-25 陡坡渠道上修建建筑物时的水面曲线

3）临界坡（$i=i_k$）。在这种情况下，正常水深 h_0等于临界水深 h_k，均匀流属于临界流均匀流。N—N 线与 K—K 线重合，非均匀流的水深只可以在 a 区（$h>h_0=h_k$）和 c 区（$h<h_0=h_k$）内变化，只有两条水面曲线，即 a_3、c_3型壅水曲线，并且这两区的水面曲线近似水平线，如图 5-26 所示。

a_3型壅水曲线和 c_3型壅水曲线，在实际工程中很少出现。

（2）平坡 $i=0$。平坡渠道中不能形成均匀流，正常水深 $h_0\to\infty$，所以正常水深线（N—N 线）不存在，只有临界水深线（K—K 线）；K—K 线将流动空间分为 b 区和 c 区，非均匀流的水深只能在 b 区和 c 区内变动，它们的水面线如图 5-27 所示。明渠渐变流基本方程变为

$$\frac{dh}{dl}=\frac{-J}{1-Fr}$$

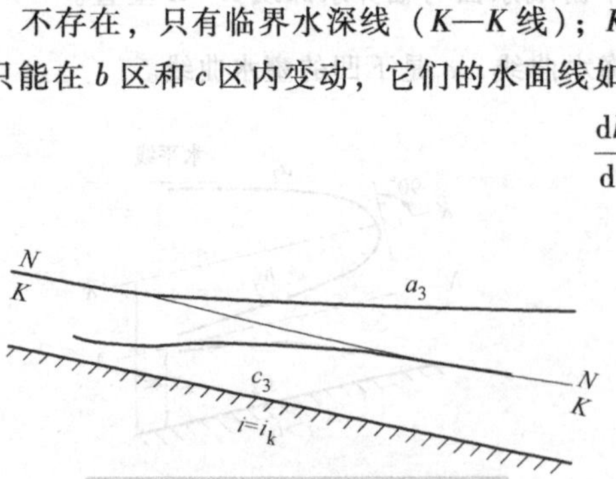

图 5-26 临界坡渠道水面曲线

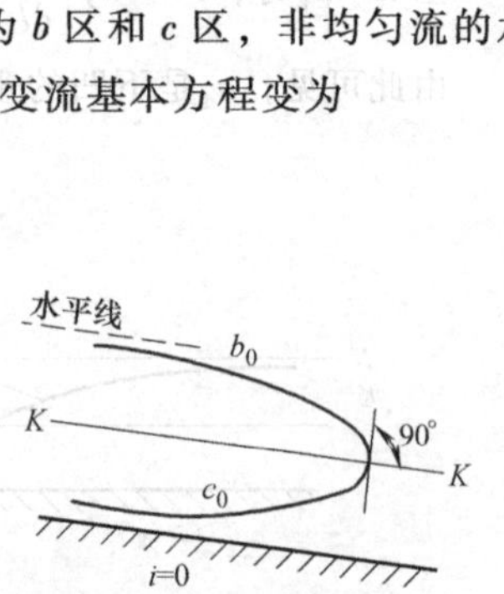

图 5-27 平坡渠道水面曲线

对 b 区：$h>h_k$，$Fr<1$，所以$\frac{dh}{dl}<0$，水面线为降水曲线，称为 b_0型降水曲线。其上游端以水

平线为渐近线，下游端与 $K—K$ 线垂直。

对 c 区：$h<h_k$，$Fr>1$，所以$\frac{dh}{dl}>0$，水面线为壅水曲线，称为 c_0型壅水曲线。其上游端由具体条件决定，下游端与 $K—K$ 线垂直。

在平坡渠道中的闸孔出流，其水面曲线即为 c_0型壅水曲线。若渠道末端为跌坎，在跌坎前的水深 $h>h_k$时的水面线即为 b_0型降水曲线，如图 5-28 所示。

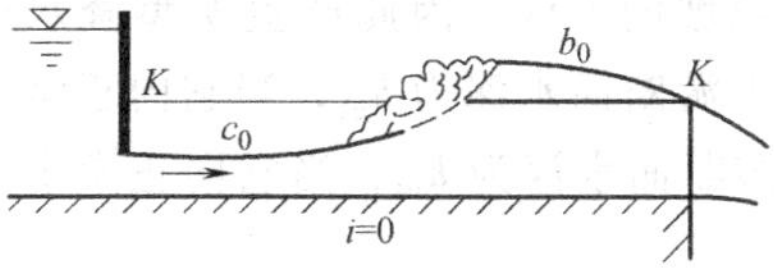

图 5-28　平坡渠道闸孔出流水面曲线

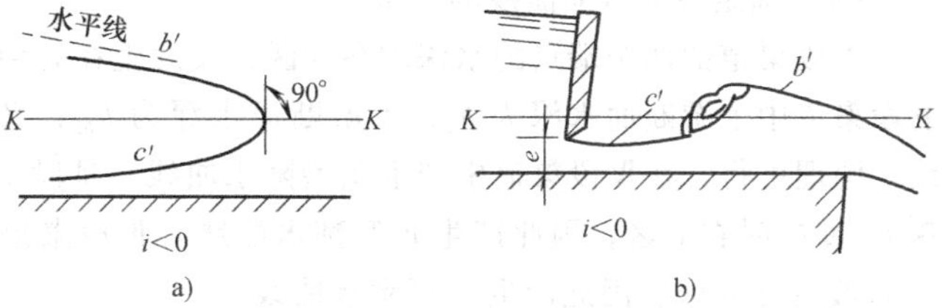

图 5-29　逆坡渠道水面曲线

（3）逆坡 $i<0$　与平坡情况一样，逆坡渠道中不可能形成均匀流，故不存在正常水深 h_0。临界水深线（$K—K$ 线）将流动空间分为 b 区和 c 区，非均匀流的水深只能在 b 区（$h>h_k$）和 c 区（$h<h_k$）内变动。与平坡水面线变化规律相似，仿照上述分析方法，在 b 区形成 b'型降水曲线，在 c 区形成 c'型壅水曲线，其水面线如图 5-29a 所示。

在逆坡渠道中的闸孔出流，当闸门开启度 e 小于临界水深 h_k时，闸下形成 c'型壅水曲线。若明渠末端为跌坎时，在跌坎前（$h>h_k$）的水面线为 b'型降水曲线，如图 5-29b 所示。

综上所述，棱柱形渠道中渐变流的水面曲线共有 12 条，这 12 条水面曲线在不同条件下出现。从以上图中可见，在闸坝、桥墩以及缩窄水流断面的各种水工建筑物的上游，一般会形成 a 型壅水曲线；在跌水处及缓坡渠道与陡坡渠道衔接时常发生 b 型降水曲线；而在堰、闸、坝下游则常有 c 型壅水曲线或发生水跃现象。

另外，在进行水面曲线分析和计算时，必须从已知水深的断面，即控制断面出发，确定水面曲线的类型。控制断面由明渠水流的具体条件来决定。例如桥（或堰、闸）前断面的水深、临界水深断面的水深 h_k或堰下、闸门下出流的收缩断面的水深 h_c，均可根据已知条件，事先求得，作为控制断面处的控制水深。

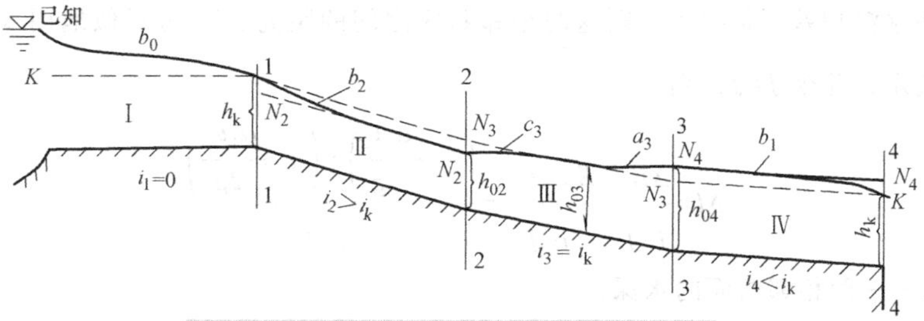

图 5-30　变坡渠道的水面曲线定性分析图

【例 5-15】　如图 5-30 所示，由四段不同底坡组成的长棱柱形渠道，试定性分析恒定流时水面曲线的类型及变化。设每一段渠道的长度足够长，其中间流段不受进、出口影响。

解：按前面所介绍的方法进行分析。

（1）画各段渠道的 $N—N$ 线和 $K—K$ 线分区

由于各段渠道均为相同的棱柱形且流量相同，因此临界水深均相同。虽然各段渠道的流量相同，但由于底坡 i 不同，因此正常水深 h_0不同。在Ⅰ段中 $i_1=0$，故无正常水深，即无 a 区；在Ⅱ段中 $i_2>i_k$，陡坡，故 $h_{02}<h_k$；在Ⅲ段中 $i_3=i_k$，临界坡，故 $h_{03}=h_k$；在Ⅳ段中 $i_4<i_k$，缓坡，故 $h_{04}>h_k$。

（2）找出各段渠道的控制水深

Ⅰ段到Ⅱ段是由缓坡（$i=0$ 作为缓坡特例）向急坡（$i_2>i_k$）过渡，所以断面 1—1 处的水深为 h_k。由于是长渠道，所以断面 2—2 处的水深为 h_{02}，同理，断面 3—3 处的水深为 h_{04}。

（3）确定各段水面曲线的类型

Ⅰ段渠道的两个端点的水深均在 b 区，又发生在 $i_1=0$ 的渠中，因此产生 b_0型降水曲线。在Ⅱ段渠道中上游断面水深为 h_k，下游断面水深为 h_{02}，又在急坡的 b 区，因此产生 b_2型降水曲线。同理可得，在Ⅳ段渠道中产生 b_1型降水曲线。Ⅲ段渠道上游断面水深为 h_{02}，当它向正常水深 h_{03}过渡时在 c 区，因此产生 c_3型壅水曲线。Ⅲ段渠道下游断面水深为 h_{04}，当它向正常水深 h_{03}过渡时在 a 区，因此产生 a_3型壅水曲线。

5.7 明渠渐变流水面曲线计算

渐变流水面曲线的计算方法较多，这里只介绍两种最简单的方法。

1. 分段求和法

分段求和法是计算明渠恒定流水面线的基本方法，适用于各种流动情况。

由前可知，对渐变流任一断面所具有的总比能为

$$E=z+E_s$$

将上式改写为

$$\frac{dE}{dl}=\frac{dz}{dl}+\frac{dE_s}{dl}$$

其中

$$\frac{dE}{dl}=-J,\frac{dz}{dl}=-i$$

故

$$\frac{dE_s}{dl}=i-J \tag{5-46}$$

式（5-46）为用断面比能沿程变化表示的明渠恒定渐变流微分方程。

若两相邻水深相差不是很大，则这两相邻断面之间的距离 Δl，可近似地用式（5-46）的差分方程形式表示，并令 $J=\bar{J}$，则

$$\Delta l=\frac{\Delta E_s}{i-\bar{J}}=\frac{E_{s2}-E_{s1}}{i-\bar{J}}=\frac{\left(h_2+\dfrac{\alpha_2v_2^2}{2g}\right)-\left(h_1+\dfrac{\alpha_1v_1^2}{2g}\right)}{i-\bar{J}} \tag{5-47}$$

式中 h_1，h_2——两相邻断面的水深；

v_1，v_2——两相邻断面的流速；

$\bar{J}$——两断面间水力坡度的平均值，按下式计算

$$\bar{J}=\frac{1}{2}(J_1+J_2)=\frac{1}{2}\left(\frac{v_1^2}{C_1^2R_1}+\frac{v_2^2}{C_2^2R_2}\right) \tag{5-48}$$

流程的总长

$$l=\sum\Delta l \tag{5-49}$$

式中 J_1，J_2——两相邻断面处的水力坡度。

式（5-47）即为水面曲线分段求和法的基本公式。它表明，在相邻两断面间，若已知其中一个断面水深和水面曲线的变化趋势，就可以假定另一个断面的水深并求得两断面间的距离 Δl。具体步骤是把水面曲线全长按不同水深分成若干段，将相邻水深之间的曲线长度求出，然后逐段连接，就得到整个水面曲线。两相邻断面水深取值越接近，Δl 越小，水面曲线的计算精度越高。

水面曲线分段求和法的基本公式很简单，但要计算每个断面的水力要素，计算工作量比较大，采用计算机完成将十分方便。按分段求和法绘制水面曲线时，应注意以下几点：

1）这一方法只适用于棱柱形渠道，对于断面沿程变化不大的非棱柱形渠道，也可近似使用。

2）这一方法的精确程度，视两相邻断面水深取值的差值大小而定。

3）绘制水面曲线时，首先需要选择控制断面，正确求得该处水深，作为分段求和法的起始断面。如果起始断面选择不当或断面上的水深不够准确，将影响整个水面线的计算。对于急流，应在上游寻找控制断面；对缓流一般在下游寻找控制断面。另外，从缓流过渡到急流处（如坡度转折处、渠末端跌落处）水深为临界水深，也常用作起始断面水深。

进行分段时，一般来说，降水曲线水面变化较大，分段宜短；壅水曲线水面变化较小，分段可长一些。每段的断面形状、糙率和底坡等尽可能一致。在断面、粗糙系数和底坡等突变处，应作为分段位置。

【例 5-16】 某一梯形断面的渠道，$m=2.0$，$b=45\text{m}$，$n=0.025$，$i=\dfrac{1}{3000}$，$Q=500\text{m}^3/\text{s}$，水面曲线为壅水曲线，末端水深 $h=8.95\text{m}$，试绘制 $h=8.95\sim8.0\text{m}$ 之间的水面曲线。

解：

（1）判别水面曲线的型式

经计算，正常水深 $h_0=4.93\text{m}$，临界水深 $h_k=2.25\text{m}$。

因 $h_0>h_k$，所以渠道为缓坡（$i<i_k$），水流为缓流；又因为 $h>h_0>h_k$，所以水面曲线为 a_1 型壅水曲线。

（2）计算水面曲线

计算列表进行，见表 5-9。

表 5-9　水面曲线计算表

断面	h/m	A/m²	v/(m/s)	$\dfrac{v^2}{2g}$/m	E_s/m	χ/m	R/m	$J\times10^5$	ΔE_s/m	$(i-J)\times10^5$	Δl/m	$\sum\Delta l$/m
1	8.95	563	0.89	0.040	8.99	85.0	6.62					0
								4.08	0.156	29.3	513	
2	8.80	551	0.91	0.042	8.84	84.3	6.54					513
								4.39	0.196	29.0	677	
3	8.60	535	0.94	0.044	8.64	83.5	6.40					1190
								4.80	0.197	28.5	690	
4	8.40	519	0.96	0.047	8.45	82.6	6.28					1880
								5.24	0.197	28.1	700	
5	8.20	503	0.99	0.050	8.25	81.7	6.16					2580
								5.70	0.196	27.9	710	
6	8.00	488	1.03	0.054	8.05	80.8	6.04					3290

根据表中的计算值绘制的水面曲线如图 5-31 所示。

a_1 型水面曲线变化比较缓慢，曲线也比较长，绘制曲线时，相邻水深相差稍大一些，不会引起很大的误差。但对 b、c 型曲线，因曲线较短，且两端水深相差不大，因此计算曲线长度时，相邻水深相差小一些。

2. 桥前 a_1 型壅水曲线的近似计算

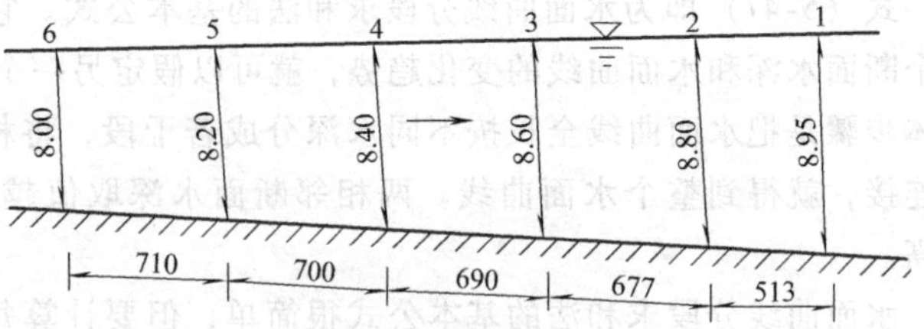

图 5-31　分段求和法

桥梁上游经常形成 a_1 型壅水曲线，若只需近似确定水面曲线的位置和数值时，则可用简单的几何曲线，如圆弧线或抛物线来代替。

最常用的是假定水面曲线为二次抛物线，曲线下端与水平线相切，上端与正常水深线相切，并且假定两切线的交点与曲线中心在同一个铅直线上，如图 5-32 所示。根据这些假定，不难得出壅水曲线沿水平方向的长度为

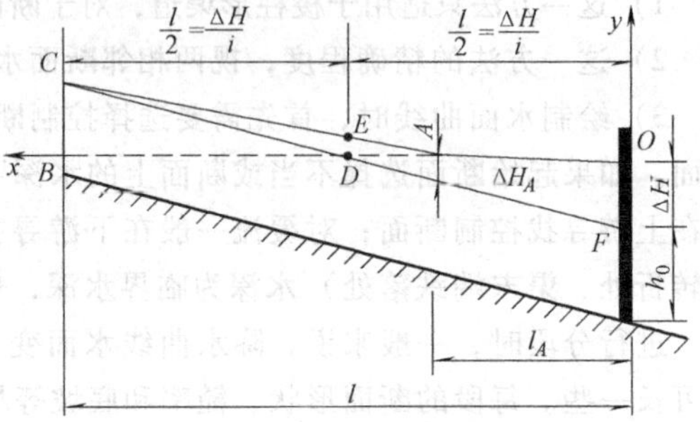

图 5-32　a_1 型壅水曲线近似计算法

$$l=\frac{2\Delta H}{i} \qquad (5\text{-}50)$$

曲线上任意点 A，距曲线下游端的距离为 l_A，则 A 点的壅水高度 ΔH_A 为

$$\Delta H_A=\left(1-\frac{l_A}{l}\right)^2\cdot\Delta H \qquad (5\text{-}51)$$

而 A 点水深

$$h_A=h_0+\Delta H_A$$

本章小结

明渠均匀流的形成必须满足一定条件。明渠均匀流的流速，一般按谢才公式计算，在公路工程中，谢才系数常按曼宁公式计算。

从施工方便及工程经济性出发，工程上多采用梯形断面渠道，通常先根据渠面土壤的种类来确定边坡系数，在边坡系数不变的条件下，选择一个梯形渠道水力最优断面。梯形渠道水力最优断面的水力半径等于正常水深的一半，它与渠道的边坡系数无关。

允许流速是指对渠身不会产生冲刷，也不会使水中悬浮的泥沙在渠道中发生淤积的断面平均流速。渠道中的不冲流速与渠道壁面的土壤或加固材料和水深有关，由试验确定。渠道中的不淤流速与水流中含砂量、泥沙的粒径以及水深等因素有关，一般按经验公式或有关手册所载经验值确定。

明渠均匀流水力计算主要有验算渠道的输水能力；确定渠道的底坡；确定渠道断面尺寸。

当渠道中的恒定流不满足均匀流条件时称为明渠非均匀流，它是局部干扰引起的结果。对非均匀流，渠道的底坡、过水断面的形状或尺寸、壁面粗糙系数等都可能沿程发生变化。根据流线弯曲程度的不同，明渠非均匀流可分为渐变流和急变流两种。佛汝德数是明渠水流状态的重要判别数，$Fr<1$ 为缓流；$Fr>1$ 为急流；$Fr=1$ 为临界流。

断面比能是指某一过水断面以最低点为基准起算的液流所具有的平均比能。临界水深是指在断面形状、尺寸和流量一定的条件下，相应于断面比能最小的水深。当正常水深恰等于临界水深时，其相应的渠道底坡称为临界坡度。水跃是明渠水流从急流转变到缓流时，水面突然升高的一种局部水力现象。水跌是明渠水流从缓流过渡到急流，水面急剧降落的局部水力现象。

利用渐变流基本方程可以对渐变流水面曲线形状进行定性分析。根据渠道底坡线、$N—N$ 线及 $K—K$ 线，把渠道水深变化范围划分成 a 区、b 区和 c 区三个不同的区域，棱柱形渠道恒定渐

变流的水面线共有 12 条，其中 a 区和 c 区为壅水曲线，b 区为降水曲线。

思考题与习题

5-1　明渠均匀流有哪些特点？产生均匀流的条件是什么？

5-2　何谓复式断面？复式断面明渠均匀流的流量如何计算？

5-3　有两条梯形断面的长渠道，已知流量 $Q_1=Q_2$，边坡系数 $m_1=m_2$，下列参数不同。

（1）粗糙系数 $n_1>n_2$，其他条件均相同；

（2）底宽 $b_1>b_2$，其他条件均相同；

（3）底坡 $i_1>i_2$，其他条件均相同；

试问：这两条渠道中的均匀流水深哪个大？哪个小？为什么？

5-4　（1）何谓水力最优断面？其特点是什么？

（2）对于矩形和梯形断面渠道，水力最优断面的条件是什么？

5-5　已知梯形断面，$m=1.5$，$\frac{1}{n}=50$，$i=0.004$，$b=3\text{m}$，$h=1.5\text{m}$。求 Q 和 v。

5-6　已知矩形断面，$b=2\text{m}$，$h=1.4\text{m}$，$i=0.003$，$Q=2.0\text{m}^3/\text{s}$。求 n。

5-7　已知梯形断面，$m=2.0$，$b=3\text{m}$，$i=0.001$，$\frac{1}{n}=30$，$Q=4.0\text{m}^3/\text{s}$。求 h。

5-8　已知梯形断面渠道，按水力最优断面设计，$n=0.02$，$i=0.002$，$m=1.5$，$Q=3.0\text{m}^3/\text{s}$。求 b 和 h。

5-9　已知梯形断面，$m=1.5$，$i=0.0025$，$\frac{1}{n}=90$，$Q=2.45\text{m}^3/\text{s}$，$v_{\max}=2.2\text{m}^3/\text{s}$。求 b 和 h。

5-10　已知钢筋混凝土圆管，$d=1.5\text{m}$，$n=0.013$，$i=0.003$，$h=1.25\text{m}$。求 Q 和 v。

5-11　某梯形断面渠道，已知 $h=1.3\text{m}$，$m=1.5$，$n=0.025$，$i=0.001$，$Q=15\text{m}^3/\text{s}$，试求 v。

5-12　某梯形断面渠道，$b=6.0\ \text{m}$，$m=1.0$，$h=0.9\text{m}$，$n=0.015$，$Q=10\text{m}^3/\text{s}$，试求水力坡度 J。

5-13　矩形断面渠道，$b=6.0\text{m}$，$Q=6.7\text{m}^3/\text{s}$，$n=0.025$，水力坡度 $i=0.0001$，求水深 h。

5-14　已知 $Q=10\text{m}^3/\text{s}$，$n=0.020$，$m=3.0$，$i=0.0004$，按水力最优断面设计梯形断面尺寸。

5-15　钢筋混凝土圆管直径 $d=2.0\text{m}$，$h=1.75\text{m}$，$i=0.011$，$n=0.013$，求流量及流速。

5-16　一天然河流，河槽与河滩的断面都接近矩形，河滩底宽 50m，河槽底宽 30m，河滩底比河槽底高 2m，粗糙系数河滩 $n_1=0.04$，河槽 $n_2=0.02$，水力坡度 $i=0.002$，水面比河槽底高 4.0m，求流量。

5-17　明渠非均匀流有哪些特点？产生非均匀流的原因是什么？

5-18　缓流和急流各有什么特点？有哪些判别方法？

5-19　什么是断面比能？它与单位重力液体的总能量 E 有何区别？断面比能和水深有何重要关系？

5-20　佛汝德数 Fr 有什么物理意义？怎样应用它判别水流的流态？

5-21　什么是临界水深？当两条渠道的断面形状、尺寸、粗糙系数、底坡都一样，流量不一样时，它们的临界水深一样吗？若两条渠道的流量相同，断面形状、尺寸、粗糙系数、底坡不一样，这两条渠道的临界水深是否相等？

5-22　试说明：棱柱形渠道中，恒定非均匀流的基本微分方程式 $\frac{\mathrm{d}h}{\mathrm{d}l}=\frac{i-j}{1-Fr}$ 的物理意义。

5-23　（1）在分析非均匀流水面曲线时，如何分区？如何确定控制水深？如何判别变化趋势？

（2）a 区、b 区、c 区的水面曲线各有什么特点？

5-24　什么是水跃？水跃的形成条件是什么？水跃与下游水流的衔接方式有哪几种？

5-25　梯形断面渠道，$b=10\text{m}$，$m=1.5$，$h=5\text{m}$，$Q=30\text{m}^3/\text{s}$，试判别水流流态。

5-26　矩形断面渠道，$B=5\text{m}$，$Q=40\text{m}^3/\text{s}$，$n=0.025$，试求临界水深及临界底坡。

5-27　梯形断面渠道，$b=3\text{m}$，$m=2.0$，$n=0.02$，$Q=5\text{m}^3/\text{s}$，求临界水深和临界底坡。

5-28 圆形断面渠道，$d=2.0\text{m}$，$Q=2\text{m}^3/\text{s}$，$n=0.017$，试求临界水深和临界坡度。

5-29 试确定图 5-33 中桥前壅水曲线的类型。

（1）$H>h_k>h_0$；

（2）$H=1.8\text{m}$，$h_0=0.80\text{m}$，$h_k=0.40\text{m}$；

（3）$H=1.6\text{m}$，$h_0=0.80\text{m}$，$h_k=0.80\text{m}$。

5-30 试确定图 5-34 中跌水上游水面曲线的类型。

（1）$h_0<h<h_k$；

（2）$h=h_0=0.40\text{m}$，$h_k=0.30\text{m}$；

（3）$i=0$，$h>h_k$。

5-31 试确定图 5-35 中跌水下游水面曲线的类型。

（1）$h_c<h_k<h_0$；

（2）$h_c=0.40\text{m}$，$h_0=0.20\text{m}$，$h_k=0.60\text{m}$；

（3）$h_c=0.20\text{m}$，$h_0=0.30\text{m}$，$h_k=0.50\text{m}$。

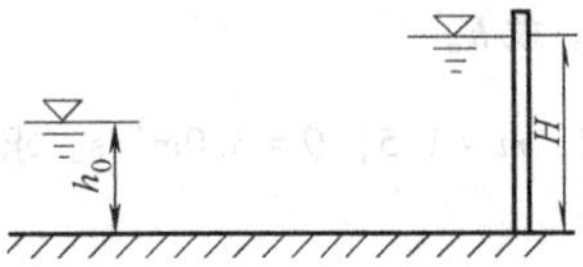

图 5-33 习题 5-29 图

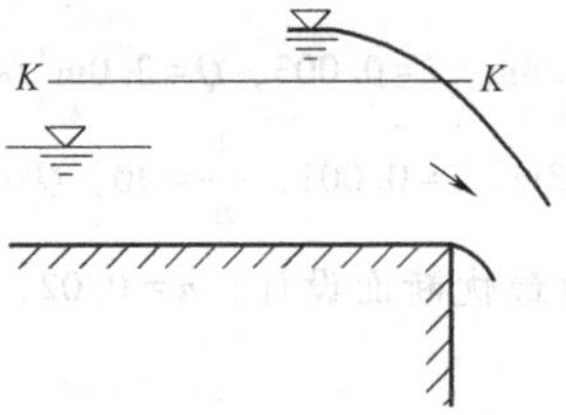

图 5-34 习题 5-30 图

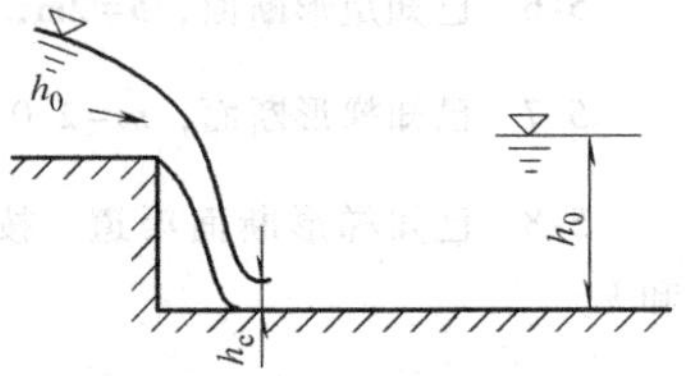

图 5-35 习题 5-31 图

5-32 某建筑物下游渠道，泄流单宽流量 $q=15\text{m}^3/\text{s}$。产生水跃，跃前水深 $h_1=0.8\text{m}$。试求：

（1）跃后水深 h_2；

（2）水跃长度 l。

5-33 试仿照［例 5-16］，绘制水深 8.0~7.60m 的水面曲线，相邻断面的水深差按 0.2m 计算。

5-34 矩形断面渠道内单宽流量 $q=2\text{m}^3/\text{s}$，跃前水深 $h_1=0.3\text{m}$，求跃后水深和水跃长度。

5-35 断面形状、尺寸均相等的长棱柱形渠道，流量和粗糙系数也相等，试分析下列不同坡度相连接时，其中可能产生的水面曲线形状。

（1）$i_1>i_k$，$i_2<i_k$；（2）$i_1<i_k$，$i_2<i_k$，$i_1>i_2$；（3）$i_1>i_k$，$i_2>i_k$，$i_1>i_2$；（4）$i_1<i_k$，$i_2>i_k$；

（5）$i_1>i_k$，$i_2>i_k$，$i_1<i_2$；（6）$i_1=i_k$，$i_2<i_k$。

第 6 章

堰流与闸孔出流

学习重点

堰流与闸孔出流的概念，堰流与闸孔出流计算公式。

学习目标

了解堰的类型；熟悉堰流、闸孔出流的特性；掌握宽顶堰水力计算，平底闸孔出流计算。

堰和闸是河渠中最常见的水流障碍物，在土木工程中有重要的作用，本章讨论这两种水工建筑物的水流现象。

6.1 堰流

明渠水流中的局部障壁，称为堰。无压缓流经堰顶溢流时形成堰上游水位壅高而后水面急剧下降的局部水力现象，称为堰流。如图 6-1a~d 所示。无压缓流经小桥涵时水力现象与堰流类似，如图 6-1e、f 所示。堰在纵向压缩了过水断面，小桥涵则在横向压缩了过水断面，局部阻力条件类似。因此，堰流理论也是小桥涵水力计算的基本理论。急流过堰时，不会发生堰流现象，只会引起堰前水位急剧升高，如图 6-2a、b 所示，上游渠道中的水位将不受堰的影响，在渠中可出现菱形冲击波如图 6-2c 所示。天然河沟底坡大多平缓，故桥涵水力计算多属堰流问题。但

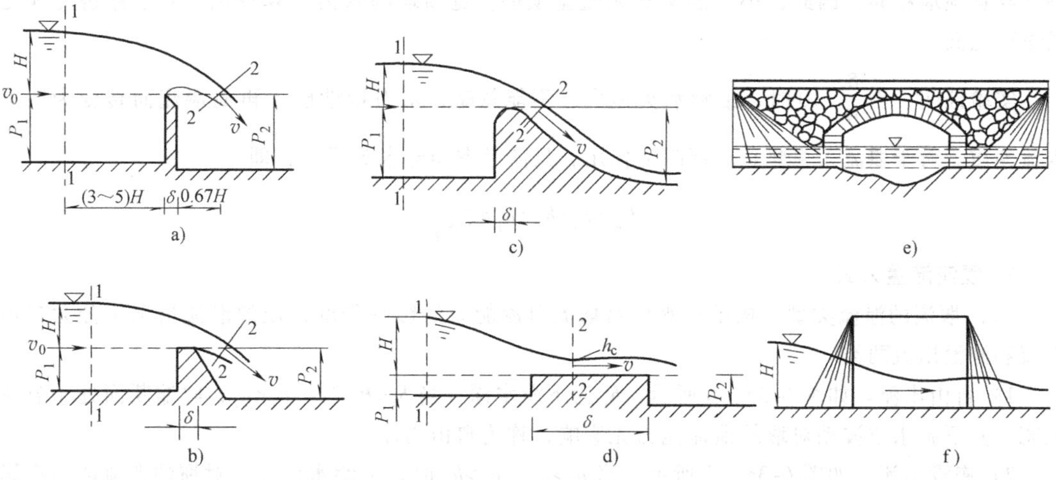

图 6-1　堰的类型

在山区河沟较陡时，也有例外。

1. 堰的类型

如图 6-1 所示，距堰前缘 (3~5)H 处的上游水位至堰顶的水深 H，称为堰顶水头，又称为堰顶水深。该处过水断面是上游渠中 a_1 型水面曲线的末端，也是距堰壁最近的一个渐变流断面。该断面的平均流速，称为行近流速，常用 v_0 表示。按堰壁厚度 δ 对水流的影响程度，通常将堰分为三种类型。

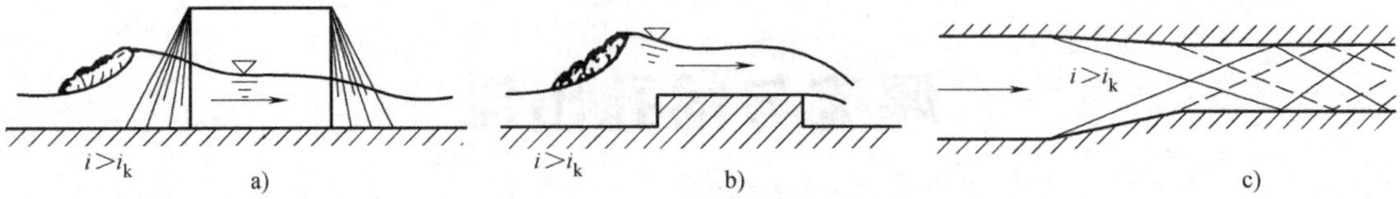

图 6-2　急流过堰的水力现象

(1) 薄壁堰　如图 6-1a 所示，当$\dfrac{\delta}{H}<0.67$ 时，堰壁厚度对过堰水流无影响，水流过堰呈自由下落曲线，此称为薄壁堰。它常被用作量水设备。

(2) 实用堰　如图 6-1b、c 所示，当 $0.67<\dfrac{\delta}{H}<2.5$ 时，堰顶厚度对过堰水流开始有顶托和约束作用，但是过堰水流还是在重力作用下的自由下落运动，此称为实用断面堰。常见的实用断面堰有折线型和曲线型两种，如图 6-1b、c 所示。水利工程中常用作泄水建筑物，如溢流坝等。

(3) 宽顶堰　如图 6-1d 所示，当 $2.5<\dfrac{\delta}{H}<10$ 时，堰壁厚度对水流有顶托约束作用，称为宽顶堰。其水力特征是水流在堰顶进口处呈急变流型降水曲线，并在进口附近形成收缩断面，堰顶水面几乎与堰顶平行且呈急流状态，堰顶水深 h 接近临界水深 h_k，即 $h\approx h_k$；收缩断面水深 $h_c=\psi h_k$，$\psi<1$。当下游水位较低时，过堰水流的水位在进口有第一次跌落，出口有第二次跌落。按急流的水力特性，宽顶堰的过水能力（即泄流量）只受收缩断面控制。当下游水位较低且 $h_c<h_k$ 时，宽顶堰的过水能力取决于堰顶水头，不受收缩断面下游水位波动的影响。小桥涵的泄流图式与宽顶堰相同，因此，小桥涵又称无槛宽顶堰。宽顶堰的水力计算理论，对于路桥专业更具重要意义。

实验证明，当$\dfrac{\delta}{H}>10$ 时，沿程水头损失已不能忽略，水力特性已不再属堰流而转变为明渠水流性质。对于堰流，主要是局部阻力作用，只需考虑局部水头损失，即

$$h_w=h_f+h_j=h_j=\zeta\frac{v^2}{2g}$$

2. 堰流流量公式

(1) 堰流的泄流类型　按下游水位对堰流泄流能力的影响程度，堰的泄流情况可分为自由出流和淹没出流两类。

1) 自由出流。如图 6-3a、b 所示，h_t 为下游水深，当 $h_t<P_2$ 时，$h_c<h_k$，收缩断面处于急流状态，其下游水位波动对堰的泄流能力无影响，称为自由出流。

2) 淹没出流。如图 6-3c、d 所示，当 $h_t>P_2$，$h_c>h_k$ 时，下游水位波动对堰的泄流能力有影响，称为淹没出流。显然，当 $h_c>h_k$ 时，堰顶水流由急流转入缓流，下游水位波动造成的微波

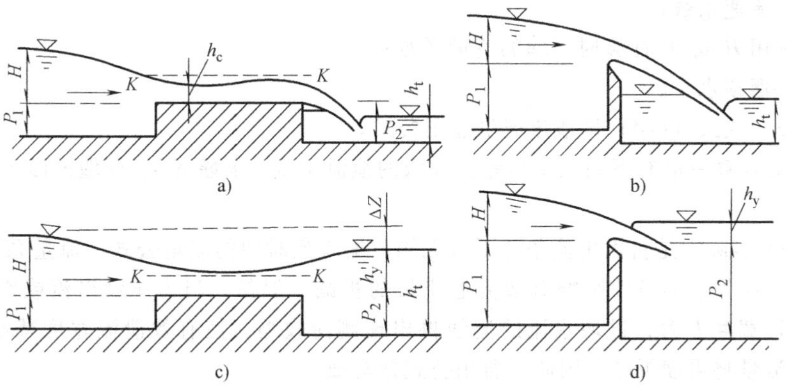

图 6-3 堰流的泄流类型

将向上游传播，可引起上游水位或堰顶水头波动变化。

（2）堰流流量公式 堰流所形成的降水水面曲线属于明渠急变流，它的水头损失是局部水流阻力作用的结果。各类堰的阻力特性基本一致，因此有共同的流量公式。

实验证明，距堰前 $(3\sim5)H$ 处的断面 1—1 可视为渐变流。如图 6-1 所示，以堰顶作计算基准面，列断面 1—1、断面 2—2 的能量方程。有

$$z_1+\frac{p_1}{\gamma_1}+\frac{\alpha_0 v_0^2}{2g}=z+\frac{p}{\gamma}+\frac{\alpha v^2}{2g}+h_j$$

其中
$$z_1+\frac{p_1}{\gamma_1}=H=\text{常数},h_j=\zeta\frac{v^2}{2g}$$

但
$$z+\frac{p}{\gamma}\neq\text{常数}$$

令
$$H_0=H+\frac{\alpha_0 v_0^2}{2g}$$

因为$\left(z+\dfrac{p}{\gamma}\right)$不为常数，取其平均值$\left(z+\dfrac{p}{\gamma}\right)$，并令

$$\left(z+\frac{p}{\gamma}\right)=KH_0$$

有
$$H_0=KH_0+(\alpha+\zeta)\frac{v^2}{2g}$$

令
$$\varphi=\frac{1}{\sqrt{\alpha+\zeta}}$$

得
$$v=\varphi\sqrt{(1-K)\,2gH_0} \tag{6-1}$$

设堰顶过水断面形状为矩形，宽度为 b，断面 2—2 处的水舌厚度用 ξH_0 表示，则其过水断面积为

$$A=b(\xi H_0)$$

有
$$Q=Av=\left(\varphi\xi\sqrt{1-K}\right)b\sqrt{2g}H_0^{\frac{3}{2}}$$

令
$$m=\varphi\xi\sqrt{1-K} \tag{6-2}$$

得
$$Q=mb\sqrt{2g}H_0^{\frac{3}{2}} \tag{6-3}$$

或
$$Q=m_0 b\sqrt{2g}H^{\frac{3}{2}} \tag{6-4}$$

式中　φ——流速系数；

m_0，m——用 H 或 H_0 计算时，堰的流量系数；

H——堰顶水头。

式（6-3）或式（6-4）即堰流流量通用公式。

堰流水力计算一般有下列三个问题：求堰的泄流量 Q；求堰宽 b，即堰的溢流宽度；求堰顶水头 H。

式（6-3）实际上是自由出流条件下且无侧收缩现象时堰的流量公式。流量系数 m 只考虑了堰高、进口形状等边界条件影响对堰流泄流量的折减。但是，当为淹没出流或因堰泄流宽度 b 小于上游渠道宽度 B 时，过堰水流的流线将出现侧向收缩，使有效泄流宽度减小为 b_c，$b_c<b$，因而堰的泄流量将再度折减。因此，通用公式常写成

$$Q=\varepsilon\sigma mb\sqrt{2g}H_0^{\frac{3}{2}} \tag{6-5}$$

或

$$Q=\varepsilon\sigma m_0 b\sqrt{2g}H^{\frac{3}{2}} \tag{6-6}$$

式中　ε——侧收缩系数，$\varepsilon=\dfrac{b_c}{b}<1$；

σ——淹没系数，即淹没出流时，堰泄流量折减系数，自由出流时，$\sigma=1$；

m、m_0——用 H_0 或 H 计算时，堰的流量系数。

3. 堰流的流量系数、侧收缩系数及淹没系数

堰流的流量系数、侧收缩系数及淹没系数是反映局部阻力因素影响堰泄流能力的三个折减系数，由试验确定，下面介绍常用的经验公式。

（1）流量系数

1）薄壁堰流量系数

①矩形薄壁堰（初步设计时，可取 $m_0=0.42$）

$$m_0=\left(0.405+\frac{0.0027}{H}-0.03\frac{B-b}{B}\right)\left[1+0.55\left(\frac{b}{B}\right)^2\left(\frac{H}{H+P}\right)^2\right] \tag{6-7}$$

式中　B——上游渠道宽度；

b——堰口宽度；

P——上游堰高；

H——堰顶水头。

当 $B=b$ 时，即为无侧收缩堰。有

$$m_0=\left(0.405+\frac{0.0027}{H}\right)\left[1+0.55\left(\frac{H}{H+P}\right)^2\right] \tag{6-8}$$

式（6-8）称为巴赞（Bazin，法国，1889）公式。适用范围：$0.24\text{m}<P<1.13\text{m}$，$0.2\text{m}<b<2\text{m}$，$0.05<H<1.24\text{m}$。

② 梯形薄壁堰。如图 6-4a 所示，当 $\theta=14°$时，称为西波利地（Cipoletti）堰，当 $Q<50\text{L/s}$ 时常用。$m_0=0.42$。

③ 直角三角形薄壁堰。如图 6-4b 所示，$\theta=90°$。$H=0.05\sim0.25\text{m}$，$Q<0.1\text{m}^3/\text{s}$ 时常用。有

$$Q=1.343H^{2.47}(\text{m}^3/\text{s}) \tag{6-9}$$

式中　H——堰顶水头（m）。

2）实用断面堰。折线多边形堰常取 $m=0.35\sim0.42$，流量按式（6-3）计算，即堰顶水头取 H_0 计算。

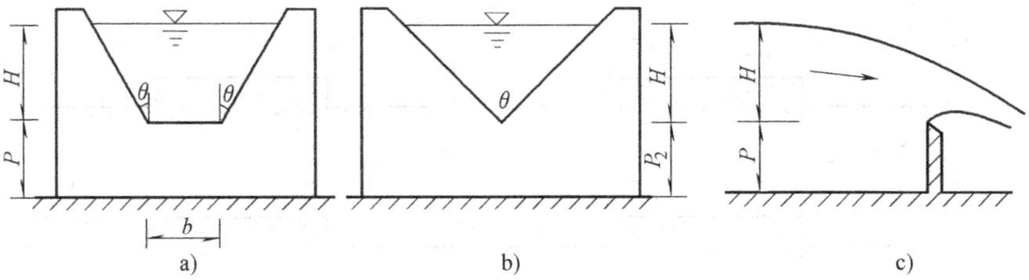

图 6-4 薄壁堰流

3）宽顶堰。流量按式（6-3）计算，即计算水头用 H_0，流量系数 m 常按经验公式计算：

堰顶直角边缘进口 $\frac{P}{H}>3$，$m=0.32$

堰顶圆弧进口 $\frac{P}{H}>3$，$m=0.36$

堰顶直角边缘进口

$$0<\frac{P}{H}<3,\ m=0.32+0.01\frac{3-\frac{P}{H}}{0.46+0.75\frac{P}{H}} \tag{6-10}$$

堰顶圆角进口（$\frac{r}{H}\geqslant 0.2$，r—圆进口的圆弧半径）

$$0<\frac{P}{H}<3,$$

$$m=0.36+0.01\frac{3-\frac{P}{H}}{1.2+1.5\frac{P}{H}} \tag{6-11}$$

式中 P——上游堰高；

H——堰顶水头。

据理论分析，宽顶堰流量系数 m 变化范围为 0.3 ~ 0.385，最大值为 0.385，平均值为 0.3442。

（2）宽顶堰侧收缩系数 宽顶堰的侧收缩系数常用经验公式计算。

$$\varepsilon=1-\frac{\alpha}{\sqrt[3]{0.2+\frac{P_1}{H}}}\sqrt[4]{\frac{b}{B}}\left(1-\frac{b}{B}\right) \tag{6-12}$$

式中 P_1——上游堰高；

B——上游渠宽；

b——堰口溢流宽度；

H——堰顶水头；

α——墩形系数，矩形边缘，$\alpha=0.19$，圆形边缘，$\alpha=0.1$。

（3）宽顶堰的淹没系数

1）淹没标准。宽顶堰的泄流特性如图 6-5 所示。图 6-5a、b 中，$h_c<h_k$，收缩断面为急流，

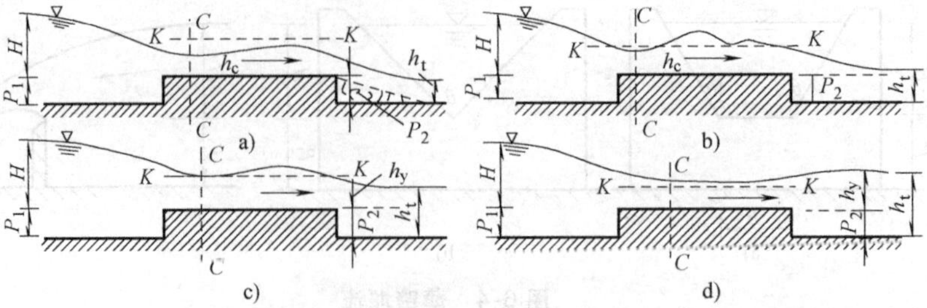

图 6-5 宽顶堰的泄流特性

其下游水位波动将不会引起堰顶水头变化；图 6-5b 中虽出现波状水跃，也不会上移淹没 $C—C$ 断面，这两种情况下堰的泄流量将不受下游水位的影响。图 6-5c 中，收缩断面处水深 $h_{C-C}=h_k$，堰开始出现淹没出流现象（临界状态），当为图 6-5d 时，$h_{C-C}>h_k$，收缩断面转入缓流状态，下游水位波动将影响堰顶水头变化，即影响堰的泄流能力，即淹没出流。由于下游水位抬高，堰出口断面扩大，流速减小，水的部分动能转化为势能，在堰出口处，下游水位略有回升，呈反向落差，此称为动能恢复现象，但下游水位仍低于堰前水位。由试验得出，宽顶堰的淹没标准为：

$$淹没出流 \quad \frac{h_y}{H_0}\geqslant 0.8$$

$$自由出流 \quad \frac{h_y}{H_0}<0.8$$

式中　h_y——下游堰顶水深（m）。

2）淹没系数。宽顶堰的淹没系数 $\sigma=\sigma\left(\frac{h_y}{H_0}\right)$ 已有试验成果，见表 6-1。当自由出流时，$\sigma=1$。

表 6-1　宽顶堰淹没系数 σ

h_y/H_0	0.80	0.81	0.82	0.83	0.84	0.85	0.86	0.87	0.88	0.89
σ	1.00	0.995	0.990	0.980	0.970	0.960	0.950	0.930	0.90	0.87
h_y/H_0	0.90	0.91	0.92	0.93	0.94	0.95	0.96	0.97	0.98	—
σ	0.84	0.82	0.78	0.74	0.70	0.65	0.59	0.50	0.40	

4. 宽顶堰水力计算

（1）宽顶堰水力计算公式　因 $H_0=H+\frac{\alpha_0 v_0^2}{2g}=H+\frac{\alpha_0 Q^2}{2gA_0^2}$，按式（6-5），有

$$\begin{cases} Q=\varepsilon\sigma mb\sqrt{2g}\left(H+\frac{\alpha_0 Q^2}{2gA_0^2}\right)^{\frac{3}{2}} \\ A_0=f(H) \end{cases} \tag{6-13}$$

式中　A_0——堰前断面 0—0 处的过水断面面积，如图 6-1d 所示。

若上游渠道断面为矩形，渠宽为 B 时，式（6-13）可写成

$$Q=\varepsilon\sigma mb\sqrt{2g}\left[H+\frac{a_0 Q^2}{2gB^2(H+P)^2}\right]^{\frac{3}{2}} \tag{6-14}$$

式（6-14）中 Q 和 H 均为隐函数，求解 Q 或 H 均需试算。

计算步骤如下：

1）判别出流状态，确定淹没系数 σ。

2）按经验公式计算流量系数 m 及侧收缩系数 ε。

3）按已知条件，求解有关问题。

（2）宽顶堰水力计算问题及方法

1）已知 H、P_1、P_2、B、b、h_t、渠道断面形状尺寸，求 Q。

按式（6-13）试算流量 Q，一般按下式控制精度要求，即

$$\left|\frac{Q_n-Q_{n-1}}{Q_n}\right|\leqslant\Delta \tag{6-15}$$

式中 Δ——允许误差，一般取 $\Delta=0.01\sim0.05$。

2）已知 Q、H、P_1、P_2、B、h_t、渠道断面形状，求堰的泄流宽度 b。这类问题因 b 未知，则 ε 未知，也需试算。

3）已知 Q、H、b、P_1、P_2、h_t、渠道断面形状，求堰顶水头 H。

【例 6-1】 已知宽顶堰 $H=0.85\text{m}$，坎高 $P_1=P_2=0.5\text{m}$，下游水深 $h_t=1.12\text{m}$，无侧收缩，$b=1.28\text{m}$，求泄流量 Q。

解：（1）第一次计算

取 $H_0=H=0.85\text{m}$

$\dfrac{h_y}{H_0}=\dfrac{h_t-p_2}{H_0}=\dfrac{1.12-0.5}{0.85}=0.73<0.8$，属自由出流，$\sigma=1$。

$\dfrac{P_1}{H}=\dfrac{0.5}{0.85}=0.5882<3$，采用式（6-10）计算流量系数，有

$$m=0.32+0.01\frac{3-\dfrac{P_1}{H}}{0.46+0.75\dfrac{P_1}{H}}=0.32+0.01\times\frac{3-\dfrac{0.5}{0.85}}{0.46+0.75\times\dfrac{0.5}{0.85}}=0.3446$$

又
$$\varepsilon=1$$

得
$$Q=\varepsilon\sigma mb\sqrt{2g}H_0^{\frac{3}{2}}=1\times1\times0.3446\times1.28\sqrt{2\times9.8}\times0.85^{\frac{3}{2}}\text{m}^3/\text{s}=1.54\text{m}^3/\text{s}$$

$$v_{01}=\frac{Q}{b(H+P_1)}=\frac{1.54}{1.28\times(0.85+0.5)}\text{m/s}=0.89\text{m/s}$$

（2）第二次计算，按第一次计算的 H_0、v_{01} 值再代入公式计算。

$$H_{01}=H+\frac{a_0v_{01}^2}{2g}=0.85\text{m}+\frac{1\times(0.89)^2}{2\times9.8}\text{m}=0.89\text{m}$$

$$\frac{h_y}{H_{01}}=\frac{1.12-0.5}{0.89}=0.6966<0.8,\sigma=1$$

$$Q_2=\varepsilon\sigma mb\sqrt{2g}H_{01}^{\frac{3}{2}}=1\times1\times0.3446\times1.28\sqrt{2\times9.8}\times0.89^{\frac{3}{2}}\text{m}^3/\text{s}=1.64\text{m}^3/\text{s}$$

$$v_{02}=\frac{Q_2}{b(H+P_1)}=\frac{1.65}{1.28\times(0.85+0.5)}\text{m/s}=0.95\text{m/s}$$

（3）第三次计算，按第二次计算的 H_0、v_{02} 值代入公式计算。

$$H_{02}=H+\frac{a_0v_{02}^2}{2g}=0.85\text{m}+\frac{1\times(0.95)^2}{2\times9.8}\text{m}=0.90\text{m}$$

$$\frac{h_y}{H_{02}}=\frac{h_t-P_2}{H_{02}}=\frac{1.12-0.5}{0.90}=0.6899<0.8,\sigma=1$$

$$Q_3=\varepsilon\sigma mb\sqrt{2g}H_{02}^{\frac{3}{2}}=1\times1\times0.3446\times1.28\sqrt{2\times9.8}\times0.9^{\frac{3}{2}}\mathrm{m^3/s}=1.67\mathrm{m^3/s}$$

(4) 验算精度

$$\Delta=\left|\frac{Q_3-Q_2}{Q_3}\right|=\left|\frac{1.68-1.65}{1.68}\right|=1.78\%<5\%$$

(5) 验算出流状态

$$v_{03}=\frac{Q_2}{b(H+P_1)}=\frac{1.68}{1.28\times(0.85+0.5)}\mathrm{m/s}=0.9722\mathrm{m/s}$$

$$H_{03}=H+\frac{a_0v_{02}^2}{2g}=0.85\mathrm{m}+\frac{1\times(0.9722)^2}{2\times9.8}\mathrm{m}=0.8982\mathrm{m}$$

$$\frac{h_y}{H_{03}}=\frac{h_t-P_2}{H_{03}}=\frac{1.12-0.5}{0.8982}=0.6903<0.8,\sigma=1$$

属自由出流，与初判流态一致，故 $Q=Q_3=1.68\mathrm{m^3/s}$

【例 6-2】 有一矩形宽顶堰，槛高 $P_1=P_2=1\mathrm{m}$，堰顶水头 $H=2\mathrm{m}$，堰宽 $b=2\mathrm{m}$，引水渠宽 $B=3\mathrm{m}$，下游水深 $h_t=1\mathrm{m}$，求泄洪量 Q。

解：因 $B>b$，故为有侧收缩堰。

又 $h_y=h_t-P_2=1-1=0$，故为自由出流，$\sigma=1$。边墩为矩形边缘，$a=0.19$，由式（6-12）得

$$\varepsilon=1-\frac{a}{\sqrt[3]{0.2+\frac{P_1}{H}}}\sqrt[4]{\frac{b}{B}}\left(1-\frac{b}{B}\right)=1-\frac{0.19}{\sqrt[3]{0.2+\frac{1}{2}}}\times\sqrt[4]{\frac{2}{3}}\times\left(1-\frac{2}{3}\right)=0.9350$$

$\frac{P_1}{H}=\frac{1}{2}=0.5<3$，按式（6-10）计算 m，有

$$m=0.32+0.01\frac{3-\frac{P_1}{H}}{0.46+0.75\frac{P_1}{H}}=0.32+0.01\times\frac{3-0.5}{0.46+0.75\times0.5}=0.3499$$

若取 $v_0=0$，则有 $H_0=H=2$，得

$$Q=\varepsilon\sigma mb\sqrt{2g}H_0^{\frac{3}{2}}=0.9287\times1\times0.2449\times2\times\sqrt{2\times9.8}\times2^{\frac{3}{2}}\mathrm{m^3/s}=8.0218\mathrm{m^3/s}$$

若考虑 v_0 影响，因渠中流量未知，应按【例 6-1】方法计算。渠中衔接流速一般应予考虑，若堰前为大水库，可取 $v_0=0$。

【例 6-3】 某进水闸具有直角前缘闸坎。坎前河底高程 $\nabla_0=100\mathrm{m}$，上游水位 $\nabla_1=107\mathrm{m}$，下游水位 $\nabla_2=102\mathrm{m}$，坎顶高程 $\nabla=103\mathrm{m}$，闸分两孔，墩形为圆形边缘，上、下游渠道断面为矩形，渠宽 $B=20\mathrm{m}$，泄流 $Q=200\mathrm{m^3/s}$，求所需闸孔泄流宽度 b。

解：(1) 求总水头 H_0

$$H=\nabla_1-\nabla=107\mathrm{m}-103\mathrm{m}=4\mathrm{m}$$

$P_1=\nabla-\nabla_0=103\mathrm{m}-100\mathrm{m}=3\mathrm{m}$，取 $\alpha_0=1$

$$H_0=H+\frac{\alpha_0v_0^2}{2g}=H+\frac{1}{2g}\left(\frac{Q}{B(H+P_1)}\right)^2=4\mathrm{m}+\frac{1}{19.6}\times\left(\frac{200}{20(4+3)}\right)^2\mathrm{m}=4.104\mathrm{m}$$

(2) 流量系数 m

$\frac{P_1}{H}=\frac{3}{4}=0.75<3$，按式（6-10）计算

$$m=0.32+0.01\frac{3-\frac{P_1}{H}}{0.45+0.75\frac{P_1}{H}}=0.32+0.01\times\frac{3-0.75}{0.45+0.75\times0.75}=0.3420$$

（3）泄水宽度 b（因 b 与 ε 有关，只能试算）

$h_y=\nabla_2-\nabla=102\text{m}-103\text{m}=-1\text{m}$；$\sigma=1$。取 $\varepsilon_1=0.95$

$$b_1=\frac{Q}{\varepsilon_1\sigma m\sqrt{2g}H_0^{\frac{3}{2}}}=\frac{200}{0.95\times1\times0.342\times\sqrt{19.6}\times(4.104)^{\frac{3}{2}}}\text{m}=16.71\text{m}$$

按式（6-12）计算，墩形系数 $a=0.1$，有

$$\varepsilon_x=1-\frac{a}{\sqrt[3]{0.2+\frac{P_1}{H}}}\sqrt[4]{\frac{b_1}{B}}\left(1-\frac{b}{B}\right)=1-\frac{0.1}{\sqrt[3]{0.2+0.75}}\times\sqrt[4]{\frac{16.71}{20}}\times\left(1-\frac{16.71}{20}\right)=0.9840>\varepsilon_1$$

取 $\varepsilon_2=0.980$

$$b_2=\frac{200}{0.980\times1\times0.342\times\sqrt{19.6}\times(4.104)^{\frac{3}{2}}}=16.2026$$

$$\varepsilon_x=1-\frac{0.1}{\sqrt[3]{0.2+0.75}}\times\sqrt[4]{\frac{15.98}{20}}\times\left(1-\frac{15.98}{20}\right)=0.9807$$

$$\varepsilon_x\approx\varepsilon_2=0.980$$

得　$\varepsilon=0.98$，$b=b_2=16.2026$

每孔宽　$b_n=\frac{b}{n}=\frac{16.2026}{2}=8.10$

上述结果为水力条件要求的孔宽，即泄流宽度。在实际工程中，还应考虑闸孔标准梁的长度及闸门尺寸标准等，最后结合水力计算结果选定进水闸孔宽度。

【例6-4】 进水闸的坎前河底高程 $\nabla_0=100\text{m}$，上游水位 $\nabla_1=107\text{m}$，下游水位 $\nabla_2=106.7\text{m}$，堰顶高程 $\nabla=103\text{m}$，闸分两孔，闸墩头部为半圆形，堰的进口为直角方形，渠道宽 $B=20\text{m}$，堰的泄流宽度 $b=16\text{m}$，求堰的泄流量 Q。

解：（1）计算 H，m

$$H=\nabla_1-\nabla=107\text{m}-103\text{m}=4\text{m},P_1=3\text{m}$$

$\frac{P_1}{H}=\frac{3}{4}=0.75<3$，由式（6-10）得

$$m=0.32+0.01\frac{3-\frac{P_1}{H}}{0.45+0.75\frac{P_1}{H}}=0.32+0.01\times\frac{3-\frac{3}{4}}{0.45+0.75\times\frac{3}{4}}=0.342$$

（2）计算 σ，ε

$$h_y=\nabla_2-\nabla=106.7\text{m}-103\text{m}=3.7\text{m}$$

设 $H_0=H=4\text{m}$，则 $\frac{h_y}{H_0}=\frac{3.7}{4}=0.925>0.8$，为淹没出流。

查表 6-1（内插），得 $\sigma=0.76$

$$\varepsilon=1-\frac{a}{\sqrt[3]{0.2+\frac{P_1}{H}}}\sqrt[4]{\frac{b}{B}}\left(1-\frac{b}{B}\right)=1-\frac{0.1}{\sqrt[3]{0.2+0.75}}\times\sqrt[4]{\frac{16}{20}}\times\left(1-\frac{16}{20}\right)=0.9808$$

（3）第一次流量值

$$Q_1=\varepsilon\sigma mb\sqrt{2g}H_0^{\frac{3}{2}}=0.9808\times0.76\times0.342\times16\times\sqrt{19.6}\times4^{\frac{3}{2}}\mathrm{m^3/s}=144.46\mathrm{m^3/s}$$

$$v_{01}=\frac{Q_1}{A_{01}}=\frac{Q}{B(H+P_1)}=\frac{144.46}{20(4+3)}\mathrm{m/s}=1.0319\mathrm{m/s}$$

$$H_{01}=H+\frac{\alpha_0v_{01}^2}{2g}=4\mathrm{m}+\frac{1\times(1.0319)^2}{2\times9.8}\mathrm{m}=4.0543\mathrm{m}$$

$\frac{h_y}{H_{01}}=\frac{3.72}{4.0543}=0.9175>0.8$，为淹没出流。

查表 6-1，得 $\sigma=0.817$，又 $\varepsilon=0.9808$，$m=0.342$

（4）第二次流量计算

$$Q_2=\varepsilon\sigma mb\sqrt{2g}H_{01}^{\frac{3}{2}}=0.9808\times0.817\times0.342\times16\times\sqrt{19.6}\times(4.0543)^{\frac{3}{2}}\mathrm{m^3/s}=158.47\mathrm{m^3/s}$$

$$v_{02}=\frac{Q_2}{B(H+P_1)}=\frac{158.47}{20\times(4+3)}\mathrm{m/s}=1.1320\mathrm{m/s}$$

$$H_{02}=H+\frac{\alpha_0v_{02}^2}{2g}=4\mathrm{m}+\frac{1\times(1.1320)^2}{2\times9.8}\mathrm{m}=4.0654\mathrm{m}$$

$\frac{h_y}{H_{02}}=\frac{3.7}{4.0654}=0.9101>0.8$，为淹没出流。

查表 6-1，得 $\sigma=0.82$

（5）第三次流量计算

$$Q_3=\varepsilon\sigma mb\sqrt{2g}H_{02}^{\frac{3}{2}}=0.9808\times0.82\times0.342\times16\times\sqrt{19.6}\times(4.0654)^{\frac{3}{2}}\mathrm{m^3/s}=159.71\mathrm{m^3/s}$$

$$v_{03}=\frac{Q_3}{B(H+P_1)}=\frac{159.71}{20\times(4+3)}\mathrm{m/s}=1.1407\mathrm{m/s}$$

$$H_{03}=H+\frac{\alpha_0v_{03}^2}{2g}=4\mathrm{m}+\frac{1\times(1.1407)^2}{2\times9.8}\mathrm{m}=4.0664\mathrm{m}$$

$\frac{h_y}{H_{03}}=\frac{3.72}{4.0664}=0.9155>0.8$，为淹没出流。

查表 6-1，得 $\sigma=0.8178$

（6）第四次流量计算

$$Q_4=\varepsilon\sigma mb\sqrt{2g}H_{03}^{1.5}=0.9808\times0.8178\times0.342\times16\times\sqrt{19.6}\times(4.0664)^{1.5}\mathrm{m^3/s}=159.337\mathrm{m^3/s}$$

$$v_{04}=\frac{Q_4}{B(H+P_1)}=\frac{159.337}{20\times(4+3)}\mathrm{m/s}=1.1381\mathrm{m/s}$$

$$H_{04}=H+\frac{\alpha_0v_{04}^2}{2g}=4\mathrm{m}+\frac{1\times(1.1381)^2}{2\times9.8}\mathrm{m}=4.0659\mathrm{m}$$

$\frac{h_y}{H_{04}}=\frac{3.72}{4.0659}=0.9149$，为淹没出流。

查表 6-1，得 $\sigma=0.8180$

(7) 第五次流量计算

$$Q_5=\varepsilon\sigma mb\sqrt{2g}H_{04}^{1.5}=0.9808\times0.818\times0.342\times16\times\sqrt{19.6}\times(4.0659)^{1.5}\text{m}^3/\text{s}=159.35\text{m}^3/\text{s}$$

(8) 误差

$$\Delta=\left|\frac{Q_5-Q_4}{Q_5}\right|=\left|\frac{159.35-159.14}{159.35}\right|=0.0013=1.3‰。$$

故　$Q=159.35\text{m}^3/\text{s}$

6.2　闸孔出流

土木工程中常用各式各样的水闸（如进水闸、泄水闸、节制闸、挡潮闸等）来对过闸流量及上、下游水位进行控制，当水流从闸门的下部边缘泄出时的水流状态将称为闸孔出流，如图 6-6 所示。

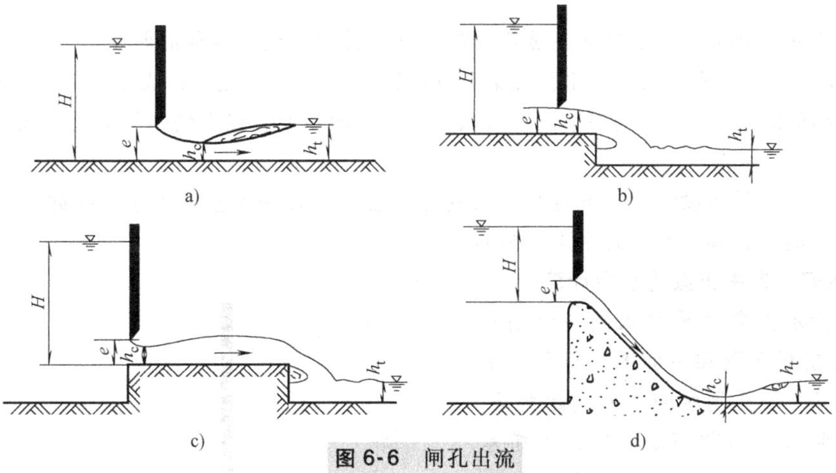

图 6-6　闸孔出流

a）平底的即无底槛的闸门孔口　b）跌坎（跌水）上的闸门孔口　c）宽顶堰堰顶上的闸门孔口　d）实用断面堰堰顶上的闸门孔口

如果闸门开启度较大，在一定的水流条件下，水流不与闸门下缘接触，因而闸门对水流不起控制作用，于是闸孔出流就变为堰流，如图 6-7 所示。

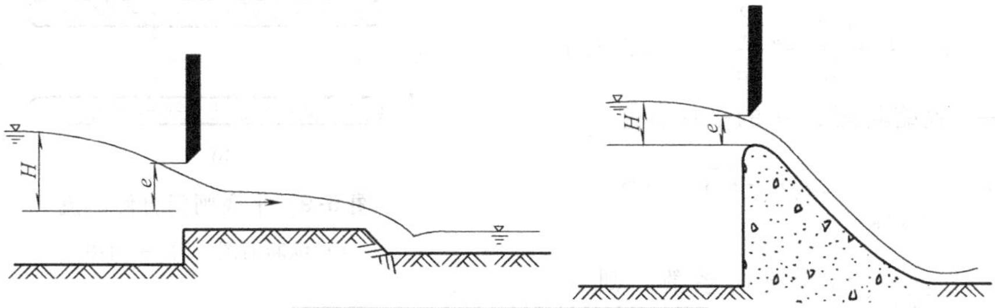

图 6-7　闸孔出流转换堰流的过程

随$\frac{e}{H}$的不同，闸孔出流和堰流可以互相转换。工程上常用以下经验数据来判别。

闸底坎为平顶堰时：$\frac{e}{H}\leqslant0.65$ 为闸孔出流；$\frac{e}{H}>0.65$ 为堰流。

闸底坎为曲线形实用堰时：$\frac{e}{H}\leqslant 0.75$ 为闸孔出流；$\frac{e}{H}>0.75$ 为堰流。

闸孔出流水力计算主要是闸孔泄流能力的问题。过流量的大小，与下游的水流衔接性质有关。

当水流通过闸孔往下游宣泄时，具有明显的收缩断面 $c—c$，其水深为 h_c，如图 6-8 所示。如果下游水深 h_t 恰等于 h_c 的共轭水深或小于 h_c 的共轭水深时，则为闸孔自由出流，即 h_c 与下游水位的变化无关，而只决定于闸门相对开度 $\frac{e}{H}$ 和闸门形状等。当下游水深 h_t 大于 h_c 的共轭水深时，则将造成出流的淹没，此时可能有两种情形：

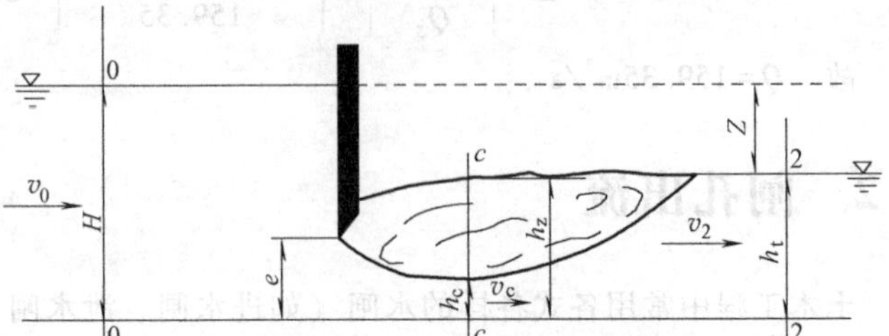

图 6-8　闸孔出流泄流能力示意图

1）当下游水深 h_t 不太大时，水跃旋滚正好覆盖在 $c—c$ 断面之上，成为有水跃的淹没出流。

2）当下游水深 h_t 较大，则根本没有水跃形成，下游水面直接淹到闸门下面，成为无水跃的淹没出流。

显然，不论哪种淹没情形，下游水位的变化都会影响过闸流量的大小。因此，在进行闸孔出流水力计算时，必须进行下游水流衔接的计算。

1. 平底闸门自由出流的水力计算

图 6-9 所示为多孔平底水闸一个闸孔自由出流的纵断面图和平面图，每孔闸墩间的净宽为 b，每孔闸墩的中心间距为 B，H 为相对于闸孔下游收缩断面底的上游水头，v_0 为闸前的趋近流速，e 为闸门开度，h_t 为下游水深。

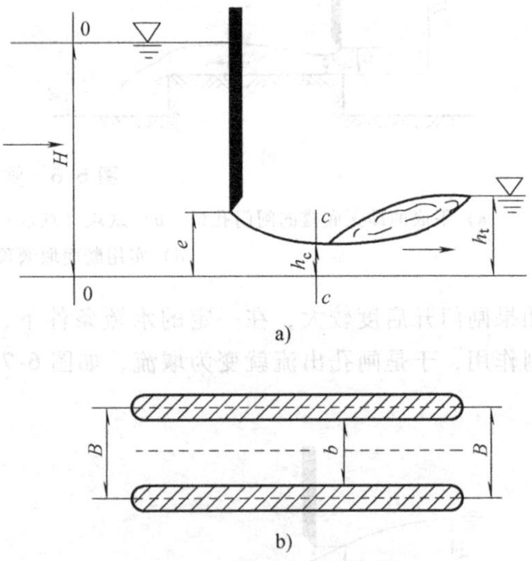

图 6-9　平底闸门自由出流
a）纵断面图　b）平面图

（1）流量计算公式　以通过断面 $c—c$ 底的水平面为基准，列断面 0—0 及 $c—c$ 能量方程

$$H_0=h_c+\frac{\alpha_c v_c^2}{2g}+\zeta\frac{v_c^2}{2g} \tag{6-16}$$

式中　v_c——收缩断面 $c—c$ 的平均流速

$$v_c=\frac{1}{\sqrt{\alpha_c+\zeta}}\sqrt{2g(H_0-h_c)} \tag{6-17}$$

令 $\varphi=\frac{1}{\sqrt{\alpha_c+\zeta}}$，称为流速系数，则式（6-17）可写为

$$v_c=\varphi\sqrt{2g(H_0-h_c)} \tag{6-18}$$

收缩断面水深 h_c，可用闸孔开度表示，即

$$h_c=\varepsilon e \tag{6-19}$$

式中　ε——闸孔垂直收缩系数。

从而平底闸孔自由出流的流量计算公式为

$$Q=v_c bh_c=\varphi\varepsilon eb\sqrt{2g(H_0-\varepsilon e)}$$

或

$$Q=v_c bh_c=\mu eb\sqrt{2g(H_0-\varepsilon e)} \tag{6-20}$$

$$\mu=\varphi\varepsilon$$

μ 称为过闸流量系数。

式（6-20）是在平底闸孔出流条件下得出，但也适用于图 6-6b、c 的情况，不过流量系数 μ 有所不同。

（2）流量系数 μ 的确定　流量系数 μ 根据流速系数 φ 和闸孔垂直收缩系数 ε 计算。

1）流速系数 φ 的确定。根据试验得出的几种闸孔出流的流速系数 φ 值如下：

图 6-6a 情况，$\varphi=0.95\sim1.00$；

图 6-6b 情况，$\varphi=0.97\sim1.00$；

图 6-6c 情况，$\varphi=0.85\sim0.95$。

2）收缩系数 ε 的确定。茹可夫斯基应用势流原理，求得平板闸门垂直收缩系数 ε 为闸门相对开度 $\frac{e}{H}$ 的函数，$\varepsilon=f\left(\frac{e}{H}\right)$。表 6-2 列出了茹可夫斯基研究所得理论数值，和试验资料基本相符。

表 6-2　平板闸门垂直收缩系数 $\varepsilon=f\left(\frac{e}{H}\right)$ 数值表

$\frac{e}{H}$	0.10	0.15	0.20	0.25	0.30	0.35	0.40	0.45	0.50	0.55	0.60	0.65	0.70	0.75
ε	0.615	0.618	0.620	0.622	0.625	0.628	0.630	0.638	0.645	0.650	0.660	0.675	0.690	0.705

对于如图 6-10 所示的弧形闸门，其垂直收缩系数 ε 随 $\frac{e}{H}$ 及闸门底缘的切线与水平线所成的夹角 θ 的增大而减小，根据苏联马尔丹诺夫等人的试验资料，$\varepsilon=f\left(\frac{e}{H},\ \theta\right)$ 的关系值见表 6-3。

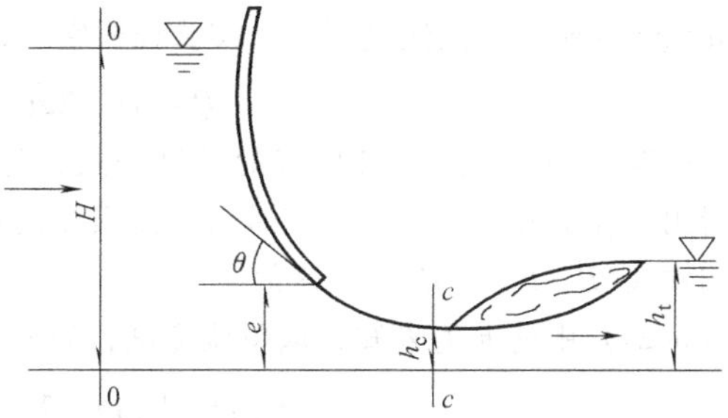

图 6-10　平底弧形闸门自由出流

表 6-3　弧形闸门垂直收缩系数 $\varepsilon=f\left(\frac{e}{H},\ \theta\right)$ 数值表

θ ＼ ε ＼ e/H	0.10	0.20	0.30	0.40	0.50	0.60	0.75
20°	0.849	0.843	0.837	0.828	0.822	0.815	0.803
30°	0.791	0.785	0.776	0.767	0.758	0.750	0.735
40°	0.742	0.735	0.724	0.710	0.705	0.696	0.682
50°	0.700	0.694	0.684	0.673	0.662	0.652	0.634
60°	0.669	0.660	0.649	0.638	0.628	0.617	0.598
70°	0.642	0.632	0.622	0.610	0.598	0.587	0.575
80°	0.620	0.611	0.600	0.590	0.578	0.568	0.552
90°	0.600	0.588	0.580	0.570	0.560	0.548	0.533

3）流量系数 μ 的确定

已知 φ 及 ε 值，流量系数 $\mu=\varphi\varepsilon$。

2. 平底闸孔淹没出流的水力计算

平底闸孔淹没出流有两种可能，即有水跃和无水跃情况。

（1）有水跃淹没出流　如图 6-11 所示，此时在闸门下游收缩断面的实际水深为 h_z，它大于 h_c 而小于 h_t。假定这个断面中有效的过水断面深度仍然是下部的 h_c，上面是水跃漩滚覆盖部分，没有有效流量通过，列 0—0 断面及 c—c 断面的能量方程式

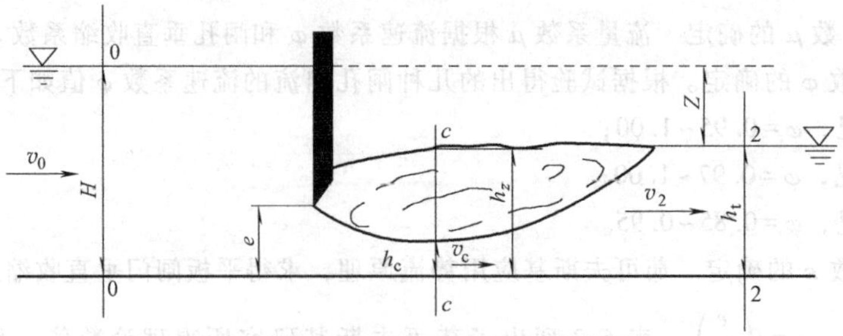

图 6-11　平底闸门有水跃淹没出流

$$H+\frac{\alpha_0 v_0}{2g}=h_z+\frac{\alpha_c v_c^2}{2g}+\zeta\frac{v_c^2}{2g} \tag{6-21}$$

所以

$$v_c=\frac{1}{\sqrt{\alpha_c+\zeta}}\sqrt{2g(H_0-h_z)}=\varphi\sqrt{2g(H_0-h_z)} \tag{6-22}$$

$$Q=v_c bh_c=\varphi\varepsilon eb\sqrt{2g(H_0-h_z)} \tag{6-23}$$

令 $\mu=\varphi\varepsilon$ 为淹没出流流量系数，实验证明它与自由出流的数值相同。

$$Q=\mu eb\sqrt{2g(H_0-h_z)} \tag{6-24}$$

式（6-24）即为水跃淹没出流的计算公式，与式（6-20）自由出流的流量计算公式比较，可明显看出，在上游水位固定不变时，淹没出流的流量将随 h_z 的增大而减小。这是因为 $h_z>h_c$，有效作用水头 $(H_0-h_z)<(H_0-h_c)$ 之故。

式（6-24）中的 h_z 值未知，取单位宽度，列 c—c 断面和 2—2 断面动量方程

$$\frac{1}{2}\gamma h_z^2-\frac{1}{2}\gamma h_t^2=\frac{\gamma}{g}q(\alpha_2' v_2-\alpha_c' v_c)$$

取 α_2'，α_c' 等于 1，整理得

$$h_z^2=h_t^2-\frac{2q^2}{g}\cdot\frac{h_t-h_c}{h_t h_c} \tag{6-25}$$

在已知闸孔开度 e，$h_c=\varepsilon e$，若给出 h_t 及 q，即可按（6-25）计算 h_z。

若将式（6-24）$q=\dfrac{Q}{b}=\mu e\sqrt{2g(H_0-h_z)}$ 代入式（6-25）中，可求得 h_z。

$$h_z=\sqrt{h_t^2-M\left(H_0-\frac{M}{4}\right)}+\frac{M}{2} \tag{6-26}$$

$$M=4\mu^2 e^2\cdot\frac{h_t-h_c}{h_t h_c} \tag{6-27}$$

已知 H_0，h_t，e，按式（6-26）算出 h_z 之后，按式（6-24）求出流量 Q。

（2）无水跃的淹没出流　下游水位不断增高将使过闸流量减小，v_c 将逐渐减小，当 v_c 降低

到或低于临界流速 v_k 时，则不可能产生水跃，此时下游水面将淹到闸门而形成无水跃的淹没出流。无水跃淹没出流的限界条件，是 $v_c=v_k$。

根据 $v_c=\varphi\sqrt{2g(H_0-h_z)}$ 及 $v_k=\sqrt{gh_k}$（h_k为临界水深），当两者相等时，限界条件为 $H_0-h_z\leqslant\frac{h_k}{2\varphi^2}$。

实际上，当 $v_c=1.1v_k$ 时，水跃的形式已经消失，同时 $h_z\approx h_t$，因而可以采用 $\varphi\sqrt{2g(H_0-h_z)}=\varphi\sqrt{2g(H_0-h_t)}\leqslant1.1\sqrt{gh_k}$，作为无水跃淹没出流的条件，此条件为

$$H_0-h_t\leqslant\frac{h_k}{1.65\varphi^2} \tag{6-28}$$

实验证明，在无水跃淹没出流时，垂直收缩系数 ε 与茹可夫斯基的理论数值有所不同，在此情况下，出流可视为大孔口淹没出流，故流量可按下式计算

$$Q=\mu eb\sqrt{2g(H_0-h_t)} \tag{6-29}$$

式中，μ 随闸门形式及 $\frac{e}{H}$ 而变，一般 $\mu\approx0.65\sim0.80$。

【例 6-5】 已知平板闸门，平底闸孔，闸前水深 $H=2.5$m，闸孔与渠道同宽，即 $B=b=2.8$m，闸孔开度 $e=0.5$m，下游水深 $h_t=2.0$m，试求过闸流量。

解：假设为自由出流

根据 $\frac{e}{H}=\frac{0.5}{2.5}=0.2$，查表 6-2 得 $\varepsilon=0.62$，取 $\varphi=0.95$，$H_0=H$，则

$$Q=\mu eb\sqrt{2g(H_0-\varepsilon e)}$$

$$Q=0.95\times0.62\times0.5\times2.8\times\sqrt{2\times9.81\times(2.5-0.62\times0.5)}\ \text{m}^3/\text{s}=5.4\text{m}^3/\text{s}$$

$$q=\frac{Q}{b}=\frac{5.4}{2.8}\text{m}^2/\text{s}=1.93\text{m}^2/\text{s}$$

$$h_k=\sqrt[3]{\frac{\alpha q^2}{g}}=\sqrt[3]{\frac{1.05\times1.93^2}{9.81}}\ \text{m}=0.736\text{m}$$

$$h_c=\varepsilon e=0.62\times0.5\text{m}=0.31\text{m}$$

矩形河槽水跃共轭水深为

$$h_{c2}=\frac{h_{c1}}{2}\left[\sqrt{1+8\left(\frac{h_k}{h_{c1}}\right)^3}-1\right]=\frac{0.31}{2}\times\left[\sqrt{1+8\times\left(\frac{0.736}{0.31}\right)^3}-1\right]\text{m}=1.45\text{m}$$

$h_t>h_{c2}$，出流为淹没出流。

先按有水跃淹没出流计算

$$M=4\mu^2e^2\cdot\frac{h_t-h_c}{h_th_c}=4\times0.95^2\times0.62^2\times0.5^2\times\frac{2-0.31}{2\times0.31}=0.95$$

$$h_z=\sqrt{h_t^2-M\left(H_0-\frac{M}{4}\right)}+\frac{M}{2}$$

$$h_z=\sqrt{2^2-0.95\times\left(2.5-\frac{0.95}{4}\right)}\ \text{m}+\frac{0.95}{2}\text{m}=1.83\text{m}$$

$$Q=\mu eb\sqrt{2g(H_0-h_z)}$$

$$Q=0.95\times0.62\times0.5\times2.8\times\sqrt{2\times9.81\times(2.5-1.83)}\ \text{m}^3/\text{s}=2.99\text{m}^3/\text{s}$$

判断是否为有水跃淹没出流

$$v_c=\frac{Q}{Bh_c}=\frac{2.99}{2.8\times0.31}\text{m/s}=3.44\text{m/s}$$

$$v_k=\sqrt{gh_k}=\sqrt{9.81\times0.736}\text{ m/s}=2.69\text{m/s}$$

因为 $v_c>v_k$，所以是有水跃的淹没出流。

6.3 泄水建筑物下游的消能

桥、涵、堰、闸或溢流坝等，其作用是渲泄上游来水，防止水流对路、堤或非溢水建筑物的漫溢水毁。这些建筑物统称为泄水建筑物。其下游往往发生远离式水跃与下游渠道水面曲线衔接。在急流段中，水流湍急，冲刷力强，常常危及泄水建筑物的安全。消除或缩短泄水建筑物下游急流段的工程措施，简称为消能。消能措施的设计原则是在控制的局部渠段内，增加水流紊乱，以消减下泄水流的能量，降低渠中流速以达到下游渠道的防冲刷目的。常见的消能方式有以下几种：

（1）底流式消能　这类消能措施的特点是利用水跃消能。通过消力池或消力槛造成淹没水跃条件，使水跃控制在泄水建筑物附近，以缩短下游急流段的长度。其下泄水流的主流在渠底，故名底流式消能。图 6-12a 所示为消力池，它通常在下游局部渠段挖深渠道形成池塘，加大下游渠道的水深，以满足淹没水跃的水深要求，使水跃发生在消力池内，适用于地下水位较低的较易开挖的非岩石地基，其消能效率高。如图 6-12b 所示，在渠道底面修建垂直于水流方向的一条矮墙，称为消力槛，适用于开挖较困难的岩石地基或地下水位较高的情况。

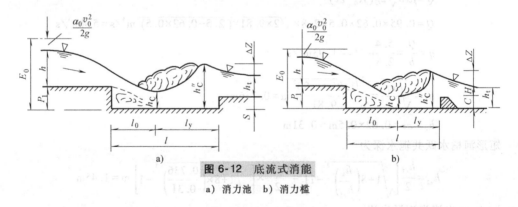

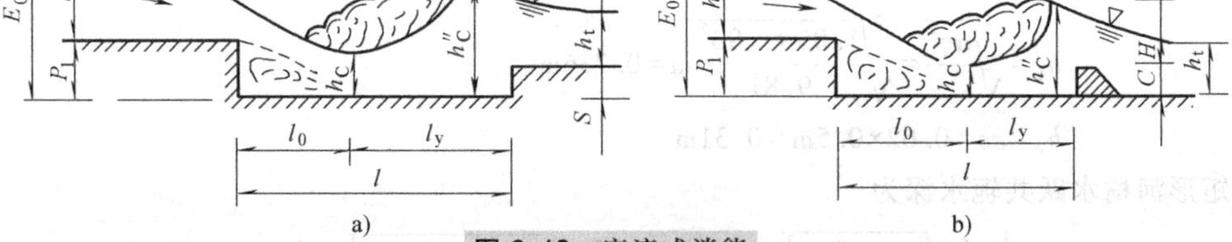

图 6-12　底流式消能

a）消力池　b）消力槛

（2）面流式消能　这种消能方式是在泄水建筑物的出口建造一个具有较大反弧半径和较大挑角的凹面，称为消力戽，如图 6-13 所示。通过消力戽，将下泄高速水流的主流导向下游水面，形成涌浪，并在戽勺后的河床中产生一个反向的底部旋滚，有时还可在涌浪下游面与戽勺内形成两处较小的表面旋滚，这种现象，又称为戽流。这种消能措施对河床冲刷小，可节约工程费用，但会引起下游水位激烈波动，对岸坡稳定及航运不利。下游水位较高时常用消力戽消能。

（3）挑流式消能　这种消能措施是把下泄水流挑射至远离建筑物的下游河床中，如图 6-14 所示。挑射水流在空中受到空气阻力作用，水股将发生分散，射入下游河床后，水流剧烈混掺，可消耗大量的下泄能量。这类消能方式常用于地质良好河床。

（4）人工加糙—辅助消能　此法是在急流槽或在泄水建筑物下游河床中采用人工方法增加

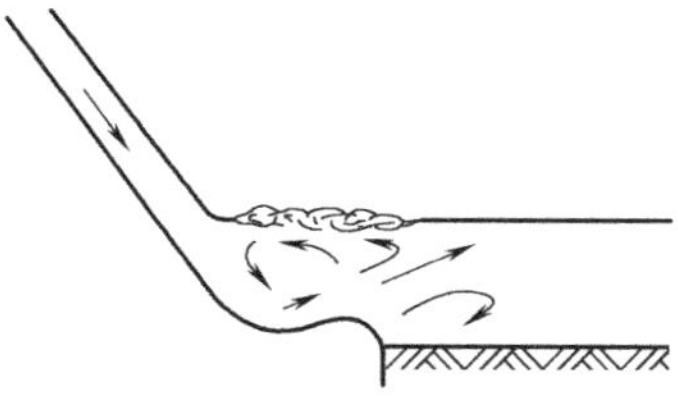

图 6-13　面流式消能

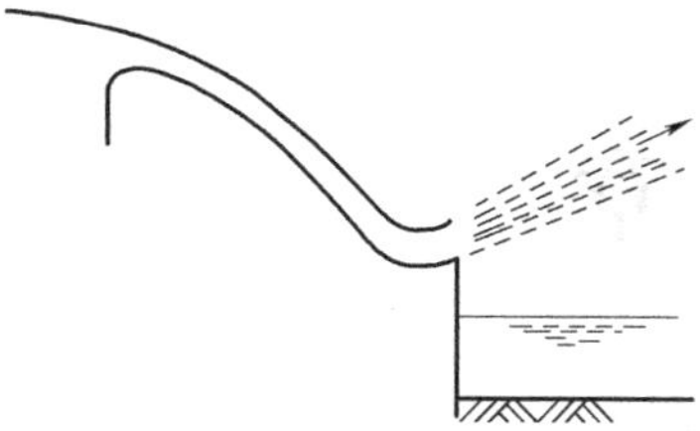

图 6-14　挑流式消能

渠道的粗糙度，以降低水流速度，人工加糙还可应用在消力池内。

（5）单级跌水或多级跌水　这种消能方式常用于山区公路中地形很陡的河沟。单级跌水的组成有进口渠槽、跌坎、消能设施三部分。其中消能设施有消力池、消力槛、综合消力池，它可以减小挖填的土方量。

本章小结

明渠水流中的局部障壁，称为堰。无压缓流经堰顶溢流时形成堰上游水位壅高，而后水面急剧下降的局部水力现象，称为堰流。按堰壁厚度对水流的影响程度，将堰分薄壁堰、实用堰和宽顶堰。按堰下游水深对堰泄流能力的影响与否，将堰流分为自由出流和淹没出流。如为淹没式出流，用淹没系数考虑。按堰宽与渠道宽是否一致，决定堰流是否受侧向收缩的影响，如受影响，一般考虑收缩系数。堰泄流能力计算公式中的流量系数、侧收缩系数及淹没系数是反映局部阻力因素影响堰泄流能力的三个折减系数，由经验公式确定。宽顶堰水力计算包括堰的泄流能力、堰的泄流宽度和堰顶水头，堰的泄流能力和堰顶水头均需通过试算确定。

泄水建筑物下游常见的消能方式主要有底流式消能、挑流式消能、面流式消能等。

思考题与习题

6-1　简述堰流、明渠流在水流现象和水力特征方面的异同点。

6-2　写出堰流流量公式，并解释各字母的意义。

6-3　进口圆弧的宽顶堰，上、下游堰坎高 $P=0.8\text{m}$，堰宽 $b=4.8\text{m}$（同河宽），泄流量 $Q=12\text{m}^3/\text{s}$，下游水深 $h_t=1.73\text{m}$。求堰上水头 H。

6-4　进口圆弧的宽顶堰，上、下游堰高 $P=3.4\text{m}$，无侧收缩，堰上水头 $H=0.86\text{m}$ 时泄流量 $Q=22\text{m}^3/\text{s}$，求堰宽 b，并试求下游水深 h_t 在最大为多少时仍可保持不淹没流状态。

6-5　宽顶堰的宽度 $b=5\text{m}$，堰高 $P_1=1\text{m}$，堰前水深 $h=2.65\text{m}$，堰坎为直角进口，无侧收缩，求下述两种情况的泄流量 Q。

（1）下游水深 $h_t=2\text{m}$；

（2）下游水深 $h_t=2.55\text{m}$。

6-6　矩形渠道中修建一水闸，闸底板与渠道底齐平，闸孔宽度等于渠道宽度，即 $B=b=3\text{m}$，平板闸门。已知闸前水深 $H=5\text{m}$，闸孔开度 $e=1\text{m}$。求下游水深和 $h_t=3.5\text{m}$ 时，通过闸孔的流量。

6-7　泄水建筑物下游常见的消能方式有哪几种？

第 7 章

渗流

学习重点

恒定渐变渗流的基本微分方程和浸润曲线；井和集水廊道的渗流计算。

学习目标

理解渗流现象，渗流定律；掌握恒定渐变渗流计算，井和集水廊道计算，能应用流网求解平面渗流问题。

液体在土和岩石等空隙介质中的流动称为渗流。水在土中的存在形态分为气态水、吸着水、薄膜水、毛细水和重力水。气态水以水蒸气形式存在于土颗粒中，数量很少，在渗流中可以不考虑。吸着水和薄膜水是由于土颗粒带负电，使水分子极化而吸附在土粒上的水，吸着水是外层的弱吸附水，薄膜水是内层的强吸附水，这类水数量少，也很难移动，在渗流中一般也不考虑。毛细水是由于表面张力作用而在孔隙中移动的水，除特殊情况外，往往也忽略不计。重力水是指重力作用下在土孔隙中运动的水，当土含水量很大时，大部分水以重力水的形态存在，这是渗流运动中的主要研究对象。

根据土的结构和渗流特性，将土分成均质土和非均质土。均质土是指土的渗流特性各处相同，不随空间位置而变化的土；反之，则为非均质土。

天然土的层状结构或柱状结构，使得土体在不同方向的透水性不同。按照这种性质，把土体划分为各向同性土和各向异性土。各向同性土是指透水性能在各个方向均相同的土；反之则为各向异性土。例如，等径球状颗粒有规则排列组成的土为各向同性土。

本章重点介绍重力水在均质各向同性土中的渗流运动规律。

7.1 渗流理论

1. 渗流模型

实际土的颗粒、形状和大小差别较大，颗粒间孔隙的形状、大小和分布也极不规则。因此，实际渗流运动十分复杂，无论从理论分析还是试验均难以确定某一具体位置的试际渗流速度。工程上引用统计方法，以平均值描述渗流运动，即用理想化的渗流模型来简化实际渗流。渗流模型不考虑渗流路径的迂回曲折，只考虑主要流向，且忽略土颗粒的存在，假设渗流是充满整个孔隙介质的连续水流，其实质是将未充满全部空间的渗流看成连续空间的连续介质运动。引入渗流模型后，前面所学的水力学的概念和方法，如过水断面、流线、流束、断面平均流速等均可以应用到渗流运动的研究中。

渗流模型中某一微小过水断面的渗流流速定义为

$$u=\frac{\Delta q}{\Delta A} \tag{7-1}$$

式中　Δq——通过微小过水断面的渗流流量；

ΔA——由土粒骨架和孔隙组成的微小过水断面面积，它比实际过水断面面积大。

所以，渗流模型流速比实际渗流流速小。由于渗流流速很小，其动能可以忽略不计，这种差别对工程应用的影响可以忽略不计。

为保证工程需要，以渗流模型取代实际渗流时，必须遵守以下原则：

1）通过渗流模型的流量与实际渗流流量相等。

2）对于某一确定的作用面，从渗流模型得出的动水压力与实际渗流的动水压力相等。

3）渗流模型得出的水头损失与实际渗流的水头损失相等。

根据渗流模型的概念，渗流和一般水流运动一样，也可分为恒定渗流和非恒定渗流，均匀渗流和非均匀渗流，渐变渗流和急变渗流，有压渗流和无压渗流。

2. 达西定律

为解决生产实践中的渗流问题，法国工程师达西（H. Darcy）通过试验研究，总结得出达西定律。后来的学者把它推广到整个渗流计算中去，使其成为最基本、最重要的渗流公式。

达西渗流试验装置如图7-1所示。该装置的主要部分是一个上端开口的圆筒，筒中装有均质砂土，上部有进水管和溢水管以保持水位恒定。筒侧壁装有两个间距为 l 的测压管。水从圆筒上部进入，经砂土渗流，由滤板D流出，渗流流量由容器C量取。因圆筒上部水位恒定，渗流为恒定流，测压管中水面将恒定不变。达西观察到，安装在不同高度的两个测压管水面高度不同，证明渗流有水头损失。通过进一步实验发现，在不同尺寸的圆筒和不同类型土粒的渗流中，渗透流量 q 与圆筒的横断面面积 A 及水力坡度 J 成正比，并与土的透水性质有关，即 $q \propto AJ$，写成等式为

$$q=kAJ=kA\frac{\Delta h}{l} \tag{7-2}$$

式中　k——土的渗透系数，是反映土透水性的系数，具有流速的量纲。

则圆筒过流断面的平均渗透流速为

$$v=\frac{q}{A}=kJ \tag{7-3}$$

式（7-3）即为达西公式。它表明在均质孔隙介质中，渗流流速与水力坡度成正比，并与土的渗透系数有关。

达西定律是从均质砂土的恒定均匀渗流试验中概括出来，后来推广到黏土、细缝岩石等。但进一步研究表明，在某些情况下，渗流并不符合达西定律，因此，在解决实际问题时，必须考虑达西定律的适用范围。

由达西定律知，渗流的水头损失与流速的一次方成正比，和层流运动水头损失遵循的规律一样，可见达西定律只适用于层流渗流。

达西定律适用范围的界限，曾有学者提出以颗粒直径表示，但大多数学者认为仍以雷诺数表示更恰当。研究表明，由层流到紊流的临界雷诺数不是常数，而是随颗粒直径、孔隙率等因

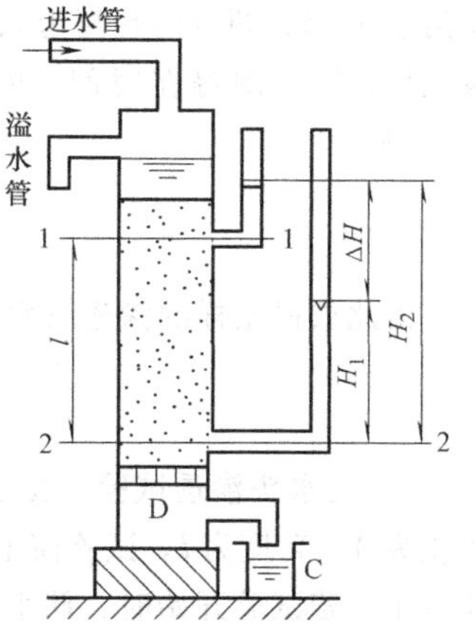

图7-1　达西渗流试验

素而变化。巴甫洛夫斯基提出，当 $Re<Re_k$ 时，渗流为层流。Re 为渗流的实际雷诺数，其计算公式为

$$Re=\frac{1}{0.75n+0.23}\frac{vd}{\nu} \tag{7-4}$$

式中　n——土的孔隙率；

d——土的有效粒径，一般用 d_{10}，以 cm 计；

Re_k——临界雷诺数，一般情况下，$Re_k=7\sim9$。

对于非层流渗流，其流动规律可表示为 $v=kJ^{\frac{1}{m}}$

式中，$m=1$ 时为层流，$m=2$ 时为完全紊流，$1<m<2$ 时为层流到紊流的过渡区。

以上层流或非层流渗流规律，都是针对土体结构不因渗流而破坏的情况，即土体结构稳定不变的渗流。当渗流作用引起土体颗粒的运动，如流砂现象乃至管涌现象，则上述规律不再适用。

3. 渗透系数及其确定方法

渗透系数是反映土的渗流特性的一个综合指标，其数值大小对于渗流计算结果影响很大。因渗透系数的影响因素很多，如土的颗粒形状、大小、结构、孔隙率、不均匀系数及水温等，所以要精确确定其数值比较困难，工程上常采用以下方法确定渗透系数 k。

（1）经验公式估算法　采用经验公式或者参照已有的规范或工程资料选定 k 值。因缺乏可靠的实际资料，此类方法得到的数据较粗略，表 7-1 给出各类土渗透系数参考值。

表 7-1　土的渗透系数参考值

土的类型	渗透系数 k/(cm/s)	土的类型	渗透系数 k/(cm/s)
黏土	$<6\times10^{-6}$	细砂	$1\times10^{-3}\sim6\times10^{-3}$
粉质黏土	$6\times10^{-6}\sim1\times10^{-4}$	中砂	$6\times10^{-3}\sim2\times10^{-2}$
粉土	$1\times10^{-4}\sim6\times10^{-4}$	粗砂	$2\times10^{-2}\sim6\times10^{-2}$
黄土	$3\times10^{-4}\sim6\times10^{-4}$	圆砾	$6\times10^{-2}\sim1\times10^{-1}$
粉砂	$6\times10^{-4}\sim1\times10^{-3}$	卵石	$1\times10^{-1}\sim6\times10^{-1}$

（2）实验室测定法　目前，实验室测定渗透系数 k 的仪器种类和试验方法很多，从试验原理上来说，通常有常水头法和变水头法两种。

1）常水头渗透试验　常水头渗透试验装置如图 7-1 所示。在圆柱形试验筒内装置土样，土的截面积为 A（即试验筒截面积），在整个试验过程中土样上的压力水头维持不变。在土样中选择两点 a、b，两点的距离为 l，分别在两点设置测压管。试验开始时，水自上而下流经土样，待渗流稳定后，测得在时间 t 内流过土样的流量为 Q，同时读得 a、b 两点测压管的水头差为 ΔH，则

$$Q=qt=kJAt=k\frac{\Delta H}{l}At$$

由此求得土样的渗透系数为

$$k=\frac{Ql}{\Delta HAt} \tag{7-5}$$

2）变水头渗透试验。变水头渗透试验装置如图 7-2 所示。在试验筒内装置土样，土样的截面积为 A，高度为 l。试验筒上设置储水管，储水管截面积为 a，在试验过程中储水管的水头不断减小。若试验开始时，储水管水头为 h_1，经过时间 t 后水头降为 h_2。令在时间 dt 内水头降低了 $-\mathrm{d}h$，则在 dt 时间内通过土样的流量为

$$dQ=-a\,dh$$

又 $$dQ=q\,dt=kJA\,dt=k\frac{h}{l}A\,dt$$

故得 $$-a\,dh=k\frac{h}{l}A\,dt$$

积分后得

$$-\int_{h_1}^{h_2}\frac{dh}{h}=\frac{kA}{al}\int_0^t dt$$

$$\ln\frac{h_1}{h_2}=\frac{kA}{al}t$$

由此求得渗透系数

$$k=\frac{al}{At}\ln\frac{h_1}{h_2} \tag{7-6}$$

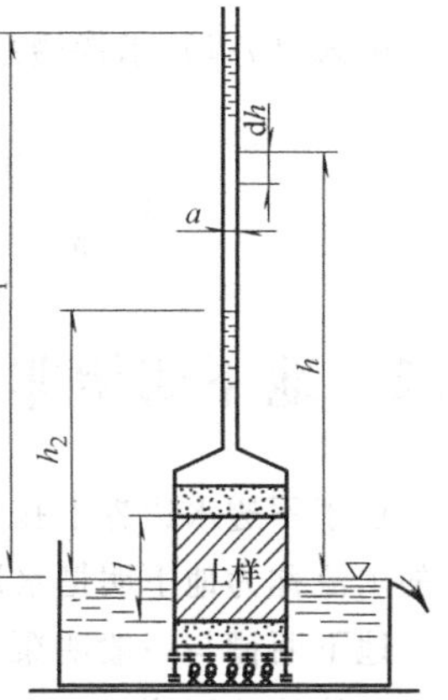

图 7-2 变水头渗透试验

（3）现场抽水试验 渗透系数也可以在现场进行抽水试验测定。对于粗颗粒土或成层土，室内试验时不易取得原状土样，或者土样不能反映天然土层的层次或土颗粒排列情况。这时，从现场试验得到的渗透系数比从室内试验得到的渗透系数准确。

在试验现场沉入一根抽水井管，如图 7-3 所示。若井管下端进入不透水土层，如在时间 t 内从抽水井内抽出的水量为 Q，同时在距抽水井中心半径为 r_1 及 r_2 处布置观测孔，测得其水头分别为 h_1 及 h_2。假定土中任一半径处的水力坡度为常数，即 $J=\frac{dh}{dr}$，则由式（7-2）得

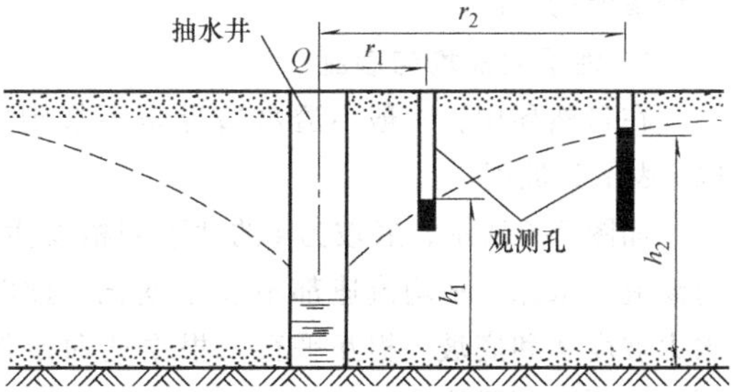

图 7-3 现场抽水试验

$$q=\frac{Q}{t}=kJA=k\frac{dh}{dr}(2\pi rh)$$

$$\frac{dr}{r}=\frac{2\pi k}{q}h\,dh$$

积分后得 $\ln\frac{r_2}{r_1}=\frac{\pi k}{q}(h_2^2-h_1^2)$

求得渗透系数为

$$k=\frac{q}{\pi}\cdot\frac{\ln(r_2/r_1)}{(h_2^2-h_1^2)} \tag{7-7}$$

【例 7-1】 如图 7-4 所示，在现场进行抽水试验测定砂土层的渗透系数。抽水井管穿过 10m 厚的砂土层进入不透水黏土层，在距井管中心 15m 及 60m 处设置观测孔。已知抽水前土中静止地下水位在地面下 2.35m 处，抽水后待渗流稳定时，从抽水井测得流量 $q=5.47\times10^{-3}m^3/s$，同时从两个观测孔测得水位分别下降了 1.93m 及 0.52m，求砂土层的渗透系数。

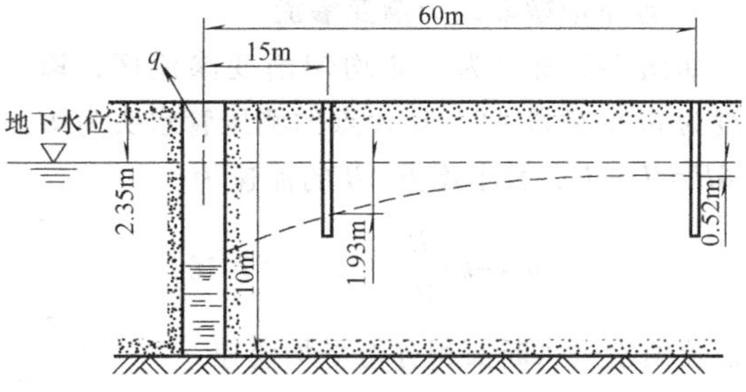

图 7-4 【例 7-1】图

解： 两个观测孔的水头分别为

$$r_1=15m\ 处, h_1=10m-2.35m-1.93m=5.72m$$

$$r_2=60\text{m 处}, h_2=10\text{m}-2.35\text{m}-0.52\text{m}=7.13\text{m}$$

由式（7-7）求渗透系数

$$k=\frac{q}{\pi}\cdot\frac{\ln(r_2/r_1)}{h_2^2-h_1^2}=\frac{5.47\times10^{-3}}{\pi}\times\frac{\ln\left(\dfrac{60}{15}\right)}{7.13^2-5.72^2}\text{m/s}=1.33\times10^{-4}\text{m/s}$$

7.2 地下明槽非均匀渐变渗流

位于不透水边界上孔隙区域的地下水流动，具有潜水面，属于无压流动，这种具有自由表面的水流称为地下明槽水流，如图 7-5 所示。

地下明槽与一般明渠一样，也有棱柱体地下明槽和非棱柱体地下明槽之分。如果地下明槽水流的水力要素不沿程改变，称之为均匀渗流，否则称之为非均匀渗流。在工程中一般很少出现均匀流情况，多数情况都是沿程缓慢变化的非均匀渐变流动。这一节先介绍地下明槽均匀渗流情况，再介绍一部分恒定非均匀渐变渗流的情况。

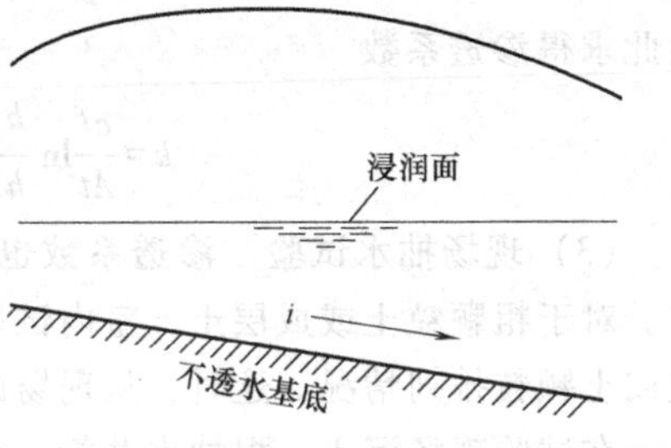

图 7-5　不透水地基上地下水运动示意图

1. 地下明槽均匀渗流

在自然界中，一般不透水边界是不规则的，为了简化起见，将不透水边界假定为一平面，以 i 表示其坡度。

如图 7-6 所示，底坡为 i 的地下明槽发生均匀渗流，水深、平均流速都不发生变化，此时，水力坡度 J 和底坡 i 相互平行。根据达西定律，可以得到断面平均流速为

$$u=ki \tag{7-8}$$

则，过水断面的渗流总量为

$$Q=uA=kiA \tag{7-9}$$

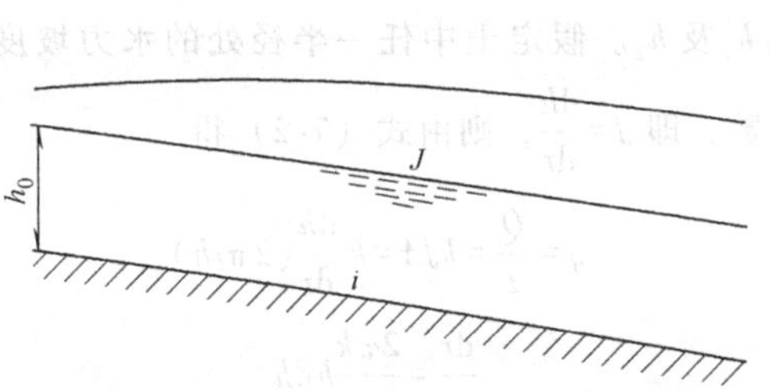

图 7-6　地下明槽中的均匀渗流示意图

2. 地下明槽非均匀渐变渗流

如图 7-7 所示为一非均匀渐变渗流区，取长度为 dl 的微段 AB，在 A 点的测压管水头为 H_1，B 点的测压管水头为 H_2，两点测压管水头差为 d$H=H_2-H_1$，微小流束 AB 的流速为

$$u=-k\frac{\mathrm{d}H}{\mathrm{d}l} \tag{7-10}$$

将点流速沿过水断面积分得平均流速

$$v=\frac{1}{A}\int_A -k\frac{\mathrm{d}H}{\mathrm{d}l}\mathrm{d}A \tag{7-11}$$

由于，在一个垂直断面上，$\dfrac{\mathrm{d}H}{\mathrm{d}l}$几乎不发生变化，故式（7-11）可以写作

$$v=u=-k\frac{\mathrm{d}H}{\mathrm{d}l}=kJ \tag{7-12}$$

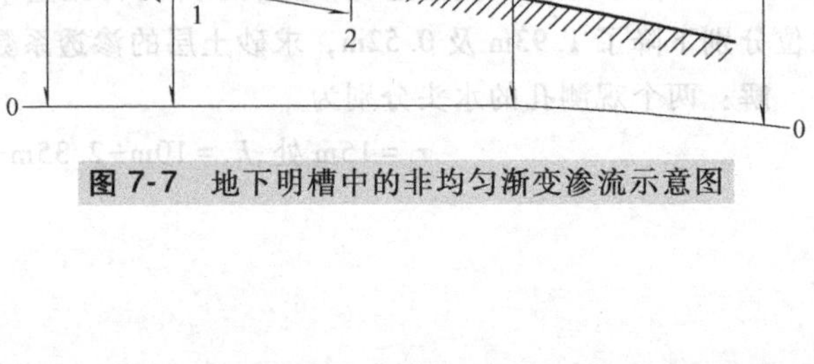

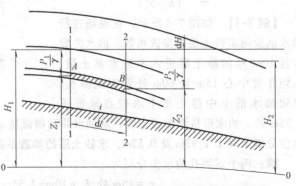

图 7-7　地下明槽中的非均匀渐变渗流示意图

式（7-12）是由法国专家杜比在1857年推导的杜比公式。杜比公式表明，在非均匀渐变渗流中，过水断面上各点流速都相等且等于断面的平均流速，流速与该点上的水力坡度有关。杜比公式与达西公式虽然具有相同的表达式，但是它们含义却不同：达西公式适用于均匀渗流，杜比公式适用于渐变渗流，但不适用于急变渗流，在均匀渗流中，渗流区内任意一点的渗流速度都相等，在渐变渗流中，只有同一过水断面上各点的渗流速度相等。

3. 地下明槽恒定非均匀渐变渗流的基本微分方程和浸润曲线

无压渗流中，重力水的自由表面称为浸润面，平面问题中浸润面即为浸润曲线。若工程中要解决浸润曲线问题，可从杜比公式出发，建立渐变渗流的微分方程，经积分得出浸润曲线。

图7-8所示为一地下明槽中的非均匀渐变渗流，断面1—1处的水深为h，测压管水头为H，经过长度$\mathrm{d}l$微段，在断面2—2处，水深为$h+\mathrm{d}h$，测压管水头为$H+\mathrm{d}H$，则根据上述情况可以得到下面的关系式

$$-\mathrm{d}H=i\mathrm{d}l-\mathrm{d}h \tag{7-13}$$

则在微段内平均水力坡度为

$$J=-\frac{\mathrm{d}H}{\mathrm{d}l}=i-\frac{\mathrm{d}h}{\mathrm{d}l} \tag{7-14}$$

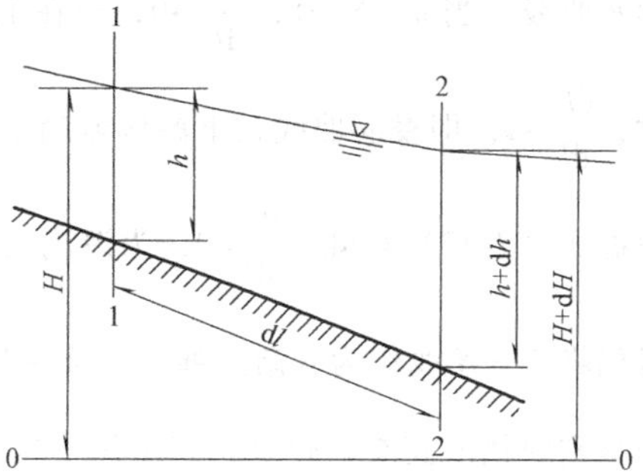

图7-8 非均匀渐变渗流的浸润曲线

根据杜比公式，断面上任意一点的流速为

$$u=kJ=k\left(i-\frac{\mathrm{d}h}{\mathrm{d}l}\right) \tag{7-15}$$

渗流流量

$$Q=kA\left(i-\frac{\mathrm{d}h}{\mathrm{d}l}\right) \tag{7-16}$$

式（7-16）即为恒定渐变渗流的基本微分方程式，可以用于计算和分析渐变渗流的浸润曲线。

对于渗透流量为Q、过水断面面积为A、宽度为b的地下明槽，$Q=bq$。对于均匀流动，$h=h_0$为一常数，此时渗流的浸润曲线为一直线，坡度与不透水边界坡度一样也为i。单宽流量$q=kh_0i$。

渗流中的浸润曲线相当于明渠流动中的水面线，但不同的是明渠流动中的水面线可以是降水曲线也可以是壅水曲线，而渗流中，由于流速水头太小，渐变流的浸润曲线就是测压管水头线，也相当于是总水头线，由于阻力的关系，沿程降低。

（1）顺坡（$i>0$）地下明槽中的浸润曲线　如图7-9所示，对于不透水边界为顺坡的情况，其单宽流量为$q=kh_0i$，代入渐变渗流方程式，并令$\eta=\frac{h}{h_0}$，得

$$\frac{\mathrm{d}h}{\mathrm{d}l}=i\left(1-\frac{1}{\eta}\right) \tag{7-17}$$

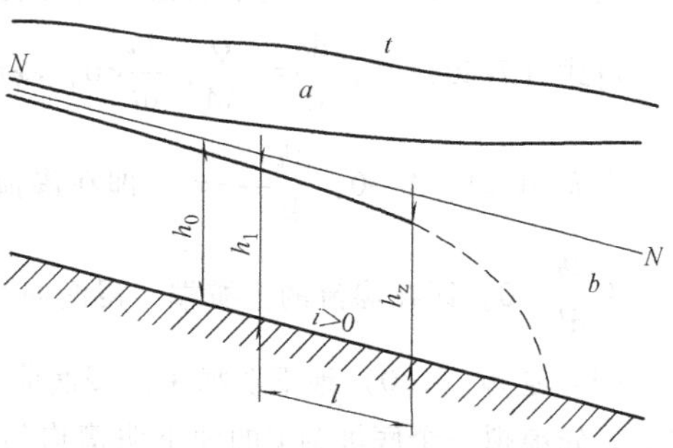

图7-9 顺坡地下明槽中的浸润曲线

若把$\frac{\mathrm{d}h}{\mathrm{d}l}$写成$\frac{\mathrm{d}\eta}{\mathrm{d}l}$的形式，并且把积分变量分别放到方程两边，得到

$$\frac{i\mathrm{d}l}{h_0}=\mathrm{d}\eta+\frac{\mathrm{d}\eta}{\eta-1} \tag{7-18}$$

把上式从断面1—1到断面2—2之间进行积分，得到

$$\frac{il}{h_0}=\eta_2-\eta_1+\ln\frac{\eta_2-1}{\eta_1-1} \tag{7-19}$$

式（7-19）即为顺坡地下明槽中的浸润曲线方程。可用来计算顺坡的浸润曲线，其中 l 为断面 1—1 到断面 2—2 的距离。

对原微分方程进行分析，分两种情况：

1）当水深大于正常水深时，即 $h>h_0$，属于 a 区，根据式（7-17）可知，$\frac{dh}{dl}>0$，为渗流的壅水曲线。当 $h\to h_0$ 时，$\frac{dh}{dl}\to 0$，即在上游区域，浸润曲线将 N—N 线作为其渐近线。当 $h\to\infty$ 时，$\frac{dh}{dl}\to i$，即浸润曲线在下游区域趋于水平。2）当水深小于正常水深时，即 $h<h_0$，属于 b 区，根据式（7-17）可知，$\frac{dh}{dl}<0$，为渗流的降水曲线。当 $h\to h_0$ 时，$\frac{dh}{dl}\to 0$，即在上游区域，浸润曲线仍将 N—N 线作为其渐近线。当 $h\to 0$ 时，$\frac{dh}{dl}\to-\infty$，按照式（7-17）的分析结果，浸润曲线应该和河槽底正交。但是，当水深小到一定程度时，就不再是渐变渗流，不能用式（7-17）进行分析。实际上，浸润曲线将以某个不等于零的水深作为终点，具体则取决于边界条件。

（2）平坡（$i=0$）地下明槽中的浸润曲线　如图 7-10 所示，将 $i=0$ 代入式（7-16），可以得到

$$\frac{dh}{dl}=-\frac{Q}{kA} \tag{7-20}$$

由于
$$A=bh,Q=bq \tag{7-21}$$

得
$$\frac{q}{k}dl=-hdh \tag{7-22}$$

积分
$$\int\frac{q}{k}dl=\int_{h_1}^{h_2}-hdh \tag{7-23}$$

得
$$\frac{ql}{k}=\frac{1}{2}(h_1^2-h_2^2) \tag{7-24}$$

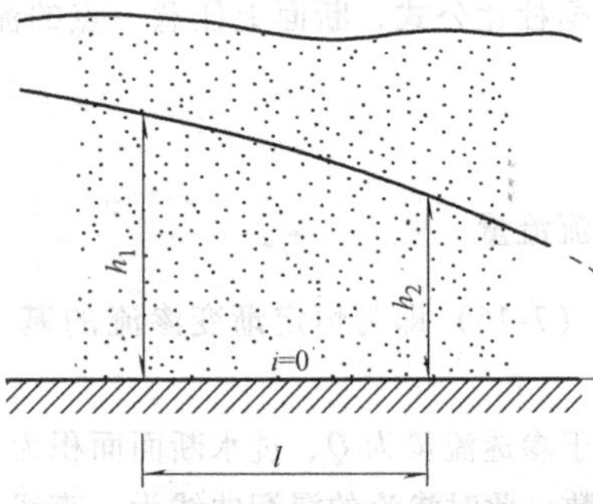

图 7-10　平坡地下明槽中的浸润曲线

式（7-24）即为平坡地下明槽中的浸润曲线方程。

由式（7-20）知，$\frac{dh}{dl}=-\frac{Q}{kA}$，$\frac{dh}{dl}<0$，浸润曲线是一降水曲线。

当 $h\to 0$ 时，$A\to 0$，$\frac{dh}{dl}\to-\infty$，即在渗流的下游端，浸润曲线与槽底有正交的趋势；当 $h\to\infty$，有$\frac{dh}{dl}\to 0$，即在渗流的上游端，浸润曲线以水平线为渐近线。

（3）逆坡（$i<0$）地下明槽中的浸润曲线　如图 7-11 所示，在研究逆坡地下明槽浸润曲线之前，先虚拟一个底坡为 i'的地下明槽均匀流动，其流量和逆坡明槽中的非均匀流所通过的流量相等，而底坡 $i'=|i|$，则

对于非均匀流
$$Q=-kA\left(i'+\frac{dh}{dl}\right) \tag{7-25}$$

对于虚拟的均匀流
$$Q=ki'A_0' \tag{7-26}$$

联立式（7-25）和式（7-26）后，得到

$$\frac{\mathrm{d}h}{\mathrm{d}l}=-i'\left(1+\frac{A_0'}{A}\right) \tag{7-27}$$

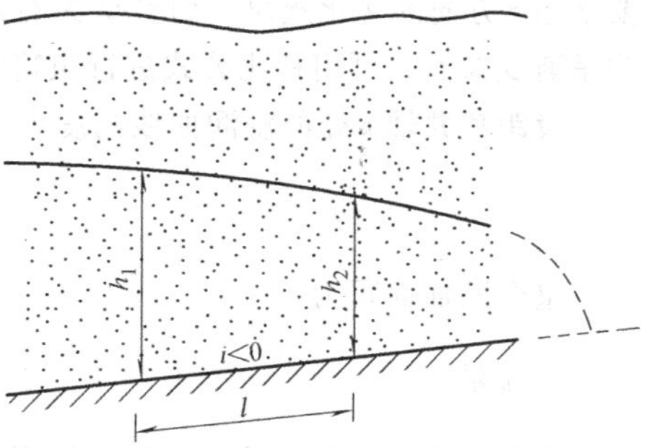

图 7-11　逆坡地下明槽中的浸润曲线

在式（7-27）中，i'，A_0'，A 均为正值，所以，$\frac{\mathrm{d}h}{\mathrm{d}l}<0$，即在逆坡地下明槽中浸润曲线始终是降水曲线。当 $h\to0$时，$A\to0$，$\frac{\mathrm{d}h}{\mathrm{d}l}\to-\infty$，即在曲线的下游端，浸润曲线与槽底有成正交的趋势。当 $h\to\infty$ 时，$A\to\infty$，$\frac{\mathrm{d}h}{\mathrm{d}l}\to i$，即在曲线的上游端，浸润曲线以水平线为渐近线。

令
$$\eta'=\frac{h}{h_0'} \tag{7-28}$$

则渐变渗流方程化为

$$\frac{i'}{h_0'}\mathrm{d}l=-\frac{\eta'\mathrm{d}\eta'}{1+\eta'} \tag{7-29}$$

把式（7-29）积分，得

$$\int\frac{i'}{h_0'}\mathrm{d}l=-\int_{\eta_1}^{\eta_2}\frac{\eta'\mathrm{d}\eta'}{1+\eta'} \tag{7-30}$$

$$\frac{i'l}{h_0'}=\eta_1'-\eta_2'+\ln\frac{1+\eta_2'}{1+\eta_1'} \tag{7-31}$$

式（7-31）即为逆坡地下明槽中的浸润曲线方程。

7.3　普通井及井群的渗流

井是一种汲取地下水或排水用的集水建筑物，在工程勘探和开发地下水等方面有着广泛的应用。

根据水文地质条件，可以将井按其位置分成潜水井和承压井两种类型。潜水井位于地表下潜水含水层中，可汲取无压地下水，也称为普通井。承压井是指穿过一层或多层不透水层，在承压含水层中汲取承压水，也称为自流井。这两种井都可以分成完全井和非完全井。完全井是指井底直达不透水层，也称为完整井；相反，井底未达到不透水层称为非完全井或非完整井。

井的渗流运动，严格地说属于三维渗流，但为了简化，忽略运动要素随 z 方向的变化规律，并采用轴对称性假设。

1. 完全普通井

完全普通井的结构如图 7-12 所示。当不从井中取水的时候，井水应跟天然水面齐平。当从井中抽取一定流量后，井中水位下降，四周的地下水向井中汇聚，形成漏斗形状的浸润曲线，经过一段时间之后达到恒定状态，井中水位和四周地下水的浸润曲线都保持不变。

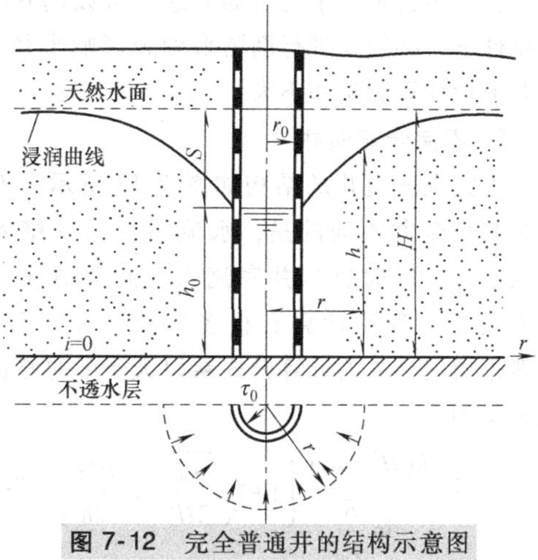

图 7-12　完全普通井的结构示意图

假设渗流对井轴是对称的，并且不考虑运动

要素随 z 方向的变化规律，而且认为在离井较远的地方，浸润曲线变化非常小，可以近似地认为是渐变渗流，可用杜比公式进行粗略分析。

设距离井轴 r 处的浸润曲线高度为 h，则该处的断面平均流速 u 为

$$u=k\frac{\mathrm{d}h}{\mathrm{d}r} \tag{7-32}$$

整个断面面积为

$$A=2\pi rh$$

则流量

$$Q=Au=2\pi rhk\frac{\mathrm{d}h}{\mathrm{d}r} \tag{7-33}$$

将两个变量分开，并进行积分得到

$$h^2=\frac{Q}{\pi k}\ln r+C \tag{7-34}$$

其中 C 是积分常数，设 $r=r_0$，此时水深为 $h=h_0$，代入式（7-34），得 $C=h_0^2-\frac{Q}{\pi k}\ln r_0$，则

$$h^2-h_0^2=\frac{Q}{\pi k}\ln\frac{r}{r_0} \tag{7-35}$$

用式（7-35）就可以确定浸润曲线的位置。

从式（7-35）可以看出浸润曲线在离井较远的地方，水深逐步接近于原有的地下水位。所以一般在井的渗流计算中要引入一个近似的概念，认为抽水影响有一个范围，这个最大影响范围的半径称为影响半径。假定在这个影响半径以外的区域，地下水位不受影响，若近似地认为在 $r=R$ 处，$h=H$（即原有的地下水的深度），则完全普通井流量公式为

$$Q=\frac{k(H^2-h_0^2)}{\ln\frac{R}{r_0}} \tag{7-36}$$

影响半径 R 需要用试验方法或者经验确定。一般经验认为，对细砂可采用 $R=100\sim200\mathrm{m}$，中等粒径砂可采用 $R=250\sim500\mathrm{m}$，粗砂可采用 $R=700\sim1000\mathrm{m}$，或用下面的经验公式确定。

$$R=3000s\sqrt{k} \tag{7-37}$$

或

$$R=575s\sqrt{Hk} \tag{7-38}$$

式中　s——井中水面比原有地下水面下降值，$s=H-h_0$。

影响半径是一个近似的概念，所以用各种方法确定的值有非常大的区别。一般在工程允许的条件下，必须要进行勘测来确定影响半径。但因流量与影响半径的对数成正比，所以影响半径对流量计算影响并不大。

2. 不完全普通井

不完全普通井的结构如图 7-13 所示。不完全井与完全井不同的是，水流不仅沿井壁周围流入水井，同时也从井底流入，流动情况比完全井复杂，理论计算有很多困难。在工程中，一般采用完全井的计算公式乘以大于 1 的修正系数来得到。

$$Q=\frac{k(H'^2-h_0^2)}{\ln\frac{R}{r_0}}\left[1+7\sqrt{\frac{r_0}{2H'}}\cos\frac{H'\pi}{2h}\right] \tag{7-39}$$

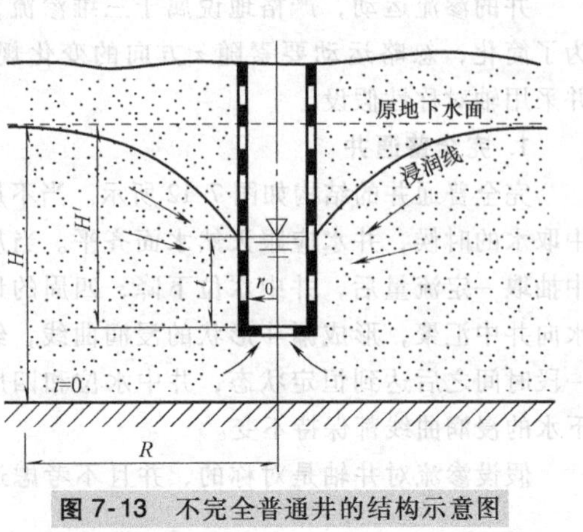

图 7-13　不完全普通井的结构示意图

3. 完全承压井

承压井含水层中的地下水一般处于承压状态，如果凿井通过一层或者几层不透水层，井中的水在不抽水时也能达到 H 的高度，H 的高度大于含水层厚度。图 7-14 给出穿过了一层不透水层的简单自流井模型。

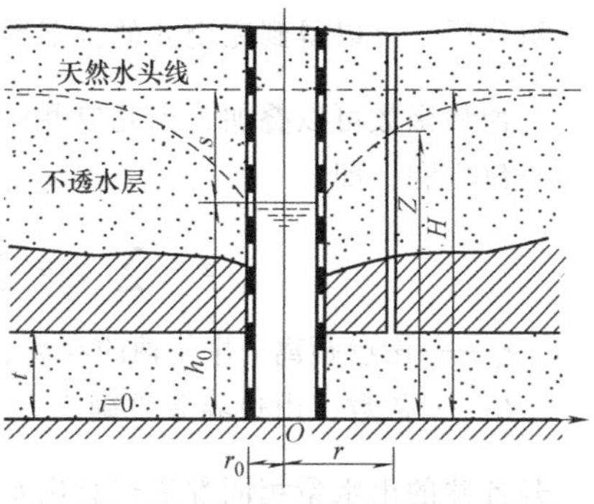

图 7-14　完全自流井的结构示意图

设承压含水层为具有同一厚度 t 的水平含水层，若抽水流量不大且为一常值时，经过一段时间后，井四周的渗流就可以达到恒定状态，此时地下水的浸润曲线就慢慢形成一个漏斗形曲面。这样，就和完全普通井一样，仍然可以用一维渐变渗流来处理这种情况。根据杜比公式，断面的平均流速为 $u=k\dfrac{\mathrm{d}h}{\mathrm{d}r}$，半径为 r 处的过水断面面积 $A=2\pi rt$，流量为

$$Q=Au=2\pi rtk\frac{\mathrm{d}h}{\mathrm{d}r} \tag{7-40}$$

积分得

$$h=\frac{Q}{2\pi kt}\ln r+C \tag{7-41}$$

其中 C 是积分常数，利用边界条件，当 $r=r_0$ 时，$h=h_0$，得 $C=h_0-\dfrac{Q}{2\pi kt}\ln r_0$

则式（7-41）变成

$$h-h_0=\frac{Q}{2\pi kt}\ln\frac{r}{r_0} \tag{7-42}$$

用同样的方法引入影响半径，即设 $r=R$ 时，$h=H$，则完全自流井的出水量公式为

$$Q=\frac{2\pi kt(H-h_0)}{\ln\dfrac{R}{r_0}}=\frac{2\pi kts}{\ln\dfrac{R}{r_0}} \tag{7-43}$$

影响半径的确定方法与完全自流井的完全类似。

4. 井群

无论是地下水源取水，还是基坑开挖时降低地下水位，通常都是在一个区域打多个井同时抽水，这些井称为井群。若井的间距不大，井和井之间的渗流会互相影响，渗流区地下水浸润面呈现复杂的形状，相互干扰的井就称为干扰井。

如图 7-15 所示，是井群形成的渗流场，假设每个井均为完整井，尺寸、抽水量均相同，井与井间距不是很大。根据势流叠加原理，当若干井同时工作时，任意点处的势函数为各井单独作用时在该点的势函数之和。用此方法推导井群的渗流流量。

引入两种势函数 φ

无压完整井　$\varphi=\dfrac{1}{2}kh^2$　(7-44)

自流完整井　$\varphi=kht$　(7-45)

这样，两种井都可以写成 $Q=2\pi r\dfrac{\mathrm{d}\varphi}{\mathrm{d}r}$ 的形式。

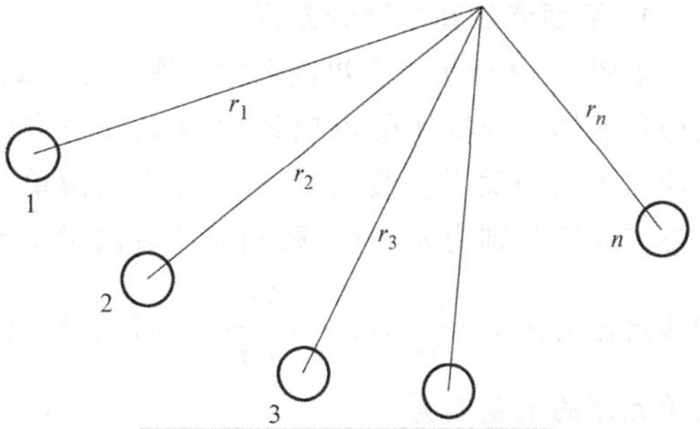

图 7-15　井群渗流场示意图

积分后，可以得到完全井的势函数 $\varphi=\frac{Q}{2\pi}\ln r+C$ (7-46)

这种势函数可以叠加，当几口井同时工作的时候，任一点势函数是各井单独作用在该点时的势函数之和，即

$$\varphi=\sum\varphi_i=\sum_{i=1}^{n}\frac{Q_i}{2\pi}\ln r_i+\sum_{i=1}^{n}C_i=\sum_{i=1}^{n}\frac{Q_i}{2\pi}\ln r_i+C \tag{7-47}$$

式中 r_i——该点距离 i 井井轴的距离；

C——常数，由边界条件确定。

若各井的出水量相同都等于总出水量的 n 分之一，即 $Q_1=Q_2=\cdots=Q_n=\frac{Q}{n}$，则

$$\varphi=\frac{Q}{2\pi}\frac{1}{n}\sum_{i=1}^{n}\ln r_i+C=\frac{Q}{2\pi}\frac{1}{n}\ln r_1r_2\cdots r_n+C \tag{7-48}$$

设井群的影响半径 R 远大于井群的尺度，则可以近似认为

$$r_1\approx r_2\approx\cdots\approx r_n\approx R \tag{7-49}$$

并且考虑该处的势函数值为 φ_R，代入式（7-49）得

$$\varphi_R-\varphi=\frac{Q}{2\pi}\left[\ln R-\frac{1}{n}\ln(r_1r_2\cdots r_n)\right] \tag{7-50}$$

对于普通井，考虑到其势函数的表达式，$\varphi=\frac{1}{2}kh^2$，$\varphi_R=\frac{1}{2}kH^2$，则

$$h^2=H^2-\frac{Q}{\pi k}\left[\ln R-\frac{1}{n}\ln(r_1r_2\cdots r_n)\right] \tag{7-51}$$

对于自流井，考虑到其势函数的表达式，$\varphi=\mathrm{k}ht$，$\varphi_R=\mathrm{k}Ht$，则水头线方程就变成

$$h=H-\frac{Q}{2\pi kt}\left[\ln R-\frac{1}{n}\ln(r_1r_2\cdots r_n)\right] \tag{7-52}$$

完全井势函数 φ，其导数 $\frac{\mathrm{d}\varphi}{\mathrm{d}r}$ 并不表示径向流速，而指的是单位长度上的流量。

7.4 流网及其应用

工程中涉及渗流问题的常见构筑物有坝基、闸基、河滩路堤即带挡墙（或板桩）的基坑等。例如，图 7-16 所示的带板桩闸基的渗流。这类构筑物共同特点是轴线长度远大于其横向尺寸，可以近似认为渗流仅发生在横断面内，即在轴向方向上的任意一个断面上，其渗流特性相同。这种渗流称为二维渗流或平面渗流。

1. 平面渗流基本微分方程

如图 7-17 所示，在渗流场中任取一点（x，z）的微单元体，分析其在 dt 时段内沿 x、z 方向流入和流出水量的关系。假设 x、z 方向流入微单元体的渗流速度分别为 v_x、v_z，则相应的流出微单元体的渗流速度为 $v_x+\frac{\partial v_x}{\partial x}\mathrm{d}x$，$v_z+\frac{\partial v_z}{\partial z}\mathrm{d}z$，而流出与流入微单元体的水量差为

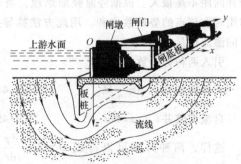

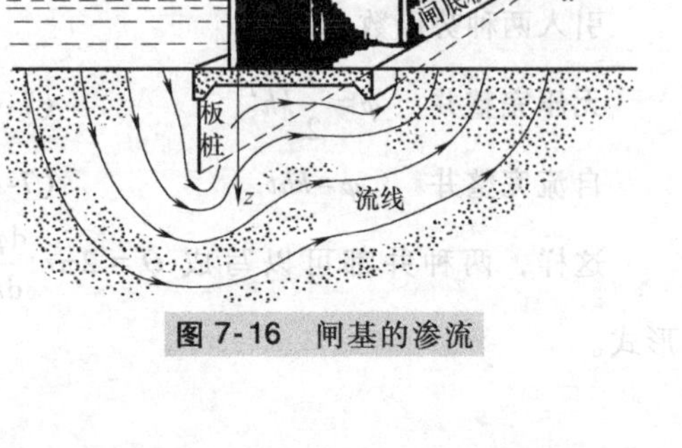

图 7-16 闸基的渗流

$$dQ=\left[\left(v_x+\frac{\partial v_x}{\partial x}dx-v_x\right)dz\cdot 1+\left(v_z+\frac{\partial v_z}{\partial z}dz-v_z\right)dx\cdot 1\right]dt$$
$$=\left(\frac{\partial v_x}{\partial x}+\frac{\partial v_z}{\partial z}\right)dxdzdt \qquad (7\text{-}53)$$

通常可以假定渗流为稳定流，而土体骨架可以认为不产生变形，并且假定流体不可压缩，则在同一时段内微单元体的流出水量与流入水量相等，即

$$dQ=0$$

故

$$\frac{\partial v_x}{\partial x}+\frac{\partial v_z}{\partial z}=0 \qquad (7\text{-}54)$$

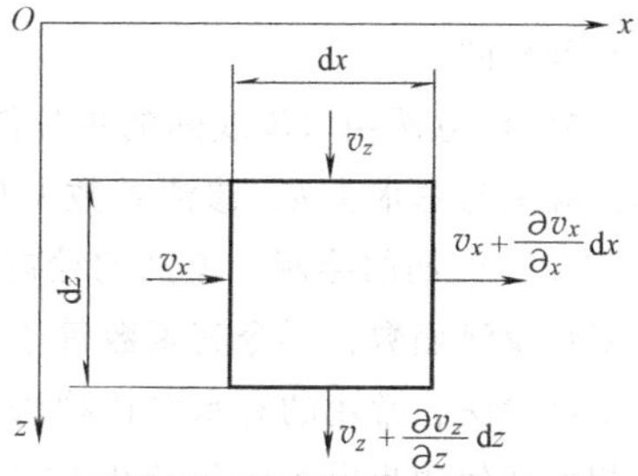

图 7-17　渗流场的单元体

式（7-54）称为平面渗流连续条件微分方程。对于 $k_x \neq k_z$ 的各向异性土，达西定律可表示为

$$\begin{cases} v_x=k_xJ_x=k_x\dfrac{\partial h}{\partial x} \\ v_z=k_zJ_z=k_z\dfrac{\partial h}{\partial z} \end{cases} \qquad (7\text{-}55)$$

将式（7-55）代入式（7-54）可得

$$k_x\frac{\partial^2 h}{\partial x^2}+k_z\frac{\partial^2 h}{\partial z^2}=0 \qquad (7\text{-}56)$$

式（7-56）即为平面稳定渗流问题的基本微分方程。式中 k_x、k_z 为 x、z 方向的渗透系数，J_x，J_z 为 x、z 方向的水力坡度，h 为水头高度。

为求解方便，对式（7-56）做适当变换，令 $x'=x\sqrt{k_z/k_x}$，得

$$\frac{\partial^2 h}{\partial x'^2}+\frac{\partial^2 h}{\partial z^2}=0 \qquad (7\text{-}57)$$

对各向同性土，$k_x=k_z$，平面稳定渗流问题基本微分方程为

$$\frac{\partial^2 h}{\partial x^2}+\frac{\partial^2 h}{\partial z^2}=0 \qquad (7\text{-}58)$$

求解渗流问题可归结为式（7-57）或式（7-58）的拉普拉斯（Laplace）方程求解问题。当已知渗流问题的具体边界条件时，结合这些边界条件求解上述微分方程，便得到渗流问题的唯一解答。

2. 平面稳定渗流问题的流网解法

在实际工程中，渗流问题的边界条件往往比较复杂，其严密的解析解一般很难求得。因此，对渗流问题的求解除采用解析解外，还有数值解法、图解法和模型试验法等，其中最常用的是图解法即流网解法。

（1）流网及其性质　平面稳定渗流基本微分方程的解可以用渗流区平面内两簇相互正交的曲线来表示。其中一簇为流线，它代表水流的流动路径；另一簇为等势线，在任一条等势线上，各点的测压水位或总水头都在同一水平线上。工程上把这种等势线簇和流线簇交织成的网格图形称为流网，如图

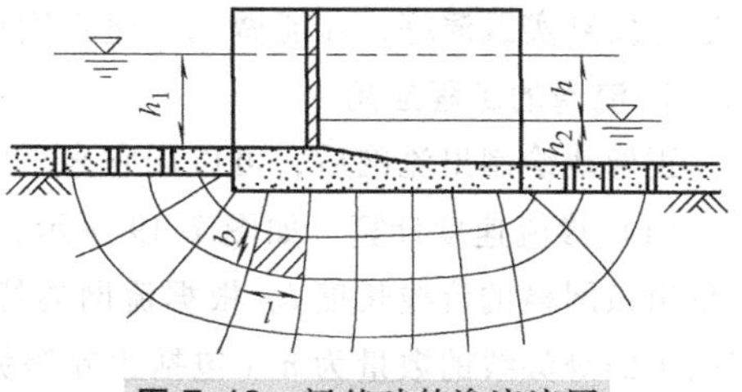

图 7-18　闸基础的渗流流网

7-18 所示。

各向同性土的流网具有如下特性：

1）流网是相互正交的网格。由于流线与等势线具有相互正交的性质，故流网为正交网格。

2）流网为曲边正方形。在流网网格中，网格的长度与宽度之比通常取为定值，一般取 1.0，使方格网成为曲边正方形。

3）任意两相邻等势线间的水头损失相等。渗流区内水头依等势线等量变化，相邻等势线的水头差相同。

4）任意两相邻流线间的单位渗流量相等。相邻流线间的渗流区域称之为流槽，每一流槽的单位流量与总水头 h、渗流系数 k 及等势线间隔数有关，与流槽位置无关。

（2）流网的绘制　流网的绘制方法一般有三种：一种是解析法，即用解析的方法求出流速势函数及流函数，再令其函数等于一系列的常数，就可以描绘出一簇流线和等势线。第二种方法是试验法，常用的有水电比拟法。此方法利用水流与电流在数学和物理上的相似性，通过测绘相似几何边界电场中的等电位线，获取渗流的等势线和流线，再根据流网性质补绘出流网。第三种方法是近似作图法也称为手描法，根据流网性质和确定的边界条件，用作图方法逐步近似画出流线和等势线。在上述方法中，解析法虽然严密，但数学求解存在较大困难；试验方法操作比较复杂，不易在工程中推广应用。故目前常用的方法是近似作图法。

近似作图法的步骤是先按流动趋势画出流线，然后根据流网正交性画出等势线，如发现所画的流网不成曲边正方形时，需反复修改等势线和流线直至满足要求。

图 7-19 所示为一带板桩的溢流坝，其流网按如下步骤绘制。

1）按一定比例绘出建筑物及土层剖面图，根据渗流区的边界，确定边界线及边界等势线。

如图中的上游透水边界 AB 是一条等势线，其上各点的水头高度均为 h_1，下游透水边界 CD 也是一条等势线，其上各点的水头高度均为 h_2。坝基的地下轮廓 B-1-2-3-4-5-6-7-8-C 为一流线，渗流区边界 FG 为另一条边界流线。

2）根据流网特性初步绘出流网形态。按上下边界流线形态大致描绘几条流线，绘制时注意中间流线的形状由坝基轮廓线形状逐步变为与不透水层面 FG 相接近。中间流线数量越多，流网越准确，但绘制与修改工作量也越大，中间流线的数量应视工程的重要性而定，一般可绘 2~4 条。流线绘好后，根据曲边正方形的要求描绘等势线。描绘时应注意等势线与上、下边界流线保持垂直，并且等势线与流线都应是光滑的曲线。

3）逐步修改流网。初绘的流网，可以加绘网格的对角线来检验其正确性。如果每一网格的对角线都正交，且成正方形，表明流网是正确的，否则应做进一步修改。但是，由于边界通常是不规则的，在形状突变处，很难保证网格为正方形，有时甚至成为三角形。对此，应从整个流网来分析，只要大多数网格满足流网特征，个别网格不符合要求，对计算结果影响不大。

流网的修改过程是一项细致的工作，常是改变一个网格便带来整个流网图的变化。因此只有通过反复实践演练，才能做到快速正确地绘制流网。

3. 流网的工程应用

正确地绘制出流网后，可以用它来求解渗流、渗流速度及渗流区的孔隙水压力。

（1）渗流速度计算　如图 7-19 所示，计算渗流区中某一网格内的渗流速度，可先从流网图中量出该网格的流线长度 l。根据流网的特性，在任意两条等势线之间的水头损失是相等的，设流网中的等势线的数量为 n（包括边界等势线），上下游总水头差为 h，则任意两等势线间的水头差为

$$\Delta h=\frac{h}{n-1} \tag{7-59}$$

网格内的渗透速度为

$$v=kJ=k\frac{\Delta h}{l}=\frac{kh}{(n-1)l} \tag{7-60}$$

（2）渗流量计算　由于任意两相邻流线间的单位渗流量相等，设整个流网的流线数量为 m（包括边界流线），则单位宽度内总的渗流量 q 为

$$q=[m-1]\,\Delta q \tag{7-61}$$

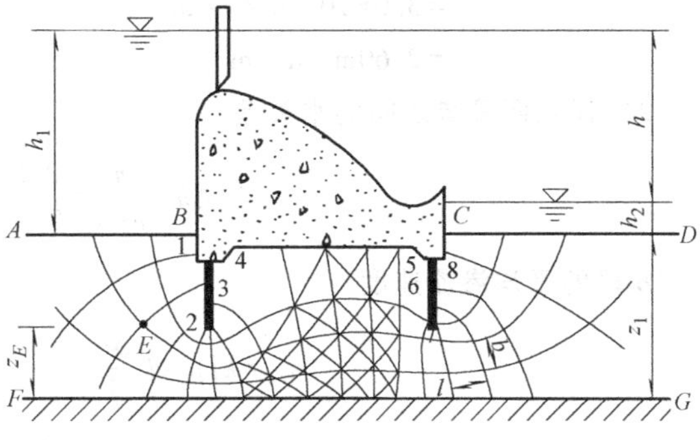

图7-19　溢流坝的渗流流网

式中：Δq 为任意两相邻流线间的单位渗流量，q、Δq 的单位均为 $m^3/d\cdot m$，其值可根据某一网格的渗透速度及网格的过水断面宽度求得，设网格的过水断面宽度（即相邻两条流线的间距）为 b，网格的渗流速度为 v，则

$$\Delta q=vb=\frac{khb}{(n-1)l} \tag{7-62}$$

而单位宽度内的总流量 q 为

$$q=\frac{kh(m-1)}{(n-1)}\cdot\frac{b}{l} \tag{7-63}$$

（3）孔隙水压力计算　一点的孔隙水压力 u 等于该点测压管水柱高度 H 与水的重度 γ_w 的乘积，即 $u=\gamma_w H$。任意点的测压管水柱高度 H_i 可根据该点所在的等势线的水头确定。

如图7-19所示，设 E 点处于上游开始起算的第 i 条等势线上，若从上游入渗的水流达到 E 点所损失的水头为 h_f，则 E 点的总水头 h_E（以不透水层面 FG 为 z 坐标起始点）应为入渗边界上总水头高度减去这段流程的水头损失高度，即

$$h_E=(z_1+h_1)-h_f \tag{7-64}$$

h_f 可由等势线间的水头差 Δh 求得

$$h_f=(i-1)\,\Delta h \tag{7-65}$$

E 点测压管水柱高度 H_E 为 E 点总水头与其位置坐标 z_E 之差，即

$$H_E=h_E-z_E=h_1+(z_1-z_E)-(i-1)\,\Delta h \tag{7-66}$$

【例7-2】　某板桩支挡结构如图7-20所示，由于基坑内外土层存在水位差而发生渗流，渗流流网如图中所示。已知土层渗透系数 $k=3.2\times10^{-3}$ cm/s，A 点、B 点分别位于基坑底面以下1.2m和2.6m处，试求：

（1）整个渗流区的单宽流量 q；

（2）AB 段的平均流速 v_{AB}；

（3）图中 A 点和 B 点的孔隙水压力 u_A 与 u_B。

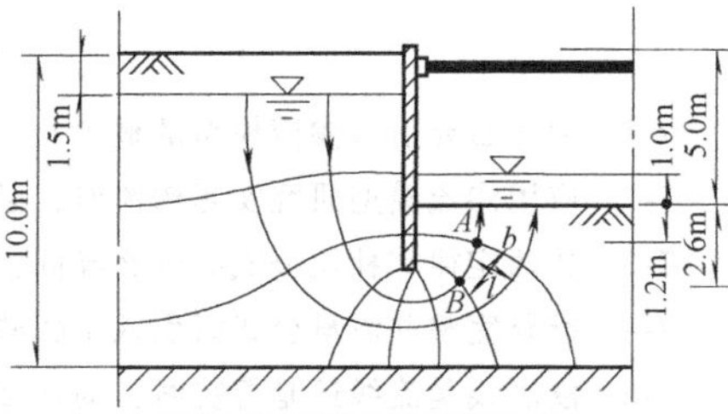

图7-20　【例7-2】图

解：（1）基坑内外的总水头差

$h=(10.0-1.5)\text{m}-(10.0-5.0+1.0)\text{m}=2.5\text{m}$

流网图中共有4条流线，9条等势线，即 $m=4$，$n=9$。在流网中选取一网格，如 A、B 点所在的网格，其长度与宽度 $l=b=1.5$m，则整个渗流区的单宽流量 q 为

$$q=\frac{kh(m-1)}{n-1}\cdot\frac{b}{l}=\frac{3.2\times10^{-3}\times10^{-2}\times2.5\times(4-1)}{9-1}\times\frac{1.5}{1.5}\text{m}^3/\text{s}\cdot\text{m}$$

$$=3.0\times10^{-5}\text{m}^3/\text{s}\cdot\text{m}$$
$$=2.60\text{m}^3/\text{d}\cdot\text{m}$$

(2) 任意两等势线间的水头差

$$\Delta h=\frac{h}{n-1}=\frac{2.5}{9-1}\text{m}=0.31\text{m}$$

AB 段的平均渗流速度

$$v_{AB}=kJ_{AB}=k\frac{\Delta h}{l}$$

$$=3.2\times10^{-3}\times\frac{0.31}{1.5}\text{cm/s}=0.66\times10^{-3}\text{cm/s}$$

(3) A 点和 B 点的测压水柱高度分别为

$$H_A=(z_1+h_1)-z_A-(8-1)\Delta h$$
$$=(10.0\text{m}-1.5\text{m})-(10.0\text{m}-5.0\text{m}-1.2\text{m})-7\times0.31\text{m}$$
$$=2.53\text{m}$$
$$H_B=(z_1+h_1)-z_B-(7-1)\Delta h$$
$$=(10.0\text{m}-1.5\text{m})-(10.0\text{m}-5.0\text{m}-2.6\text{m})-6\times0.31\text{m}$$
$$=4.24\text{m}$$

A 点和 B 点的孔隙水压力分别为

$$u_A=H_A\gamma_w=2.53\times10.0\text{kPa}=25.3\text{kPa}$$
$$u_B=H_B\gamma_w=4.24\times10.0\text{kPa}=42.4\text{kPa}$$

本章小结

渗流是流体通过多孔介质的流动，渗流现象广泛存在于给水排水工程、环保工程、水利水电工程等领域中。本章介绍了渗流的基本概念、渗流特性、渗流的基本规律（达西定律），渗流基本微分方程以及应用流网法求解平面渗流问题。

思考题与习题

7-1 为什么要引入渗流模型的概念?

7-2 应用渗流模型研究实际渗流时，必须满足什么条件?

7-3 达西定律和杜比公式有什么异同?

7-4 推导完整井流量公式时引入了哪些假设条件?

7-5 浸润线是流线还是等势线? 为什么?

7-6 为什么流网中有时会出现三角形和五边形等情况? 它对渗流计算有无影响?

7-7 达西实验装置图中，圆筒直径为 20cm，两测压管间距为 40m，两侧压管水头差为 20cm，测得流量为 0.002L/s，求渗透系数 k。

7-8 渐变渗流某过水断面处的浸润曲线坡度为 0.005，渗透系数为 0.00004m/s，求过水断面上任一点的渗流速度及断面平均渗流速度。

7-9 一水平不透水层上的渗流层，宽 800m，渗透系数 $k=0.0003\text{m/s}$，在沿渗流方向相距 1000m 的两个观测井口分别测得水深为 8m 及 6m，求渗流流量 Q。

7-10　顺坡渗流，底坡 $i=0.0025$，测得相距 500m 的两断面水深分别为 3m 和 4m，土的渗透系数 $k=0.0005\text{m/s}$，试计算单宽渗流流量。

7-11　无压完整井的不透水层为平底，井半径 $r_0=10\text{cm}$，含水层厚度为 8m，影响半径为 500m，测得渗透系数 $k=0.00001\text{m/s}$。求井中水位降落值为 6m 时的出水量 Q。

7-12　承压完整井半径 $r_0=0.1\text{m}$，含水层厚度 5m，在离井中心 11m 处钻孔。未抽水前，测得地下水水深 $H=12\text{m}$，当抽水量为 10L/s 时井中水位降落值为 2m，观测孔中水位降深为 1m。求含水层渗透系数 k 及影响半径 R。

第 8 章

波浪理论

学习重点

微幅波理论；有限振幅 Stokes 波理论；浅水非线性波理论。

学习目标

理解微幅波、有限振幅 Stokes 波、浅水非线性波理论；了解流速和潮位影响下的波浪变形计算。

波浪是海洋中周期性的波动现象，是海洋中最常见的现象之一，是岸滩演变、海港和海岸工程最重要的动力因素和作用力。波浪对于沿岸地区的泥沙运动起着关键作用，波浪不仅能掀动岸边的泥沙，而且还会引起近岸水流，海岸地区大规模的泥沙输移大多是在波浪和水流共同作用下完成的。因此，了解波浪运动的特性是研究近岸泥沙运动和岸滩演变的基础。

8.1 概述

波浪理论是流体力学最古老的分支之一，它用流体力学的基本规律来揭示水波运动的内在本质，如波浪场中的水质点速度分布和压力分布等。

目前，对于波浪作用的研究有两个领域。一是从流体力学的角度，研究液体内部各质点的运动状态，包括线性波浪理论和非线性波浪理论两大类。二是将海面波动看作是一个随机过程，探讨其随机性，从而揭示海浪内部波动能量的分布特性，从统计意义上对液体内部各质点的运动状态进行描述，研究其对工程结构的作用，本章从第一个领域的研究出发，对该理论进行阐述。

波动现象的一个共同特征，就是水的自由表面呈周期性的起伏，水质点做有规律的振荡运动，同时形成一定的速度向前传播，水质点做振荡运动时，波形的推进运动可用图 8-1 说明。

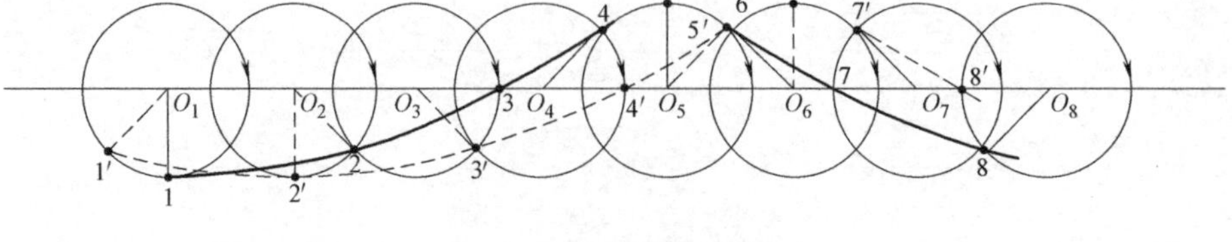

图 8-1　波形的推进运动

在静止水面上取一系列彼此距离相等的水质点 O_1、O_2、O_3、…，设水面波动时这些质点各围绕其静止时的位置按圆形轨道做振荡运动，在时刻 t，上述质点位于实线表示的波面上，或者说 t 时刻的波面是由上述相位依次落后（图中依次落后 $\pi/4$）的水质点组成，经过 Δt 时刻后（图中所示为经过 $T/8$ 时间后），每个水质点都同时在自己的轨道上走过了一段相等的弧长，于是水质点从 1、2、3、…，的位置运动到 1′、2′、3′、…，的位置。从而，组成了如图 8-1 中虚线表示的新波面，即为波形向前传播的现象。

现研究一列沿正 x 方向以波速 c 向前传播的二维运动的自由振荡推进波，如图 8-2 所示，x 轴位于静水面上，z 轴竖直向上为正，波浪在 xz 平面内运动，一般而言，任何一个特定的波列可通过 H，T，h 或 H，L，h 确定，其中 H 为波谷底至被峰顶的垂直距离，称波高；L 为相邻两波峰顶的距离，即波长；波浪推进一个波长所需时间为周期 T；h 为水深，指静水面至海底的距离；η 是波面至静水面的垂直距离。

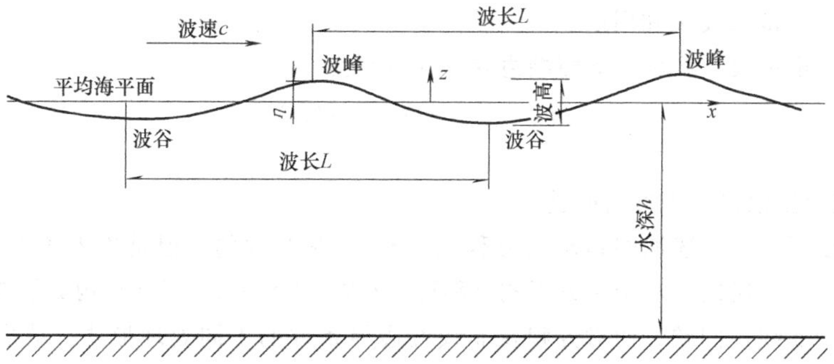

图 8-2　推进波各基本特征参数示意图

建立简单波浪理论时，为了简化做如下假设：

1）流体是均质和不可压缩，其密度为一常数。

2）流体是无黏性的理想流体。

3）自由水面的压力是均匀的且为常数。

4）水流运动是无旋的。

5）海底水平、不透水。

6）流体上的质量力仅为重力，表面张力和柯氏力忽略不计。

7）波浪属于平面运动，即在 x 平面内做二维运动。

根据流体力学原理，在上述假定下的波浪运动为势运动，这种波浪称为势波。其水质点的水平分速 u 和垂直分速 ω 可由速度势函数 $\phi=(x,\ z,\ t)$ 导出，即

$$u(x,z,t)=\frac{\partial\phi}{\partial x},\omega(x,z,t)=\frac{\partial\phi}{\partial z} \tag{8-1}$$

由流体的连续方程

$$\frac{\partial u}{\partial x}+\frac{\partial\omega}{\partial z}=0 \tag{8-2}$$

将式（8-1）、式（8-2）联立可得势波运动的控制方程，即拉普拉斯（Laplace）方程

$$\frac{\partial^2\phi}{\partial x^2}+\frac{\partial^2\phi}{\partial z^2}=0 \tag{8-3}$$

求解上述方程，需要确定边界条件，二维波动满足的边界条件包括如下三种：

1）在海底表面，水质点垂直速度应为零，即

$$\omega\big|_{z=-h}=0 \tag{8-4}$$

即
$$\frac{\partial\phi}{\partial z}=0,(z=-h) \tag{8-5}$$

2）在波面 $z=\eta$ 处，满足动力边界条件和运动边界条件，分别为

$$\frac{\partial\phi}{\partial t}\Big|_{z=\eta}+\frac{1}{2}\left[\left(\frac{\partial\phi}{\partial x}\right)^2+\left(\frac{\partial\phi}{\partial z}\right)^2\right]\Big|_{z=\eta}+g\eta=0 \tag{8-6}$$

$$\frac{\partial\eta}{\partial t}+\frac{\partial\eta}{\partial x}\cdot\frac{\partial\phi}{\partial x}-\frac{\partial\phi}{\partial z}=0,(z=\eta) \tag{8-7}$$

3）上、下两端边界条件。对于简单波动，认为它在空间和时间上是周期性的，即从空间和时间上看，同一相位点上的波要素值相同。可以写成

$$\phi(x,z,t)=\phi(x+L,z,t)=\phi(x,z,t+T)$$

式中　L、T——波浪的波长和周期。

而对于二维推进波，波场上下两端边界条件可写为

$$\phi(x,z,t)=\phi(x-ct,z) \tag{8-8}$$

式中　c——波速；

$x-ct$——表示波浪沿 x 正方向推进。

从上面可以看出，描述波浪运动的方程式（8-3）是线性的，但是边界条件式（8-6）和式（8-7）是非线性的，所以，对于由方程式（8-3）及式（8-5）~式（8-8）构成了波动方程的定解问题仍然是一个非线性问题，而对方程及非线性边界条件的不同处理形式，就形成了用于行波计算的多种波浪理论。下面简要介绍波浪求解的几个基本理论。

8.2　微幅波理论（线性波理论）

微幅波理论是将原来的非线性问题简化成线性问题然后求解。为了将波动问题线性化，做如下假定：

1）流体是均质的、不可压缩的理想流体。

2）质量力只有重力，运动是无旋的。

3）波动振幅相对于波长及水深是微量，因而水质点的运动是缓慢的。

4）自由表面的压强为常值。

微幅波理论首先由 Airy 于 1845 年提出，所以又称 Airy 波理论。微幅波理论是势波理论中最简单的一种，是研究复杂波浪理论的基础。从微幅波理论得出的结果可以近似用于实际计算，因而微幅波理论在波浪理论中占有重要的地位。

1. 微幅波方程及其解

根据上面的假定可知式（8-6）和式（8-7）中的非线性项与线性项的比值是小量，可以略去，方程中仅保留线性项，这样问题就得到简化。简化后，式（8-6）和式（8-7）可以分别表示为

$$\frac{\partial\phi}{\partial t}+g\eta=0,(z=0) \tag{8-9}$$

$$\frac{\partial\phi}{\partial z}-\frac{\partial\eta}{\partial t}=0,(z=0) \tag{8-10}$$

联立式（8-9）、式（8-10）可得

$$\frac{\partial^2 \phi}{\partial t^2} + g\frac{\partial \phi}{\partial z} = 0, (z = 0) \tag{8-11}$$

对方程采用分离变量法，并利用边界条件，可得势函数 ϕ 的解为

$$\phi = \frac{gH}{2\sigma}\frac{\cosh[k(z+h)]}{\cosh(kh)}\sin(kx - \sigma t) \tag{8-12}$$

此时，自由水面波面曲线由式（8-9）可得

$$\eta = \frac{H}{2}\cos(kx - \sigma t) \tag{8-13}$$

将式（8-12）代入自由表面边界条件式（8-11）可得色散方程

$$\sigma^2 = gk\text{tahn}(kh) \tag{8-14}$$

它表明波浪运动中的角频率 σ 、波数 k 和水深 h 之间存在的相互联系。

若将以上所得微幅波理论解简化，可以得到深水和浅水两种极端情况的解。

深水波
$$\phi_0 = \frac{gH}{2\sigma}e^{kz}\sin(kx - \sigma t) \tag{8-15}$$

浅水波
$$\phi_s = \frac{gH}{2\sigma}\sin(kx - \sigma t) \tag{8-16}$$

根据势流理论，由式（8-12）可得流体内部任一点（x，z）处水质点运动的水平分速 u 和垂直分速 ω 分别为

$$u = \frac{\partial \phi}{\partial x} = \frac{\pi H}{T}\frac{\cosh[k(z+h)]}{\sinh(kh)}\cos(kx - \sigma t) \tag{8-17}$$

$$\omega = \frac{\partial \phi}{\partial z} = \frac{\pi H}{T}\frac{\sinh[k(z+h)]}{\sinh(kh)}\sin(kx - \sigma t) \tag{8-18}$$

2. 质点运动轨迹

波动场内静止时位于（x_0，z_0）处的水质点，在运动的任一瞬间，假定水质点在静止位置微幅运动，可以认为任何时刻水质点的运动速度都等于流场中（x_0，z_0）处的速度，将流速对时间 t 积分，就可以得到水质点的迁移量。

$$\xi = -\frac{H}{2}\frac{\cosh[k(z_0+h)]}{\sinh(kh)}\sin(kx_0 - \sigma t) \tag{8-19}$$

$$\zeta = \frac{H}{2}\frac{\sinh[k(z_0+h)]}{\sinh(kh)}\cos(kx_0 - \sigma t) \tag{8-20}$$

若令 $a = -\frac{H}{2}\frac{\cosh[k(z_0+h)]}{\sinh(kh)}$，$b = \frac{H}{2}\frac{\sinh[k(z_0+h)]}{\text{sihn}(kh)}$，可得到水质点运动轨迹方程为

$$\frac{(x - x_0)^2}{a^2} + \frac{(z - z_0)^2}{b^2} = 1 \tag{8-21}$$

此轨迹为一封闭椭圆，水面处 $b = \frac{H}{2}$ 即为波浪的振幅，水底处 $b = 0$，说明水质点沿水底只做水平运动，如图 8-3 所示。

3. 微幅波的压力场

根据线性化之后的伯努利方程，可以求得波压力的表达式为

$$p = -\rho g z - \rho\frac{\partial \phi}{\partial t}$$

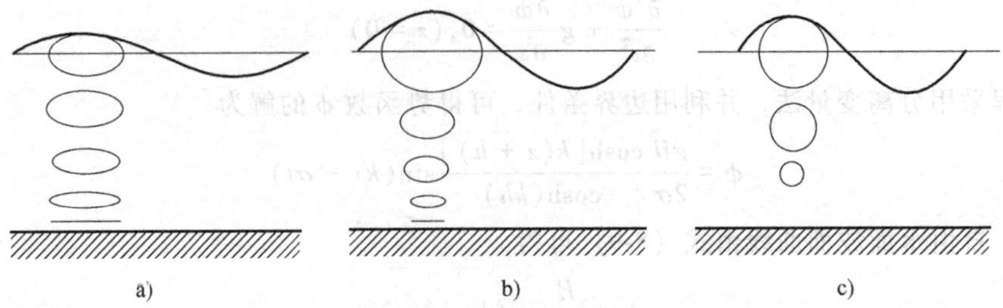

图 8-3　波浪水质点运动轨迹

a) $\frac{h}{L}<\frac{1}{20}$（浅水波）　b) $\frac{1}{20}<\frac{h}{L}<\frac{1}{2}$　c) $\frac{h}{L}>\frac{1}{2}$（深水波）

若将势函数表达式（8-12）代入，则有

$$p=-\rho gz+\rho g\frac{H}{2}\frac{\cosh[k(z+h)]}{\cosh(kh)}\cos(kx-\sigma t) \tag{8-22}$$

可以看出，波压力由两部分构成，等号右边的第一项就是由静水压力产生的压力，第二项则是由波浪运动产生的周期性的压力。周期性的压力随水深的增加，迅速减小。

深水情况下，压力表达式可以简化为 $$p=\rho g(\eta e^{kz}-z) \tag{8-23}$$

浅水情况下，压力表达式可以简化为 $$p=\rho g(\eta-z) \tag{8-24}$$

由上可以看出，浅水波的动水压力沿水深是一个常数，它不会随质点位置的变化而变化。

4. 微幅波的波能和波能流

波浪是平衡水受到外力的作用后，产生的一种由重力作为回复力的水质点偏离平衡位置的一种周期性运动。所以，波浪本身具有能量，而且这种能量也会随着波浪的向前传播而传播。

在考虑波浪能量时，通常要将波浪总能量分成势能和动能两个部分。

波浪势能是由于水质点偏离平衡位置造成的，所以，一个波长内，单宽波浪势能为

$$E_p=\int_0^L\int_0^\eta \rho gz\mathrm{d}x\mathrm{d}z=\int_0^L\frac{\rho g}{2}\eta^2\mathrm{d}x$$

将微幅波中波面的表达式 $\eta=\frac{H}{2}\cos(kx-\sigma t)$ 代入，可得

$$E_p=\frac{1}{16}\rho gH^2L \tag{8-25}$$

波浪动能是由质点运动产生的，所以一个波长范围内单宽长度的波浪动能为

$$E_k=\int_0^L\int_{-h}^\eta \frac{\rho}{2}(u^2+\omega^2)\mathrm{d}x\mathrm{d}z\approx\int_0^L\int_{-h}^0\frac{\rho}{2}(u^2+\omega^2)\mathrm{d}x\mathrm{d}z=\frac{1}{16}\rho gH^2L \tag{8-26}$$

所以，一个波长内的总能量为 $$E=E_k+E_p=\frac{1}{8}\rho gH^2L \tag{8-27}$$

可以看出，微幅波的动能和势能相等。

微幅波理论是各种波浪理论中最为基本的理论，由于计算简便，在工程中广泛应用于解决各类实际问题。另外，在某些工程计算中，微幅波理论的计算能够得到精确的结果。

8.3　有限振幅 Stokes 波理论

在微幅波理论中，为使问题简化，假设振幅相对于波长为相当小量，将非线性的水面边界

条件线性化处理，在实际情况和精度要求较高的问题中，需要更为精确的理论。Stokes 对有限振幅波进行了广泛研究之后，在 1847 年提出了非线性理论——有限振幅波理论。

针对波浪的基本方程式（8-3）以及边界条件式（8-5）~式（8-8），假设其是波陡较小的弱非线性问题，对方程及边界条件采用摄动法（Perturbation Procedure）求解，设速度势函数 ϕ 和波面曲线 η 都是小参数 ε 的幂级数，即

$$\phi = \sum_{n=1}^{\infty} \varepsilon^n \phi_n = \varepsilon\phi_1 + \varepsilon^2\phi_2 + \cdots + \varepsilon^n\phi_n + \cdots \tag{8-28}$$

$$\eta = \sum_{n=1}^{\infty} \varepsilon^n \eta_n = \varepsilon\eta_1 + \varepsilon^2\eta_2 + \cdots + \varepsilon^n\eta_n + \cdots \tag{8-29}$$

代入方程和边界条件后，将满足 ε，ε^2，…，ε^n，… 量级的分离开来，可以看出，ε 量满足的方程就是微幅波方程，所以得到的解也是微幅波解。二阶解及其以上得到的结果就是典型的非线性结果，一般阶数越高，得到的结果就越精确，但同时势函数和波面的解表达式也越复杂，计算也越繁琐，所以很少做到很高阶。本节只介绍二阶解，重点介绍求解思路。

1. Stokes 波二阶解的势函数和波面

将方程的一阶解代入二阶方程和边界条件中，利用可解性条件，就得到二阶方程的解，并将二阶解分别代入势函数和波面曲线的摄动展开式（8-28）和式（8-29）中，就得到总体解。

$$\phi = \frac{\pi H}{kT}\frac{\cosh[k(z+h)]}{\sinh(kh)}\sin(kx-\sigma t) + \frac{3}{8}\frac{\pi^2 H}{kT}\left(\frac{H}{L}\right)\frac{\cosh[2k(z+h)]}{\sinh^4(kh)}\sin 2(kx-\sigma t) \tag{8-30}$$

$$\eta = \frac{H}{2}\cos(kx-\sigma t) + \frac{\pi H}{8}\left(\frac{H}{L}\right)\frac{\cosh(kh)\cdot[\cosh(2kh)+2]}{\sinh^3(kh)}\cos 2(kx-\sigma t) \tag{8-31}$$

可见，相对于微幅波的势函数和波面，Stokes 二阶波分别多了一项由于非线性引起的二阶项，其峰谷不对称性加剧，如图 8-4 所示。

二阶 Stokes 波水体内任一点（x，z）处水质点运动的水平分速 u 和垂直分速 ω 分别为

$$u = \frac{\pi H}{T}\frac{\cosh[k(z+h)]}{\sinh(kh)}\cos(kx-\sigma t) + \frac{3}{4}\frac{\pi^2 H}{T}\left(\frac{H}{L}\right)\frac{\cosh[2k(z+h)]}{\sinh^4(kh)}\cos 2(kx-\sigma t) \tag{8-32}$$

$$\omega = \frac{\pi H}{T}\frac{\sinh[k(z+h)]}{\sinh(kh)}\sin(kx-\sigma t) + \frac{3}{4}\frac{\pi^2 H}{T}\left(\frac{H}{L}\right)\frac{\sinh[2k(z+h)]}{\sinh^4(kh)}\sin 2(kx-\sigma t) \tag{8-33}$$

速度表达式的第二项是非线性影响项，显然水平速度在一周期内不对称，波峰时水平速度增大而历时变短，波谷时减小而历时增长，此现象随水深减小尤为显著，如图 8-5 所示。Stokes 波的这种特性，使泥沙有一净向前的运动，所以，如果考虑近岸带泥沙运动情况时，波浪的这种非线性特性就显得尤为重要。

2. Stokes 波二阶解的水质点运动轨迹

二阶 Stokes 波与微幅波另一个明显的差别是其水质点的运动轨迹不封闭。任一时刻，位于初始位置（x_0，z_0）的水质点的水平位移和垂直位移分别为

$$\begin{aligned}\xi = &-\frac{H}{2}\frac{\cosh[k(z_0+h)]}{\sinh(kh)}\sin(kx_0-\sigma t)\\ &+\frac{\pi H}{8}\left(\frac{H}{L}\right)\frac{1}{\sinh^2(kh)}\left[1-\frac{3}{2}\frac{\cosh[2k(z_0+h)]}{\sinh^2(kh)}\right]\sin 2(kx_0-\sigma t)\\ &+\frac{\pi H}{4}\left(\frac{H}{L}\right)\frac{\cosh[2k(z_0+h)]}{\sinh^2(kh)}\sigma t\end{aligned} \tag{8-34}$$

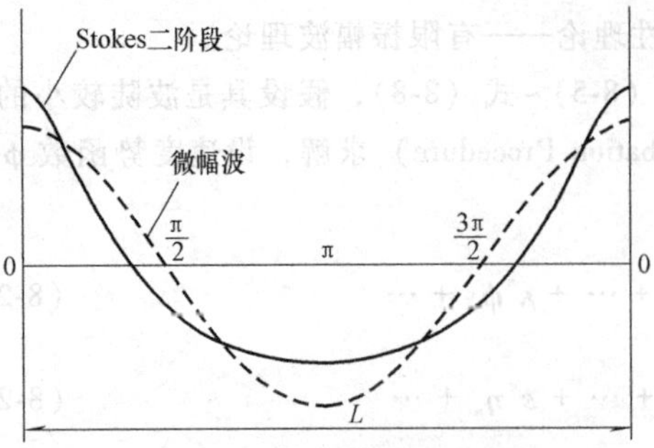

图 8-4　Stokes 波与微幅波波面曲线比较

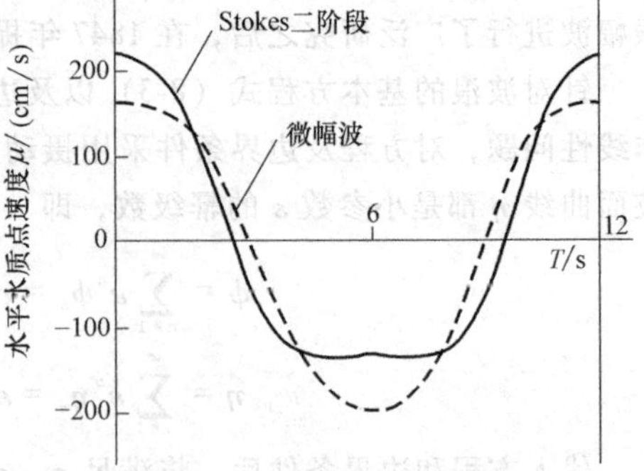

图 8-5　Stokes 波水平质点速度

$$\zeta=-\frac{H}{2}\frac{\sinh[k(z_0+h)]}{\sinh(kh)}\cos(kx_0-\sigma t)+\frac{3\pi H}{16}\left(\frac{H}{L}\right)\frac{\sinh[2k(z_0+h)]}{\sinh^4(kh)}\cos2(kx_0-\sigma t) \tag{8-35}$$

在式（8-34）中，第三项是一个非周期项，说明水质点运动一个周期后有一净水平位移，即

$$\Delta\xi=\frac{\pi H}{4}\left(\frac{H}{L}\right)\frac{\cosh[2k(z_0+h)]}{\sinh^2(kh)}\sigma T \tag{8-36}$$

这种净水平位移造成的水平流动称为漂流或质量输移，其质量输移速度

$$(U)=\frac{\Delta\xi}{T}=\frac{1}{2}\left(\frac{\pi H}{L}\right)^2c\frac{\cosh[2k(z_0+h)]}{\sinh^2(kh)} \tag{8-37}$$

质量输移对于近岸的泥沙输移特别重要。对悬浮在水中的泥沙，净输移水流会产生悬沙的净输移；对底沙而言，近岸的净向前输移速度，会把泥沙推向海岸。

3. Stokes 波二阶解的波压力和波能

仍然采用伯努利方程可以求得波动水体内任意一点处的压力

$$\begin{aligned}p=&-\rho gz+\frac{1}{2}\rho gH\frac{\cosh[k(z+h)]}{\cosh(kh)}\cos(kx-\sigma t)\\&+\frac{3\pi}{4}\rho gH\left(\frac{H}{L}\right)\frac{1}{\sinh(2kh)}\left\{\frac{\cosh[2k(z+h)]}{\sinh^2(kh)}-\frac{1}{3}\right\}\cos2(kx-\sigma t)\\&-\frac{\pi}{4}\rho gH\left(\frac{H}{L}\right)\frac{[\cosh[2k(z+h)]-1]}{\sinh(2kh)}+0(H^3)\end{aligned} \tag{8-38}$$

上式中，符号右边的第一、第二项为微幅波的结果，也可以认为是线性影响的结果；后面两项则是非线性影响的修正，其中，第三项是周期性的作用力，第四项是非周期性的影响。非线性影响项都与波陡有关，计算结果显示，深水情况下，非线性影响几乎可以忽略不计，但到达浅水区的时候，非线性项影响逐渐增大，到达不能忽略的程度。

一个波长范围内单宽的平均动能为

$$E_k=\frac{\rho gH^2}{16}\left\{1+\left(\frac{\pi H}{L}\right)^2\left[1+\frac{52\cosh^4(kh)-68\cosh^2(kh)+25}{16\sinh^6(kh)}\right]\right\} \tag{8-39}$$

势能为

$$E_p=\frac{\rho gH^2}{16}\left\{1+\frac{1}{16}\left(\frac{\pi H}{L}\right)^2\frac{\cosh^2(kh)\,[2+\cosh(kh)]^2}{\sinh^6(kh)}\right\} \tag{8-40}$$

可以看出，非线性影响下，波浪的动能和势能不相等。

对于水深较大的情况，更高阶的 Stokes 波有更高的精度，但水深较浅时，高阶系数迅速变大，计算结果反而不如低阶的。也就是说 Stokes 的这种展开方式在计算浅水情况下时是收敛性比较差的，应该寻求其他的方法来表达波浪的理论解。

8.4 浅水非线性波理论

水深很浅时的主要理论是椭圆余弦波理论和孤立波理论。椭圆余弦波理论是最主要的浅水非线性波理论之一，首先由科特韦格（Korteweg）和迪弗里斯（De Vries）于1895年提出，该理论中波浪的各种特性均以雅可比椭圆函数形式给出，故命名为椭圆余弦波理论，如图 8-6a 所示。当波长无穷大时，趋近于孤立波，如图8-6b所示；当振幅很小或相对水深很大时，趋近于浅水正弦波，如图 8-6c 所示。

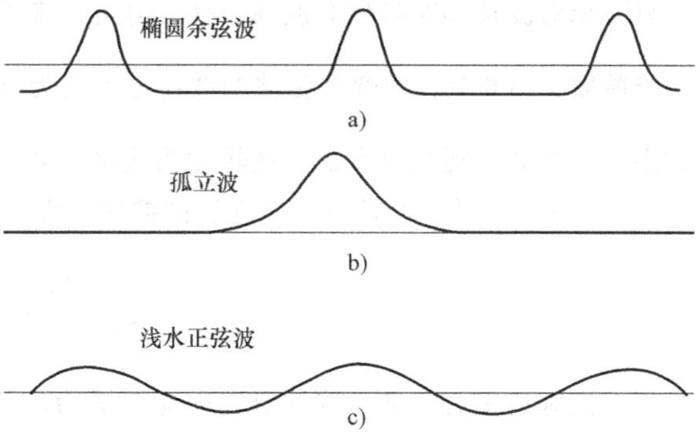

图 8-6 椭圆余弦波及其两种极限情况的波面曲线

在研究椭圆余弦波理论时，仍然采用式（8-3）及式（8-5）~式（8-8）为方程和边界条件。但是考虑到浅水情况下用波陡作为展开参数不能给出很好的收敛结果，就换另外一种展开方式—幂级数展开进行求解，设

$$\phi(x,z,t)=\sum_{n=0}^{\infty}\left(\frac{\partial^n\phi}{\partial z^n}\right)\bigg|_{z=0}\frac{z^n}{n!} \tag{8-41}$$

将式（8-41）代入方程和边界条件中，得幂级数展开形式。如果原方程和边界条件中采用了不同尺度的无量纲化关系，在方程中就出现了两个小参数 $\alpha=a/h_0$ 和 $\beta=h_0^2/l^2$。若 α 和 β 都是小量，而且如果方程中只保留了 α 和 β 的一阶项，那么

$$\eta_t+[(1+\alpha\eta)u]_x-\frac{1}{6}\beta u_{xxx}=0 \tag{8-42}$$

$$u_t+auu_x+\eta_x-\frac{1}{2}\beta u_{xxt}=0 \tag{8-43}$$

由式（8-42），式（8-43），结合式（8-41），可以得

$$\eta_t+c_0\left(1+\frac{3}{2}\frac{\eta}{h_0}\right)\eta_x+\gamma\eta_{xxx}=0 \tag{8-44}$$

$$\gamma=c_0h_0^2/6$$

求方程式（8-44）的定行波解，设

$$\eta=h_0\zeta(X),X=x-Ut \tag{8-45}$$

对方程做两次积分后，得到两个常数项，如果考虑它们都不等于零的情况，方程化为

$$\frac{1}{3}h_0^2\zeta'^2=-\zeta^3+2\left(\frac{U}{c_0}-1\right)\zeta^2+4G\zeta+H=C(\zeta) \tag{8-46}$$

考虑一元三次方程 $C(\zeta)$ 解的性质，并且根据方程的需要，做变换

$$\zeta=\zeta_3\cos^2\chi+\zeta_2\sin^2\chi \tag{8-47}$$

最后，求得波长
$$\lambda = 2\beta\int_0^{\frac{\pi}{2}}\frac{d\chi}{\sqrt{1-\kappa^2\sin^2\chi}} = 2\beta F_1(\kappa) \tag{8-48}$$

其中，$F_1(\kappa) = F\left(\frac{\pi}{2},\ \kappa\right) = \int_0^{\frac{\pi}{2}}\frac{d\chi}{\sqrt{1-\kappa^2\sin^2\chi}}$为第一类完全椭圆积分。 (8-49)

很明显，不同模数κ决定着不同的波面曲线形状，而κ与波要素之间有如下关系
$$\frac{16}{3}[\kappa\cdot F_1(\kappa)] = \left(\frac{L}{h}\right)^2\cdot\frac{H}{h} \tag{8-50}$$

其中，等式右边为厄塞尔数，它是椭圆余弦波计算中的一个重要参数。

只要相对波长L/h与相对波高H/h都给定，就可以利用迭代法求波面形状。

当模数$\kappa\to 0$时，椭圆余弦波的波面方程变为$\eta = \frac{H}{2}\cos(kx-\sigma t)$。这个结果与微幅波理论的结果完全相同，则椭圆余弦波就转化为浅水正弦波。

当模数$\kappa = 1$时，可以得到孤立波的波面方程
$$\eta = H\text{sech}^2\left[\sqrt{\frac{3H}{4h}}\left(\frac{x}{h}-\frac{ct}{h}\right)\right] \tag{8-51}$$

孤立波理论是关于推移波的研究中应用最为广泛的理论。Rusell在1834首先观察到了孤立波的存在，而Boussinesq在1872年首先从理论上对孤立波进行了考察，Rayleigh（1876年）和Mc-Cowan（1891年）进一步发展了该理论。

孤立波在传播过程中，波形保持不变，水质点只朝波浪传播方向运动而不向后运动，而且它的波面全部位于静水面以上，由于孤立波的波形与近岸浅水区的波浪很相似，而且比较简单，所以在近岸研究中，特别是在近岸区波浪破碎前后范围内，在研究波浪破碎水深、近岸泥沙运动等方面，孤立波得到了广泛的应用。

8.5 各行波理论的适用性

上述四种主要的波浪理论，由于假设与简化有异，因此各种理论只是在一定条件下，也就是在一定的范围内，与实际较为吻合，各种理论互为补充，各有其适用范围。不同波浪理论的适用范围主要受波高H、波长L（或周期T）和水深h控制，或受它们之间的相对比值如波陡$\delta=H/L$、相对波高H/h以及相对水深h/L，或它们的无量纲比值H/gT^2和h/gT^2控制。国内外许多学者对不同波浪理论的限制条件和它们的适用范围进行过大量研究，其中应用比较广泛的是勒·海沃特1976年绘制的分析图，如图8-7所示，虽然它并不是按照严格的定量研究成果绘出，但是从工程观点来看，有很大的实用性。

图中最上面的一条线是破波极限线，表示由这条线所确定的波浪行将破碎。

在深水区，该极限线为
$$H/L = 0.142 \tag{8-52}$$

在有限水深和浅水区，该极限线为
$$H/L = 0.142\tanh(kh) \tag{8-53}$$

在孤立波区，该极限线仅由相对波高确定
$$H/h = 0.78 \tag{8-54}$$

从图8-7中可以看出，浅水区一般可以采用椭圆余弦波或孤立波理论计算；深水区一般可以用线性波理论或Stokes波理论计算；而在有限水深区是一个复杂的区域，几乎各种波浪理论均可适用，一般选较简单的理论计算。

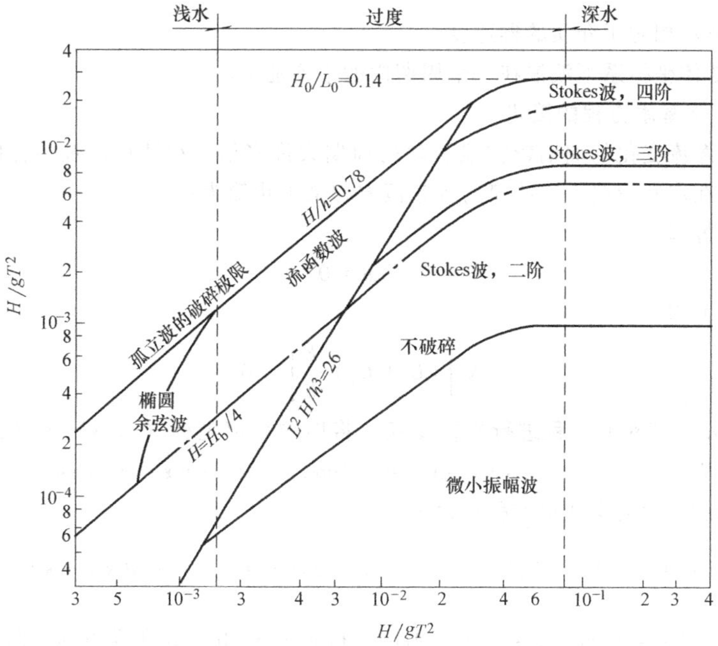

图 8-7　各种波浪理论适用范围分析图

8.6　流速和潮位影响下的波浪变形计算

在海湾和河口附近，潮流和河口径流会使波浪产生严重的变形，特别是当流速方向与波浪传播方向相反时，波高会骤然增加，波陡也会随之变大。由于流速和潮位对波浪有较大的影响，在近岸带和河口区的演变研究中也必须考虑到它们的作用。

1. 波浪运动的基本方程

对一波列 $\eta = a\exp(i\psi)$，其中 a 为局部振幅，∇ 为梯度算子，则波数 $\vec{k}$ 和圆频率 ω 可表示为

$$\vec{k} = \nabla\psi, \omega = -\frac{\partial\psi}{\partial t} \tag{8-55}$$

从式（8-55）可以得到波密度守恒方程

$$\frac{\partial}{\partial t}\vec{k} + \nabla\omega = 0 \tag{8-56}$$

如果波浪介质本身又以 $\vec{U}(x, y, z)$ 的速度运动，则通过固定点的波浪绝对频率为

$$\omega = \delta(\vec{k}) + \vec{k}\vec{U} \tag{8-57}$$

其中，$\delta(\vec{k})$ 代表波浪的固有频率。这样，运动介质中波浪密度守恒方程为

$$\frac{\partial}{\partial t}\vec{k} + \nabla[\delta(\vec{k}) + \vec{k}\vec{U}] = 0 \tag{8-58}$$

同理，也可以得到运动介质中波浪的动力学守恒方程为

$$\frac{\partial}{\partial t}\left(\frac{E}{\delta}\right) + \nabla\left[(\vec{U} + \vec{C}_g)\frac{E}{\delta}\right] = 0 \tag{8-59}$$

式中　$\vec{C}_g$——波浪相对于介质的群速度；

E——随体坐标系下波浪在一个周期内的平均能量。

2. 定常情况下基本方程的简化

一般情况下潮流变化的周期较波浪运动的周期大许多倍，在计算波浪传播时，可以认为潮流近似正常，而在定常情况下，波浪的各守恒方程又可化简为：

运动学守恒方程

$$\nabla\omega = 0 \tag{8-60}$$

动力学守恒方程

$$\nabla\left[(\vec{U}+\vec{C}_g)\frac{E}{\delta}\right] = 0 \tag{8-61}$$

如图 8-8 所示，若对原方程进行坐标变换，将旧的局部坐标（x，y）变换到新的局部坐标（s，n），其关系为

$$x = s\cdot\cos\alpha - n\cdot\sin\alpha,\ y = s\cdot\sin\alpha + n\cdot\cos\alpha \tag{8-62}$$

经坐标变换后，运动学守恒方程可化为

$$\vec{s}(\cos\alpha+\sin\alpha)\frac{\partial}{\partial s}[\delta(\vec{k})+\vec{k}\vec{U}] + \vec{n}[\cos\alpha-\sin\alpha]\frac{\partial}{\partial n}[\delta(\vec{k})+\vec{k}\vec{U}] = 0 \tag{8-63}$$

考虑到 $\nabla\vec{k}=0$，且 $\vec{k}=k(\cos\alpha,\ \sin\alpha)$，则可以得到由 Snell 定律所导出的波向线方程

$$\frac{\mathrm{d}\alpha}{\mathrm{d}s} = -\frac{1}{C_a}\cdot\frac{\mathrm{d}}{\mathrm{d}n}C_a \tag{8-64}$$

式中　α——波向角；

C_a——绝对波速。

同理，对于波作用量守恒方程，有

$$(\cos\alpha+\sin\alpha)\frac{\partial}{\partial s}\left[(|\vec{U}|\cos\gamma + C_g)\frac{E}{\delta}\right] + (\cos\alpha-\sin\alpha)\frac{\partial}{\partial n}\left[(|\vec{U}|\sin\gamma)\frac{E}{\delta}\right] = 0 \tag{8-65}$$

式中　γ——波速与波向线的夹角，如图 8-9 所示。

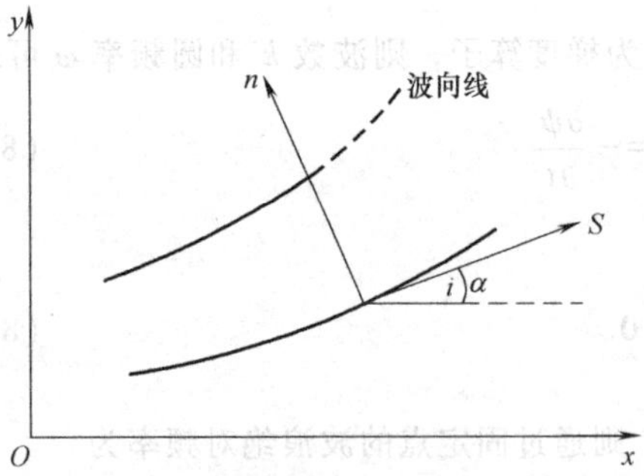

图 8-8　新旧局部坐标

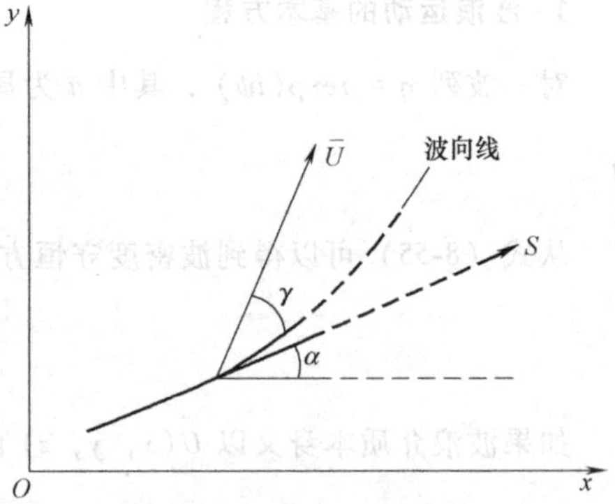

图 8-9　波速与波向线的夹角

考虑到，式（8-65）中第一项占主要，第二项可以忽略不计，则波作用量守恒方程可近似写成

$$\frac{\partial}{\partial s}\left[(|\vec{U}|\cos\gamma + C_g)\frac{E}{\delta}\right] = 0 \tag{8-66}$$

其物理意义是：在流速小于波群速、局部地形变化缓慢时，波作用量主要沿波向线方向传

播，几乎不穿过波向线；相邻波向线间波作用量通常近似保持为常数。

3. 波浪各要素的求法

根据式（8-63），有

$$\frac{\partial}{\partial s}[\delta(\vec{k})+\vec{k}\cdot\vec{U}]=0 \tag{8-67}$$

则沿波向线

$$\delta(\vec{k})+\vec{k}\cdot\vec{U}=\text{constant} \tag{8-68}$$

在无穷远深水处，$\delta_0=\frac{g}{C_0}$，$U_0=0$

在任意波向线处，

$$\delta_i=\delta_0-|\vec{k}\cdot\vec{U}| \tag{8-69}$$

波浪的波长和流速通过波浪的色散关系求出

$$\delta^2=(\omega-\vec{k}\cdot\vec{U})^2=gk\tanh(kh) \tag{8-70}$$

$$C^2=\left(C_a-\frac{\vec{k}\cdot\vec{U}}{|\vec{k}|}\right)^2=\frac{g}{k}\tanh(kh) \tag{8-71}$$

式中 C——相对波速；

H——水深。

波向角 a 通过解波向线方程式（8-64）求出。

根据波作用量沿波向线近似守恒的原则，沿波向线积分式（8-66），波向线之间距离相继为（b_0，b_1，…，b_n），则通过波向线之间每一断面上的波作用量近乎相等。

$$b_0\frac{E_0}{\delta_0}(|\overrightarrow{U_0}|\cos\gamma_0+C_{g0})=b_i\frac{E_i}{\delta_i}(|\overrightarrow{U_i}|\cos\gamma_i+C_{gi})$$

对于微幅波，取 $E=\rho gH^2/8$，用下标“0”代表无穷远深水情况，则 $|\overrightarrow{U_0}|=0$，$C_{g0}=C_0/2$，$C_{gi}=nC_i$，代入上式，得

$$H_i=\sqrt{\frac{b_0}{b_i}}\sqrt{\frac{C_0}{2(|\overrightarrow{U_i}|\cos\gamma_i+C_{gi})}}\sqrt{\frac{\delta_i}{\delta_0}}H_0=K_rK_sK_\delta H_0 \tag{8-72}$$

式中 K_r——折射系数，$K_r=\sqrt{b_0/b_i}=|\beta|^{1/2}$；

β——波向线散开因子；

K_δ——频率化系数，也称 Doppler 系数，其表达式为

$$K_\delta=\sqrt{\frac{\delta_i}{\delta_0}}=\left(1-\frac{\vec{k}\cdot\vec{U}}{\delta_0}\right)^{1/2} \tag{8-73}$$

K_s——浅水变形系数，其表达式为

$$K_s=\sqrt{\frac{C_0}{2(|\overrightarrow{U_i}|\cos\gamma_i+nC_i)}} \tag{8-74}$$

$$n=1+4\pi h_i/\sinh(4\pi h_i/L_i);$$

式中 L_i——代表波长；

C_0——代表无穷远处的波速。

如果波浪计算的起点不是从无穷远处开始，方法与上述类似；若需进一步考虑摩阻对波高

的影响，则波高表达式（8-72）中应再乘以因摩阻而产生的能量损失系数K_f'这样

$$H_i=K_rK_sK_\delta K_f'H_0 \tag{8-75}$$

$$K_f'=K_{fi}K_{f(i-1)}K_{f(i-2)}\cdots K_{f1}K_{f0}$$

$$K_{fi}=[1+64\pi^3K_s^2f_\omega/(3g^2T^4)\Delta s\cdot\overline{H_i}/\mathrm{sh}^3(\overline{K_ih_i})]^{-1/2}$$

$$\overline{H_i}=(H_i+H_{i-1})/2;$$

$$\overline{K_i}=(K_i+K_{i-1})/2;$$

$$\overline{h_i}=(h_i+h_{i-1})/2$$

式中　Δs——点 $i-1$ 到点 i 沿波向线的距离；

f_ω——底部 Jonsson 摩阻系数。

波向线散开因子通过如下方程求得，$\frac{\mathrm{d}\alpha}{\mathrm{d}n}=\frac{1}{\beta}\frac{\mathrm{d}\beta}{\mathrm{d}s}$，该方程可变形为 $C_a\frac{\mathrm{d}\alpha}{\mathrm{d}n}=\frac{1}{\beta}\frac{\mathrm{d}\beta}{\mathrm{d}t}$，

再借助波向线方程，经一系列变换，可化为

$$\frac{\mathrm{d}^2\beta}{\mathrm{d}t^2}-\frac{\mathrm{d}\beta}{\mathrm{d}t}\frac{\mathrm{d}C_a}{\mathrm{d}s}+\beta C_a\frac{\mathrm{d}^2C_a}{\mathrm{d}n^2}=0 \tag{8-76}$$

由式（8-57），可得绝对波速

$$C_a=C+\frac{\vec{K}\cdot\vec{U}}{|\vec{K}|}=C+u\cos\alpha+v\sin\alpha \tag{8-77}$$

将式（8-77）代入波向线方程式（8-64），并化简得

$$\frac{\mathrm{d}\alpha}{\mathrm{d}s}=-\frac{1}{C_a}\frac{\mathrm{d}C}{\mathrm{d}n}-\frac{1}{C_a}\left(\frac{\mathrm{d}u}{\mathrm{d}n}\cos\alpha+\frac{\mathrm{d}v}{\mathrm{d}n}\sin\alpha\right)-\frac{1}{C_a}(v\cos\alpha-u\sin\alpha)\frac{\mathrm{d}\alpha}{\mathrm{d}n} \tag{8-78}$$

与无流情况相比增加最后两项。由于假定流速大小方向都不变，等号右边第二项自动消失；对第三项在假定地形缓变、流速不大，$U/C_a\ll1$ 的情况下，也将其略去。

利用绝对流速表达式（8-77），有

$$\frac{\mathrm{d}^2C_a}{\mathrm{d}n^2}=\left(\sin^2\alpha\frac{\partial^2C}{\partial x^2}-2\sin\alpha\cos\alpha\frac{\partial^2C}{\partial x\partial y}+\cos^2\alpha\frac{\partial^2C}{\partial y^2}\right)-\frac{1}{\beta C_a}\frac{\mathrm{d}\beta\mathrm{d}C}{\mathrm{d}t\ \mathrm{d}s}+\frac{\mathrm{d}^2}{\mathrm{d}n^2}(u\cos\alpha+v\sin\alpha) \tag{8-79}$$

$$\frac{\mathrm{d}C_a}{\mathrm{d}s}=\frac{\mathrm{d}C}{\mathrm{d}s}+\frac{\mathrm{d}}{\mathrm{d}s}[u\cos\alpha+v\sin\alpha] \tag{8-80}$$

将它们代入波向线散开因子方程式（8-76）中得

$$\frac{\mathrm{d}^2\beta}{\mathrm{d}t^2}-\frac{\mathrm{d}C\mathrm{d}\beta}{\mathrm{d}s\ \mathrm{d}t}-\frac{\mathrm{d}}{\mathrm{d}s}(u\cos\alpha+v\sin\alpha)\frac{\mathrm{d}\beta}{\mathrm{d}t}+\beta C_a\left(\sin^2\alpha\frac{\partial^2C}{\partial x^2}-2\sin\alpha\cos\alpha\frac{\partial^2C}{\partial x\partial y}+\cos^2\alpha\frac{\partial^2C}{\partial y^2}\right)$$

$$-\frac{\mathrm{d}C\mathrm{d}\beta}{\mathrm{d}s\ \mathrm{d}t}+\beta C_a\frac{\mathrm{d}^2}{\mathrm{d}n^2}(u\cos\alpha+v\sin\alpha)=0 \tag{8-81}$$

进一步化简可得

$$\frac{\mathrm{d}^2\beta}{\mathrm{d}t^2}+p'(t)\frac{\mathrm{d}\beta}{\mathrm{d}t}+q'(t)\beta=0 \tag{8-82}$$

$$p'(t)=-2\frac{\mathrm{d}C}{\mathrm{d}s}-2\left(\frac{\mathrm{d}u}{\mathrm{d}s}\cos\alpha+\frac{\mathrm{d}v}{\mathrm{d}s}\sin\alpha\right)+2\left(\frac{\mathrm{d}v}{\mathrm{d}n}\cos\alpha-\frac{\mathrm{d}u}{\mathrm{d}n}\sin\alpha\right)-\frac{\mathrm{d}\alpha}{\mathrm{d}s}(v\cos\alpha-u\sin\alpha) \tag{8-83}$$

$$q'(t)=C_a\left[\sin^2\alpha\frac{\partial^2 C}{\partial x^2}-2\sin\alpha\cos\alpha\frac{\partial^2 C}{\partial x\partial y}+\cos^2\alpha\frac{\partial^2 u}{\partial y^2}\right]+$$
$$C_a\left[\cos\alpha\left(\sin^2\alpha\frac{\partial^2 u}{\partial x^2}-2\sin\alpha\cos\alpha\frac{\partial^2 u}{\partial x\partial y}+\cos^2\alpha\frac{\partial^2 u}{\partial y^2}\right)\right]+$$
$$\sin\alpha\left(\sin^2\alpha\frac{\partial^2 v}{\partial x^2}-2\sin\alpha\cos\alpha\frac{\partial^2 v}{\partial x\partial y}+\cos^2\alpha\frac{\partial^2 v}{\partial y^2}\right)+$$
$$C_a\left[-(u\cos\alpha+v\sin\alpha\left(\frac{\mathrm{d}a}{\mathrm{d}n}\right)^2+(v\cos\alpha-u\sin\alpha))\frac{\mathrm{d}^2\alpha}{\mathrm{d}n^2}\right] \tag{8-84}$$

思考题与习题

8-1 建立微幅波理论做了哪些假设？与建立 Stokes 波理论的假设有什么不同？

8-2 简述微幅波理论、Stokes 波理论、椭圆余弦波理论、孤立波理论的主要区别。

8-3 写出微幅波理论的基本方法和求解条件，并说明其意义及方解方法。

8-4 已知波动周期为 8s，水深为 15m，波高为 2m，求静水位以下 4.5m 深处的局部速度分量 u，v 和速度分量 a_x，a_y。

8-5 已知 $\phi=\dfrac{gH}{2\sigma}\dfrac{\cosh k(z+h)}{\cosh kh}\sin(kx-\sigma t)$。其中 $H=2\text{m}$，$k=0.04\text{m}$，$h=15\text{m}$。试求：（1）波面方程；（2）波长、周期和波速；（3）当 $t=0$，$\dfrac{1}{4}T$，$\dfrac{2}{4}T$，$\dfrac{3}{4}T$ 和 T 时，初始位置 $x_0=0$，$z_0=-3\text{m}$，-6m 和 -9m 的质点位置并绘图表示；（4）速度表达式，并绘制出 $t=0$ 时沿 $x=0$ 垂线上的速度分布图。

8-6 线性波的势函数为 $\phi=\dfrac{gH}{2\sigma}\dfrac{\cosh[h(h+z)]}{\cosh(kh)}\sin(kx-\sigma t)$，证明上式也可以写为

$$\phi=\frac{Hc}{2}\frac{\cosh[k(\mathrm{h}+z)]}{\sinh(kh)}\sin(kx-\sigma t)$$

8-7 水深为 10m 处，波高 $H=1\text{m}$，周期 $T=5\text{s}$，用线性波理论计算深度 $z=-2\text{m}$、-5m、-10m 处水质点轨迹直径。

8-8 已知深水推进波的波高 $h=10\text{m}$，周期 $T=5\text{s}$。试求（1）波长和波速；（2）波能量；（3）给出波峰（$x=0$，$t=0$）和波谷$\left(x=\dfrac{\lambda}{2},\ t=0\right)$时垂线上的净波压强分布图并计算总波压力。

8-9 在某水深处测得周期 $T=5\text{s}$，最大压力 $p_m=76000\text{N/m}^2$（包括静水压力，但不包括大气压力），最小压力 $p_{\min}=64000\text{N/m}^2$，问当地水深、波高各是多少？

8-10 已知深水波长 $\lambda=150\text{m}$，波高 $H=1.5\text{m}$，波速 $c=15\text{m/s}$，波浪向海岸移动，波峰平行于等深线，浅滩反射效应忽略不计，求水深 3m 时的波高和单宽波浪向海岸传输的能量（功率）。

8-11 在水深为 10m 处，波高 $H=1\text{m}$，$T=8\text{s}$，试计算 stokes 波的质量输移速度沿水深的分布并计算单位长度波峰线上的质量输移流量。

下　篇

▸▸▸桥涵水文

第 9 章

河川水文基础

学习重点

河流的基本特征，河段分类；流域的概念，河川径流形成过程及影响因素；泥沙运动和河床演变；水位观测方法、流量观测及计算。

学习目标

了解水文现象的特点及研究方法；掌握河流的形成和基本特征，桥位设计中河段的分类，流域的概念，河川径流的形成过程及影响因素，泥沙运动和河床演变；熟悉水位、流量的观测及计算。

水文学是研究自然界中水的运行变化规律的科学。根据研究对象，水文学分为水文气象学、陆地水文学、海洋水文学。工程水文学属于陆地水文学范畴，它是将水文学理论应用于工程建设的学科，主要为工程的规划、设计、施工、管理提供服务。桥涵水文属于工程河川水文学范畴，并独具专业应用特点，其任务是依据数理统计分析方法，分析实地调查勘测的河川水文资料，预测桥涵工程的未来情势，为桥涵设计提供数据。

9.1　河川水文现象

1. 水文现象的特点

地球上的雨、雪、冰、雹及霰（小雪珠）等现象，统称为降水，降水在重力作用下沿一定路径流动的水流，称为径流。其中沿地表流动的水流，称为地表径流；沿山坡漫流的水流，称为坡面径流；在地下流动的水流，称为地下径流或基流；在河槽中流动的水流，称为河川径流。

水文现象是指降水、入渗、径流、蒸发等现象的统称。地表水通过蒸发进入大气，随着气流运动，遇冷凝又形成雨水回落到大地，如此周而复始，构成了十分复杂的水文现象。水文现象有如下特点：

（1）随机性　水文现象发生的数值大小及发生的时间都具有一定的偶然性，难以运用演绎方法求得其必然性的因果关系。

（2）周期性　水文现象的重现性只存在长期的平均关系，只能表现出相对的重现可能性大小，难以确定其肯定性的重现规律。例如，某一洪水流量从长期观测资料分析，其重现年距平均约 100 年，即所谓“百年一遇”的重现期，但这一流量在未来再现的具体日期却难以确定，每年均具有再现的可能性。因此，这一“百年一遇”的概念，只能表示这一流量的稀遇性，数值越大的洪水流量，其重现的可能性越小。

（3）地区性　同一地理特性的地区，其河川径流特性相似，同时，同一水文现象的变化规律也可因地而异。例如，我国南方河流水量大于北方；山区河流的河水大多暴涨暴落，平原河流的洪水大多涨落平缓。

2. 桥涵水文的研究方法与研究对象

（1）研究方法　水文现象的数值变化及其变化过程受许多复杂因素的影响，难以获得物理关系的简单数学模型求解，也不可能从水文现象的实测记录中找到确定的物理关系，只能从实测记录中寻找其发生的统计规律，并用概率大小来预示各类水文现象的再现可能性，预估建造桥涵后可能遭遇的水文情势。所以，桥涵水文必须做现场调查，收集长期实测资料，寻找水文现象的统计规律，为桥涵设计提供决策依据。其研究方法有以下三类：

1）数理统计法。把水文现象的特征值（如水位、流量等）看成随机变量，运用概率论的基本原理，逐一计算各特征值的出现频率，再按国家有关规范所规定洪水频率，确定设计值（详见第10、11章）。

2）成因分析法。从径流与降水的成因关系，建立水文现象特征值的物理数学模型，以此求解各类水文计算问题，如第11章中的推理公式即属此类方法。但因水文现象的复杂性，难以在成因机理上找到合理的概括，也难以得到十分理想的结果。

3）地理综合法。通过实测资料的整理分析，建立一些水文特征值的地区性经验公式或在地图上绘制成水文特征值的等值线图，也可制成专用计算用表。此法应用较为简易，对于缺乏实测资料地区有实用意义。等值线图在一定程度上可以反映水文特征值的空间分布。

（2）研究对象　桥涵水文的研究对象是河川径流。

9.2 河流和流域

1. 河流

（1）河流的形成　河流是河槽和其中水流的统称。地质构造及河水冲蚀下切，是河流形成变化的基本原因。流水的凹槽，称为河槽。包括河槽在内的谷地，称为河谷。枯水期水流淹没的河槽，称为主槽，又称为基本河槽，在洪水期水流淹没的河槽，称为洪水河槽。河流各横断面表面最大流速点的连线，称为中泓线。河流各横断面最大水深点的连线称为深泓线。

根据水量的大小，河流有干流与支流。汇集河川径流注入湖、海的河流，称为干流，如长江干流入海，湖南的湘、资、沅、澧四水注入洞庭湖等。流入干流的河流称为支流，支流又分为许多级，流入干流的支流，称为一级支流，流入一级支流的河流，称为二级支流，余类推。显然，级数越大，河流越小。河流干、支流构成的脉络状相通体系，称为水系。水系通常用干流的名称命名，如长江水系、黄河水系（见图9-1）、湘江水系等。

（2）河流的分段　一条发育完整的河流，按其特性，分为河源、上游、中游、下游、河口等五部分。

1）河源。河源为河流的起点或开始具有水流的地方。溪涧、泉水、冰川、湖泊与沼泽往往是河流的源头。

2）上游。紧接河源而大多奔流于山谷中的河流上段，称为上游。这段河流的水流特性大多落差大，水流急，冲蚀力强，常有急滩瀑布，两岸陡峻，河谷地形常呈“V”字形断面。

3）中游。上游以下的中间河段为中游。中游河段的基本特性是比降（即河道底坡及水面坡度）逐渐缓和，河床冲淤接近平衡状态，河面逐渐开阔，水量增大，河谷地形呈“U”形。

4）下游。下游为紧接中游的下段，其特性是河床多在冲积平原之上，底坡小，水流缓慢，泥沙多淤积，沙洲众多，在平面上河道多蜿蜒曲折，断面复杂，多呈复式断面形状，如图9-2所示。

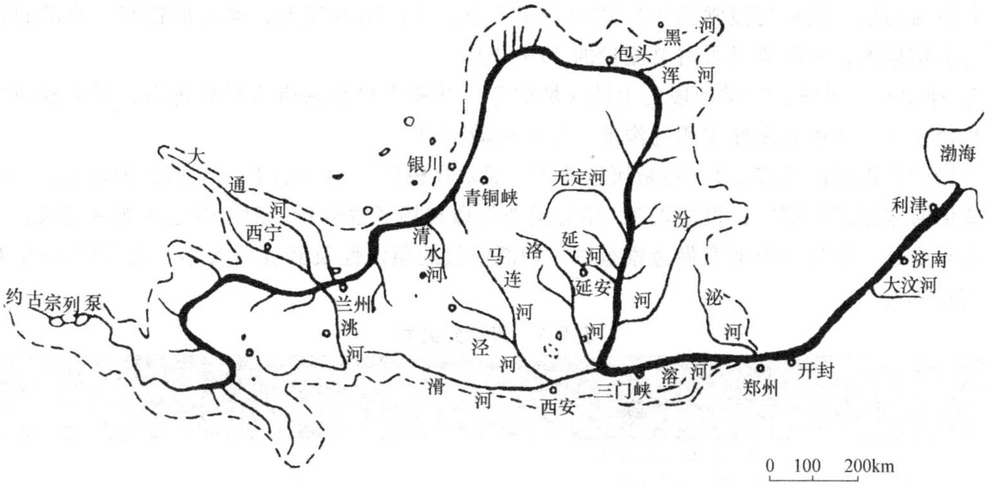

图 9-1 黄河水系

5）河口。河口为河流的终点，即河流注入海洋或湖泊的地方。消失在沙漠中的河流，称为无尾河，可以没有河口。河口处断面扩大，水流速度骤减，常有大量泥沙沉积而形成三角形沙洲，称为河口三角洲。

（3）河段分类 河段分类对于桥位选择、桥孔布设、桥梁墩台的埋深、河道整治方案的选择等都具有重要意义。

1）按地形特点分类

① 山区河段：山区河段大多底坡 $i \geqslant 1‰$，流速 $v=6 \sim 8\mathrm{m/s}$，河床多为基岩、乱石或卵石组成，河床比较稳定，但易受山崩、滑坡、泥石流等影响。

② 平原河段：平原河段底坡 $i=(0.1 \sim 1)‰$，流速 $v=2 \sim 3\mathrm{m/s}$，河床多为深厚的冲积层。最深处多为卵石，其上为砂夹卵石，再上为粗砂、中砂以至细砂。枯水位以上的河滩表层多为黏土、粉质黏土，土质松软，河槽易受水流冲蚀而左右摆动。

2）按河床演变特点分类

① 峡谷河段：这类河段多位于山区或山前区，具有上述山区河段的特点，河床多为岩石组成，河床冲淤微弱，河岸稳定，平面形态常有急弯。

② 稳定河段：这类河段多位于丘陵地带及中下游河床地质条件较好，河岸比较整齐的河谷处。其河床多为紧密漂砾石沉积层及抗冲刷能力较强的黏性土壤，其岸线稳定，冲淤变化不大，主槽稳定，极少摆动，平面形态较顺直或微弯。

③ 次稳定河段：这类河段多位于河流下游平坦地带或平原丘陵的过渡地带，河流比降平缓，泥沙淤积，有广阔的冲积层。河床内边滩犬牙交错，主槽有周期性摆动，断面一般窄而深，漫滩流量小，岸线、河槽不稳定，河道顺直或微弯，但河弯有发展下移趋势，主流在河槽内摆动，天然冲淤明显。

④ 变迁河段：这类河段多由砂砾石淤积而成，河道中多支汊，主流摆动幅度大、变化快，河床宽浅逐年变化。

⑤ 游荡河段：这类河段的河床多由细粒径的泥沙淤积而成，冲淤变化快，极易拓宽，比降流速及河底输沙强度都较大，河槽宽浅，江心多洲，无稳定深槽；边滩、沙洲变化迅速，河道外形经常改变甚至改道。此外，还有逐年淤高成“地上河”趋势。

⑥宽滩河段：这种河段常见于广阔的冲积平原，有广阔的河滩，但河槽较窄，滩槽的宽度比可达五倍以上，河滩流量可占总流量的40%以上。

⑦ 冲积漫流河段：这类河段的上游底坡陡急，暴涨洪水常挟带大量砂砾石，至下游则沉积成冲积漫流区，其中有多股交积的沟槽，股流摆动不定。

河段的详细情况见表9-1。判断河段类属，通常在桥位上游不小于3~4倍河床宽度，下游不小于2倍河床宽度范围内，根据表9-1中分类条件做现场考察分析。对于变迁及游荡河段，在桥位上游至少还应包括一个河弯做考察范围。判断河段的稳定性及其变形大小，通常以50年左右作为衡量标准。

表9-1　河段分类表

<table>
<tr><th rowspan="2">河流类型</th><th rowspan="2">河段类型</th><th colspan="2">稳定程度</th><th colspan="4">河流特性及河床演变特点</th></tr>
<tr><th>序号</th><th>分类</th><th>形态特征</th><th>水文泥沙特征</th><th>河床演变特征</th><th>河段区别要点</th></tr>
<tr><td rowspan="2">山区河流</td><td>峡谷河段</td><td>Ⅰ</td><td rowspan="3">稳定</td><td>1. 在平面上多急弯卡口，宽窄相间，河床为V形或U形
2. 河流纵断面多呈凸形，比降缓陡相连
3. 峡谷河段，河床狭窄，河岸陡峭多石质，中、枯水河槽无明显区别
4. 开阔河段，河面较宽，有边滩，有时也有不大的河漫滩和明显阶地，有的地方也会出现新滩和沙洲，比降较缓，河床泥沙较细</td><td>1. 河床比降陡，一般大于0.2%
2. 流速大，洪水时河槽平均流速可达到5~8m/s
3. 水位变幅大，个别达到50m左右
4. 含沙量小，河床泥沙颗粒较大；由于流速大，搬运能力强，故洪水时河床上有卵石运动</td><td>1. 河流稳定，变形多为单向的切蚀作用，速度相当缓慢
2. 峡谷河段的进口或窄口的上游，受壅水的影响，洪淤、枯冲
3. 开阔河段有时有较厚的颗粒较细的沉积物。且多呈洪冲、枯淤变化
4. 两岸对河流的约束和钳制作用大</td><td>1. 峡谷河段，河床窄深，床面岩石裸露或为大漂石覆盖，河床比降大，多急弯、卡口，断面呈V形或U形
2. 开阔河段和顺直微弯河段，岸线整齐，河槽稳定，断面多呈U形，滩、槽分明，各级洪水流向一致</td></tr>
<tr><td>开阔河段</td><td>Ⅱ
Ⅲ</td><td rowspan="6">1. 平原区河流，平面外形可分为顺直微弯型、分汊型、弯曲型、宽滩型和游荡型
2. 河谷开阔，有时河槽高出地面，靠两侧堤防束水
3. 河床横断面多呈宽浅矩形，通畅横断面上滩槽分明，在河湾处横断面呈斜三角形，凹槽侧窄深，凸岸为宽且高的边滩，过渡段有浅滩、沙洲
4. 枯水期河槽中露出多种形态的泥沙堆积体
5. 由于平原区河流多河湾、浅滩连续分布，因此，河床纵断面也深浅相间</td><td rowspan="6">1. 河床比降平缓，一般小于0.1%，有时不到0.01%
2. 流速小，洪水时河槽平均流速多为2~4m/s
3. 洪峰持续时间长，水位和流量变幅小于山区河流
4. 河床泥沙颗粒较细；水流输送泥沙以悬移质为主，多为沙、粉砂和黏粒；但也有推移质
5. $Q_t/Q_p>0.4$ 或 $Q_t/Q_c>0.67$ 者为宽滩河流</td><td rowspan="6">1. 顺直微弯河段，中水河槽顺直微弯，边滩呈犬牙交错分布；洪水时边滩向下游平移，对岸深槽也向下游平移
2. 分汊河段，中高河槽分汊，两汊可能有周期性交替变迁趋势
3. 弯曲型河段，凹冲凸淤。自由弯曲型河段，由于周而复始的凹冲凸淤，随着凹岸侧冲刷下切和侵蚀，弯顶横移下行，凸岸侧成鬃岗地形并扭曲弯向下游；与此同时弯曲路径加长，阻力加大，颈口缩短，洪水时发生裁弯取直
4. 宽滩蜿蜒型河段，河床演变与弯曲型河段类似
5. 游荡型河段，河槽宽浅，沙洲众多，且变化迅速，主流、支汊变化无常</td><td rowspan="6">1. 稳定和次稳定河段的区别，前者河槽岸线、河槽、洪水主流均基本稳定，变形缓慢；后者河湾发展下移，主流在河槽内摆动
2. 分汊河段，两汊有交替变迁的趋势；宽滩河段泛滥宽度很宽，达几公里、十几公里，河槽宽度比、流量比都较大，滩流速小，槽流速大</td></tr>
<tr><td rowspan="5">平原区河流</td><td>顺直微弯河段</td><td>Ⅱ
Ⅲ</td></tr>
<tr><td>分汊河段</td><td>Ⅲ
Ⅳ</td><td rowspan="3">次稳定</td></tr>
<tr><td>弯曲河段</td><td>Ⅲ
Ⅳ</td></tr>
<tr><td>宽滩河段</td><td>Ⅲ
Ⅳ</td></tr>
<tr><td>游荡河段</td><td>Ⅳ
Ⅴ</td><td>不稳定</td></tr>
</table>

（续）

河流类型	河段类型	稳定程度		河流特性及河床演变特点			
		序号	分类	形态特征	水文泥沙特征	河床演变特征	河段区别要点
山前区河流	山前变迁河段	Ⅴ	不稳定	1. 山前变迁河段，多出现在较开阔的地面坡度较平缓的山前平原地带，河段距山口较远，其下多是比较稳定的平原河流，水流多支汊，主流迁徙不定，河槽岸线不稳，洪水时主流有流动可能 2. 冲积漫流河段，距山口较近，河床坡度较陡；因为地势单调平坦，水流出山口后成喇叭形散开，流速、水深骤减，水流夹带大量泥沙落淤在山口坦坡上形成冲积扇	1. 河床比降介于山区和平原区之间，一般为0.1%～1%；但冲积漫流河段有时大于2%～5% 2. 流速介于山区与平原区之间，洪水时河槽平均流速可达到3～5m/s 3. 水流宽浅；水深变幅不大，既小于山区也小于平原区 4. 泥沙中等或较大；在干旱、半干旱地区，洪水时往往携带大量细颗粒泥沙（既有悬移质又有推移质），是淤积的主要材料	1. 山前变迁型河段，泥沙与河床演变特点有点类似平原游荡型河段之处，但其比降和泥沙颗粒皆大于平原游荡型河段；主要还是山前河流的特点，夺流改道之势更为凶猛迅速 2. 冲积漫流河段，通常无固定河槽，携带大量粗颗粒泥沙的水流淤此冲彼；加以坡陡、流急造成水沙混合体奔突冲击，有很大的破坏力。洪水后，河床支汊纵横，支离破碎，没有固定河漫滩，是最不稳定的河段；河床有可能淤高	1. 不稳定河段与次稳定河段的区别，前者主流在整个河床内摆动，幅度大，变化快，河床有可能扩宽；后者主流在河槽内摆动，幅度小 2. 游荡型河段与山前变迁型河段的区别，前者土质颗粒细，冲刷深，回淤快，主流不仅在河床内摆动，甚至可能造成河床改道；后者颗粒粗，冲刷浅，由于河床淤高扩宽和主流摆动，造成主槽变迁，河岸旁切扩宽幅度小 3. 冲积漫流河段地貌大致具有冲积扇体特征，床面逐年淤高，较游荡性河段明显，洪水股流按总趋势在高沟槽中通过
	冲积漫流河段	Ⅵ					
河口	三角港河口	Ⅴ	不稳定	1. 三角港河口段为凹向大陆的海湾型河口段 2. 三角洲河口段为凸出海岸伸向大海的冲击型河口；河口段沙洲林立，支汊纵横交错	比降一般小于0.01%，流速也小；由于受潮汐影响，流速呈周期性正负变化；泥沙颗粒极细，多为悬移质	河口除受波浪和海流作用外，河流下泄的部分泥沙（进入河口后），由于受潮流和径流的相互作用，常形成拦门沙，加之咸、淡水交汇造成泥沙颗粒的絮凝现象，促进了泥沙的淤积，洪水期山水占控制的河段，可能有河床冲刷。因此很多河口段河床冲淤变化很明显	
	三角洲河口	Ⅵ					

注：1. 表列河段为一般情况，如山区河段一般为稳定河段，但也有例外的情况。有的山区河流有次稳定的，甚至有不稳定的河段，遇到这类场合，应根据具体河段的实际情况，分析其稳定性，决定采用何种勘测设计方法。
2. 表中序号表示河段的稳定程度，序号越小，河段越稳定；反之，越不稳定。

（4）河流基本特征　河流的基本特征，一般用河流长度、弯曲系数、横断面积及纵向比降等表示。

1）河流长度　河流长度是指从河源到河口的距离，也称为河长。它是确定河流比降的基本参数。河长从地形图中确定。

2）弯曲系数　河道全长与河源到河口的直线长度之比，称为河流的弯曲系数，即

$$\varphi=\frac{L}{l} \tag{9-1}$$

式中　L——河道全长；

l——河源到河口的直线长度；

φ——河流的弯曲系数，$\varphi>1$。

河流长度和弯曲系数是河流平面形态的两个特征值。在平原河道中，由于断面流速分布不均匀导致的水内环流现象，往往造成河道冲淤或河弯发展，使河道在平面上呈蜿蜒曲折的形态，并使河道的凹岸冲深，凸岸淤浅，在弯段与直段间出现沿程深浅交替的现象，如图9-2所示。式(9-1) 表明，φ 值越大河道越弯曲。

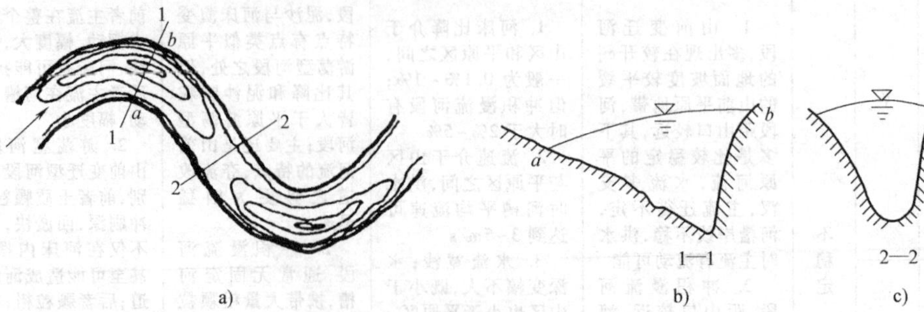

图 9-2 蜿蜒河道平面形态及横断面图

a) 河道平面形态 b) 凹岸水位超高 c) 涨水期水拱现象

对于山区河流，由于一般受岩石河床的限制，河流的平面形态与地质条件有关，并无上述平面形态规律。

3) 河流的横断面及横比降 横断面即过水断面，与河水流向正交，它是流量及桥长计算的重要参数。从横断面上看，河道可分为主槽、边滩及河滩三部分。河滩只是高洪水位时的水流通道，常水位以下部分为主槽。主槽和边滩部分，洪水期常有底沙运动，统称为河槽，而河滩一般没有底沙运动，因此多杂草丛生。图9-3所示为复式断面河槽。

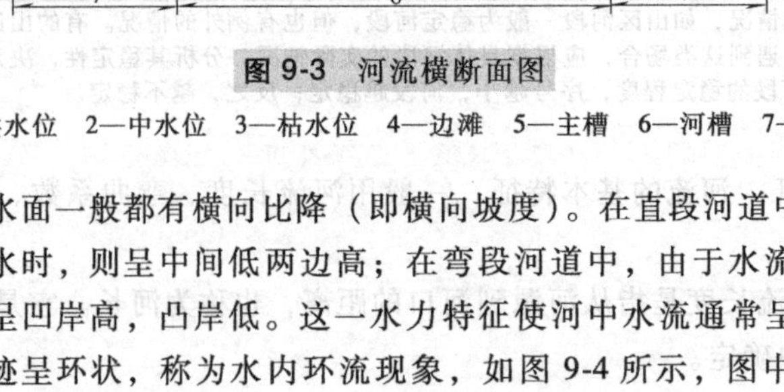

图 9-3 河流横断面图

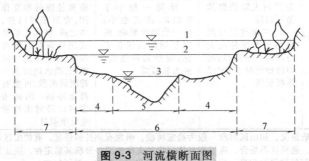

1—洪水位 2—中水位 3—枯水位 4—边滩 5—主槽 6—河槽 7—河滩

天然河道中，其水面一般都有横向比降（即横向坡度）。在直段河道中，涨水时，河中水位呈中间高两边低，退水时，则呈中间低两边高；在弯段河道中，由于水流同时受到重力和离心力作用，断面水位常呈凹岸高，凸岸低。这一水力特征使河中水流通常呈螺旋式前进。在断面上，水流质点运动轨迹呈环状，称为水内环流现象，如图9-4所示，图中实线箭头表示面流方向，虚线为底流方向。

关于弯段水流的横比降 I 及超高值 Z_0，可近似地按下式计算

$$\begin{cases} I=\dfrac{v^2}{Rg} \\ Z_0=BI=B\cdot\dfrac{v^2}{Rg} \end{cases} \tag{9-2}$$

式中 v——断面平均流速（m/s）；
R——弯道平均曲率半径（m）；
B——水面宽度（m）；
Z_0——凹岸水面超高（m）；
I——水面横比降。

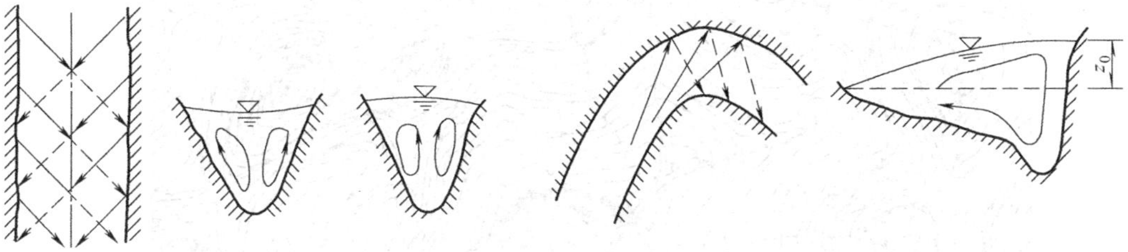

图 9-4 水内环流现象

a）直段河道螺旋式流动（又称为平轴副流） b）退水时的水内环流现象
c）涨水时的水内环流现象及表面的水拱现象 d）弯段河道的螺旋流动
e）弯段河道断面的水内环流现象及凹岸水位超高

4）河流的纵断面及纵比降 沿河流中泓线的剖面，称为河流的纵断面。其纵向的坡度（包括河底坡度和水面坡度），称为纵比降。设河段前后两断面的水位或河底高程分别为 z_1，z_2，两断面间的流程长度为 L，则纵比降 J 为

$$J=\frac{z_1-z_2}{L}=\frac{\Delta z}{L} \tag{9-3}$$

但是，一条河流各段比降不同，水力计算常取各段比降的加权值，如图 9-5 所示，有

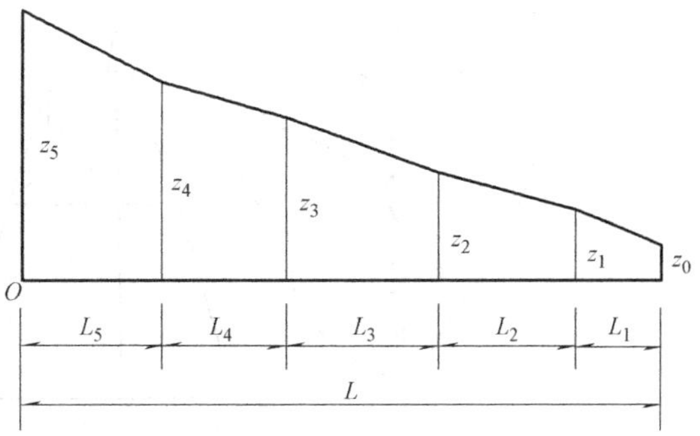

图 9-5 河流纵比降计算图

$$J=\frac{(z_0+z_1)L_1+(z_1+z_2)L_2+\cdots+(z_{n-1}+z_n)L_n-2z_0L}{L^2} \tag{9-4}$$

2. 流域

（1）流域及流域面积 河流某断面以上的集水区域，称为该断面以上河段的流域或汇水区。河口断面以上的集水区域则称为该河的流域。流域的边界线就是四周地面山脊线或分水线，它可由地形图勾绘得出，如图 9-6a 所示。该断面以上流域边界线所包围的面积，称为流域面积，又称为汇水面积，常用 F 表示。显然，F 将沿河长增加而增大，流域面积增长图的绘制方法为纵向长度表示河长，横向线段长度表示流域面积，图 9-6c 所示为河流左、右岸的流域面积增长图。

计算流域面积的方法：

1）在大比例尺地形图上按桥位所在断面勾绘出流域边线。

2）用求积仪或数方格的方法计算流域面积。图 9-6b 中 1、2、3、4、5、6 分别代表河流地形图中 1~6 相应部分的流域面积。

注入河流的水量除地面径流外，还有地下径流。当地面分水线与地下分水线相重合时，流域内的地面径流及地下径流都将通过集流断面，这种流域称为闭合流域，否则，称为非闭合流域，如图 9-6d 所示。非闭合流域将有一部分雨水通过地下流入相邻河流。

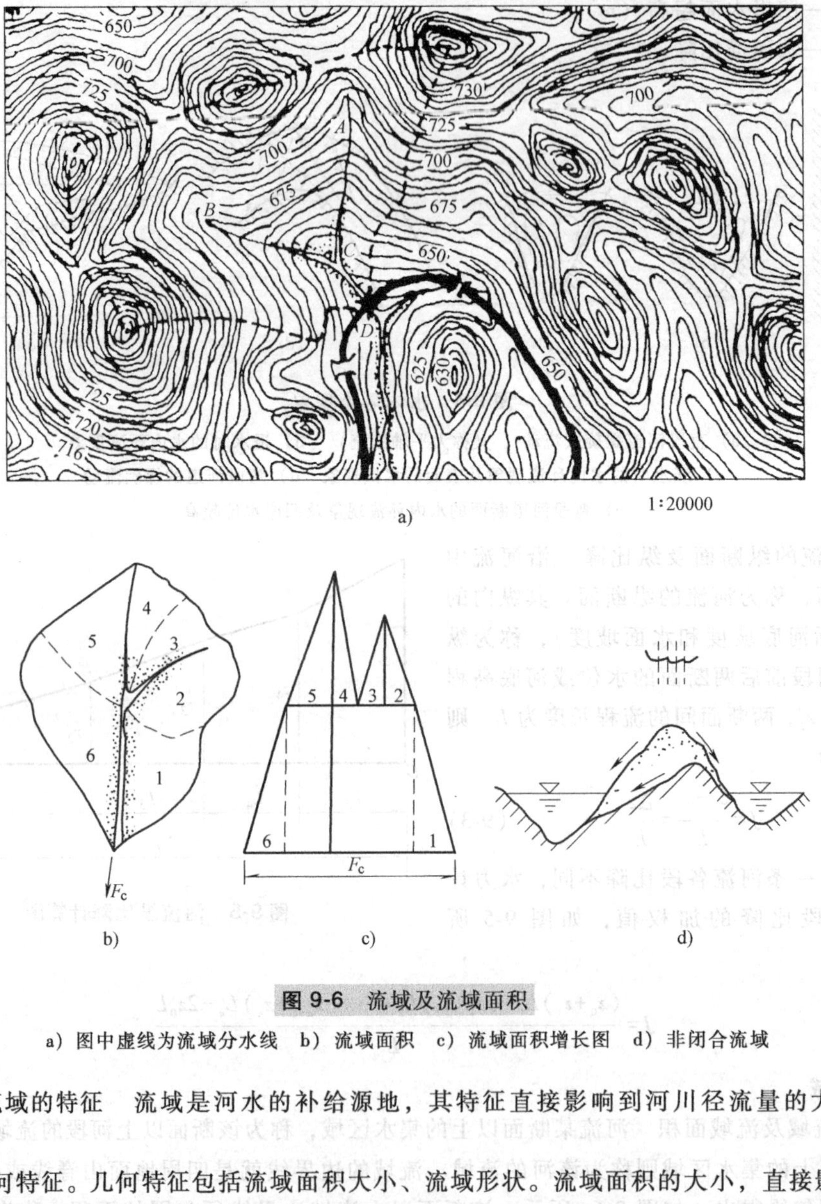

图 9-6　流域及流域面积

a）图中虚线为流域分水线　b）流域面积　c）流域面积增长图　d）非闭合流域

（2）流域的特征　流域是河水的补给源地，其特征直接影响到河川径流量的大小和变化过程。

1）几何特征。几何特征包括流域面积大小、流域形状。流域面积的大小，直接影响汇集的水量多少和径流的形成过程。在相同的自然地理条件下，流域面积越大，径流量（径流量是指一定时间内的径流总体积，m^3）就越大，流域对径流变化的调节作用也越大，洪水涨落比较平缓；流域面积越小，径流量越小，洪水涨落较为急剧。流域形状主要影响流域内径流汇集的时间长短，也影响径流的形成过程。若流域形状狭长而呈羽形，如图 9-7a 所示，则出口断面流量就小，径流过程变化较小而历时较长；若流域形状宽阔而呈扇形，如图 9-7b 所示，则出口断面流量较大，而径流过程的历时较短。

2）自然地理特征。自然地理特征包括流域的地理位置（用流域图形形心所在的经纬度表示），气候条件，地形情况（可用流域平均高程和地表平均坡度表示），流域内的植被情况，地质情况，湖泊、沼泽率及河网密度等。所谓湖泊、沼泽率即湖泊或沼泽面积与流域面积的比值。

由于降雨、蒸发等各种气象因素都随地理位置而变化，因此，一切水文特征也都与地理位置密切相关。流域的地形一般以流域平均高程和流域平均坡度表示。流域平均高程对降雨和蒸发都有影响。流域平均坡度是确定径流汇流时间的重要因素，坡度陡则汇集快，土壤入渗减少，径流量增大。

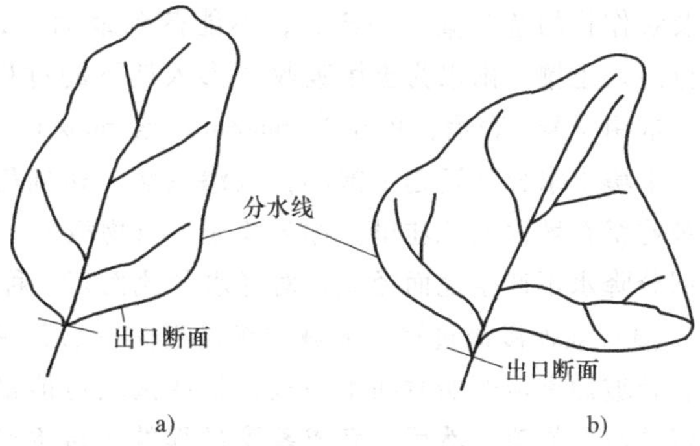

图 9-7　流域形状

9.3　河川径流

1. 河川径流的形成过程

地面径流和地下径流汇入河槽并沿河槽流动的水流，即为河川径流。某一时段流经河口或河流某断面的河水总量（水体体积），称为河川径流量。河川径流量的大小与测算时间长短有关，可有瞬时流量、日平均流量、月平均流量、年平均流量（简称年径流量）、多年平均径流量等。此外，按形成径流量的原因可分为洪水径流量与枯水径流量两类。洪水径流多来源于暴雨汇集，枯水径流多来自地下径流。

流域内自降水开始到汇集的雨水流过出口断面的全过程，称为径流形成过程。一般将这一过程分为四个阶段，即降水—流域蓄渗—坡面漫流—河槽集流。图 9-8 所示为径流形成过程示意图。

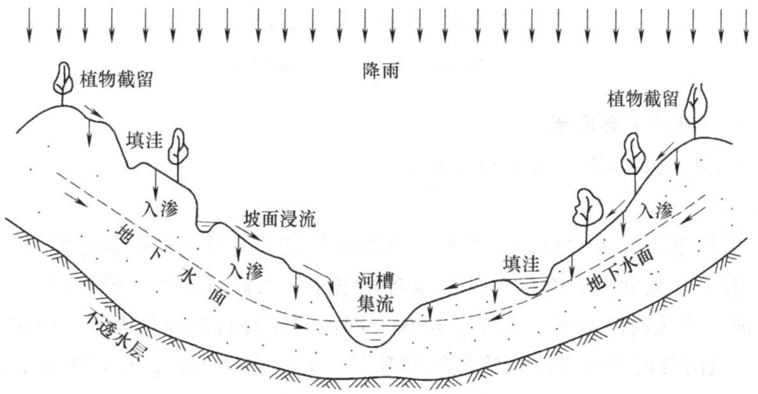

图 9-8　径流形成过程示意图

（1）降水过程　雨、雪、雹及霰（小雪珠）统称降水。降水是形成地面径流的主要因素，降水的多少决定径流量的大小。降水要素有三个，即降水量 ΔH（mm）、降水历时 Δt（min，h）、降水强度 i（mm/min，mm/h）。降水历时 Δt 是指降水的持续时间；降水强度 i 是指单位时间内的降水量。降水要素随空间及时间的变化而变化，其变化过程直接决定径流过程的趋势，降水过程是径流形成过程的重要环节。

（2）流域蓄渗过程　降水开始时并不立即形成径流。首先，雨水被流域内的树木、杂草，以及农作物的茎叶截留一部分，不能落到地面上，称为植物截流，然后，落到地面上的雨水，部分渗入土壤，雨水为土壤吸收并渗入地下的过程，称为入渗。单位时间的入渗量，称为入渗率，常用符号 f 表示，单位为 mm/min 或 mm/h。降水开始时入渗较快，随着降水量的不断增加，土壤中水分逐渐趋于饱和，入渗减缓，达到稳定值，称为稳定入渗。另外，还有一部分降水被蓄留在坡面的坑洼里，称为填洼。植物截流、入渗和填洼的整个过程，称为流域蓄渗过程，这部分降水不产生地面径流，对降水径流而言，称为损失，扣除损失后剩余的雨量，称为净雨。

（3）坡面漫流过程　流域蓄渗过程完成后，剩余雨水沿着坡面流动，称为坡面漫流。流域内各处坡面漫流开始时间不一致，某些区域可能最先完成蓄渗过程而出现坡面漫流，也是局部区域的坡面漫流，然后，完成蓄渗过程的区域逐渐增多，出现坡面漫流的范围也随之扩大，最后才能形成全流域的坡面漫流。漫流速度与地表植被及地形等因素有关。

（4）河槽集流过程　坡面漫流由溪而涧进入河槽。最后到达流域出口断面的过程，称为河槽集流过程。如图 9-9 所示，一场降水的净雨量汇入河槽后，河中水位开始上涨，流量随之增大，当净雨结束后，流量及水位也随之下降。

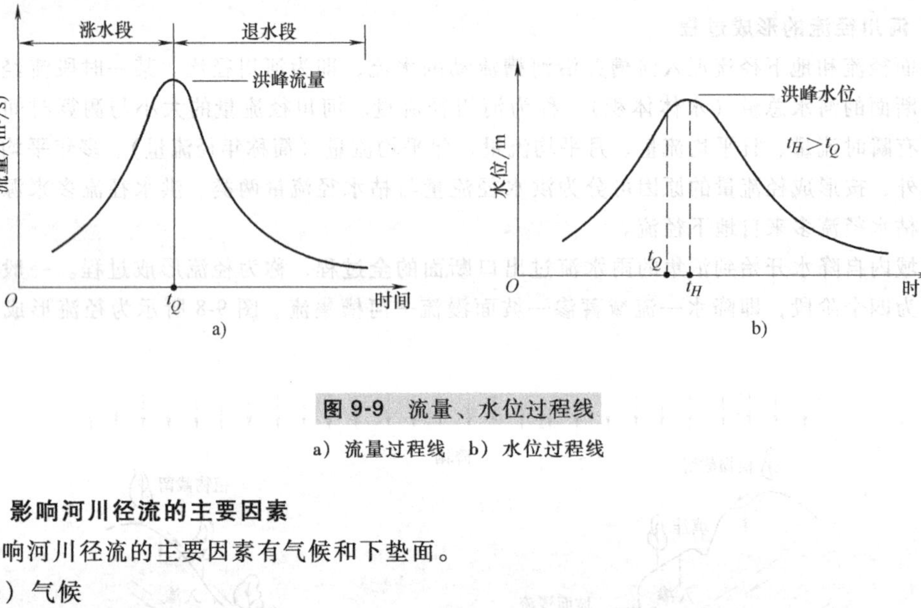

图 9-9　流量、水位过程线

a）流量过程线　b）水位过程线

2. 影响河川径流的主要因素

影响河川径流的主要因素有气候和下垫面。

（1）气候

1）降水。强度越大，历时越短，所产生的径流量越大，径流过程越急促。

2）蒸发。若蒸发强度大，降水前期土壤含水量小，入渗量加大，径流量减小。

（2）下垫面　流域内的地形、地质、植被、湖泊沼泽等自然地理因素，统称为下垫面因素。当流域面积小，地面及河沟坡度小，流域形状狭长，岩土渗透力强，植被密时，河川径流也小。此外，人类活动，如修建水库、水土保持等，对于河川径流也有调蓄作用。

3. 径流量的表示方法

按水文分析计算的需要，径流量的表示方法有以下几种：

（1）流量 Q　单位时间内流经河流某断面的水量（m³/s）。洪水期的瞬时最大流量，称为洪峰流量。

（2）径流总量 W　时段 T 内通过河流某断面的径流水量的体积（m³），实际中也常用 km³ 或亿 m³ 表示。

$$W = QT \tag{9-5}$$

(3) 径流模数 M　单位流域面积 F 上的径流量。一般 F 单位用 km^2 表示，Q 单位用 m^3/s 表示，M 单位用 $L/s/km^2$，有

$$M=1000\frac{Q}{F} \tag{9-6}$$

径流模数常用来比较两流域相似性。

(4) 径流深度 Y　是把径流总量 W 折算成全流域的平均水深（mm），常用来与降水量作比较，按定义有

$$Y=\frac{1}{1000}\frac{W}{F} \tag{9-7}$$

式中　W——径流总量（m^3）；

F——为流域面积（km^2）。

(5) 径流系数 α　径流系数即径流深度与降水量之比。

$$\alpha=\frac{Y}{X} \tag{9-8}$$

α 反映了一定的地质地貌特征及流域内植被茂密情况，是降水量损失的一种折减系数。

上述表示方法可以互相变换。

$$M=\frac{Q}{F},Q=FM,W=QT=FMT$$

4. 我国河流水量的补给类型

我国各地的地理气候相差悬殊，河水来源及其年内分布多样。河流水量补给可分为三类：

(1) 雨源类　秦岭—淮河以南直到台湾、海南岛、云南地区的河流都属此类。其特点是，一年内径流量变化与降水变化一致，夏天雨季来临，流量增大，入秋以后，雨季结束，流量逐渐下降，如图 9-10a 所示。

(2) 雨雪源类　华北、东北地区的河流，在 3~4 月间由于融雪可形成春汛，春汛后有一枯水期。入夏后，降水增多，在 6~9 月间又将形成夏汛和秋汛，每年有两次汛期，年流量过程线呈双峰形。如图 9-10b 所示。

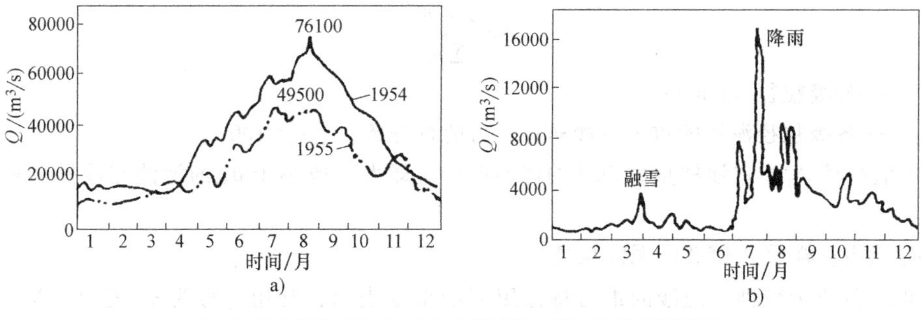

图 9-10　雨源、雨雪源类河流水量补给的流量过程线

a) 长江某站　b) 黄河某站

(3) 雪源类　西北地区新疆、青海等地的河流，水量补给以融雪为主。每年 4~5 月间气温上升，河中流量开始增加，6~7 月间达到最高峰，以后气温下降，流量也随之下降，如图 9-11 所示。

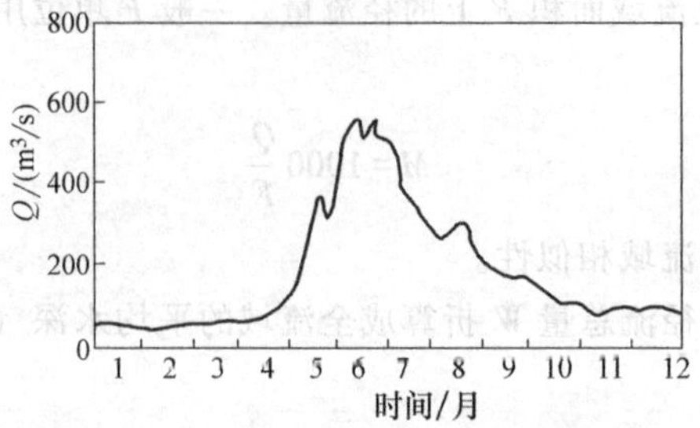

图 9-11 雪源类河流水量补给的流量过程线

9.4 泥沙运动和河床演变

1. 泥沙运动

（1）泥沙的主要特征　泥、土、沙、石等的混合体，统称泥沙。河中水流和泥沙都在不断地运动，当河床的泥沙被水带走后即形成冲刷现象，若泥沙沉积，则产生淤积现象。河流泥沙的冲淤变化构成了河床的自然演变，一条较稳定的河床，它是泥沙冲淤平衡的结果。

按泥沙在河槽内的运动情况，分为悬移质，推移质和床沙三类。悬浮于水中随水流运动的细粒泥沙，称为悬移质。沿河床表面推移的较大颗粒泥沙，称为推移质。沉积于河床静止不动的泥沙，称为床沙或床沙质。悬移质、推移质及床沙三者间的颗粒大小分界与水流速度大小有关。

1）泥沙的几何特征。泥沙的几何特征用粒径表示。其中有等容粒径（简称粒径）、平均粒径、中值粒径等。此外，还有 d_{95} 等。它是研究河床冲淤及演变的基本数据。

① 泥沙粒径 d，又称等容粒径。泥沙颗粒形状极不规则，通常用与泥沙颗粒同体积的球体直径来表示，常用符号 d 表示，单位为 mm。$d>0.05$mm 的泥沙，其粒径采用筛分法并以标准筛孔径来确定粒径大小；$d<0.05$mm 的泥沙则采用水析法，按泥沙在静水中沉降速度（又称为水力粗度）确定粒径的大小。对于大颗粒的卵（砾）石，常用直接测量方法测定粒径的大小。

② 平均粒径 $\bar{d}$ 为沙样中各级粒径的重力加权平均值。有

$$\bar{d}=\frac{\sum d_i p_i}{\sum p_i} \tag{9-9}$$

式中　d_i——各级粒径（mm）；

p_i——各级粒径泥沙的重力占沙样总重力的百分数，$\sum p_i=100$。

③ 中值粒径 d_{50} 指占沙样重力 50% 的泥沙粒径。即大于或小于 d_{50} 的泥沙在沙样总重力中各占一半。

④ d_{95} 指占沙样重力 95% 的泥沙粒径。

2）泥沙的重力特性。泥沙的重力特性用泥沙重度表示，常用符号为 γ_s 表示（$\mathrm{N/m^3}$）。泥沙的重度随岩石成分而异，但变化不大，常取 $\gamma_s=26\mathrm{kN/m^3}$。

3）泥沙的水力特性。泥沙的水力特性用水力粗度或沉降速度表示。

泥沙在静水中下沉时将受到水流阻力作用，且随泥沙沉降速度加快而增大，当阻力与泥沙所受重力相等时，泥沙将匀速下沉。泥沙颗粒在静止清水中的均匀下沉速度，称为水力粗度或沉降速度。它是泥沙运动及河床冲淤的重要参数。

（2）泥沙的起动流速　河床上的泥沙在水流作用下由静止状态转变为运动状态的现象，称

为泥沙的起动。河床泥沙从静止开始运动的水流临界流速，称为起动流速，用 v_0 表示。

（3）输沙率、含沙量与挟沙力　单位时间内通过过水断面（测流断面）的泥沙重力，称为输沙率，（kN/s）。单位体积浑水中所含泥沙的重力，称为含沙量，（kN/m^3）。在一定水力条件和泥沙条件下，单位体积水流能够挟带泥沙的最大重力，称为挟沙力，（kN/m^3）。

在平原河流中，水流所挟带的泥沙往往悬移质占绝大部分，推移质可以忽略不计，水流的挟沙力常用最大悬移质含沙量表示。当上游来沙量大于河段水流挟沙力时，泥沙将下沉并使河床淤积，若来沙量小于河段水流的挟沙力时，则会由本河段泥沙加以补充，造成河床冲刷。直接影响冲淤的泥沙主要是床沙质。在受冲刷河段内，床面上的细颗粒泥沙被水流带走，若得不到上游来沙的补充时，床面泥沙颗粒将逐渐增大并形成自然铺砌现象，称为河床粗化，它对桥下河床冲刷有一定的影响。

起动流速是推移质产生运动的条件。而推移质输沙率则表示推移质运动的强烈程度。它对桥梁孔径及墩台冲刷计算有着重要作用。

（4）沙波运动　河床床面因推移质运动，常呈此起彼伏的波浪状泥沙集团，称为沙波。形体巨大的沙波，称为沙丘，更大的称为沙洲。位于主河槽两侧的沙滩，称为边滩。位于河槽中心部位的沙滩，称为中心滩。它们都是由推移质所形成。

实验表明，当佛汝德数 $Fr<1$，即为缓流时，随着流速增大将形成沙波，并发展为沙丘。流速加大到某一数值的，沙丘消失并成为平底；当佛汝德数 $Fr>1$，即为急流时，随着 Fr 增大，水面将出现立波，河底出现起伏。Fr 加大，水面仍有立波，河底则会出现向上游运动的逆行沙波。

桥梁墩台处的河底沙波运动，直接影响桥梁墩台的冲刷深度。沙波运动的规模越大，冲刷坑深度的变幅也越大。

2. 河床演变

河床的几何形状，称为河床形态。河床形态变化，称为河床演变。河床演变是河床泥沙运动的结果。

（1）河床演变的类型

1）纵向变形。河床沿水流方向的高程变化，称为河床的纵向变形，它是河流纵向输沙不平衡造成的结果。河源与上游的河床下切，下游河床的淤高，其变化幅度随岩土性质而异。

2）横向变形。河湾发展、河槽扩宽、塌岸、分汊、改道等河床平面形态的变化，统称为横向变形。河湾的发展与弯段水流离心力有关，它可使凹岸不断地受到冲刷，凸岸不断地出现淤积，产生横向比降，导致河流截弯取直，河流改道。

（2）河床演变主要影响因素

1）流域的产沙条件。流域的产沙量及泥沙组成等对河流的演变有很大影响。例如，黄河及华北地区一些河流，河水含沙量很大，因此下游河道淤积十分严重。

2）流量变化。流量越大，水流的挟沙量就越多；流量变化越大，泥沙运动和河床的变形就越剧烈。

3）河床土质。土质坚实的河床变形缓慢，土质松软的河床易受冲刷，变形急剧。

4）水流比降。河床比降大，流速大，冲刷力强。反之易于淤积。

5）副流作用。水流中由于纵、横比降及边界条件的影响，其内部形成一种规模较大的旋转水流，称为副流。它从属于主流而存在。它是河床冲淤的主要原因。

6）人类活动因素。兴修水利，建造堤坝、桥、涵等活动，都会对河道演变产生重大影响。

（3）建桥后的河床演变　建造桥梁后将在桥位上、下游一定范围内导致河床演变。

1）平原弯曲型河段（属于次稳定河段）。在这类河段上建桥，其孔径一般都大于或等于河槽宽度，建桥对河床的影响小。但是，当桥位通过水深较大的河弯时，因河床自身的天然演变，有可能形成河湾逼近桥台、桥头引道或导流堤，危及桥台基础。

2）平原顺直河段（属于稳定性河段）。在这类河段上建桥，其孔径一般也不压缩河槽宽度，故对河槽自然演变的影响不明显，建桥前后的河床演变大致相同。但因河槽内交错的边滩不断向下游推移，桥下断面两岸附近将交替出现深槽，两岸墩台有可能受到严重的冲刷。如果河槽受到桥孔的压缩，则可引起泥沙停滞，河槽两岸坍塌以及边滩变形。

3）平原游荡型河段及山前区变迁型河段。在这类河段上建桥，一般孔径多小于河槽宽度。若对过水断面压缩程度不大，且有合理的导流建筑物，水流将集中于单一的河道，可移动的泥沙将形成靠岸的暗滩，水深也有所增大。如对河槽压缩过大且无适当的导流建筑物时，河槽两岸受水流冲击后，河床将发生较大的变形，并可引起桥台和导流堤的严重冲刷及桥前淤积，对桥梁危害极大。

4）山区河流。在这类河流上建桥，一般孔径与河槽宽度接近，对河槽断面不作压缩。山区河流一般河床稳定，如桥位布置合理且有合理的导流设施，河床将不会发生较大的变形。

在多沙的河流中，建桥后由于桥前壅水的影响，泥沙可在壅水区内沉积形成沙洲。

（4）河相关系与造床流量　处于动力平衡状态的河流，河床形态特征与流域来水来沙条件和河床组成之间的定量因果关系，称为河相关系。对河流形成与变化起控制作用的流量，称为造床流量。它是一个较大的流量，但并非最大的洪水流量。在实际工作中，多取平滩水位相应的流量作为造床流量。

9.5　水文测验

河流水情的变化可由河流水文因素的观测资料来反映，对各项水文因素的观测，称为水文测验。水文站是进行水文测验的观测站，在固定的测流断面上，按国家水文测验规范的要求，定时进行水位、流速、流向、流量、比降、降雨、蒸发、泥沙、地下水位等各项水文因素的观测和资料的收集与整理。

1. 水位观测

水文站观测的水位，是指某一时刻该水文站水文断面（水文断面是指为进行水文观测和水文分析计算而选定的河流横断面）的水面高程。它是确定桥高、桥长的必备资料，与桥位所在断面往往不在同一地点，因此，应注意它所依据的水准基面，必要时应做高程换算。

水位观测通常采用水尺观测。水尺的形式和水准尺相似，固定在木桩上，按照设定的水尺高程零点或相对高程，由水面与水尺刻度的交点，即可换算出任一时刻的水位，如图 9-12a 所示。常用的水尺有直立式、倾斜式、矮桩式三种。水位观测次数，视水位变化情况，以能测得完整的水位变化过程、满足日平均水位计算及发布水情预报的要求为原则加以确定。当水位变化平缓时，每日 8 时和 20 时各观测 1 次，枯水期每日 8 时观测 1 次，汛期一般每日观测 4 次，当水位涨落变化很大时，可每小时测读 1 次。此外，为了计算水面比降，还应设立比降水尺。图 9-12b 所示为水文站水文断面布置情况。

水位观测资料用水位过程线表示。水位过程线，是指水位随时间变化的曲线。有日水位过程线，月水位过程线等。多年水位观测资料是研究洪水变化规律的依据。

2. 流量测算

流量测算需先测过水断面，再测流速分布，最后测算流量。河中流量与水位具有一定的关系，某一水位下，可测得相应的过水面积及流速分布，根据过水面积和流速计算相应水位下的

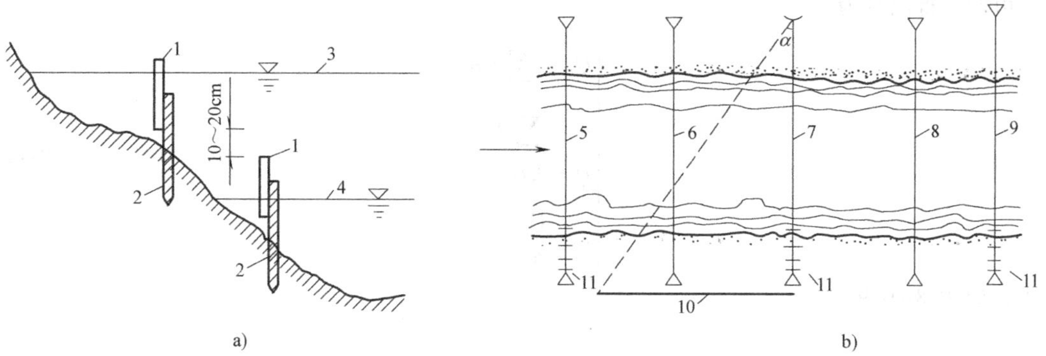

图 9-12 水位观测示意图

a）水尺布置 b）水文断面布置

1—水尺 2—木桩 3—最高水位 4—最低水位 5—比降上断面 6—浮标上断面 7—基本水文断面 8—浮标下断面 9—比降下断面 10—基线 11—水尺

流量。

（1）断面测量 为进行水文观测和水文分析计算而选定的河流横断面，称为水文断面，简称断面。断面测量的方法是先测水位，再沿水面宽度取若干点测水深，由此可得河底高程，连接各测深点，即可绘出过水断面图，通过地形测量，还可绘出河谷断面图。

（2）流速测量及流量计算 流速测量应符合下列规定：

① 宜采用流速仪施测，有困难时可用均匀浮标法施测。当洪峰历时短、需缩短测速时间时，可改用中泓浮标法施测。

② 流速观测不应少于一个洪峰过程，每个洪峰至少应峰前观测 2 次，峰顶附近观测 1 次，峰后观测 2 次。同时应观测水位、风力和风向 。

③ 一般桥梁可采用中涨浮标法或漂浮物浮标法施测，在洪峰峰前、峰后及峰顶附近各测 1 次。

1）浮标法。浮标是指带有识别标志的漂浮体，如图 9-13a 所示。浮标测流速应选择顺直河段，并布设基本测流断面，如图 9-12b 所示，在上浮标断面投放浮标，记录浮标经上、下浮标断面的时间 t 和上、下浮标断面之间的距离 L，便可计算出流速 $v=\dfrac{L}{t}$。如在上浮标断面沿水面宽度每隔一定距离投放浮标，即可得沿过水断面宽度的流速分布，如图 9-13b 所示，相邻测点区平均流速可按下式计算

$$\begin{cases} v_i=\dfrac{v_{m(i-1)}+v_{mi}}{2} \\ v_1=\varphi v_{m1} \\ v_n=\varphi v_{mn} \end{cases} \tag{9-10}$$

式中 $v_{m(i-1)}$，v_m——相邻浮标流速；

v_1，v_n——两岸近岸区流速；

φ——岸边流速系数，斜坡岸边，$\varphi=0.67\sim0.75$；陡岸边，$\varphi=0.80\sim0.90$；死水区，$\varphi=0.50\sim0.67$。

由此可得流量为

$$\begin{cases} Q_f = \sum_{i=1}^{n} v_i A_i \\ A = \sum A_i \\ Q = KQ_f \\ v = \dfrac{Q}{A} \end{cases} \tag{9-11}$$

式中，$K=0.8\sim0.95$。

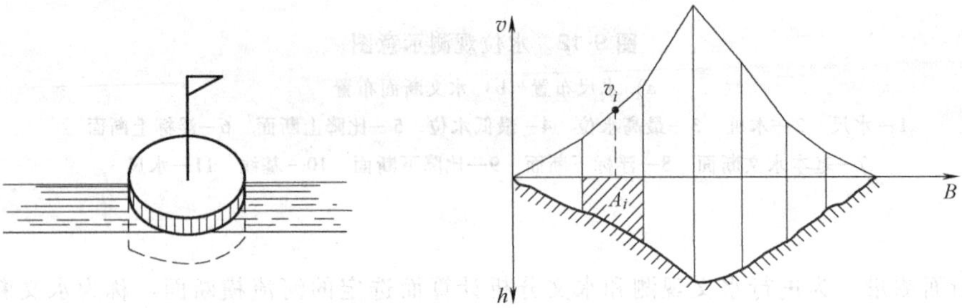

a)　　b)

图 9-13　浮标法测流速

a）浮标　b）平面流速分布

2）流速仪法。流速仪是一种专用的测流速仪器，其中以旋杯式应用最广，如图 9-14a 所示，通过旋杯在水流中的转速，即可换算得测点流速，此法比浮标法精确。

采用流速仪法测流速可按以下步骤进行。

① 测定过水断面。

② 沿过水面宽度布设测流速垂线数，将断面分成若干部分，垂线个数的选择见表 9-2。

③ 确定沿垂线的测点数及测点位置，见表 9-3。

表 9-2　常用测流速垂线数

水面宽度/m		<5	5	50	100	300	1000	>1000
最少垂线数	窄深河道	3~5	5	6	7	8	8	8
	宽浅河道	—	—	8	9	11	13	>13

表 9-3　测流速垂线上的测点数及位置

垂线水深 h/m	施测点数	测点位置
>10	5	水面，$0.2h$，$0.6h$，$0.8h$，$h-\Delta$
3~10	3	$0.2h$，$0.6h$，$0.8h$
1.5~3	2	$0.2h$，$0.8h$
<1.5	1	$0.6h$

注：Δ 为流速仪净空。

④ 测每一垂线上各测点流速。

⑤按式（9-12）计算各垂线平均流速 v_{mi}。

$$
\begin{cases}
\text{五点法} & v_{\mathrm{m}}=\dfrac{1}{10}(v_{0.0}+3v_{0.2}+3v_{0.6}+2v_{0.8}+v_{1.0}) \\
\text{三点法} & v_{\mathrm{m}}=\dfrac{1}{3}(v_{0.2}+v_{0.6}+v_{0.8}) \\
\text{二点法} & v_{\mathrm{m}}=\dfrac{1}{2}(v_{0.2}+v_{0.8}) \\
\text{一点法} & v_{\mathrm{m}}=v_{0.6}
\end{cases}
\tag{9-12}
$$

按上述流速测量结果，也可绘制断面垂线平均流速分布图，如图 9-14b 所示。

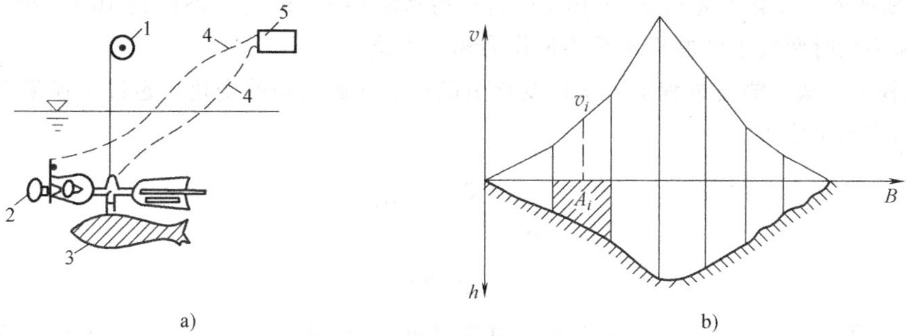

图 9-14　流速仪法测流速

a）旋杯式流速仪　b）断面流速分布

1—绞车　2—旋杯　3—铅鱼　4—电线　5—计数器

由此可按以下步骤计算流量 Q，全过程如图 9-15 所示。

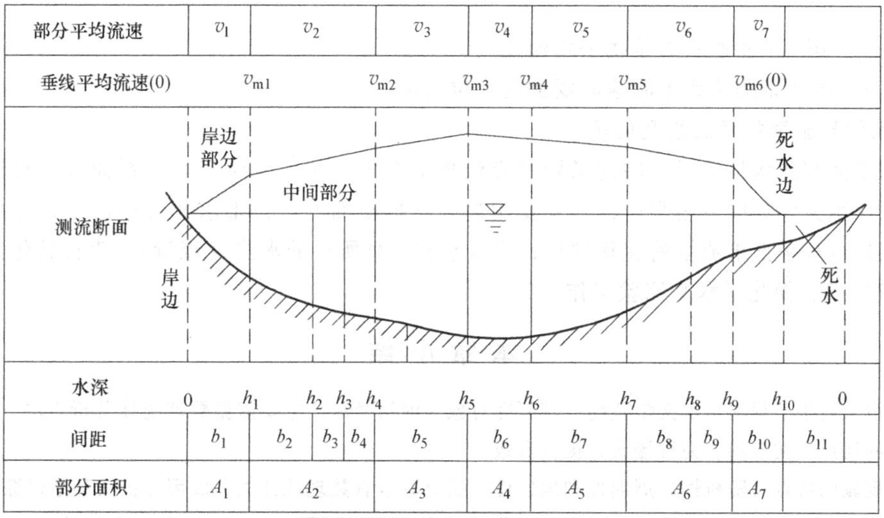

图 9-15　流量测算过程图示

① 计算各部分的面积 A_i。

② 按式（9-10）计算各垂线部分的平均流速 v_i。

③ 按式（9-13）计算通过各部分的面积流量 Q_i 及总流量 Q。

$$
\begin{cases}
Q_i = A_i v_i \\
Q = \sum_{i=1}^{n} Q_i
\end{cases}
\tag{9-13}
$$

④ 按式（9-14）计算断面平均流速。

$$\begin{cases} v = \dfrac{Q}{A} \\ A = \sum\limits_{i=1}^{n} A_i \end{cases} \tag{9-14}$$

（3）相应水位的计算　测流过程中，水位在不断的变化，观测各条垂线流速时，水位也各不相同，全断面流量所对应的水位即相应水位，可按下述方法计算确定。

1）算术平均法。测流过程中，由于水位变化而引起过水断面面积的变化，当平均水深大于 1m 时，其断面面积变化不超过 5%～10%；当平均水深小于 1m 时，不超过 10%～20%。一般取测流开始和终止时两次水位的算术平均值作为相应水位。

2）加权平均法。测流过程中，水位变化引起过水断面面积的变化，超过上述限度时，可按下式计算相应的水位 H

$$H = \frac{\sum\limits_{i=1}^{n} B_i v_{mi} H_i}{\sum\limits_{i=1}^{n} B_i v_{mi}} \tag{9-15}$$

式中　B_i——第 i 条测速垂线所代表的水面宽度（m）；对于断面中间部分的垂线，应为该垂线至两邻垂线间距的平均值，如图 9-15 中的第三条垂线，$B_3 = \frac{1}{2}(b_5 + b_6)$；对于岸边垂线，则为水边至垂线的间距加该垂线至相邻垂线间距的一半，如图 9-15 中的第一条测速垂线，$B_1 = b_1 + \frac{1}{2}(b_2 + b_3 + b_4)$；

v_{mi}——第 i 条测速线的垂线平均流速（m/s）；

H_i——第 i 条测速线上测速时观测的水位（m）。

3. 水位与流量关系曲线及应用

根据断面实测水位和对应的流量资料点绘成的图形，称为水位流量关系曲线。水位与流量关系曲线在水文计算中应用很广，其主要用途是根据断面的水位推求相应的流量，也可以根据水位的变化过程来推求流量的变化过程，或将水文计算所得的水位（流量），直接转化为设计水位（流量）等，简化了水文测验工作。

本章小结

桥涵水文属于工程河川水文学范畴，其研究对象为河川径流。主要依据数理统计分析方法，分析实地调查勘测的河川水文资料，为桥涵设计提供参数。

水文现象的特点有随机性、周期性和地区性，研究方法有数理统计法、成因分析法和地理综合法。

地质构造及河水冲蚀下切，是河流形成变化的基本原因。河段按河床演变特点分为峡谷性、稳定性、次稳定性、变迁性、游荡性、宽浅性和冲积漫流性。河流的基本特征，一般用河流长度、弯曲系数、横断面积及纵向比降等表示。流域是河流某断面以上的集水区域，用流域面积表示。

河川径流是指地面径流和地下径流汇入河槽并沿河槽流动的水流，径流形成过程一般分为四个阶段，降水、流域蓄渗、坡面漫流、河槽集流。影响河川径流的主要因素是气候和下垫面。径流量的表示方法有流量、径流总量、径流模数、径流深度和径流系数。

河床演变是在水流、泥沙和河床三者长期作用下泥沙冲淤平衡的结果。

水文测验是获得水文资料的主要方法。水位观测通常用水尺观测，常用的水尺有直立式、倾斜式、矮桩式三种。河中流量与水位具有一定的关系，某一水位下，可测得相应的过水面积及流速分布，根据过水面积和流速计算相应水位下的流量。水位与流量关系曲线主要用途是根据断面的水位推求相应的流量，也可以根据水位的变化过程推求流量的变化过程。

思考题与习题

9-1 简述水文现象的特点及桥涵水文的研究方法。

9-2 解释下列概念：河流，流域，河川径流，径流量。

9-3 河段按河床演变特点分为哪几类？

9-4 河川径流的形成过程分为哪几个阶段？影响河川径流的因素有哪些？

9-5 什么是泥沙的起动流速？什么是输沙率、含沙量与挟沙力？

9-6 什么是河床演变？什么是河相关系及造床流量？

9-7 某桥位处的流域面积 $F=566\text{km}^2$，多年平均流量为 $8.8\text{m}^3/\text{s}$，多年平均降雨量为 688.7mm，试求其年径流总量、径流模数、径流深度及径流系数。

9-8 已知各河段的河底特征点高程及其间距，见表 9-4，试求各河段平均比降及全河平均比降（写出计算式及计算过程，并将计算结果填入表中有关栏内）。

表 9-4　河段平均比降计算资料

自河源起至河口各河段编号	底坡变化特征点上、下游高程/m	各特征点间距离/km	各段平均比降
1	72.5~41.9	211	
2	41.9~25.6	253	
3	25.6~16.3	248	
4	16.3~3.7	200	
5	3.7~0	60	
全河			

9-9 已知某一水位下，用流速仪测得有关资料见表 9-5。试计算此水位下的过水断面流量及断面平均流速，并绘出断面上的流速及流量沿水面宽度分布图。

表 9-5　某桥位处测流速资料

流速垂线序号	起点距/m	水深/m	垂线上平均流速/(m/s)	流速垂线序号	起点距/m	水深/m	垂线上平均流速/(m/s)
左岸水边线	0	0.00	0.000	6	604	1.85	0.790
1	37	2.81	0.745	7	746	3.45	0.902
2	115	3.37	1.000	8	905	3.65	0.665
3	206	2.47	0.904	9	987	2.42	0.668
4	310	1.85	0.800	10	1038	2.35	0.395
5	450	1.05	0.620	右岸水边线	1080	0.00	0.000

第 10 章

水文统计原理

学习重点

累积频率和重现期的概念，经验累积频率曲线的概念及绘制；统计参数的计算，统计参数对频率曲线的影响；理论累积频率曲线的概念及绘制；试错适线法和三点适线法求设计流量。

学习目标

了解水文计算资料的要求，熟悉水文统计的基本概念和原理；掌握试错适线法和三点适线法。

水文计算的任务是根据实测的水文资料（如水位、流量、降水量等），通过整理分析与计算，为桥、涵等工程提供设计水位或设计流量，为水力及桥涵水文计算提供设计依据。由于河流的流量、水位在数值及时间上具有随机特性，无法按照物理成因方法获得符合需要的设计值，只能依靠长期实测资料寻找其统计规律，从中选择所需的设计依据。这种应用数理统计方法来分析水文现象变化规律的方法，称为水文统计法。

10.1 水文统计的基本概念

按照数理统计方法所依据的概率论原理，水文现象相当于“随机事件”，对某断面水文特征值的长期重复观测，相当于做重复的“随机试验”，一系列水文现象的特征值（如流量或水位的实测数值）相当于“随机变量”，其中某一数值的水位在资料中的个数则相当于随机事件发生的“频数”。水文统计方法所涉及的数理统计基本概念简述如下。

1. 随机事件和随机变量

（1）事件的分类　在一定条件组合下所发生的事情称为“事件”。自然界中的一切现象，就其出现情况来说，分为三类。

1）必然事件：在一定条件下必然会发生的事情。例如，大量雨水汇入河流必然会引起河水猛涨。

2）不可能事件：在一定条件下不可能出现的事情。例如，长江的流域大，雨量充沛，不可能出现断流现象。

3）随机事件：一定条件下，发生的可能性为不确定的事情。水文现象出现的时间及其数值大小都具有随机特性。

（2）随机变量　随机变量是指在多次重复试验中，随机事件出现的种种数值结果。一系列的随机变量，简称为系列。随机变量有两类，一类为连续型随机变量，即随机变量在 $X_1 \sim X_n$ 间可取任意值的变量，如江河中的水位、流量或降水量等，两数值间均可有任何区间值。因此，水文现象的随机值均属连续型随机变量。另一类为离散型随机变量。

2. 总体与样本

数理统计中，把随机变量系列的全体，称为总体。总体中的一部分随机变量，称为样本。总体是随机变量可能变化的全貌，样本是其中的局部。随机变量的个数，称为系列容量。总体可以分割成许多样本，从中随意选取的样本，称为随机样本。随机事件的总体有两类。

（1）容量无限总体　水文现象的总体按时间过程取值，包括过去、现在和将来的全部随机变量，属于容量无限总体。各类水文现象的多年实测数值系列均属样本。

（2）容量有限总体　总体随机变量的容量变化有一定范围时属此类。例如，投掷骰子，其随机变量变化只有六个；研究一个学校学生年龄情况，学生人数一定，均属于容量有限总体。

按照数理统计方法基本原理，研究容量足够样本将可以推测总体情况的一般。水文现象只可能从样本情况推论总体情况，并以此预示未来的水文情势及选用合适的设计数据。

3. 概率和频率

（1）概率　对于随机事件，在一定条件下，可能出现也可能不出现，若用一个具体数值表示客观上出现的可能程度，这个数值就称为该事件的概率，常用符号 P 表示。对于事件 A 的概率，可表示为 $P=P(A)$。简单概率可按其定义式计算，有

$$P(A)=\frac{f_0}{n} \tag{10-1}$$

式中　f_0——事件 A 在客观上可能出现的次数；

　　n——可能出现的结果总数（总体的容量）。

概率的基本性质是 $0 \leqslant P(A) \leqslant 1$。

当 A 为必然事件时，$P(A)=1$；A 为不可能事件时，$P(A)=0$；A 为随机事件时，$0<P(A)<1$。

（2）频率　在若干次随机试验中，事件 A 出现的次数 m 与试验总次数 n 的比值，称为事件 A 的频率，记为 $W(A)$。

$$W(A)=\frac{f}{n} \tag{10-2}$$

式中　f——事件 A 出现的次数，即频数。

由此可知，频率是一个实测值，又称为经验概率。而概率则是一个理论值，是一个常数。可以证明当 $n \to \infty$ 时，有

$$\lim_{n \to \infty} W(A)=P(A) \tag{10-3}$$

4. 累积频率及重现期

水文统计中，等于或大于某一随机变量值出现的次数与总次数的比值，称为该随机变量的累积频率，仍用 P 表示。等于或大于某一随机变量值在多年观测中平均多少年或多少次可能再现的时距，称为重现期，用 T 表示，简称多少年一遇或多少次一遇。

设有随机变量 x_1、x_2、x_3、…、x_n，其相应出现的频数为 f_1、f_2、f_3、…、f_n，且有 $x_1>x_2>x_3>\cdots>x_n$，系列的总容量为 n。

按累积频率的定义有

$$P(x \geqslant x_m)=\frac{f_1+f_2+f_3+\cdots+f_m}{n}=\frac{m(x \geqslant x_m)}{n}$$

或

$$P=\frac{m}{n} \tag{10-4}$$

式中　m——等于或大于某一随机变量值出现的累计频数；

n——系列总容量。

按重现期的定义有
$$T=\frac{1}{P} \tag{10-5}$$

在桥涵工程设计中，通过大量资料的频率及累积频率计算，从中选用符合国家规定的洪水频率要求的水位或流量作为设计值。

【例 10-1】 某桥位处有40年最高水位资料，见表10-1，设计频率标准 $P=5\%$，试确定相应的设计水位 H_p。

表 10-1 实测水位频率分析

编号	水位/m	出现频数/f_i	频率 W(%)	累积频率 P(%)
1	30	2	5	5
2	25	10	25	30
3	20	16	40	70
4	15	11	27.5	97.5
5	10	1	2.5	100
Σ	—	40	100	—

当 $P=5\%$，$H_p=30$m，这表明，根据已有实测水位的分析与计算结果，所求设计水位 $H_p=30$m，其未来可能出现破坏率 $P(H\geqslant H_p)=5\%$。显然，其安全率为95%。

由上例计算可知，允许破坏率越小，所选水位或流量值越大；允许破坏率越大，则设计水位越低，桥的高度也越低，其工程投资减小，但运用中破坏的风险越大。显然，相同设计频率标准对于不同的资料系列所得的设计值不同，工程费用也不同。

5. 桥涵设计洪水频率标准

设计洪水是指工程正常使用条件下符合指定防洪设计标准的洪水。设计洪水频率是指按有关技术标准规定作为设计依据的洪水统计意义上出现的频率。JTG C30—2015《公路工程水文勘测设计规范》规定：公路工程设计洪水频率应符合表10-2的规定。当以暴雨径流计算设计流量时，采用符合表10-2规定频率的雨力或降雨量。并应符合 JTG D60—2015《公路桥涵设计通用规范》的规定。

设计流量是与设计洪水相应的桥位断面洪峰流量。设计水位是与设计洪水相应的洪水水面高程。

表 10-2 设计洪水频率

构造物名称	公路等级				
	高速公路	一级	二级	三级	四级
特大桥	1/300	1/300	1/100	1/100	1/100
大、中桥	1/100	1/100	1/100	1/50	1/50
小桥	1/100	1/100	1/50	1/25	1/25
涵洞及小型排水构造物	1/100	1/100	1/50	1/25	不做规定
路基	1/100	1/100	1/50	1/25	按具体情况确定

注：1. 二级公路的特大桥以及三、四级公路的大桥，在河床比降大、易于冲刷的情况下，宜提高一级设计洪水频率验算基础冲刷深度。
2. 沿河纵向高架桥和桥头引道的设计洪水频率应符合本表路基设计洪水频率的规定。
3. 多孔中小跨径的特大桥可采用大桥的设计洪水频率。
4. 城市周边地区的公路路基设计洪水频率应结合城市防洪标准，考虑救灾通道、排洪和泄洪需求综合确定。

6. **水文计算资料的要求**

按规范规定，用于分析和计算的洪水资料应满足以下要求。

（1）一致性　即应收集同类型、同条件下的资料。不同性质的水文资料不能收入同一系列作为经验累积频率分析的依据。例如，不同水准基面的水位资料、瞬时最大流量与日平均流量资料、瞬时最高水位与最低水位资料等，均属不同性质或不同类型的水文资料，不能组成相混系列作为累积频率曲线的计算依据。

（2）代表性　即能反映实际水文情势的特性。一般应有 20~30 年的实测资料作样本。实测系列越长，越能反映实际水文情势，代表性越好。实测系列越短，代表性越差，由此推论的安全率的可靠性也越差。因此，分析资料样本容量应尽可能大，观测年限尽可能长。

（3）可靠性　即资料数据应可靠，对于精度不高，错记、伪造等部分应考证修正，确保分析结果的客观性与准确性。

10.2 经验累积频率曲线

按实测系列计算的累积频率，称为经验累积频率。根据各实测值 x_i与相应的累积频率 P_i点据（P_i，x_i）分布趋势绘制的图形，称为经验累积频率曲线。

1. **频率分布及其特性**

水文现象的观测资料通常都按年序记录，若将各年实测资料中选出的样本不论其发生年序而只按大到小次序排列，统计各水文特征值的频率值，即可绘出各特征值与相应频率关系图，称为频率分布图。现以某水文站 75 年最大流量实测资料表 10-3 为例分析说明。

表 10-3　某水文站年实测最大流量频率分析

最大流量 $x=Q_m/(m^3/s)$	出现频数 f/年	频率 W(%)	累积出现次数/m	累积频率 P(%)
1400~1300	1	1.3	1	1.3
1300~1200	1	1.3	2	2.6
1200~1100	2	2.7	4	5.3
1100~1000	3	4.0	7	9.3
1000~900	5	6.7	12	16.0
900~800	8	10.7	20	26.7
800~700	14	18.6	34	45.3
700~600	20	26.7	54	72.0
600~500	11	14.7	65	86.7
500~400	6	8.0	71	94.7
400~300	3	4.0	74	98.7
300~200	1	1.3	75	100
总计	75	100	—	—

1）将观测资料按组距为 $100m^3/s$ 分级。

2）将流量从大到小排序，并统计每一组出现的次数。

3）计算各组的相应频率及累积频率

4）绘制各组流量与相应累积频率关系直方图，图 10-1a 所示。

从图 10-1a 频率分布直方图可以看出，它和一切随机变量的频率分布有共同特性，即特大、特小值出现次数少，频率小，接近平均值的洪峰流量出现次数多，频率大，其频率分布曲线呈

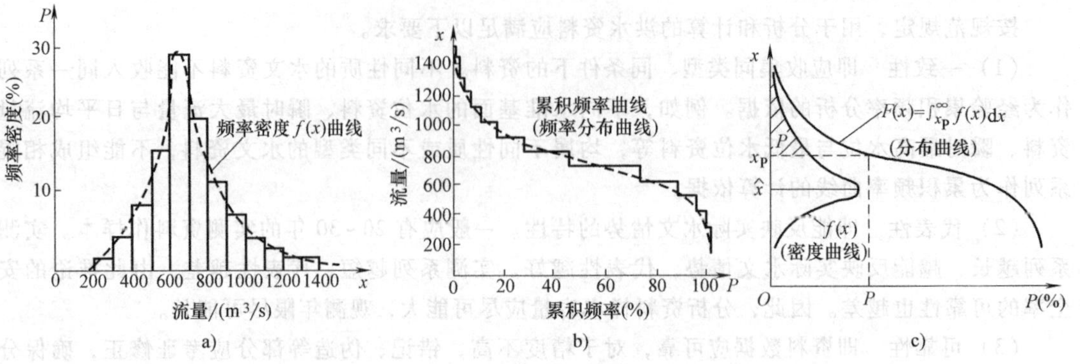

图 10-1　频率密度曲线与累积频率曲线

a）频率分布直方图　b）流量与累积频率折线图　c）累积频率曲线与密度曲线的关系

铃形。其中出现频数最大的流量称为众数。

如图 10-1a 所示，设 Δx 组间内各流量的频率为 W_i，则此组间累计频率按定义有

$$\Delta P=\sum W_i \tag{10-6}$$

若组距为 Δx，则组间平均频率为

$$\overline{W_i}=\frac{\Delta P}{\Delta x} \tag{10-7}$$

此值也称为特征值在 Δx 区间的频率密度。对于连续型随机变量，任一点的频率值可用上述平均频率极限表达

$$W(x)=\lim_{\Delta x\to 0}\frac{\Delta P}{\Delta x}=\frac{\mathrm{d}P}{\mathrm{d}x}=f(x) \tag{10-8}$$

$$\begin{cases} P(x\geqslant x_i)=\int_{x_i}^{\infty}f(x)\,\mathrm{d}x=F(x) \\ P(x\geqslant -\infty)=\int_{-\infty}^{+\infty}f(x)\,\mathrm{d}x=1 \end{cases} \tag{10-9}$$

式中　$f(x)$——频率密度函数，即 x 的频率；

　　　$F(x)$——频率分布函数，即 x 的累积频率。

由上可知，累积频率的最大值为 1，式（10-9）即寻找累积频率曲线数学模型的理论依据。

频率密度直方图表示各组随机变量频率的平均分布，而且图中各矩形面积表示各组距间的频率，即 $\Delta P=\frac{\Delta P}{\Delta x}\cdot\Delta x$。若流量资料的实测次数（年数）趋于无穷大，组距趋于无穷小，则图 10-1a 将形成一条中间高两侧低的偏斜铃形曲线，如图中虚线所示，称为频率密度曲线（简称为频率曲线）。

若以流量 Q 为纵坐标，累积频率为横坐标，则可绘出流量与累积频率关系的阶梯形折线图 10-1b，表示年最大流量的累积频率分布。流量的实测次数趋于无穷大，组距趋于无穷小时，图 10-1b 将形成一条中间平缓两侧陡峭的横置 S 形曲线，如图中虚线所示，称为频率分布曲线（简称为分布曲线）。由累积频率的定义知分布函数是由密度函数积分而得，分布曲线与密度曲线的关系如图 10-1c 所示，图中阴影部分的面积 P 就是随机变量 x_p 所对应的累积频率 $P(x\geqslant x_p)$。

2. 实用经验累积频率公式

累积频率的定义式（10-4），适用于做无穷次重复试验的频率计算，即 $n\to\infty$，对于实测系列不够长的水文资料，往往会出现 $P(x \geqslant x_{\min})=1$ 的不合理结果。因为其中的 $x_{\min}$ 不能肯定是总体的最小值，而只是样本的最小值。因此，在工程实际中，多采用维泊尔（Weibull）公式

$$P(x \geqslant x_i)=\frac{m(x \geqslant x_i)}{n+1} \tag{10-10}$$

简写为

$$P=\frac{m}{n+1} \tag{10-11}$$

维泊尔公式，也称为数学期望公式，可由数理统计理论推出。

3. 经验累积频率曲线的绘制与应用

（1）绘制步骤

1）按年序记录的实测系列，其大小往往十分零乱，统计分析时，应将实测资料不论年序而按大到小的次序排列，统计各值频数 f_i。

2）按维泊尔公式计算各实测值的累积频率 $P_i(x \geqslant x_i)$。

3）以 P_i 为横坐标，x_i 为纵坐标，点绘实测系列的经验累积频率点据（P_i，x_i）。

4）通过（P_i，x_i）各点的分布中心绘制一条光滑的曲线，此即经验累积频率曲线，如图 10-2a 所示。

5）按工程等级在表 10-2 中选定设计洪水频率 P，在经验累积频率曲线上可查得设计值 x_i。

（2）经验累积频率曲线的外延问题　水文资料实测记录的年代都不长，经验累积频率点据覆盖的范围难以满足设计频率标准，需要对经验累积频率曲线延长应用。但因曲线的两端图形陡峭，曲率变化很大，目估延长任意性很大，而且难以规范化。水文计算中常用海森（A，Hazon）概率格纸，如图 10-2b 所示，虽可使曲线两端变化有所展平，但仍难解决方法的规范化问题。因此，还需要寻找能反映经验累积频率曲线几何特性的数学模型，运用数学方法确定经验频率曲线以解决其外延问题，由此所得的累积频率曲线，称为理论累积频率曲线。

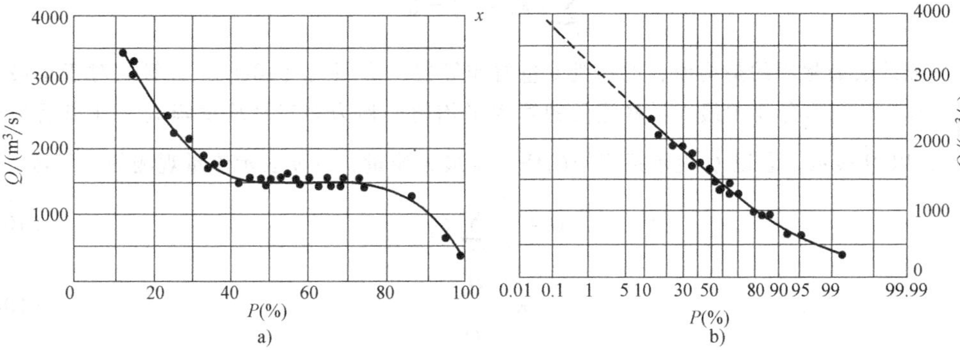

图 10-2　经验累积频率曲线

a）普通格纸　b）海森概率格纸

10.3　统计参数

随机变量系列的数值特征值称为该系列的统计参数。常用的统计参数有均值 $\bar{x}$，中值或众值；均方差 σ 或离差系数 C_v；偏差系数 C_s。

1. 均值、中值、众值

均值、中值、众值都是代表系列数值大小平均情况的参数值，能反映其频率分布的高低位

置特征。

(1) 均值$\bar{x}$ 均值是系列中随机变量的算术平均数，以$\bar{x}$表示，但随机变量的取值不是在试验前就能得知，所以均值不同于普通平均数的概念，概率论中也称为数学期望值。

某一随机变量系列 x_1、x_2、…、x_n，共有 n 项，若其中各变量的出现次数都相同，即各变量占有同等比重（即等权）时，均值为

$$\bar{x}=\frac{x_1+x_2+\cdots+x_n}{n}=\frac{1}{n}\sum_{i=1}^{n}x_i \tag{10-12}$$

若其中各变量的出现次数都不相同（即不等权），x_1出现f_1次，x_2出现f_2次，…，x_n出现f_n次，且$f_1+f_2+\cdots+f_n=n$，由于各变量对平均数的影响不同，则均值应为系列中随机变量的加权平均数，即

$$\bar{x}=\frac{x_1f_1+x_2f_2+\cdots+x_nf_n}{f_1+f_2+\cdots+f_n}=\frac{1}{n}\sum_{i=1}^{n}x_if_i \tag{10-13}$$

对于连续型随机变量系列，均值则为

$$\bar{x}=\int_{-\infty}^{+\infty}xf(x)\,\mathrm{d}x \tag{10-14}$$

系列中各个变量与均值的比值，称为模比系数（或变率），以 K 表示。对任一变量 x_i 则为

$$K_i=\frac{x_i}{\bar{x}} \tag{10-15}$$

$$\sum_{i=1}^{n}K_i=n$$

而且

$$\sum_{i=1}^{n}(K_i-1)=0$$

水文统计法最常用的是均值，把随机变量看作等权，采用式（10-12）计算。对于年最大流量系列，其均值为多年年内最大洪峰流量的算术平均值，称为多年平均洪峰流量（以后简称平均流量），以$\overline{Q}$表示。若以Q_i表示系列中的任一年最大流量，以n表示流量观测的总年数，则

$$\overline{Q}=\frac{1}{n}\sum_{i=1}^{n}Q_i \tag{10-16}$$

$$K_i=\frac{Q_i}{\overline{Q}} \tag{10-17}$$

当系列足够长时，对一个固定的水文站，均值就趋于稳定，接近某一常数，因此，可以利用实测水文资料系列（样本）推求接近于总体的均值。但均值易受极端项的影响，若系列中有特大值，则需修正其计算方法，见本章第10.5节。

均值是系列中所有随机变量的平均数，与每个变量都有直接关系，是各个变量的共同代表，它反映了系列在数值上的大小（系列水平的高低），可作为不同系列间随机变量数值大小（水平高低）的比较标准。

均值也是系列的分布中心，也就是概率分布中心处的变量。在密度曲线图中，通过均值垂直于横坐的直线，恰好是曲线以下面积的重心轴，如图10-3所示。均值的大小，能反映系列分布中心和密度曲线的位置。

(2) 中值$\check{x}$ 系列中的随机变量为等权时，按大小递减次序排列，位置居于正中间的那个

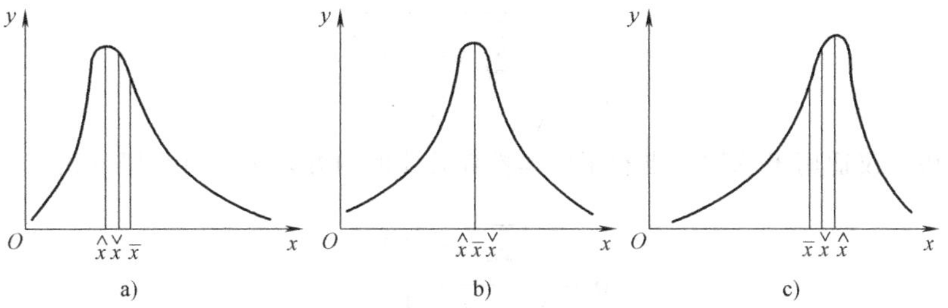

图 10-3 密度曲线图

a）正偏态 b）正态 c）负偏态

变量，称为中值，以 $\check{x}$ 表示。中值仅与变量的位置（或项数）有关，而与其他各变量的数值无关，也称为中位数。系列中变量的项数为偶数时，则中值等于中间两项变量的平均数。

对于连续型随机变量系列，中值的定义为系列中大于中值的和小于中值的随机变量相同，概率相同，各为 50%，即

$$\int_{\check{x}}^{+\infty} f(x)\,\mathrm{d}x = \int_{-\infty}^{\check{x}} f(x)\,\mathrm{d}x = \frac{1}{2} \tag{10-18}$$

中值是系列的中间项，也就是概率为 50% 的变量，比中值大的和比中值小的变量，恰好各占一半（项数相等）。在密度曲线图中，如图 10-3 所示，通过中值垂直于横坐标的直线，恰好平分曲线以下的面积。中值的大小，能反映系列中间项和密度曲线的位置。

（3）众值 $\hat{x}$　系列中出现次数最多的那个变量，就称为众值，以 $\hat{x}$ 表示。众值与变量的项数以及其他各变量的数值都没有关系。对于连续型随机变量系列，密度函数 $f(x)$ 为极大值时的 x 值，就是众值。

众值就是系列中概率最大的变量，在密度曲线图中，如图 10-3 所示，恰好是曲线峰顶处的横坐标值。众值的大小，能反映系列中最大概率项和密度曲线的位置。

（4）均值、中值、众值的位置关系　在密度曲线图中，均值、中值和众值的相对位置，如图 10-3 所示。曲线为对称形时（峰居中），表示系列的频率分布对称于均值（分布中心），称为正态分布，三者的位置重合。曲线不对称时（峰偏离中心），表示其频率分布偏离均值（分布中心），称为偏态分布，三者的位置分离，中值在其他二者的中间，峰偏左时称为正偏态，峰偏右时称为负偏态。均值、中值和众值的大小可以表明密度曲线的位置，而且三者的差值越大表明曲线越偏，它们反映了频率分布的位置特征。

但是，均值、中值和众值只能代表系列的平均情况，当系列中随机变量的取值比较集中（或频率分布比较集中）时，它们对系列的代表性就强，当系列越分散，它们的代表性就越差。例如年最大流量系列中，若每年的流量值都接近于均值 $\overline{Q}$（对均值比较集中），则均值 $\overline{Q}$ 对该流量系列的代表性就强；若每年的流量值都与 $\overline{Q}$ 相差很远（对均值很分散），则只用一个均值 $\overline{Q}$ 就不足以代表该系列的特征。因此，除了频率分布的位置特征以外，还需要知道频率分布的分散（或集中）程度。

2. 均方差和离差系数

均方差和离差系数都是代表系列离均分布情况的参数，表明系列分布对均值是比较分散还是比较集中，反映频率分布对均值的离散程度，可以进一步说明频率分布的特征。

系列中各变量 x_i 对均值 $\bar{x}$ 的差值（$x_1-\bar{x}$）、（$x_2-\bar{x}$）、…、（$x_n-\bar{x}$）等，称为离均差（简称离

差)，表示变量间变化幅度的大小。离差平方的平均数的平方根，称为均方差，以 σ 表示。有

$$\sigma = \sqrt{\frac{\sum_{i=1}^{n}(x_i - \bar{x})^2}{n}} \tag{10-19}$$

式（10-19）仅适用于总体。当利用样本推算总体的均方差时，可采用下式。

$$\sigma = \sqrt{\frac{\sum_{i=1}^{n}(x_i - \bar{x})^2}{n-1}} \tag{10-20}$$

均方差 σ 的量纲与变量 x_i 相同。σ 值较小时，表示系列的离均差较小，说明变量间的变化幅度较小，分布比较集中，即系列的离散程度较小（对均值而言）；σ 值较大时，则说明变量的变化幅度较大，分布比较分散，即离散程度较大。同时，均方差 σ 还可以说明均值对系列的代表性，σ 值越小，均值的代表性越强。

但是，对于水平不同的两个系列（均值大小不等），由于均值的影响，均方差就不足以说明它们的离散程度大小。在数理统计中，通常采用相对值，即均方差与均值的比值来反映系列的相对离散程度，称为离差系数或变差系数，以无量纲 C_v 表示。

利用样本推算总体的离差系数，可采用下式。

$$C_v = \frac{\sigma}{\bar{x}} = \frac{1}{\bar{x}}\sqrt{\frac{\sum_{i=1}^{n}(x_i - \bar{x})^2}{n-1}} \tag{10-21}$$

若引入模比系数 K_i，则

$$\text{或}\quad \begin{cases} C_v = \sqrt{\dfrac{\sum_{i=1}^{n}(K_i - 1)^2}{n-1}} \\ C_v = \sqrt{\dfrac{\sum_{i=1}^{n}K_i^2 - n}{n-1}} \end{cases} \tag{10-22}$$

C_v 值较小时，表示系列的离散程度较小，即变量间的变化幅度较小，频率分布比较集中；C_v 值较大时，则表示系列的离散程度较大，频率分布比较分散。

对于年最大流量系列，C_v 值的大小反映河流中流量的年际变化幅度，C_v 值越大，流量的变幅越大，年际分配越不均匀。例如，我国暴雨径流的 C_v 值趋势，大致是狭长流域比扇形流域大，小流域比大流域大，山区河流比平原河流大，北方河流比南方河流大。一般情况下，融冰雪洪水的 C_v 值较为稳定，而暴雨洪水的 C_v 值不够稳定。

3. 偏差系数

偏差系数也是代表系列分布情况的参数，表明系列分布对均值的对称性，反映频率分布对均值的偏斜程度，以 C_s 表示，按下式计算

$$C_s = \frac{\sum_{i=1}^{n}(x_i - \bar{x})^3}{n\sigma^3} = \frac{\sum_{i=1}^{n}(x_i - \bar{x})^3}{n\bar{x}^3 C_v^3} \tag{10-23}$$

利用样本计算时，则采用下式

$$C_s = \frac{\sum_{i=1}^{n}(x_i - \bar{x})^3}{(n-3)\bar{x}^3 C_v^3} \tag{10-24}$$

若引入模比系数 K_i，则

$$C_s = \frac{\sum_{i=1}^{n}(K_i - 1)^3}{(n-3)C_v^3} \tag{10-25}$$

系列中变量的分布对称于均值时，$\sum_{i=1}^{n}(x_i - \bar{x})^3 = 0$，则 $C_s = 0$，其频率分布对称于均值，为正态分布，表示大于均值和小于均值的变量出现机会相同，而且其均值所对应的累积频率恰好为50%；不对称时，则 $C_s \neq 0$，其频率分布偏离均值，为偏态分布。$C_s>0$ 时，为正偏态，表示系列中大于均值的变量比小于均值的变量出现机会少，其均值对应的频率小于 50%。$C_s<0$ 时，为负偏态，表示系列中大于均值的变量比小于均值的变量出现机会多，其均值对应的频率大于 50%。C_s 的绝对值越大，频率分布偏离均值越大，如图 10-4所示。

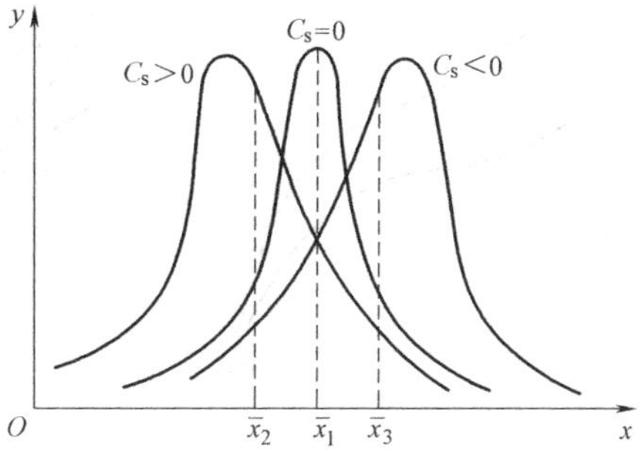

图 10-4　C_s值变化情况

对年最大流量系列，C_s一般不出现负值，多呈正偏态分布，反映了河流中年最大流量对均值的偏离情况，表明大于均值 $\overline{Q}$ 的流量出现机会少，而小于均值 $\overline{Q}$ 的流量出现机会多，平均流量 $\overline{Q}$ 的频率总是小于 50%。

根据上述公式，计算统计参数的方法，数理统计中习惯上称为矩法。

4. 统计参数与密度曲线及频率曲线的关系

统计参数反映了频率分布的特点，同时，也反映了频率密度曲线和频率分布曲线（即累积频率曲线）形状的特点。

1）统计参数 $\bar{x}$、C_v、C_s与频率密度曲线形状的关系，如图 10-5 所示。

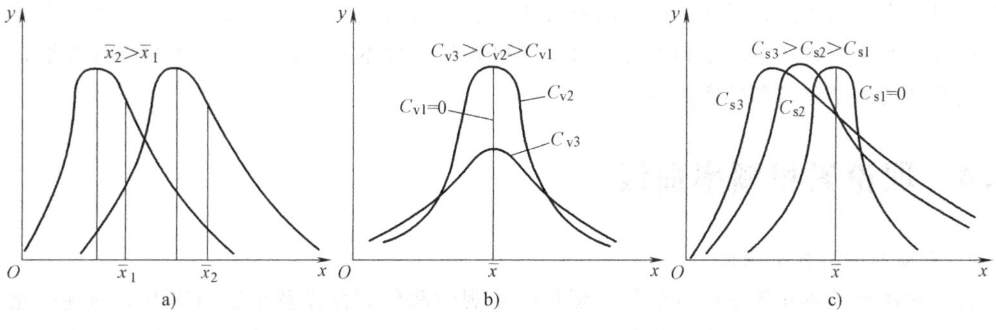

图 10-5　$\bar{x}$、C_v、C_s与密度曲线的关系

a）位置变化　b）曲线高低　c）曲线偏斜

均值 $\bar{x}$ 反映密度曲线的位置变化，如图 10-5a 所示，若 C_v及 C_s值不变，则曲线的形状基本不变，但曲线的位置将随 $\bar{x}$ 的变化而沿 x 轴移动。离差系数 C_v反映密度曲线的高矮情况，如图 10-5b 所示，若 $\bar{x}$ 及 C_s值不变，C_v值越大，表示频率分布越分散，曲线就越显得矮而胖；C_v值越小，表示频率分布越集中，曲线就越显得高而瘦；$C_v = 0$ 时，将成为一条垂直线，横坐标 $x = \bar{x}$，而且 C_v无负值。偏差系数 C_s反映密度曲线的偏斜程度，如图 10-5c 所示，若 $\bar{x}$ 及 C_v值不变，当

$C_s>0$ 时，曲线的峰偏左，为正偏态，C_s值越大峰越向左偏；当 $C_s=0$ 时，曲线的峰居中间，两侧对称，为正态；当 $C_s<0$ 时，曲线的峰偏右，为负偏态，C_s值越小峰越向右偏，如图 10-4 所示。年最大流量系列的 C_s无负值，密度曲线总是峰偏左而为正偏态。

2）统计参数 $\bar{x}$、C_v、C_s与频率分布曲线形状的关系，如图 10-6 所示。

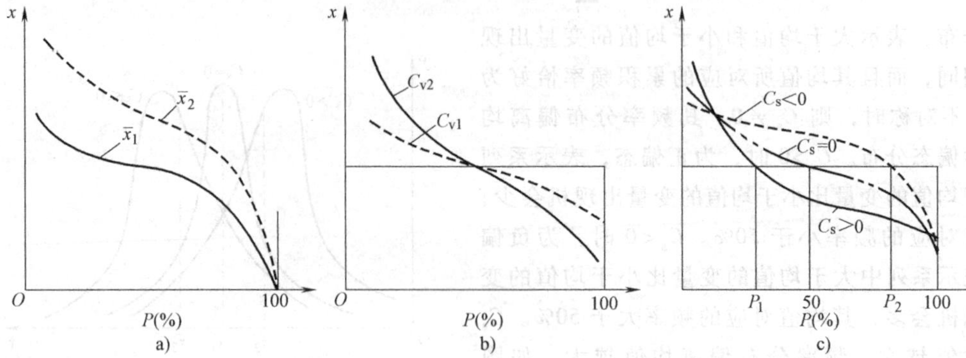

图 10-6　$\bar{x}$、C_v、C_s与频率曲线的关系

均值 $\bar{x}$ 反映频率曲线的位置高低如图 10-6a 所示，若 C_v及 C_s值不变，则 $\bar{x}$ 值越大曲线越高。离差系数 C_v反映频率曲线的陡坦程度，如图 10-6b 所示，若 $\bar{x}$ 及 C_s值不变，则 C_v值越大曲线越陡；$C_v=0$ 时，将成为一条水平线（纵坐标 $x=\bar{x}$），而且 C_v无负值，曲线总是左高右低。偏差系数 C_s反映频率曲线的曲率大小，如图 10-6c 所示，若 $\bar{x}$ 及 C_v值不变，当 $C_s>0$ 时，随 C_s值的增大，曲线头部变陡，尾部变缓而趋平，当 $C_s>2\sim3$ 时，曲线尾部将趋向于水平线；$C_s=0$ 时，为正态分布，其频率曲线在海森几率格纸上将成为一条直线；当 $C_s<0$ 时，随 C_s值的减小，曲线头部趋平而尾部变陡，年最大流量系列的 C_s无负值，频率曲线总是头部较陡尾部平缓。

根据上述分析，对一个已知系列，可以用它的统计参数来描述频率分布和频率曲线的特征。同理，对一个未知系列，若能求得它的统计参数，就可以利用统计参数来确定它的频率分布和频率曲线。水文统计中，就是利用实测水文资料系列（样本）推求近似总体的统计参数，并用以确定总体的频率分布和频率曲线。

10.4　理论累积频率曲线

1. 频率曲线的数学模型

为了解决经验累积频率曲线绘制、延长的主观性和任意性以及绘制曲线方法的规范化，很多学者根据自然界大量实际资料的频率分布趋势，建立了一些频率曲线的线形，并选配了相应的数学函数式。根据我国多年使用经验，认为皮尔逊Ⅲ型曲线（Pearson-Ⅲ曲线）比较符合我国多数地区水文现象的实际情况。因此，我国水利、公路、铁路等工程有关规范，在水文统计中，大多采用皮尔逊Ⅲ型曲线，作为近似于水文现象总体的频率曲线线形，在洪（枯）水流量、降雨径流以及波浪高度的频率分析中广泛应用。另外，耿贝尔（E. J. Gumbel）曲线（第Ⅰ型极值分布曲线）也适用我国洪水频率分析，特别在最高、最低潮水位的频率分析时普遍应用。

1895 年，英国生物学家皮尔逊（K. Pearson）根据许多经验资料的统计分析，按照随机事件频率分布特性，建立了概率密度微分方程

$$\frac{\mathrm{d}y}{\mathrm{d}x}=\frac{(x+d)y}{b_0+b_1x+b_2x^2} \tag{10-26}$$

解式（10-26）可得十三种形式的曲线。当 $b_2=0$ 时，其中第三种形式曲线方程为

$$y=y_m\left(1+\frac{x}{a}\right)^{\frac{a}{d}}e^{-\frac{x}{d}} \tag{10-27}$$

式中 y_m——众值处的纵坐标值，即曲线的最大纵坐标值；

a——曲线左端起点到众值点的距离；

d——均值点到众值点的距离，称为偏差半径。

若坐标原点在众值处，皮尔逊Ⅲ型曲线的一般形状如图 10-7a 所示。

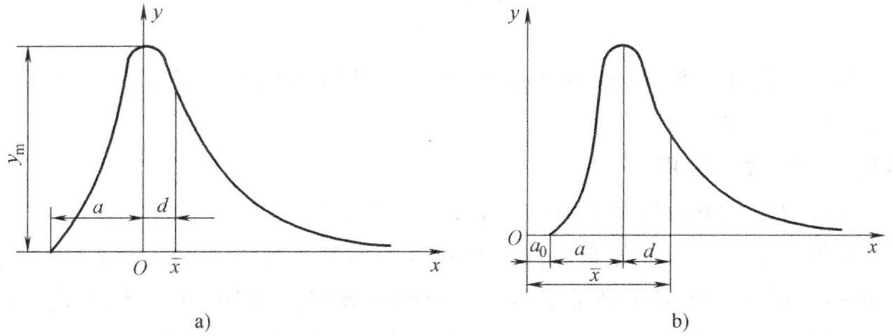

图 10-7 皮尔逊Ⅲ型曲线

由函数可知，y_m、a、d 是曲线的三个参数，如果确定了这三个参数，就可以绘出曲线。曲线的这三个参数，经过适当换算，可以用系列的三个统计参数—均值 $\bar{x}$、离差系数 C_v 和偏差系数 C_s 来表示。它们的关系式为

$$\begin{cases} a=\dfrac{C_v(4-C_s^2)}{2C_s}\bar{x} \\ d=\dfrac{C_vC_s}{2}\bar{x} \\ y_m=\dfrac{2C_s\left(\dfrac{4}{C_s^2}-1\right)^{\frac{4}{C_s^2}}}{\bar{x}C_v(4-C_s^2)e^{\left(\frac{4}{C_s^2}-1\right)}\Gamma\left(\dfrac{4}{C_s^2}\right)} \end{cases} \tag{10-28}$$

式中 $\Gamma\left(\dfrac{4}{C_s^2}\right)$——Γ 函数，有专门计算表；

e——自然对数的底。

若将坐标原点移至水文资料系列的实际零点，如图 10-7b 所示，则皮尔逊Ⅲ型曲线（密度曲线）的密度函数为

$$y=\frac{\beta^\alpha}{\Gamma(\alpha)}(x-a_0)^{\alpha-1}e^{-\beta(x-a_0)} \tag{10-29}$$

式中 a_0——曲线左端起点到系列零点的距离，$a_0=\bar{x}-(a+d)$；

α、β——曲线的参数，$\alpha=\frac{a}{d+1}$，$\beta=\frac{1}{d}$；

$\Gamma(\alpha)$——为Γ函数。

曲线的三个参数 a_0、α、β，经过换算也可以用系列的三个统计参数 $\bar{x}$、C_v和 C_s来表示。其关系式为

$$\begin{cases}\alpha=\dfrac{4}{C_s^2}\\ \beta=\dfrac{2}{C_v C_s \bar{x}}\\ a_0=\dfrac{C_s-2C_v}{C_s}\bar{x}\end{cases} \tag{10-30}$$

因此，已知三个统计参数 $\bar{x}$、C_v和 C_s，则皮尔逊Ⅲ型曲线及其函数就可以确定，也就是确定了密度曲线及密度函数。

2. 皮尔逊Ⅲ型曲线的应用

水文统计需要的是频率曲线及相应的函数，并用以推求指定频率的变量或某一变量的频率。频率曲线实为累积频率曲线，即分布曲线，其相应的函数为分布函数，可以由密度函数积分而得，见式（10-9）。因此，将皮尔逊Ⅲ型曲线的密度函数即式（10-29），代入式（10-9）进行一定的积分，就可以得到频率曲线纵坐标值 x_P的计算公式，即频率曲线的分布函数。

$$x_P=(\Phi C_v+1)\bar{x}=K_P\bar{x} \tag{10-31}$$

式中 x_P——频率为 P 的随机变量；

Φ——离均系数，$\Phi=\frac{x_P-\bar{x}}{C_v\bar{x}}=\frac{K_P-1}{C_v}$，$\Phi$ 是频率 P 和偏差系数 C_s的函数 $\Phi=f(P, C_s)$；为了便于应用，预先制成离均系数 Φ 值表，可供查阅；

K_P——模比系数，$K_P=\frac{x_P}{\bar{x}}=\Phi C_v+1$，可根据拟定的比值 C_s/C_v，预先制成模比系数 K_P值表，以便查阅；

对于年最大流量系列，式（10-31）可写成

$$Q_P=(\Phi C_v+1)\bar{Q}=K_P\bar{Q} \tag{10-32}$$

式中 Q_P——频率为 P 的洪峰流量（m^3/s）；

$\bar{Q}$——平均流量（m^3/s）；

K_P——模比系数，$K_P=\frac{Q_P}{\bar{Q}}=\Phi C_v+1$；

Φ——离均系数，可查表 10-4。

根据已知的三个统计参数 $\bar{x}$、C_v和 C_s，就可以利用上述公式推求任一频率的变量值，并能绘出理论累积频率曲线。可见，理论累积频率曲线的绘制，主要是三个统计参数的确定。

【例 10-2】 某水文站有 22 年的年最大流量观测资料，见表 10-5，试推求 $P=0.33\%$、$P=1\%$和 $P=2\%$的洪水流量。

解：平均流量，模比系数计算见表 10-5。

表 10-4 皮尔逊Ⅲ型曲线的离均系数 Φ 值

C_s \ P(%)	0.01	0.1	0.2	0.33	0.5	1	2	5	10	20	50	75	90	95	99	P(%) / C_s
0.0	3.72	3.09	2.88	2.71	2.58	2.33	2.05	1.64	1.28	0.84	0.00	-0.67	-1.28	-1.64	-2.33	0.0
0.1	3.94	3.23	3.00	2.82	2.67	2.40	2.11	1.67	1.29	0.84	-0.02	-0.68	-1.27	-1.62	-2.25	0.1
0.2	4.16	3.38	3.12	2.92	2.76	2.47	2.16	1.70	1.30	0.83	-0.03	-0.69	-1.26	-1.59	-2.18	0.2
0.3	4.38	3.52	3.24	3.03	2.86	2.54	2.21	1.73	1.31	0.82	-0.05	-0.70	-1.24	-1.55	-2.10	0.3
0.4	4.61	3.67	3.36	3.14	2.95	2.62	2.26	1.75	1.32	0.82	-0.07	-0.71	-1.23	-1.52	-2.03	0.4
0.5	4.83	3.81	3.48	3.25	3.04	2.68	2.31	1.77	1.32	0.81	-0.08	-0.71	-1.22	-1.49	-1.96	0.5
0.6	5.05	3.96	3.60	3.35	3.13	2.75	2.35	1.80	1.33	0.80	-0.10	-0.72	-1.20	-1.45	-1.88	0.6
0.7	5.28	4.10	3.72	3.45	3.22	2.82	2.40	1.82	1.33	0.79	-0.12	-0.72	-1.18	-1.42	-1.81	0.7
0.8	5.50	4.24	3.85	3.55	3.31	2.89	2.45	1.84	1.34	0.78	-0.13	-0.73	-1.17	-1.38	-1.74	0.8
0.9	5.73	4.39	3.97	3.65	3.40	2.96	2.50	1.86	1.34	0.77	-0.15	-0.73	-1.15	-1.35	-1.66	0.9
1.0	5.96	4.53	4.09	3.76	3.49	3.02	2.54	1.88	1.34	0.76	-0.16	-0.73	-1.13	-1.32	-1.59	1.0
1.1	6.18	4.67	4.20	3.86	3.58	3.09	2.58	1.89	1.34	0.74	-0.18	-0.74	-1.10	-1.28	-1.52	1.1
1.2	6.41	4.81	4.32	3.95	3.66	3.15	2.62	1.91	1.34	0.73	-0.19	-0.74	-1.08	-1.24	-1.45	1.2
1.3	6.64	4.95	4.44	4.05	3.74	3.21	2.67	1.92	1.34	0.72	-0.21	-0.74	-1.06	-1.20	-1.38	1.3
1.4	6.87	5.09	4.56	4.15	3.83	3.27	2.71	1.94	1.33	0.71	-0.22	-0.73	-1.04	-1.17	-1.32	1.4
1.5	7.09	5.23	4.68	4.24	3.91	3.33	2.74	1.95	1.33	0.69	-0.24	-0.73	-1.02	-1.13	-1.26	1.5
1.6	7.31	5.37	4.80	4.34	3.99	3.39	2.78	1.96	1.33	0.68	-0.25	-0.73	-0.99	-1.10	-1.20	1.6
1.7	7.54	5.50	4.91	4.43	4.07	3.44	2.82	1.97	1.32	0.66	-0.27	-0.72	-0.97	-1.06	-1.14	1.7
1.8	7.76	5.64	5.01	4.52	4.15	3.50	2.85	1.98	1.32	0.64	-0.28	-0.72	-0.94	-1.02	-1.09	1.8
1.9	7.98	5.77	5.12	4.61	4.23	3.55	2.88	1.99	1.31	0.63	-0.29	-0.72	-0.92	-0.98	-1.04	1.9
2.0	8.21	5.91	5.22	4.70	4.30	3.61	2.91	2.00	1.30	0.61	-0.31	-0.71	-0.895	-0.949	-0.989	2.0
2.1	8.43	6.04	5.33	4.79	4.37	3.66	2.93	2.00	1.29	0.59	-0.32	-0.71	-0.869	-0.914	-0.945	2.1
2.2	8.65	6.17	5.43	4.88	4.44	3.71	2.96	2.00	1.28	0.57	-0.33	-0.70	-0.844	-0.879	-0.905	2.2
2.3	8.87	6.30	5.53	4.97	4.51	3.76	2.99	2.00	1.27	0.55	-0.34	-0.69	-0.820	-0.849	-0.867	2.3
2.4	9.08	6.42	5.63	5.05	4.58	3.81	3.02	2.01	1.26	0.54	-0.35	-0.68	-0.795	-0.820	-0.831	2.4
2.5	9.30	6.55	5.73	5.13	4.65	3.85	3.04	2.01	1.25	0.52	-0.36	-0.67	-0.772	-0.791	-0.800	2.5
2.6	9.51	6.67	5.82	5.20	4.72	3.89	3.06	2.01	1.23	0.50	-0.37	-0.66	-0.748	-0.764	-0.769	2.6
2.7	9.72	6.79	5.92	5.28	4.78	3.93	3.09	2.01	1.22	0.48	-0.37	-0.65	-0.726	-0.736	-0.740	2.7
2.8	9.93	6.91	6.01	5.36	4.84	3.97	3.11	2.01	1.21	0.46	-0.38	-0.64	-0.702	-0.710	-0.714	2.8
2.9	10.14	7.03	6.10	5.44	4.90	4.01	3.13	2.01	1.20	0.44	-0.39	-0.63	-0.680	-0.687	-0.690	2.9
3.0	10.35	7.15	6.20	5.51	4.96	4.05	3.15	2.00	1.18	0.42	-0.39	-0.62	-0.658	-0.665	-0.667	3.0
3.1	10.56	7.26	6.30	5.59	5.01	4.08	3.17	2.00	1.16	0.40	-0.40	-0.60	-0.639	-0.644	-0.645	3.1
3.2	10.77	7.38	6.39	5.66	5.08	4.12	3.19	2.00	1.14	0.38	-0.40	-0.59	-0.621	-0.624	-0.625	3.2
3.3	10.97	7.49	6.48	5.74	5.14	4.15	3.21	1.99	1.12	0.36	-0.40	-0.58	-0.604	-0.606	-0.606	3.3
3.4	11.17	7.60	6.56	5.80	5.20	4.18	3.22	1.98	1.11	0.34	-0.41	-0.57	-0.587	-0.588	-0.588	3.4
3.5	11.37	7.72	6.65	5.86	5.25	4.22	3.23	1.97	1.09	0.32	-0.41	-0.55	-0.570	-0.571	-0.571	3.5
3.6	11.57	7.83	6.73	5.93	5.30	4.25	3.24	1.96	1.08	0.30	-0.41	-0.54	-0.555	-0.556	-0.556	3.6
3.7	11.77	7.94	6.81	5.99	5.35	4.28	3.25	1.95	1.06	0.28	-0.42	-0.53	-0.540	-0.541	-0.541	3.7
3.8	11.97	8.05	6.89	6.05	5.40	4.31	3.26	1.94	1.04	0.26	-0.42	-0.52	-0.526	-0.526	-0.526	3.8
3.9	12.16	8.15	6.97	6.11	5.45	4.34	3.27	1.93	1.02	0.24	-0.41	-0.506	-0.513	-0.513	-0.513	3.9

表 10-5 某水文站有 22 年的年最大流量观测资料

序号	按年份顺序排列		按流量大小排列		经验频率 P (%)	K_i	$(K_i-1)^2$	$(K_i-1)^3$
	年份	流量/(m^3/s)	年份	流量/(m^3/s)				
1	1955	2000	1959	2950	4.3	1.735	0.540	0.397
2	1956	2380	1958	2600	8.7	1.529	0.280	0.148
3	1957	2100	1961	2500	13.0	1.471	0.222	0.104
4	1958	2600	1956	2380	17.4	1.400	0.160	0.064
5	1959	2950	1966	2250	21.7	1.324	0.105	0.034
6	1961	2500	1971	2170	26.1	1.276	0.076	0.021
7	1962	1000	1957	2100	30.4	1.235	0.055	0.013
8	1963	1100	1955	2000	34.8	1.176	0.031	0.005
9	1964	1360	1979	1900	39.1	1.118	0.014	0.002
10	1965	1480	1976	1850	43.5	1.088	0.008	0.001
11	1966	2250	1982	1700	47.8	1.000	0.000	0.000
12	1969	600	1972	1650	52.2	0.971	0.00 1	0.000
13	1970	1530	1970	1530	56.5	0.900	0.010	-0.001
14	1971	2170	1965	1480	60.9	0.871	0.017	-0.002
15	1972	1650	1964	1360	65.2	0.800	0.040	-0.008
16	1975	1300	1975	1300	69.6	0.765	0.055	-0.013
17	1976	1850	1963	1100	73.9	0.647	0.125	-0.044
18	1977	900	1980	1080	78.3	0.635	0.133	-0.049
19	1979	1900	1981	1010	82.6	0.594	0.165	-0.067
20	1980	1080	1962	1000	87.0	0.588	0.170	-0.070
21	1981	1010	1977	900	91.3	0.529	0.222	-0.104
22	1982	1700	1969	600	95.7	0.353	0.419	-0.271
合计				37410		22.005	2.848	0.160

$$\overline{Q}=\frac{1}{n}\sum_{i=1}^{n}Q_i=\frac{1}{22}\times 37410\text{m}^3/\text{s}=1700\text{m}^3/\text{s}$$

$$C_v=\sqrt{\frac{\sum_{i=1}^{n}(K_i-1)^2}{n-1}}=\sqrt{\frac{2.848}{22-1}}=0.37$$

$$C_s=\frac{\sum_{i-1}^{n}(K_i-1)^3}{(n-3)C_v^3}=\frac{0.160}{(22-3)\times 0.37^3}=0.17$$

按式（10-32），计算 $Q_{0.33\%}$、$Q_{1\%}$和 $Q_{2\%}$。

根据 $C_s=0.17$ 和 P，查表 10-4 得 Φ 值

$P=0.33\%$，$\Phi=2.89$；$P=1\%$，$\Phi=2.45$；$P=2\%$，$\Phi=2.14$

$$Q_{0.33\%}=(2.89\times 0.37+1)\times 1700\text{m}^3/\text{s}=3519\text{m}^3/\text{s}$$

$$Q_{1\%}=(2.45\times 0.37+1)\times 1700\text{m}^3/\text{s}=3247\text{m}^3/\text{s}$$

$$Q_{2\%}=(2.14\times 0.37+1)\times 1700\text{m}^3/\text{s}=3043\text{m}^3/\text{s}$$

【例 10-3】 已知合适理论累积频率曲线的统计参数 $\overline{Q}=1000\text{m}^3/\text{s}$，$C_v=0.5$，$C_s=1.0$，试求

此理论累积频率曲线及设计频率 $P=1\%$ 的洪峰流量 $Q_{1\%}$。

解：查表 10-4，当 $C_s=1.0$ 时，$P(\%)=0.01$，0.1，1，…，99.9 等对应的 $\Phi_{0.01}$，$\Phi_{0.1}$，…，$\Phi_{99.9}$，由此可得 $K_{0.01}$，$K_{0.1}$，…，$K_{99.9}$ 及 $Q_{0.01}$，$Q_{0.1}$，…，$Q_{99.9}$，见表 10-6。

表 10-6　理论累积频率曲线计算表

$P(\%)$ / 参数	0.01	0.1	1	5	10	50	75	90	97	99	99.9
Φ_P	5.96	4.53	3.02	1.88	1.34	−0.16	−0.73	−1.13	−1.42	−1.59	−1.79
$\Phi_P C_V$	2.98	2.27	1.51	0.94	0.67	−0.08	−0.37	−0.53	−0.71	−0.80	−0.9
$K_P=\Phi_P C_V+1$	3.98	3.27	2.51	1.94	1.67	0.92	0.63	0.43	0.29	0.20	0.10
$Q_P=K_P\overline{Q}$	3980	3270	2510	1940	1670	920	630	430	290	200	100

由表计算结果得 $Q_{1\%}=2510\text{m}^3/\text{s}$。

当 $C_s<0$ 时，Φ_P 值仍可用表 10-4 计算，但离均系数应用下式换算

$$\Phi_P(C_s0)=-\Phi_{1-P}(C_s>0) \tag{10-33}$$

按式（10-33）计算，即 $C_s<0$ 时 Φ_P 也可查表 10-4，$C_s>0$ 中 $1-P$ 处 Φ_{1-P} 值，但符号相反。

【例 10-4】　已知 $C_s=-0.5$，求 $P=5\%$ 时的离均系数 Φ_P 值。

解：查表 10-4，由 $C_s=0.5$，$P=1-0.05=95\%$ 得 $\Phi_{1-P}=-1.49$，按式（10-33）得

$$\Phi_{5\%}=-\Phi_{1-P}=-(-1.49)=1.49$$

本例计算问题常见于枯水流量或水位资料的频率分析。

3. 抽样误差

水文统计的误差，主要来源于两个方面：一是水文资料的观测、整编和计算过程中形成的误差；二是利用样本推算总体的参数值而引起的误差即抽样误差。前者将随着科学技术的不断发展，计算方法的改进以及对资料的认真审查，可使它减小到最低程度；抽样误差是统计方法本身造成的，只能以延长观测年限、增大样本的容量、增强样本的代表性等措施，来逐步减小。

水文统计所寻求的是总体的规律，而水文现象是一个无限总体，无论水文资料的观测年限多么长，终究是一个有限的样本。利用样本推算总体的参数值，计算结果总是存在一定的抽样误差。

总体包含着无限多个随机样本，每一个样本推算的总体参数值都有抽样误差，抽样误差也是随机变量 x，也具有一定的概率分布（频率分布）。随机变量 x 系列的均值为 $\bar{x}$，均方差为 σ。根据误差理论，抽样误差应呈正态分布，其密度曲线如图 10-8 所示，正态曲线的密度函数为

$$y=f(x)=\frac{1}{\sigma\sqrt{2\pi}}\text{e}^{-\frac{(x-\bar{x})^2}{2\sigma}} \tag{10-34}$$

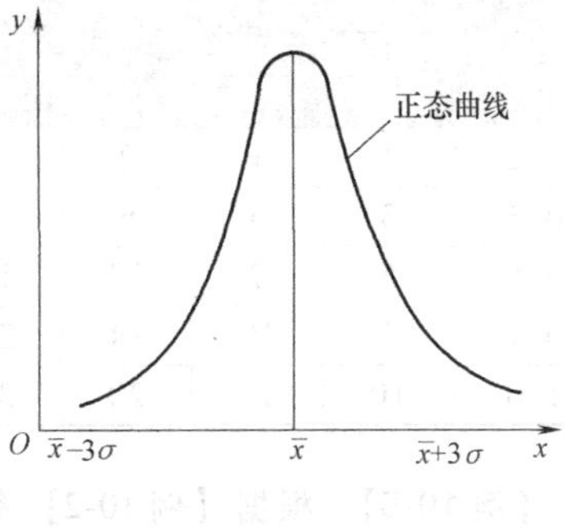

图 10-8　抽样误差的正态分布

置信区间和置信水平分析表明：

1) $P(\bar{x}-\sigma<x\leqslant\bar{x}+\sigma)=\int_{\bar{x}-\sigma}^{\bar{x}+\sigma}f(x)\text{d}x=0.683$　（10-35）

说明抽样误差出现在 $\pm\sigma$ 范围内的频率为 68.3%。

2) $P(\bar{x}-3\sigma<x\leqslant\bar{x}+3\sigma)=\int_{\bar{x}-3\sigma}^{\bar{x}+3\sigma}f(x)\text{d}x=0.997$　（10-36）

说明抽样误差出现在±3σ 范围内的频率为99.7%。

3）定义为E，则存在

$$P(\bar{x}-E<x\leqslant \bar{x}+E)=\int_{\bar{x}-E}^{\bar{x}+E} f(x)\,\mathrm{d}x=0.500 \tag{10-37}$$

抽样误差出现在±E 范围内的频率为50%。

4）

$$P(\bar{x}-4E<x\leqslant \bar{x}+4E)=\int_{\bar{x}-4E}^{\bar{x}+4E} f(x)\,\mathrm{d}x=0.993 \tag{10-38}$$

抽样误差出现在±4E 范围内的频率为99.3%。

抽样误差可用均方误σ表示，也可以用相对均方误$\sigma'(\%)$表示，其计算公式如下。

对于维泊尔公式，经验频率P的相对均方误为

$$\sigma'_P=\pm\frac{\sigma_P}{P}\times100\%=\pm\sqrt{\frac{n-m+1}{nm(n+2)}}\times100\% \tag{10-39}$$

当随机变量x为皮尔逊Ⅲ型曲线时，其统计参数均值$\bar{x}$、离差系数C_v和偏差系数C_s，以及频率曲线纵坐标值x_P的相对均方误为

$$\sigma'_{\bar{x}}=\pm\frac{\sigma_{\bar{x}}}{\bar{x}}\times100\%=\pm\frac{C_v}{\sqrt{n}}\times100\% \tag{10-40}$$

$$\sigma'_{C_v}=\pm\frac{\sigma_{C_v}}{C_v}\times100\%=\pm\frac{1}{\sqrt{2n}}\sqrt{1+2C_v^2+\frac{3}{4}C_s^2-2C_vC_s}\times100\% \tag{10-41}$$

$$\sigma'_{C_s}=\pm\frac{\sigma_{C_s}}{C_s}\times100\%=\pm\frac{1}{C_s}\sqrt{\frac{6}{n}\left(1+\frac{3}{2}C_s^2+\frac{5}{16}C_s^4\right)}\times100\% \tag{10-42}$$

$$\sigma'_{xP}=\pm\frac{\sigma_{xP}}{x_P}\times100\%=\pm\frac{C_vB}{K_P\sqrt{n}}\times100\% \tag{10-43}$$

式中　B——系数，与频率P和离差系数C_s有关，可由图10-9查得。

按上述公式计算统计参数的相对均方误（$C_s=2C_v$时），列于表10-7。由计算结果可知，利用样本推算总体的统计参数，都存在一定的抽样误差，尤其C_s的误差特别大，而且系列容量n对误差的影响很大（σ'与$\sqrt{n}$成反比）。在水文统计法中，根据目前水文观测的实际情况，$\bar{Q}$（即均值$\bar{x}$）和C_v尚可利用公式计算，但要求实测水文资料具有足够长的观测年限（即项数n），而且代表性较好，数据可靠，否则仍会产生很大的误差。至于C_s，则误差过大，不宜直接利用公式计算，通常都是采用适线法选定C_s值。

表10-7　统计参数的抽样误差$\sigma'(\%)$　　($C_s=2C_v$)

C_v	$\bar{x}$				C_v				C_s			
	n				n				n			
	100	50	25	10	100	50	25	10	100	50	25	10
0.1	1	1	2	3	7	10	14	22	126	178	252	399
0.3	3	4	6	9	7	10	15	23	51	73	103	162
0.5	5	7	10	16	8	11	16	25	41	58	82	130
0.7	7	10	14	22	9	12	17	27	40	56	79	125
1.0	10	14	20	32	10	14	20	32	42	60	85	134

【例10-5】　根据【例10-2】资料，计算$\bar{Q}$、C_v、C_s和$Q_{1\%}$的抽样误差，以及第一项的经验频率P_1的抽样误差。

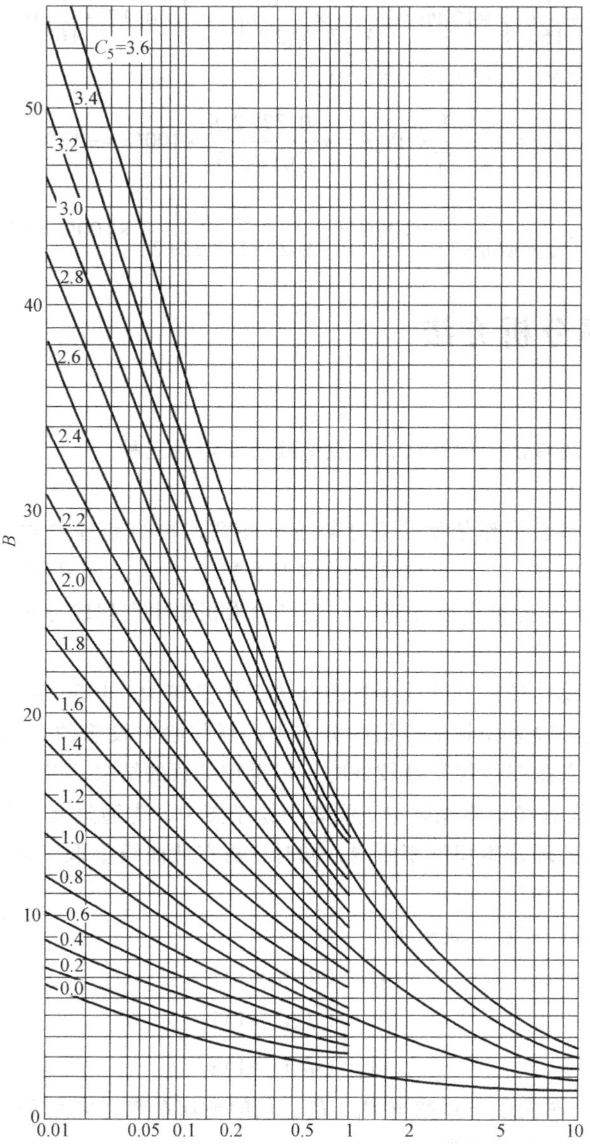

图 10-9　系数 B 与频率 P 和离差系数 C_s 的关系

解：按式（10-40）、式（10-41）、式（10-42）、式（10-43）、式（10-39）计算如下。

已知：$n=22$，$C_v=0.37$，$C_s=0.17$。

$$\sigma'_{\bar{Q}}=\pm\frac{C_v}{\sqrt{n}}\times 100\%=\frac{0.37}{\sqrt{22}}\times 100\%=\pm 8\%$$

$$\sigma'_{C_v}=\pm\frac{1}{\sqrt{2n}}\sqrt{1+2C_v^2+\frac{3}{4}C_s^2-2C_vC_s}\times 100\%=\pm\frac{1}{\sqrt{2\times 22}}\times\sqrt{1+2\times 0.37^2+\frac{3}{4}\times 0.17^2-2\times 0.37\times 0.17}\times 100\%$$

$$=\pm 16\%$$

$$\sigma'_{C_s}=\pm\frac{1}{C_s}\sqrt{\frac{6}{n}\left(1+\frac{3}{2}C_s^2+\frac{5}{16}C_s^4\right)}\times100\%=\pm\frac{1}{0.17}\times\sqrt{\frac{6}{22}\times\left(1+\frac{3}{2}\times0.17^2+\frac{5}{16}\times0.17^4\right)}\times100\%=\pm314\%$$

由图 10-9 查得 $B=2.9$，且已知 $K_{1\%}=1.91$。

$$\sigma'_{Q_{1\%}}=\pm\frac{C_v B}{K_P\sqrt{n}}\times100\%=\pm\frac{0.37\times2.9}{1.91\times\sqrt{22}}\times100\%=\pm12\%$$

$$\sigma'_{P_1}=\pm\sqrt{\frac{n-m+1}{nm(n+2)}}\times100\%=\pm\sqrt{\frac{22-1+1}{22\times1\times(22+2)}}\times100\%=\pm20\%$$

10.5 现行频率分析方法

常用的频率分析方法有试错适线法，三点适线法及矩法三种。

1. 试错适线法

此法以经验累积频率点据作依据，先计算统计参数，再绘制理论累积频率曲线加以比较，并以此试算合适的统计参数。通常以试算合适偏差系数 C_s 为主。计算特点是通过绘线比较，确定合适参数 $\bar{x}$，C_v，C_s，据此推求设计值 x_P。当经验累积频率点据较分散时，宜用此法。

2. 三点适线法

试错适线法采用绘线比较试算统计参数的办法工作量较大。1956 年波兰教授德布斯基提出三点适线法。他先通过经验累积频率点据的分布中心目估绘出设想的合适曲线，再求所绘曲线的参数。方法简便，当点据多而规律性较好时，可得较满意的结果。其原理如下：

如图 10-10 所示，设有经验累积频率点据若干绘于图中，先通过其分布中心目估绘出一条配合较好的曲线作为所求的理论累积频率曲线，同时，再在此曲线上取三点，可得三个已知条件，即（P_1，x_1），（P_2，x_2），（P_3，x_3）。

按式（10-31）所取的三点可表达为

$$\begin{cases}x_1=(\Phi_1 C_v+1)\bar{x}\\ x_2=(\Phi_2 C_v+1)\bar{x}\\ x_3=(\Phi_3 C_v+1)\bar{x}\end{cases}\tag{10-44}$$

式中　Φ_1、Φ_2、Φ_3——对应于三点频率 P_1、P_2、P_3 的离均系数，$\Phi_i=f(P_i,\ C_s)$；

$\bar{x}$——待求平均数；

C_v——待求离差系数；

C_s——待求偏差系数。

解式（10-44），得

$$S=\frac{x_1+x_3-2x_2}{x_1-x_3}=\frac{\Phi_1+\Phi_3-2\Phi_2}{\Phi_1-\Phi_3}=S(P,C_s)\tag{10-45}$$

$$\bar{x}=\frac{x_3\Phi_1-x_1\Phi_3}{\Phi_1-\Phi_3}\tag{10-46}$$

$$C_v=\frac{x_1-x_3}{x_3\Phi_1-x_1\Phi_3}\tag{10-47}$$

当 P_1，P_2，P_3 取定某种累积频率值和某一偏差系数 C_{si} 时，即可通过表 10-4 查出相应于 P_1、P_2、P_3 的 Φ_1、Φ_2、Φ_3，代入式（10-45）得相应的 $S(C_{si})$ 值，对于某一确定的三点频率，取不

同 C_s 值，可预制成 S-C_s-P 专用表，见表 10-8。当已知 S 值时，查表 10-8 也可得 C_s。三点累积频率的习惯取值有：

1）$P(\%)=1—50—99$。

2）$P(\%)=3—50—97$。

3）$P(\%)=5—50—95$。

4）$P(\%)=10—50—90$。

上述四种累积频率值均已制成 $S=S(C_s)$ 的专用表，详见表 10-8。若三点累积频率与表中累积频率不符，也可利用式（10-45）绘制 S-C_s-P 曲线图解，如图 10-11 所示。

表 10-8　三点适线法—S 与 C_s 值的关系表

S	0	1	2	3	4	5	6	7	8	9
$P_{1\text{-}2\text{-}3}=1—50—99\%$ 时，C_s 值										
0.0	0.00	0.03	0.05	0.07	0.10	0.12	1.15	0.17	0.20	0.23
0.1	0.26	0.28	0.31	0.34	0.36	0.39	0.41	0.44	0.47	0.49
0.2	0.52	0.54	0.57	0.59	0.62	0.65	0.67	0.70	0.73	0.76
0.3	0.78	0.81	0.84	0.86	0.89	0.92	0.94	0.97	1.00	1.02
0.4	1.05	1.08	1.10	1.13	1.16	1.18	1.21	1.24	1.27	1.30
0.5	1.32	1.36	1.39	1.42	1.45	1.48	1.51	1.55	1.58	1.61
0.6	1.64	1.68	1.71	1.74	1.78	1.81	1.84	1.88	1.92	1.95
0.7	1.99	2.03	2.07	2.11	2.16	2.20	2.25	2.30	2.34	2.39
0.8	2.44	2.50	2.55	2.61	2.67	2.74	2.81	2.89	2.97	3.05
0.9	3.14	3.22	3.33	3.46	3.59	3.73	3.92	4.14	4.44	4.90
$P_{1\text{-}2\text{-}3}=3—50—97\%$ 时，C_s 值										
0.0	0.00	0.04	0.08	0.11	0.14	0.17	0.20	0.23	0.26	0.29
0.1	0.32	0.35	0.38	0.42	0.45	0.48	0.51	0.54	0.57	0.60
0.2	0.63	0.66	0.70	0.73	0.76	0.79	0.82	0.86	0.89	0.92
0.3	0.95	0.98	1.01	1.04	1.08	1.11	1.14	1.17	1.20	1.24
0.4	1.27	1.30	1.33	1.36	1.40	1.43	1.46	1.49	1.52	1.56
0.5	1.59	1.63	1.66	1.70	1.73	1.76	1.80	1.83	1.87	1.90
0.6	1.94	1.97	2.001	2.04	2.08	2.12	2.16	2.20	2.23	2.27
0.7	2.31	2.36	2.40	2.44	2.49	2.54	2.58	2.63	2.68	2.74
0.8	2.79	2.85	2.90	2.96	3.02	3.09	3.15	3.22	3.29	3.37
0.9	3.46	3.55	3.67	3.79	3.92	4.08	4.26	4.50	4.75	5.21
$P_{1\text{-}2\text{-}3}=5—50—95\%$ 时，C_s 值										
0.0	0.00	0.04	0.08	0.12	0.16	0.20	0.24	0.27	0.31	0.35
0.1	0.38	0.41	0.45	0.48	0.52	0.55	0.59	0.63	0.66	0.70
0.2	0.73	0.76	0.80	0.84	0.87	0.90	0.94	0.98	1.01	1.04
0.3	1.18	1.11	1.14	1.18	1.21	1.25	1.28	1.31	1.35	1.38
0.4	1.42	1.46	1.49	1.52	1.56	1.59	1.63	1.66	1.70	1.74
0.5	1.78	1.81	1.85	1.88	1.92	1.95	1.99	2.03	2.06	2.10
0.6	2.13	2.17	2.20	2.24	2.28	2.32	2.36	2.40	2.44	2.48
0.7	2.53	2.57	2.62	2.66	2.70	2.76	2.81	2.86	2.91	2.97
0.8	3.02	3.07	3.13	3.19	3.25	3.32	3.38	3.46	3.52	3.60
0.9	3.70	3.80	3.91	4.03	4.17	4.32	4.49	4.72	4.94	5.43
$P_{1\text{-}2\text{-}3}=10—50—90\%$ 时，C_s 值										
0.0	0.00	0.05	0.10	0.15	0.20	0.24	0.29	0.34	0.38	1.43
0.1	0.47	0.52	0.56	0.60	0.65	0.69	0.74	0.78	0.83	0.87
0.2	0.92	0.96	1.00	1.04	1.08	1.13	1.17	1.22	1.26	1.30
0.3	1.34	1.38	1.43	1.47	1.51	1.55	1.59	1.63	1.67	1.71
0.4	1.75	1.79	1.83	1.87	1.91	1.95	1.99	2.02	2.06	2.10
0.5	2.14	2.18	2.22	2.26	2.30	2.34	2.38	2.42	2.46	2.50
0.6	2.54	2.58	2.62	2.66	2.70	2.74	2.78	2.82	2.86	2.90
0.7	2.95	3.00	3.04	3.08	3.13	3.18	3.24	3.28	3.33	3.38
0.8	3.44	3.50	3.55	3.61	3.67	3.74	3.80	3.87	3.94	4.02
0.9	4.11	4.20	4.32	4.45	4.59	4.75	4.96	5.20	5.56	—

例：$P_{1\text{-}2\text{-}3}=1—50—99\%$ 时，若 $S=0.35$，查得 $C_s=0.92$。

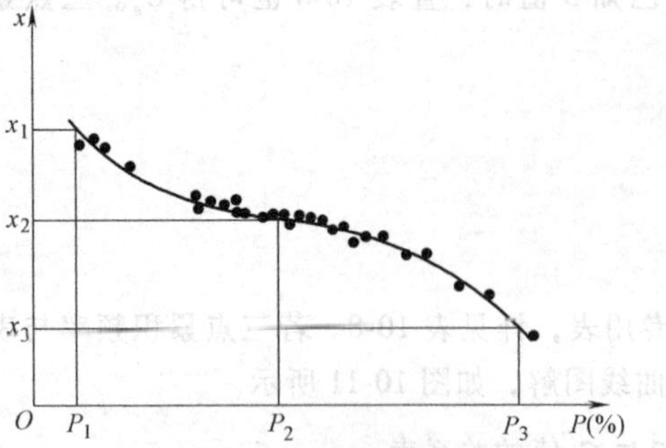

图 10-10　三点适线法示意图

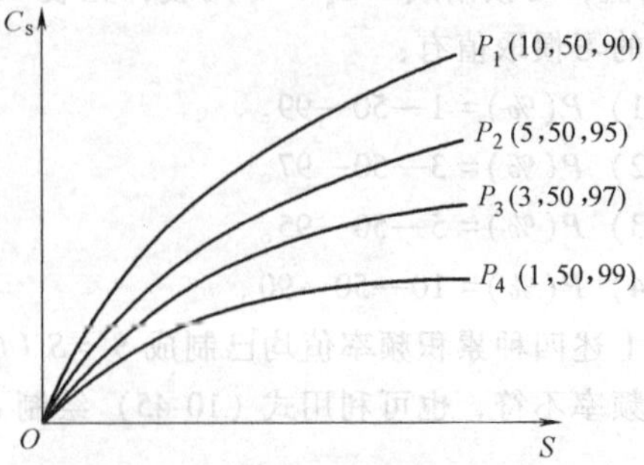

图 10-11　S-C_s-P 关系曲线示意图

C_s值确定后，利用表 10-4 可查得待求的 Φ_1，Φ_2，Φ_3，代入式（10-46）、式（10-47）可得 $\bar{x}$、C_v。

三点法也是一种适线方法，它同时考虑了三个参数的适线变化，当 $C_v<0.5$ 时，通常可获较满意的结果，但所得理论累积频率曲线仍需与经验累积频率点据绘于同一图中做适线比较，通常以试算 C_s为主。

3. 矩法

矩法是统计学中借用力学中力矩的统计学名词，即统计参数。例如系列平均数称为一阶原点矩，离差系数称为二阶中心矩，偏差系数称为三阶中心矩等。矩法即直接按计算的三统计参数确定设计值的方法。当有实测资料时，多用试错适线法或三点法；当缺乏实测资料或由历史调查资料推算设计值时，常采用矩法。

4. 有特大值系列的频率分析方法

特大值是指在数值上比资料中其他实测值大了许多的实测值，常用 x_N表示，其变率为 K_N。特大流量可来自近年实测资料，也可来自历史文献或历史调查。如图 10-12 所示，设调查考证期为 N，共有特大值 a 个，其中 n 年连续实测流量中有特大值 a_2个，n 年系列之外有特大值 a_1个，这类资料属于不连续系列，其中考查年数

$$N=T_2-T_1+1 \tag{10-48}$$

缺测年数为 $N—n—a_1$

这类资料的累积频率及统计参数计算都应考虑特大值的影响而另作处理。

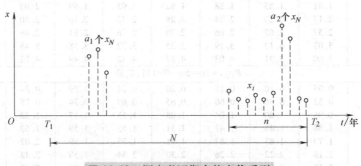

图 10-12　调查考证期有特大值系列

（1）经验累积频率计算　设特大值 x_{iM} 的累积频率为 P_M，模比系数为 K_{im}一般最大值 x_{iM}的累积频率为 P_m，模比系数为 K_{im}，累积频率计算通常采用以下方法。

特大值

$$P_M = \frac{M}{N+1} \times 100\% \tag{10-49}$$

一般最大值

$$P_m = \frac{m}{n+1} \times 100\% \tag{10-50}$$

式中 N——调查考证期年数；

M——特大洪水由大到小的排序序号；

n——观测年数；

m——实测洪水系列由大到小的排序序号，$m=a_2+1$，a_2+2，…，n。

（2）统计参数计算　统计参数计算方法是设法将缺测年份的资料补齐，按连续系列方法计算。

平均值 $\bar{x}_N$

$$\bar{x}_M = \frac{1}{N}\left(\sum_{i=1}^{a} x_{iM} + \frac{N-a}{n-a_2}\sum_{i=a_2+1}^{n-a_2} x_{im}\right) \tag{10-51}$$

离差系数 C_{VM}

$$C_{VM} = \sqrt{\frac{1}{N-1}\left[\sum_{i=1}^{a}(K_{iM}-1)^2 + \frac{N-a}{n-a_2}\sum_{i=a_2+1}^{n-a_2}(K_{im}-1)^2\right]} \tag{10-52}$$

偏差系数 C_{SM}，按适线法确定。

【例 10-6】 已知某测站 1950~1984 年实测最大流量记录见表 10-9，试分别用试错适线法及三点适线法选配合适理论累积频率曲线，并推求某高速公路大桥的设计流量 Q。

解： 1. 试错适线法求 Q_P

（1）分别计算各实测流量的经验累积频率 $P_i=\frac{m}{n+1}\times 100\%$，见表 10-9 第 7 列。

表 10-9　某站实测最大流量经验累积频率计算

序号	记录年份	$Q_i/(m^3/s)$	K_i	K_i-1	$(K_i-1)^2$	$P_i=\frac{m}{n+1}\times 100\%$
1	1954	18500	2.09	1.09	1.1881	2.8
2	1962	17700	2.00	1.00	1.0000	5.6
3	1961	13900	1.57	0.57	0.3249	8.3
4	1956	13300	1.50	0.50	0.2500	11.1
5	1953	12800	1.44	0.44	0.1936	13.9
6	1960	12100	1.37	0.37	0.1369	16.7
7	1963	12000	1.35	0.35	0.1225	19.4
8	1975	11500	1.30	0.30	0.0900	22.2
9	1950	11200	1.26	0.26	0.0676	25.0
10	1969	10800	1.22	0.22	0.0484	27.8
11	1973	10798	1.22	0.22	0.0484	30.6
12	1959	10700	1.21	0.21	0.0441	33.3
13	1965	10600	1.20	0.20	0.0400	36.1
14	1958	10500	1.18	0.18	0.0324	38.9
15	1952	9690	1.09	0.09	0.0081	41.7
16	1957	8500	0.96	−0.04	0.0016	44.4
17	1955	8220	0.93	−0.07	0.0049	47.2
18	1951	8150	0.92	−0.08	0.0064	50.0

（续）

序号	记录年份	$Q_i/(m^3/s)$	K_i	K_i-1	$(K_i-1)^2$	$P_i=\frac{m}{n+1}\times 100\%$
19	1968	8020	0.91	−0.09	0.0081	52.8
20	1970	8000	0.90	−0.10	0.0100	55.6
21	1980	7850	0.89	−0.11	0.0121	58.3
22	1984	7450	0.84	−0.16	0.0256	61.1
23	1971	7290	0.82	−0.18	0.0324	63.9
24	1967	6160	0.70	−0.30	0.0900	66.7
25	1964	5960	0.67	−0.33	0.1089	69.4
26	1982	5950	0.67	−0.33	0.1089	72.2
27	1977	5590	0.63	−0.37	0.1369	75.0
28	1972	5490	0.62	−0.38	0.1444	77.8
29	1974	5340	0.60	−0.40	0.1600	80.6
30	1979	5220	0.59	−0.41	0.1681	83.3
31	1983	5100	0.58	−0.42	0.1764	86.1
32	1981	4520	0.51	−0.49	0.2401	88.9
33	1976	4240	0.48	−0.52	0.2704	91.7
34	1978	3650	0.41	−0.59	0.3481	94.4
35	1966	3220	0.37	−0.63	0.3969	97.2
总计	—	310098	35.00	0.00	6.0452	—

（2）由表10-8第3列，计算平均数。再计算 K_i、K_i-1 和 $(K_i-1)^2$，见表中第4~6列，由第6列计算离差系数。

由表中计算数据，有

$$\overline{Q}=\frac{1}{n}\sum_{i=1}^{35}Q_i=\frac{1}{35}\times 310098\text{m}^3/\text{s}=8860\ \text{m}^3/\text{s}$$

$$C_v=\sqrt{\frac{\sum_{i=1}^{35}(K_i-1)^2}{n-1}}=\sqrt{\frac{6.0452}{35-1}}=0.42$$

（3）绘经验累积频率曲线（Q—P 曲线），如图10-13所示。

（4）取 $C_s=2C_v=2\times 0.42=0.84$，$C_s=3C_v=1.26$，$C_s=4C_v=1.68$，列表计算并绘线比较，如图10-13所示，由此得出，$C_s=3C_v=1.26$ 线的拟合情况最佳，其三参数为 $\overline{Q}=8860\text{m}^3/\text{s}$；$C_v=0.42$；$C_s=1.26$。

不同统计参数的理论累积频率曲线计算见表10-10。

（5）根据桥涵设计洪水频率标准，查表10-2，取设计频率 $P=1\%$，由上述统计参数的试算值查表10-10，得 $Q_{1\%}=20700\text{m}^3/\text{s}$。

表 10-10 理论累积频率曲线计算表

计算参数		P(%)											
		0.01	0.1	1	5	10	25	50	75	90	95	99	99.9
$C_s/C_v=2$	Φ	5.59	4.30	2.92	1.85	1.34	0.58	−0.14	−0.73	−1.16	−1.37	−1.71	−1.97
	ΦC_v	2.35	1.81	1.23	0.78	0.56	0.24	−0.06	−0.31	−0.49	−0.58	−0.72	−0.83
	K_P	3.35	2.81	2.23	1.78	1.56	1.24	0.94	0.69	0.51	0.42	0.28	0.17
	Q_P	29700	24900	19800	15800	13800	11000	8330	6110	4520	3720	2480	1510

（续）

计算参数		P(%)											
		0.01	0.1	1	5	10	25	50	75	90	95	99	99.9
$C_s/C_v=3$	K_P	3.75	3.06	2.34	1.80	1.56	1.22	0.91	0.69	0.55	0.49	0.41	0.36
	Q_P	33200	27100	20700	16000	13800	10800	8060	6110	4870	4340	3640	3190
$C_s/C_v=4$	K_P	4.15	3.31	2.45	1.82	1.55	1.18	0.89	0.70	0.59	0.55	0.52	0.50
	Q_P	36800	29400	21700	16100	13700	10500	7890	6200	5230	4870	4600	4430

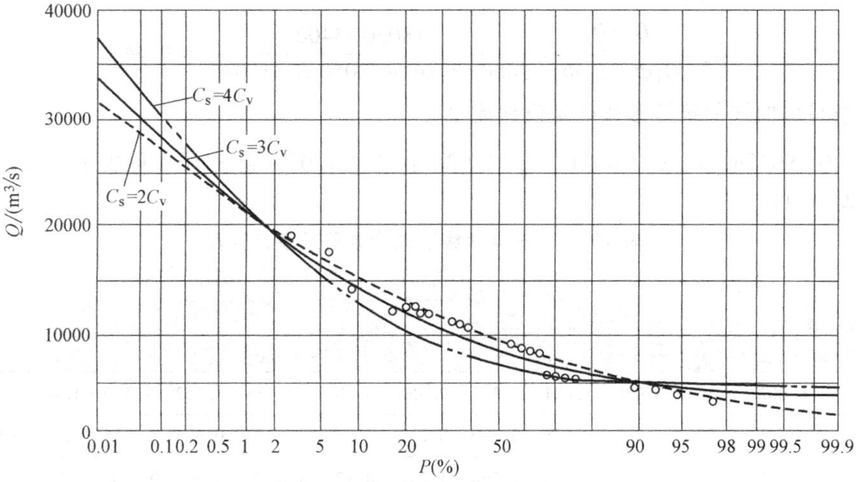

图 10-13 试错适线法

（6）设计流量抽样误差计算

当 $P=1\%$，$C_s=1.26$ 时，查图 10-9，得 $B=6.4$，$\sigma=\overline{Q}C_v=8860\times0.42\text{m}^3/\text{s}=3721.2\text{m}^3/\text{s}$，有

$$\sigma_{xP}=\frac{\sigma}{\sqrt{n}}\cdot B=\frac{3721.2\times6.4}{\sqrt{35}}\text{m}^3/\text{s}=4025.6\text{m}^3/\text{s}$$

$$\sigma'_{xP}=\frac{\sigma_{xP}}{Q_P}=\frac{4025.6}{20700}=19.4\%$$

按误差计算，设计流量应取

$$\overline{Q}_{1\%}=Q_P\pm\sigma_{xP}=(20700\pm4025.6)\text{m}^3/\text{s}$$

即设计频率为 $P=1\%$ 的流量值可能的变化范围为 $Q_{1\%}=16674.4\sim24725.6\text{m}^3/\text{s}$ 。

对于交通土建工程或给水排水工程，通常不考虑误差修正。

2. 三点适线法求 Q_P

（1）经验累积频率的计算与试错适线法相同。

（2）点绘经验累积频率点据，如图 10-14 所示。

（3）通过实测经验累积频率点据分布中心目估一条设想的最佳配合理论累积频率曲线。

（4）在目估曲线上取三点（P_1，Q_1），（P_2，Q_2），（P_3，Q_3），其中取 $P_1=3\%$，$P_2=50\%$，$P_3=97\%$，对应的 $Q_1=18050\text{m}^3/\text{s}$，$Q_2=8350\text{m}^3/\text{s}$，$Q_3=3400\text{m}^3/\text{s}$。

（5）由式（10-45）计算 S

$$S=\frac{Q_1+Q_3-2Q_2}{Q_1-Q_3}=\frac{18050+3400-2\times8350}{18050-3400}=0.3242$$

由 $S=0.3242$，查表 10-8 得 $C_s=1.02$。

(6) 由式 (10-46)、式 (10-47) 计算 $\overline{Q}$，C_v

由 $C_s=1.02$ 查表 10-4 得

$P_1=3\%$，$\Phi_1=2.261$

$P_2=50\%$，$\Phi_2=-0.167$

$P_3=97\%$，$\Phi_3=-1.405$

$$\overline{Q}=\frac{Q_3\Phi_1-Q_1\Phi_3}{\Phi_1-\Phi_3}=\frac{3400\times2.261-18050\times(-1.405)}{2.261-(-1.405)}\text{m}^3/\text{s}=9015\text{m}^3/\text{s}$$

$$C_v=\frac{Q_1-Q_3}{Q_3\Phi_1-Q_1\Phi_3}=\frac{18050-3400}{3400\times2.261-18050\times(-1.045)}=0.44$$

(7) 按目估曲线的统计参数确定设计流量

已知：$\overline{Q}=9015\text{m}^3/\text{s}$，$C_v=0.44$，$C_s=1.02$。由 $C_s=1.02$，查表 10-4 得皮尔逊Ⅲ型曲线的坐标值，见表 10-11 。

表 10-11　三点适线法理论累积频率计算表

参数 \ P(%)	0.01	0.1	1	5	10	25	50	75	90	95	97	99	99.9
Φ_P	6.002	4.559	3.036	1.881	1.341	0.550	-0.167	-0.733	-1.122	-1.310	-1.405	-1.574	-1.764
$\Phi_P C_v$	2.641	2.006	1.336	0.828	0.590	0.242	-0.073	-0.323	-0.494	-0.576	-0.618	-0.693	-0.776
K_P	3.641	3.006	2.336	1.828	1.590	1.242	0.927	0.677	0.506	0.424	0.382	0.307	0.224
Q_P	32823	27099	21059	16476	14334	11197	8353	6107	4564	3819	3441	2772	2018

由上述计算结果得，$Q_{1\%}=21059\text{m}^3/\text{s}$

将表中数据绘于图 10-14 中，可见理论累积频率曲线与目估曲线十分接近。

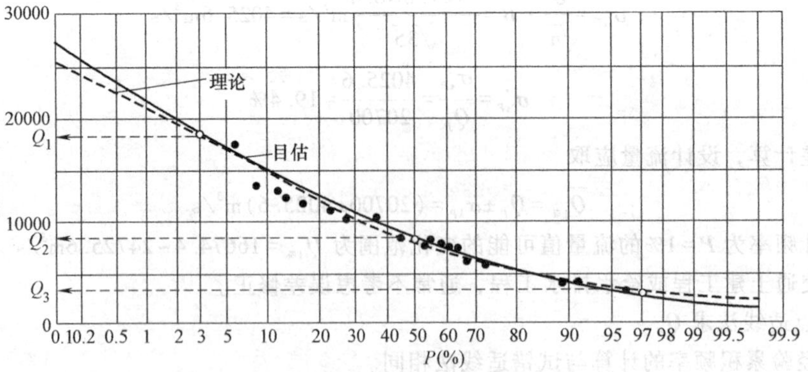

图 10-14　三点适线法

(8) 误差计算及评估指标

$P=1\%$，$C_s=1.02$，查图 10-9 得 $B=5.30$，有

$$\sigma=\overline{Q}C_v=9015\times0.44\text{m}^3/\text{s}=3966.6\text{m}^3/\text{s}$$

$$\sigma_{xP}=\frac{\sigma}{\sqrt{n}}\cdot B=\frac{3966.6\times5.3}{\sqrt{35}}\text{m}^3/\text{s}=3553.5\text{m}^3/\text{s}$$

$$\sigma'_{xP}=\frac{\sigma_{xP}}{Q_P}=\frac{3553.5}{21059}=0.1687\approx16.9\%$$

按误差计算，设计流量应取

$$\overline{Q}_{1\%}=Q_P\pm\sigma_{xP}=(21059\pm3553.5)\text{m}^3/\text{s}$$
$$=17505.5\sim24612.5\text{m}^3/\text{s}$$

【例 10-7】 已知 $\sum_{i=1}^{35}(K_i-1)^3=1.804$，$\sum_{i=1}^{35}(K_i-1)^2=6.0542$，$\sum_{i=1}^{35}Q_i=310010\text{m}^3/\text{s}$，用矩法求 $Q_{1\%}$。

解： $\overline{Q}=\frac{1}{n}\sum_{i=1}^{35}Q_i=\frac{1}{35}\times310010\text{m}^3/\text{s}=8860\text{m}^3/\text{s}$

$$C_v=\sqrt{\frac{\sum_{i=1}^{35}(K_i-1)^2}{n-1}}=\sqrt{\frac{6.0542}{35-1}}=0.4220$$

$$C_s=\frac{\sum_{i=1}^{n}(K_i-1)^3}{(n-3)C_v^{\ 3}}=\frac{1.804}{(35-3)\times(0.4220)^3}=0.75$$

查表 10-4 得 $\Phi_{1\%}=2.857$

$$K_{1\%}=\Phi_{1\%}C_v+1=2.857\times0.4220+1=2.2057$$

$$Q_{1\%}=\overline{Q}K_{1\%}=8860\times2.2057\text{m}^3/\text{s}=19542.5\text{m}^3/\text{s}$$

矩法多用于缺乏实测资料或历史调查资料情况，但它缺乏经验累积频率点据验证，因此，一般要求尽量多收集资料，按适线法确定设计流量。

【例 10-8】 某一级公路拟建一座大桥，桥位上游附近的一个水文站，能搜集到 14 年断续的流量观测资料，经插补和延长，获得 1963 年至 1982 年连续 20 年的年最大流量资料，又通过洪水调查和文献考证，得到 1784 年、1880 年、1948 年和 1955 年连续系列前四次特大洪水，1975 年在实测期内也出现过一次特大洪水。以上洪水资料列于表 10-12 第 2 列，试确定设计流量 Q。

解： 经分析可知，以上资料属于共有 5 个特大值的不连续系列，即 $a=5$，实测期为 20 年，即 $n=20$，实测期内有一个特大值（1975 年），即 $a_2=1$，特大洪水最早出现年份是 1784 年，而实测期最后年份是 1982 年，则考证（调查）期 $N=(1982-1784)+1=199$。

表 10-12 洪水资料

按年份顺序排列		按流量大小排列		经验频率 $P(\%)$
年份	流量/(m^3/s)	年份	流量/(m^3/s)	
1784	3900	1784	3900	0.5
1880	3800	1880	3800	1.0
1948	3350	1955	3550	1.5
1955	3550	1975	3470	2.0
1963	2570	1948	3350	2.5
1964	3025	1964	3025	9.5
1965	1750	1970	2805	14.3
1966	1600	1963	2570	19.1
1967	1490	1968	2270	23.8

（续）

按年份顺序排列		按流量大小排列		经验频率 P(%)
年份	流量/(m^3/s)	年份	流量/(m^3/s)	
1968	2270	1974	1960	28.6
1969	1280	1979	1840	33.3
1970	2805	1965	1750	38.1
1971	1680	1972	1710	42.9
1972	1710	1971	1680	47.6
1973	1580	1966	1600	52.4
1974	1960	1973	1580	57.1
1975	3470	1978	1550	61.9
1976	1100	1981	1510	66.7
1977	1310	1967	1490	71.4
1978	1550	1982	1460	76.2
1979	1840	1977	1310	80.9
1980	840	1969	1280	85.7
1981	1510	1976	1100	90.5
1982	1460	1980	849	95.2

（1）按式（10-49）、式（10-50）计算系列各年最大流量对应的经验频率 P（%）列于表10-12第5列。

（2）按式（10-51）计算的系列平均流量 $\overline{Q}=1801(m^3/s)$。

（3）按式（10-52）计算系列离差系数 $C_v=0.34$。

（4）应用求矩适线法确定采用的统计参数和理论频率曲线：

1）试取 $C_v=0.34$，$C_s=4C_v=1.36$，经适线比较，$P>20\%$，频率曲线符合较好，$P<20\%$，频率曲线偏低。

2）试取 $C_v=0.36$，$C_s=0.90$，经适线比较，理论频率曲线与点群整体分布配合较好，理论频率曲线与5个特大值吻合较好，因此取此参数 $\overline{Q}$、C_v和 C_s作为采用值。

3）确定设计流量 $Q_{1\%}$。

由 $p=1\%$，$C_s=0.90$，查表10-4得 $\Phi_{1\%}=2.96$

$$Q_{1\%}=\overline{Q}(\Phi_{1\%}C_v+1)=1801\times(2.96\times0.36+1)m^3/s=3720m^3/s$$

10.6 相关分析

自然界的许多现象都不是孤立的，都和周围的其他现象相互联系、相互制约，彼此之间存在着一定的关系，并表现出某种规律性。如果两种现象之间存在着因果关系，或具有相同的成因，则它们的数量（或变量）之间也必然会表现出某种关系。但实际上，自然界的影响因素很多，其中有些因素人们尚未认识，有些虽已认识但还无法量测，或量测的结果还存在一定的误差，相互之间的影响又错综复杂，目前还不能找出它们之间严格的函数关系。因此，对于许多实际问题，都是略去次要影响因素，只根据某些主要影响因素，找出其变量之间的近似关系或平均关系，然后进行分析计算。这样的分析计算基本上可以满足实际工作的需要。在数理统计中，把这种变量之间近似的或平均的关系就称为相关，把研究这种关系的方法称为相关分析。

变量之间的关系，有的联系比较密切，有的不密切，一般可分为三种情况。

1）如果变量之间的关系非常密切，相互成严格的函数关系，则称它们为完全相关，如图 10-15 所示。

2）如果变量各自独立，互不影响，彼此之间没有关系，就称它们为零相关，如图 10-16 所示。

3）如果变量不是各自独立互不影响的，彼此之间的关系也不是非常密切，而介于完全相关和零相关之间，则称它们为统计相关，或称为相关，如图 10-17 所示。

前两种是相关的极端情况。在水文现象中，变量之间的关系多属于第三种情况，即统计相关。

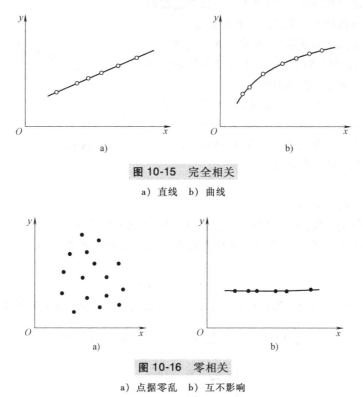

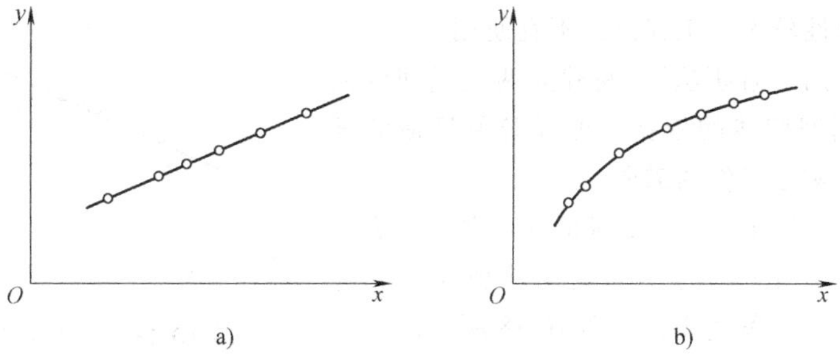

图 10-15　完全相关

a）直线　b）曲线

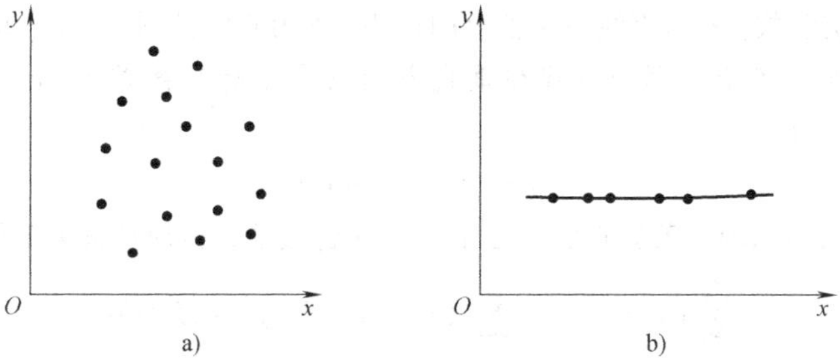

图 10-16　零相关

a）点据零乱　b）互不影响

两个变量之间的相关，称为简单相关；多个变量之间的相关，则称为复相关。简单相关又分为直线相关和曲线相关，如图 10-17a、b 所示。

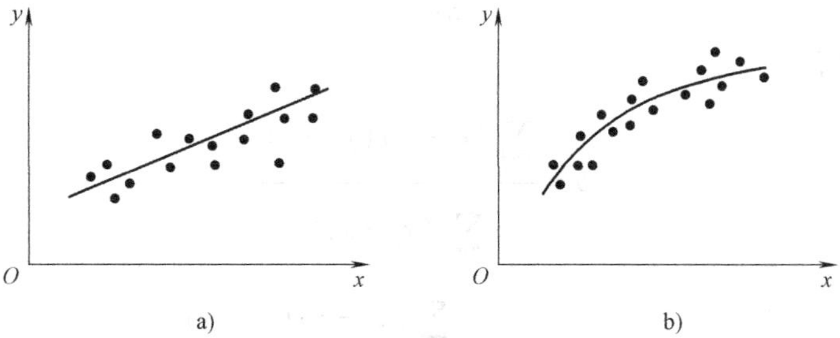

图 10-17　统计相关

a）直线相关　b）曲线相关

水文统计中，最常用的是简单相关中的直线相关，本节重点介绍直线相关分析。

1. 直线相关的回归方程

直线相关，就是两个变量之间的相关关系，可以近似用一条直线表示。通常是根据两系列中随机变量的各对应值，在坐标纸上绘出相应的点据，如图 10-18 所示，称为散点图或相关图，如果这些点据呈直线趋势（或带状）分布，如图 10-17a 所示，说明两系列的变量之间存在着直线相关，然后通过点群绘制一条与这些点据配合最佳的直线，这条直线就称为两变量的回归线，该直线的方程则称为两变量的回归方程。

如果绘于坐标纸上的点据分布比较均匀，直线趋势比较明显，也可以目估选配一条通过点群的最佳直线，作为两变量的回归线进行分析，这就是直线相关分析的“图解法”。这种方法，缺乏选配回归线的依据，任意性较大，工程设计不宜使用。

直线相关分析的“解析法”，将建立两变量间的回归方程，作为绘制回归线的依据，可以避免目估的任意性，并且能满足实际工作的需要。

以 x_i、y_i 表示两系列中随机变量的对应值，n 表示其对应值的个数，在坐标纸上，按各对应值绘出相应点据，并通过点群绘一条直线，如图 10-18 所示。

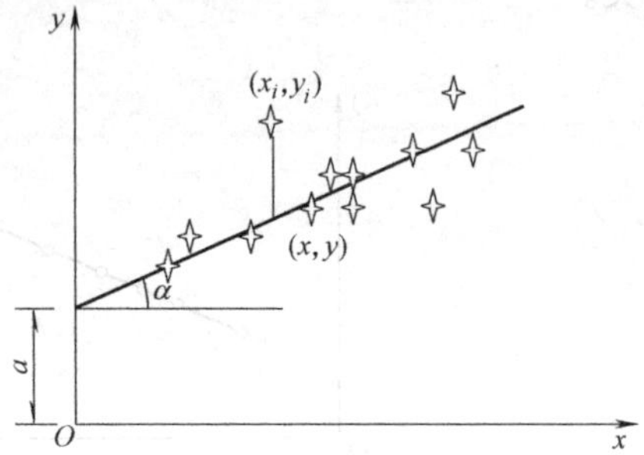

图 10-18　点据分布和回归直线

由图可知，其直线方程应为

$$y=a+bx \tag{10-53}$$

式中　x、y——直线的坐标；

a、b——待定参数，a 为直线在 y 轴上的截距，b 为直线的斜率，$b=\tan\alpha$。

由图中可以看出，各个点据与直线在垂直方向（纵坐标）离差 y_i-y，在水平方向（横坐标）相等，即 $x=x_i$，有

$$y_i-y=y_i-(a+bx_i) \tag{10-54}$$

根据最小二乘法的原理，若要直线与各个点据配合最佳，就应使离差的平方和为最小，即

$$\sum_{i=1}^{n}(y_i-y)^2=\sum_{i=1}^{n}(y_i-a-bx_i)^2=\text{极小值}$$

则需令

$$\begin{cases}\dfrac{\partial\sum_{i=1}^{n}(y_i-y)^2}{\partial a}=0\\[2ex]\dfrac{\partial\sum_{i=1}^{n}(y_i-y)^2}{\partial b}=0\end{cases}$$

联立求解，可得

$$b=\frac{\sum_{i=1}^{n}(x_i-\bar{x})(y_i-\bar{y})}{\sum_{i=1}^{n}(x_i-\bar{x})^2} \tag{10-55}$$

$$a=\bar{y}-b\bar{x}=\bar{y}-\frac{\sum_{i=1}^{n}(x_i-\bar{x})(y_i-\bar{y})}{\sum_{i=1}^{n}(x_i-\bar{x})^2}\bar{x} \tag{10-56}$$

式中　$\bar{x}$，$\bar{y}$——两系列中随机变量对应值的均值。

将 a、b 代入式（10-53），可得 y 依 x 的回归方程（直线方程）为

$$y-\bar{y}=\frac{\sum_{i=1}^{n}(x_i-\bar{x})(y_i-\bar{y})}{\sum_{i=1}^{n}(x_i-\bar{x})^2}(x-\bar{x}) \tag{10-57}$$

同理可得 x 依 y 的回归方程（直线方程）为

$$x-\bar{x}=\frac{\sum_{i=1}^{n}(x_i-\bar{x})(y_i-\bar{y})}{\sum_{i=1}^{n}(y_i-\bar{y})^2}(y-\bar{y}) \tag{10-58}$$

依据回归方程式（10-57）或式（10-58）绘制的直线，就是与各个点据配合最佳的直线即回归线。由式（10-56）可得 $\bar{y}=a+b\bar{x}$，表明该直线通过点（$\bar{x}$，$\bar{y}$），而点（$\bar{x}$，$\bar{y}$）恰好是点群的重心位置，所以回归线（直线）必然通过点群的重心。

由回归方程的推导原理可知，对于任意一组点据，都可以按式（10-57）或式（10-58）求得一个直线方程并绘出一条直线。对于不呈直线趋势分布的或分布非常散乱的点据，所求出的直线及其方程，就不能代表两变量之间的关系，也就没有任何实际意义。所以，回归方程仅仅是一种计算工具，不能说明两变量之间存在何种相关及其相关的密切程度。因此，还需要一个判别标准，用来说明两变量之间是否存在直线相关及其相关的密切程度。

2. 相关系数

在数理统计中，一般采用相关系数 R 来描述和判别两变量之间的相关程度。相关程度即回归线与点据之间的密切程度，对直线相关即直线与点据之间关系的密切程度。

由式（10-56）知 $\bar{y}=a+b\bar{x}$，所以

$$y_i-y=y_i-(a+bx_i)=y_i-\bar{y}+b\bar{x}-bx_i=(y_i-\bar{y})-b(x_i-\bar{x})$$

则
$$\sum_{i=1}^{n}(y_i-y)^2=\sum_{i=1}^{n}[(y_i-\bar{y})-b(x_i-\bar{x})]^2$$

展开化简，得

$$\sum_{i=1}^{n}(y_i-y)^2=\sum_{i=1}^{n}(y_i-\bar{y})^2-b^2\sum_{i-1}^{n}(x_i-\bar{x})^2$$

令
$$A=\sum_{i=1}^{n}(y_i-\bar{y})^2$$

$$B=b^2\sum_{i=1}^{n}(x_i-\bar{x})^2$$

则
$$\sum_{i=1}^{n}(y_i-y)^2=A-B$$

可见 A、B 总是正值，而且 $A\geqslant B$。下列关系中的 R，就称为相关系数。

$$R^2=\frac{B}{A}\leqslant 1 \tag{10-59}$$

相关系数 R 具有下列性质：

1）若 $\sum_{i=1}^{n}(y_i-y)^2=0$，则各点据与直线（回归线）的离差为零，表明所有点据都恰好位于一条直线（回归线）上，即两变量之间存在着直线函数关系，为完全相关，此时，$A=B$，$R^2=1$，$R=\pm1$。

2) $\sum_{i=1}^{n}(y_i - y)^2$ 的值越大，各点据与直线（回归线）的离差就越大，表明点据越散乱（不呈直线趋势），两变量之间的直线相关程度越差。若 $\sum_{i=1}^{n}(y_i - y)^2$ 的值达到最大，则可认为两变量之间根本不存在直线相关，而为零相关（对直线相关而言），此时，B 值将趋近于零，R^2 值也趋近于零，而 $R=0$ 。

3) 若 $\sum_{i=1}^{n}(y_i - y)^2$ 的值介于上述二者之间，则 R^2 值将介于 0 与 1 之间，而 R 值介于 0 与 ±1 之间，表明两变量之间存在着直线相关，为统计相关。直线相关的程度将随 R 值的大小而异，R 值的大小，视 A 与 B 的差值而定。

因此，相关系数 R 可以用作相关程度的描述和判别。当 $R=\pm1$ 时为完全相关，表明两变量之间存在直线函数关系；当 $R=0$ 时为零相关，表明两变量之间不存在直线相关；R 介于 0 与 ±1 之间时为统计相关，表明两变量之间存在直线相关，而且 R 的绝对值越接近于 1，相关程度越密切。相关系数为正值（$R>0$）时称为正相关，为负值（$R<0$）时则称为负相关。相关系数的上限为+1，下限为-1，总有 $|R|\leqslant1$。需指出，当相关系数 R 很小或接近于零时，只说明两变量之间的直线相关程度很差或不存在，但可能存在某种曲线相关。

将 A、B 代入式（10-59）则

$$R^2 = \frac{b^2\sum_{i=1}^{n}(x_i - \bar{x})^2}{\sum_{i=1}^{n}(y_i - \bar{y})^2} = \frac{\left[\sum_{i=1}^{n}(x_i - \bar{x})(y_i - \bar{y})\right]^2}{\sum_{i=1}^{n}(x_i - \bar{x})^2\sum_{i=1}^{n}(y_i - \bar{y})^2}$$

$$R = \pm\frac{\sum_{i=1}^{n}(x_i - \bar{x})(y_i - \bar{y})}{\sqrt{\sum_{i=1}^{n}(x_i - \bar{x})^2\sum_{i=1}^{n}(y_i - \bar{y})^2}} \tag{10-60}$$

或

$$R = \pm\frac{\sum_{i=1}^{n}K_{xi}K_{yi} - n}{\sqrt{\left(\sum_{i=1}^{n}K_{xi}^2 - n\right)\left(\sum_{i=1}^{n}K_{yi}^2 - n\right)}} \tag{10-61}$$

式中　K_{xi}、K_{yi}——两系列中随机变量对应值的模比系数，$K_{xi}=\frac{x_i}{\bar{x}}$，$K_{yi}=\frac{y_i}{\bar{y}}$。

其他符号意义同前。

上式即为相关系数的计算公式，对于 y 依 x 和 x 依 y 两种情况，相关系数相同。

由上述分析可知，相关系数只能说明两系列中随机变量对应值的点据分布趋势，是否存在直线相关及其相关程度，不能表明两种自然现象之间存在的客观联系。因而相关分析时，必须首先考虑所研究的自然现象之间，客观上是否存在成因联系，如确有联系，其回归方程和回归线才能在一定程度上反映两种自然现象之间的客观规律，才能进行相关分析。对毫无关联的自然现象，只凭数字上的巧合而硬凑它们之间的关系，相关分析就毫无意义，并会造成很大错误。因此，相关分析必须适当地联系自然现象的物理成因。

我国桥梁水文分析中，通常认为 R 的绝对值大于 0.8，就可使用相关分析进行资料数据的插补和延长。

3. 回归方程和回归系数的其他形式

x_i 和 y_i 两系列随机变量的均方差分别为 σ_x 和 σ_y，有

$$\sigma_x = \sqrt{\frac{\sum_{i=1}^{n}(x_i - \bar{x})^2}{n-1}} = \bar{x}\sqrt{\frac{\sum_{i=1}^{n}K_{xi}^2 - n}{n-1}} \tag{10-62}$$

$$\sigma_y = \sqrt{\frac{\sum_{i=1}^{n}(y_i - \bar{y})^2}{n-1}} = \bar{y}\sqrt{\frac{\sum_{i=1}^{n}K_{yi}^2 - n}{n-1}} \tag{10-63}$$

回归线的斜率 b，又称回归系数

$$b = R\frac{\sigma_y}{\sigma_x} \tag{10-64}$$

y 依 x 的回归方程为

$$y-\bar{y} = R\frac{\sigma_y}{\sigma_x}(x-\bar{x}) \tag{10-65}$$

4. 相关分析在水文计算中的应用

水文统计中，资料系列越长，组成的样本代表性就越强，用以推算的总体参数值的抽样误差也就越小。但实际工作中，能够搜集到的实测水文资料往往观测年限较短，有时还可能在观测期间有缺测年份，若能找到与它有客观联系的长期连续观测资料，就可以利用两实测资料系列之间变量的统计相关，进行相关分析，对短期观测资料进行插补和延长，提高水文统计的精度。因此，相关分析也是水文计算的一种重要工具。

年最大流量、水位、降雨量等系列之间变量的统计相关，以直线相关居多，一般可采用简单的直线相关分析。

两测站间观测资料的插补和延长及相互推算，如果采用相关分析的方法，首先应结合气候因素、地理条件、流域特征等，进行分析研究，检查两系列的流量之间是否确有客观联系，并判别它们之间是否存在直线相关，以及相关程度是否密切。同时，为了保证插补和延长的资料具有一定的精度，对实测流量资料除认真审查外，还应该有一定的要求，一般认为，两系列相对应的观测资料宜大于十组，而且数值变化幅度大，插补和延长的年数，不宜超过已有对应资料的实测年限，外延部分根据相关程度不要超出实测范围的 30%～50%。

对流量数据进行插补和延长的具体方法和步骤，通过下面实例说明。

【例 10-9】 某站有 11 年不连续的最大流量记录，但年雨量有较长期的记录，见表 10-13。试做相关分析并用实测年雨量系列补插延长最大流量系列。

表 10-13　某站实测最大流量和年雨量记录

序号	实测年份	$Q_i/(m^3/s)$	H_i/mm	序号	实测年份	$Q_i/(m^3/s)$	H_i/mm
1	1950	—	190	10	1959	33	122
2	1951	—	150	11	1960	70	165
3	1952	—	98	12	1961	54	143
4	1953	—	100	13	1962	20	78
5	1954	25	110	14	1963	44	129
6	1955	81	184	15	1964	1	62
7	1956	—	90	16	1965	41	130
8	1957	—	160	17	1966	75	168
9	1958	36	145				

解：设 $Q_i=y_i$，$H_i=x_i$，用降雨资料补插延长最大流量系列，应建立 y 依 x 变化回归方程，即

$$y-\bar{y}=R\frac{\sigma_y}{\sigma_x}(x-\bar{x})$$

计算结果见表 10-14。

表 10-14　某站年最大流量与年降雨量的相关计算

序号	年份	$y_i=Q_i$	$x_i=H_i$	$y_i-\bar{y}$	$x_i-\bar{x}$	$(y_i-\bar{y})^2$	$(x_i-\bar{x})^2$	$(x_i-\bar{x})(y_i-\bar{y})$
1	1954	25	110	−19	−20	361	400	380
2	1955	81	184	37	54	1369	2916	1998
3	1958	36	145	−8	15	64	225	−120
4	1959	33	122	−11	−8	121	64	88
5	1960	70	165	26	35	676	1225	910
6	1961	54	143	10	13	100	169	130
7	1962	20	78	−24	−52	576	2704	1248
8	1963	44	129	0	−1	0	1	0
9	1964	1	62	−43	−68	1849	4624	2924
10	1965	41	130	−3	0	9	0	0
11	1966	75	168	31	38	961	1444	1178
$\sum_{i=1}^{11}$		480	1436	0	0	6086	13772	8736

由表 10-14 有

$$\overline{H}=\bar{x}=\frac{\sum_{i=1}^{11}x_i}{n}=\frac{1436}{11}\text{mm}=130\text{mm}$$

$$\overline{Q}=\bar{y}=\frac{\sum_{i=1}^{11}y_i}{n}=44\text{m}^3/\text{s}$$

$$R=\frac{\sum_{i=1}^{n}(x_i-\bar{x})(y_i-\bar{y})}{\sqrt{\sum_{i=1}^{n}(x_i-\bar{x})^2\sum_{i=1}^{n}(y_i-\bar{y})^2}}=\frac{8736}{\sqrt{13772\times6086}}=0.95$$

$$R\frac{\sigma_y}{\sigma_x}=0.95\times\sqrt{\frac{6086}{13772}}=0.63$$

得 y 依 x 变回归方程为

$$y-44=0.63\times(x-130)$$

$$y=0.63x-37.9$$

按上式，利用实测年雨量资料 x_i 补插缺测年份和延长最大流量资料见表 10-15 。

表 10-15　用年雨量资料补插和延长最大流量系列计算表

序号	补插延长年份	年雨量 x_i/mm	补插和延长的最大流量 y_i/(m³/s)
1	1950	190	82.8
2	1951	150	56.6
3	1952	98	23.8

（续）

序号	补插延长年份	年雨量 x_i/mm	补插和延长的最大流量 y_i/(m^3/s)
4	1953	100	25.1
5	1956	90	17.0
6	1957	160	66.1

本章小结

水文现象在数值及时间上具有随机特性，只能依靠长期实测资料寻找其统计规律。按数理统计方法所依据的原理，水文现象相当于“随机事件”，随机事件出现的种种数值称为随机变量。反映随机变量系列的数值特征值称为统计参数。常用的统计参数有均值、离差系数 C_v和偏差系数。

水文统计中，等于或大于某一随机变量值出现的次数与总次数的比值，称为该随机变量的累积频率。经验累积频率曲线是按实测系列计算累积频率，根据各实测值与相应的累积频率绘制的图形；理论累积频率曲线是由皮尔逊Ⅲ型曲线的密度函数积分演算得到。

用于水文统计分析的资料应满足一致性、代表性、可靠性和独立性要求。

常用的频率分析方法有试错适线法，三点适线法及矩法。当有实测资料时，多用试错适线法或三点适线法；当缺乏实测资料或由历史调查资料推算设计值时，常采用矩法。频率分析时，应考虑特大值的影响。

思考题与习题

10-1　概率、频率和累积频率有什么区别？交通土建工程为什么要按累积频率标准确定设计值？

10-2　重现期和物理学中的周期有何区别？

10-3　设计洪水流量与洪水流量有何区别？

10-4　试述年最大值法与超大值法选样法的异同点。

10-5　何谓经验累积频率曲线？如何绘制？

10-6　何谓理论累积频率曲线？它在水文统计中的作用是什么？

10-7　简述试错适线法、三点适线法与矩法的计算步骤及其区别。

10-8　相关分析的前提是什么？有何作用？

10-9　设有一系列 x_i：1，2，3，4，5，6，20，求此系列的统计参数及 $x_{1\%}$值。

10-10　已知累积频率 $P=3\%$，$C_s=0.4$，求离均系数 $\Phi_{3\%}$。若 $C_v=0.5$，求变率。

10-11　已知累积频率 $P=3\%$，$C_s=-0.4$，求离均系数 $\Phi_{3\%}$。

10-12　按三点适线法，取累积频率 $P_1=1\%$，$P_2=50\%$，$P_3=99\%$，求 $C_{s1}=0.18$，$C_{s2}=0.2$，$C_{s3}=2.069$ 的相应系数 S_1，S_2，S_3。

10-13　已知统计参数 $\overline{Q}=1000m^3/s$，$C_v=0.5$，$C_s=2C_v$，试绘制理论频率曲线，并确定 $Q_{1\%}$。

10-14　已知某站 1959～1978 年实测洪峰流量资料见表 10-16，另经调查考证，得 1887 年，1933 年特大洪峰流量 $Q_{1887}=4100m^3/s$，$Q_{1933}=3400m^3/s$，求 $Q_{1\%}$。

表 10-16　习题 10-14 某站 1959～1978 年实测洪峰流量

年份	Q_{max}/(m^3/s)	年份	Q_{max}/(m^3/s)	年份	Q_{max}/(m^3/s)	年份	Q_{max}/(m^3/s)
1959	1820	1964	1400	1969	720	1974	1500
1960	1310	1965	996	1970	1360	1975	2300
1961	996	1966	1170	1971	2380	1976	5600
1962	1096	1967	2900	1972	1450	1977	2900
1963	2100	1968	1260	1973	1210	1978	1390

10-15　已知年最大流量实测记录见表 10-16，试分别用试错适线法、三点法及矩法求 $Q_{1\%}$。

10-16　某河有甲、乙两水文站，甲站有 20 年的实测资料，乙站有 12 年的实测资料，见表 10-17。试用甲站的资料插补和延长乙站的资料。

表 10-17　甲、乙两水文站实测资料

序号	年份	甲站流量 /(m^3/s)	乙站流量 /(m^3/s)	序号	年份	甲站流量 /(m^3/s)	乙站流量 /(m^3/s)
1	1969	136	(　　)	10	1978	122	135
2	1970	128	(　　)	11	1979	142	154
3	1971	90	(　　)	12	1980	78	102
4	1972	172	(　　)	13	1981	120	130
5	1973	166	175	14	1982	66	92
6	1974	110	127	15	1983	130	140
7	1975	165	181	16	1984	168	170
8	1976	182	(　　)	17	1985	132	151
9	1977	145	160				

第 11 章

桥涵设计流量与设计水位的推算

学习重点

桥涵设计流量的推算方法。

学习目标

掌握根据流量观测资料推算设计流量方法；熟悉按洪水调查资料、暴雨资料推算设计流量方法。

公路、桥梁和涵洞等各项工程设计时，采用规范规定的某一设计洪水频率（见表 10-2），推算设计流量，通过设计流量时桥位断面河槽的平均流速，称为设计流速。

由于桥梁、涵洞所在地区、河流等情况不同，搜集到的水文资料不同，推求设计流量的方法也不相同。一般来说，中等以上河流上的桥梁可搜集到桥梁附近水文站历年来的年最大洪水流量观测资料，甚至可调查到观测资料以前发生的特大洪水资料，可应用水文统计推算设计流量；较小流域的中小河流难以搜集到水文站实测洪水资料，则可能搜集到降雨资料或地区性水文资料，应用地区性公式、暴雨径流的推理公式等方法推算设计流量；桥位附近资料较少，但相邻地区或河段有较多资料，可应用相关分析插补、延长水文资料系列。总之，应通过多种途径，采用不同方法，尽量搜集可能搜集到的一切桥位水文资料，应用不同的方法分析推算设计洪水流量。

应用不同资料，采用不同方法，推算得到同一座桥梁的设计流量大小可能不同，经对比分析论证后，选用一个合理数值，作为该桥设计流量的确认值。

11.1 根据流量观测资料推算设计流量

当桥位勘测能够通过水文调查、访问水利、城建等有关部门，搜集并整理得到多年的年最大洪水流量观测资料系列时，就可以应用第 10 章水文统计原理介绍的三种方法，推算桥梁的设计洪水流量。

1. 实测流量资料的审查和选择

1）应选择同一洪水类型、符合独立随机条件的各年实测最大洪水流量。

2）各年实测最大洪水流量，如有人为影响或河道自然决口、改道等情况，应按天然条件修正还原。

3）不同时期的实测最大洪水流量，如有站址、水准基面等基本要素改动，应根据历次变动的相关关系修正。

4）实测洪水流量系列中较大值，应通过流域洪水分析、比较或实地调查考证审查其可靠性。

5）计算洪水频率时，实测洪水流量系列不宜少于 30 年，且应有历史洪水调查和考证成果。

2. 实测洪水流量系列的插补和延长

1）当水文计算断面的汇水面积与水文站的汇水面积之差，小于水文站汇水面积的 20%，且不大于 $1000km^2$，汇水区的暴雨分布较均匀，区间无分洪、滞洪时，可按下式将水文站的实测最大洪水流量转换为水文计算断面的洪水流量。

$$Q_1 = \left(\frac{F_1}{F_2}\right)^{n_1} Q_2 \tag{11-1}$$

式中 Q_1、F_1——水文计算断面的洪水流量（m^3/s）和汇水面积（km^2）；

Q_2、F_2——水文站的实测最大洪水流量（m^3/s）和汇水面积（km^2）；

n_1——面积指数，大、中流域，n 为 0.5~0.7，小流域（$F<1000km^2$），$n \geqslant 0.7$。

2）当实测洪水位系列长于实测洪水流量系列，或缺测洪水流量年份而有实测洪水位资料时，宜建立实测水位与流量关系曲线，以此延长或插补洪水流量系列。

3）插补、延长年数不宜超过实测洪水流量的年数，并应结合气象和地理条件做合理性分析。

3. 设计流量推算方法

利用水文站观测资料、洪水调查和文献考证资料，采用水文统计法推算桥涵设计流量时，按下述步骤进行：

（1）选取样本　采用“年最大值”法选取样本。搜集历年的年最大流量资料，有条件时应进行资料的插补和延长，对所有资料认真审核，组成年最大流量系列，作为水文统计样本。

（2）绘制经验累积频率曲线　把年最大流量资料按大小递减次序排列，计算各流量的经验频率，并绘制经验频率点据或经验累积频率曲线。

经验频率计算，对连续系列，可按下式估算

$$P_m = \frac{m_i}{n+1} \times 100\% \tag{11-2}$$

式中 P_m——实测洪水流量的经验频率（%）；

m_i——按实测洪水流量系列递减次序排列的序位；

n——实测洪水流量系列项数。

对不连续系列可按下列方法之一估算：

调查期 N 年中的特大洪水流量和实测洪水流量分别在各自系列中排位，实测洪水流量的经验频率按式（11-2）估算，特大洪水流量的经验频率按下式估算

$$P_M = \frac{M_i}{N+1} \times 100\% \tag{11-3}$$

式中 P_M——历史特大洪水流量或实测系列中的特大洪水流量经验频率（%）；

M_i——历史特大洪水流量或实测系列中的特大洪水流量在调查期内的序位；

N——调查期年数。

将调查期 N 年中的特大洪水流量和实测洪水流量组成一个不连续系列，特大洪水流量的经验频率可按式（11-3）估算，其余实测洪水流量经验频率按下式估算

$$P_m = \left[\frac{a}{N+1} + \left(1 - \frac{a}{N+1}\right)\frac{m_i - a_2}{n - a_2 + 1}\right] \times 100\% \tag{11-4}$$

式中 P_m——实测洪水流量经验频率（%）；

a——特大洪水的项数，$a=a_1+a_2$，如图 10-12 所示；

a_2——实测洪水流量系列中按特大洪水流量处理的项数，如 10-12 所示。

（3）绘制理论累积频率曲线　用适线法绘制理论累积频率曲线，并选定$\overline{Q}$、C_v、C_s三个统计参数。

（4）计算设计流量　用选定$\overline{Q}$、C_v、C_s三个统计参数，计算设计洪水频率相应的流量，即设计流量。

（5）审查计算结果　参照统计参数的地区经验值，审查所选定的参数值，并应采用其他方法推算设计流量与之比较。

11.2　按洪水调查资料推算设计流量

1. 形态调查方法

形态调查方法是实地考察历史上发生过的洪水位痕迹（简称洪痕），并通过河道地形，纵、横断面，洪痕高程及位置等形态资料的测量，再按水力学方法推算出历史洪峰流量，又称为洪水调查方法。

历史洪水调查是获得水文资料的有效途径。对于有长期实测资料的河流它具有增补资料作用，对于缺乏实测资料情况，它是桥位设计所必需的水文资料。此外，还可核验现有实测资料的可靠性。历史洪水痕迹常留于古庙、碑石、老屋、祠堂、戏台、堰坝、桥梁、老树等处，实地调查即可发现。洪水调查工作包括：

1）河段踏勘。确定历史洪水痕迹的位置及高程。

2）现场访问。了解历史洪水情况，要做到“不失访一位老人，不漏掉一点情况，不放松一条线索，不错过一个机会”。

3）形态断面及计算河段选择。形态断面所在的河段应具备的条件是河段顺直无支汊，河道稳定、洪痕多，靠近桥位，滩地少，滩槽洪水流向一致，有足够的洪痕。形态断面一般在桥位上、下游各选一个，以便互相核对。符合条件的桥位断面，也可作为形态断面。

4）野外测量。包括河段水准测量、简易地形图测量、洪水痕迹高程测量及计算河段纵横断面测量等。水准测量一般采用五等水准，地形测量比例一般采用 1∶2000～1∶10000，特别情况可用 1∶25000。测量范围应包括整个计算河段，测量高程一般在历年最高洪水位以上 2～5m。简易地形图上应标明水边线、洪水漫滩边界、历史洪痕、河槽形态、主流、中泓线、流向及水准点位置等。

还应收集有关地区的历史文献及文物，考证辨认历史洪水痕迹发生的年代。同次洪水痕迹资料至少应查得 3～5 个以上。

2. 利用历史洪水位推算设计流量

（1）历史洪水流量的计算　按形态调查所得的河谷断面及洪水痕迹高程，可得过水断面（称为形态断面）。将同次历史洪水痕迹垂直投影于计算河段中泓线上，如图 11-1a 所示，并绘出纵剖面图，如图 11-1b 所示，从中可得到水面比降及河底比降，即可计算历史洪水流量。

1）当调查的历史洪水位处于水面比降均一、河道顺直、河床断面较规整的稳定均匀流河段时，可按下列公式计算

$$Q=A_c v_c+A_t v_t$$
$$v_c=\frac{1}{n_c}R_c^{\frac{2}{3}}i^{\frac{1}{2}} \tag{11-5}$$

$$v_t = \frac{1}{n_t} R_t^{\frac{2}{3}} i^{\frac{1}{2}} \tag{11-6}$$

式中　Q——历史洪水流量（m^3/s）；

A_c、A_t——河槽、河滩过水面积（m^2）；

v_c、v_t——河槽、河滩平均流速（m/s）；

n_c、n_t——河槽、河滩糙率；

R_c、R_t——河槽、河滩水力半径（m），当宽深比大于10时，可用平均水深代替；

i——河底比降。

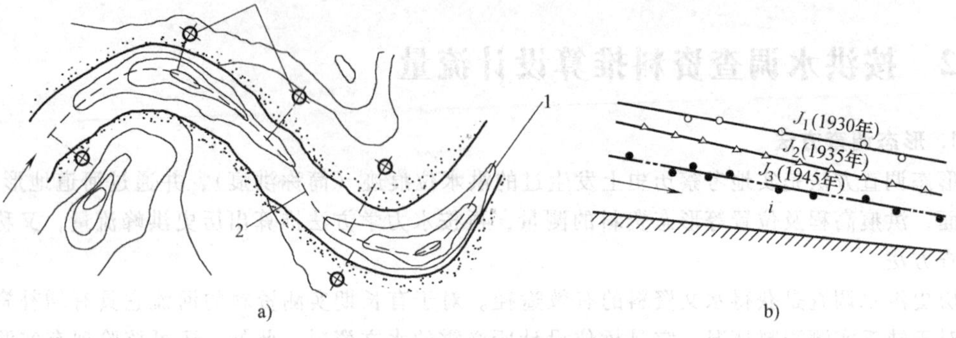

图 11-1　根据洪水痕迹推算水面比降示意图

a）洪水痕迹平面图　b）洪水痕迹投影纵剖面图

1—洪水痕迹　2—中泓线

2）当调查的历史洪水位处于河床断面形状和面积相差较大的稳定非均匀流河段时，可按下列公式计算

$$Q = \overline{K}\sqrt{\frac{\Delta H}{L - \left(\frac{1-\xi}{2g}\right)\left(\frac{\overline{K}^2}{A_1^2} - \frac{\overline{K}^2}{A_2^2}\right)}} \tag{11-7}$$

$$\Delta H = H_1 - H_2 \tag{11-8}$$

$$\overline{K} = \frac{1}{2}(K_1 + K_2) \tag{11-9}$$

$$\left.\begin{aligned} K_1 &= \frac{1}{n_{c1}} A_{c1} R_{c1}^{\frac{2}{3}} + \frac{1}{n_{t1}} A_{t1} R_{t1}^{\frac{2}{3}} \\ K_2 &= \frac{1}{n_{c2}} A_{c2} R_{c2}^{\frac{2}{3}} + \frac{1}{n_{t2}} A_{t2} R_{t2}^{\frac{2}{3}} \end{aligned}\right\} \tag{11-10}$$

式中　H_1，H_2——上、下游断面的水位（m）；

ΔH——上、下游断面的水位差（m）；

L——上、下游两断面间距离（m）；

A_1、A_2——上、下游断面总过水面积（m^2）；

A_{c1}、A_{t1}——上游断面河槽、河滩过水面积（m^2）；

A_{c2}、A_{t2}——下游断面河槽、河滩过水面积（m^2）；

R_{c1}、R_{t1}——上游断面河槽、河滩水力半径（m）；

R_{c2}、R_{t2}——下游断面河槽、河滩水力半径（m）；

n_{c1}、n_{t1}——上游断面河槽、河滩糙率；

n_{c2}、n_{t2}——下游断面河槽、河滩糙率；

K_1、K_2——上、下游断面流量模数（m^3/s）；

$\overline{K}$——上、下游断面流量模数的平均值（m^3/s）；

g——取用 9.80（m/s^2）；

ξ——局部水头损失系数。向下游收缩时，取-0.1~0，向下游逐渐扩散时，取0.3~0.5，向下游突然扩散时，取 0.5~1.0。

3）当调查的历史洪水位处于洪水水面线有明显曲折的稳定非均匀流河段时，按下式试算水面线，推求历史洪水流量。

$$H_1=H_2+\frac{Q^2}{2}\left[\left(\frac{1}{K_1^2}+\frac{1}{K_2^2}\right)L-\frac{(1-\xi)}{g}\left(\frac{1}{A_1^2}-\frac{1}{A_2^2}\right)\right] \tag{11-11}$$

$$\left.\begin{aligned}A_1&=A_{c1}+A_{t1}\\A_2&=A_{c2}+A_{t2}\end{aligned}\right\} \tag{11-12}$$

4）当调查的历史洪水位处于卡口，且河底无冲刷时，按下式计算

$$Q=A_2\sqrt{\frac{2g(H_1-H_2)}{\left(1-\frac{A_2^2}{A_1^2}\right)+\frac{2gLA_2^2}{K_1K_2}}} \tag{11-13}$$

式中 H_1、A_1——卡口上游断面的水位（m）、过水面积（m^2）；

H_2、A_2——卡口断面的水位（m）、过水面积（m^2）；

K_1、K_2——卡口上游断面、卡口断面的流量模数（m^3/s）。

（2）历史洪水流量的经验频率　可根据当地老居民的记述或历史文献考证确定历史洪水流量的序位，按式（10-11）计算。

（3）设计流量的推算

1）利用历史洪水流量推算设计流量，历史洪水流量不宜少于两次，C_v、C_s值应符合地区分布规律，如出入较大，应分析原因，做适当调整。

2）当有多个历史洪水流量能在海森概率格纸上点绘出经验频率曲线时，可按第 10 章介绍的试错适线法、三点适线法及矩法求算$\overline{Q}$、C_v、C_s值及Q_P值。

3）当各次历史洪水流量不能在海森概率格纸上定出经验频率曲线时，可按以下方法推算设计流量。

① 参照地区资料，选定 C_v、C_s值。

② 按以下公式计算平均流量

$$\overline{Q}_{Ti}=\frac{Q_{Ti}}{1+\Phi_T C_v} \tag{11-14}$$

$$\overline{Q}=\frac{\sum_{i=1}^{n}\overline{Q}_{Ti}}{n} \tag{11-15}$$

式中 $\overline{Q}_{Ti}$——按第 i 次历史洪水流量计算的平均流量（m^3/s）；

Q_{Ti}——第 i 次重现期为 T 年的历史洪水流量（m^3/s）；

Φ_T——重现期为 T 年的离均系数；

n——历史洪水流量的年次数。

③ 按式 $Q_P=\overline{Q}(1+\Phi_P C_v)$ 推算设计流量。

【例 11-1】 有一平原河流，形态断面如图 11-2 所示，调查得洪水比降 $I=0.0004$，河滩部分有植物覆盖，河槽部分表面较为平整。试计算形态法调查的历史洪峰流量及断面平均流速。

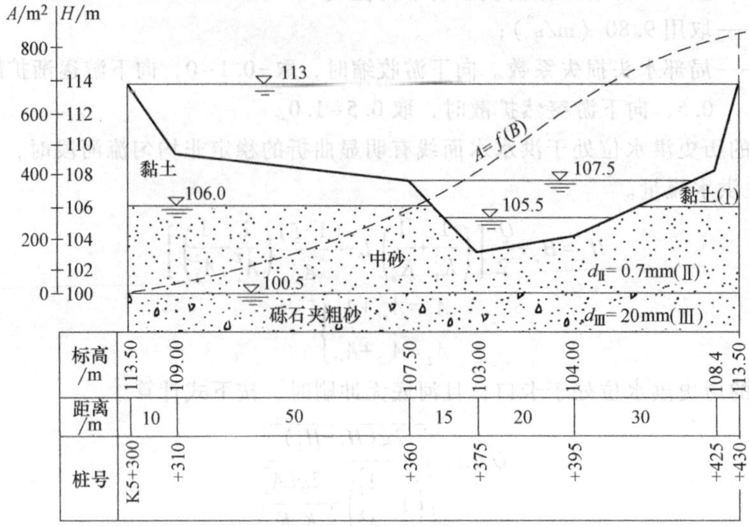

图 11-2 【例 11-1】图

解： 1. 水面宽度及过水面积计算

按形态断面图，列表计算，见表 11-1。

表 11-1 水面宽度及过水面积计算

桩号	河床标高/m	水深/m	平均水深/m	间距/m	过水面积/m²	湿周/m	合计
5K+300.00	113.50	0					河滩
			2.25	10	22.5	10.97	$A_t=285m^2$
+310.00	109.00	4.5					$X_t=60.99m$
			5.25	50	262.5	50.02	
+360.00	107.50	6.0					
			8.25	15	123.8	15.66	
+375.00	103.00	10.5					河槽
			10.00	20	200.0	20.02	$A_c=554m^2$
+395.00	104.00	9.5					$X_c=73.14m$
			7.30	30	219.0	30.32	
+425.00	108.00	5.1					
			2.55	5	11.3	7.14	
+430.00	113.50	0					

2. 流量及流速计算

（1）河槽部分

查表 4-2，得糙率 $n_c=0.02$，有

$$R_c=\frac{A_c}{x_c}=\frac{554}{73.14}m=7.57m$$

$$v_c=\frac{1}{n_c}R_c^{\frac{2}{3}}I^{\frac{1}{2}}=\frac{1}{0.02}\times(7.57)^{\frac{2}{3}}\times(0.0004)^{\frac{1}{2}}m/s=3.86m/s$$

$$Q_c=A_c v_c=554\times3.86m^3/s=2138m^3/s$$

（2）河滩部分

查表 4-2，得糙率 $n_t=0.05$，有

$$R_t=\frac{A_t}{x_t}=\frac{285}{60.99}\text{m}=4.67\text{m}$$

$$v_t=\frac{1}{n_t}R_t^{\frac{2}{3}}I^{\frac{1}{2}}=\frac{1}{0.05}\times(4.67)^{\frac{2}{3}}\times(0.0004)^{\frac{1}{2}}\text{m/s}=1.12\text{m/s}$$

$$Q_t=A_tv_t=285\times1.12\text{m}^3/\text{s}=319\text{m}^3/\text{s}$$

（3）全断面的流量及流速

$$Q=Q_c+Q_t=2138\text{m}^3/\text{s}+319\text{m}^3/\text{s}=2457\text{m}^3/\text{s}$$

$$v=\frac{Q}{A_c+A_t}=\frac{2457}{554+285}\text{m/s}=2.93\text{m/s}$$

11.3 按暴雨资料推算设计流量

按暴雨资料推算设计流量，是小桥涵水文计算的常用方法，多用于 100km^2 以下的小流域。小流域的最大洪水多由暴雨形成，洪水暴涨暴落，历时短，很少能留下明显的痕迹，难以调查到较为可靠的历史洪水资料，在实际工作中，小流域的流量计算多采用推理公式或经验公式。

降雨经过植物截留、土壤入渗等损失，再填满了流域坡面的坑洼，开始出现地面径流。降雨扣除各种损失后称为净雨。从降雨到净雨的过程称为产流过程。假定设计暴雨的频率与设计洪水的频率相同。

时段平均暴雨强度 i、历时 t 和频率 P 之间的关系用下式表示

$$i=\frac{S_P}{t^n} \tag{11-16}$$

式中 S_P——频率为 P 的雨力（mm/h），即 t 为 1 小时的降雨强度；

n——降雨递减指数。

从降雨量推算净雨量，有以下两种方法：

1）用降雨量乘以折减系数，即洪峰径流系数，以 ψ 表示。

2）是从降雨量中减去损失雨量，损失雨量可用损失参数 μ(mm/h) 表示。

坡面出现径流后，从流域各处汇集到流域出口河流断面的过程，称为汇流过程。影响汇流过程的主要因素有主河道长度 L(km) 和坡度 I 及地形等。

从流域最远点流到出口断面的时间称为汇流时间 τ(h)。

1. 推理公式

推理公式又称合理化公式，从 1851 年至今已有一百多年的应用历史。

1）推理公式的基本形式为

$$Q_P=K\cdot\overline{H}_0\cdot F \tag{11-17}$$

式中 Q_P——频率为 P（%）的流量（m^3/s）；

K——单位换算系数 0.278，平均暴雨强度 i（mm/h），流域面积 F（km^2）；

$\overline{H}_0$——频率为 $P\%$ 的平均净雨强度（mm/h）；

F——流域面积（km^2）。

由于对平均净雨强度 $\overline{H}_0$ 的推算和简化方法不同，推理公式也出现一些不同形式。

2）1958 年我国水利科学研究院水文研究所制定了下列推理公式。

$$Q_P = 0.278\frac{\psi S_P}{\tau^n}F \tag{11-18}$$

此式已广泛应用于我国各地区的水利工程。各地区水文手册中均有该公式当地的有关参数等数据资料，桥涵设计时可作为重要的参考资料。

3）20世纪80年代初，交通部公路科学研究所和各省（自治区）交通设计院共同制定小流域暴雨径流的推理公式。

$$Q_P = 0.278\left(\frac{S_P}{\tau^n}-\mu\right)F \tag{11-19}$$

式中 Q_P——设计频率 P（%）时的洪峰流量（m^3/s）；

S_P——设计频率 P（%）的雨力（mm/h），查各地水文手册雨力等值线或图表资料，或全国雨力等值线图；

μ——降雨损失参数（mm/h），其计算如下

北方地区 $$\mu = K_1(S_P)^{\beta_1} \tag{11-20}$$

南方地区 $$\mu = K_2(S_P)^{\beta_2}F^{-\lambda} \tag{11-21}$$

K_1、K_2——系数，见表11-2，表中土壤植被分区见表11-3；

β_1、β_2、λ——指数，见表11-2，表中土壤植被分区见表11-3；

n——暴雨递减指数，查各省（自治区）n 值分区，部分 n 值分区见表11-4，得 n_1、n_2 和 n_3；$\tau<1h$，用 n_1；$1h<\tau<6h$，用 n_2；$6h<\tau<24h$，用 n_3；

τ——汇流时间（h），其计算如下

北方多采用 $$\tau = K_3\left(\frac{L}{\sqrt{I}}\right)^{\alpha_1} \tag{11-22}$$

南方多采用 $$\tau = K_4\left(\frac{L}{\sqrt{I}}\right)^{\alpha_2}S_P^{-\beta_3} \tag{11-23}$$

L——主河沟长度（km）；

I——主河沟平均坡度（比降）（‰）；

K_3、K_4——系数，部分见表11-5；

α_1、α_2、β_3——指数，部分见表11-5。

表11-2 我国部分损失参数的分区和系数、指数值

省名	分区	分区、指标	系数、指数				
			K_1	β_1	K_2	β_2	λ
河北省		河北平原区	1.23	0.61			
	Ⅰ	冀北山区	0.95	0.60			
	Ⅱ	冀西北西盆区	1.15	0.58			
	Ⅲ	冀西山区	1.12	0.56			
		坝上高原区	1.52	0.50			
山西省	Ⅰ	煤矿塌陷和森林覆盖较好地区	0.85	0.98			
	Ⅱ	裸露石山区	0.25	0.98			
	Ⅲ	黄土丘陵区	0.65	0.98			
四川省	Ⅰ	青衣江区			0.742	0.542	0.222
	Ⅱ	盆地丘陵区			0.270	0.897	0.272
	Ⅲ	盆缘山区			0.263	0.887	0.281

（续）

省名	分区	分区、指标	系数、指数				
			K_1	β_1	K_2	β_2	λ
安徽省	Ⅱ Ⅲ Ⅳ Ⅴ Ⅵ	根据表11-3土壤分类			0.755 0.103 0.406 0.520 0.332	0.74 1.21 1.00 0.94 1.099	0.0171 0.0425 0.1104 0 0
宁夏	Ⅳ Ⅴ	根据表11-3土壤分类	0.93 1.98	0.86 0.69			
湖南省	Ⅰ Ⅱ Ⅲ	湘资流域 沅水流域 沣水流域	0.697 0.213 1.925	0.567 0.940 0.223			
甘肃省	Ⅱ Ⅲ Ⅳ	根据表11-3土壤分类	0.65 0.75 0.75	0.82 0.84 0.86			
吉林省	Ⅱ Ⅲ Ⅳ Ⅴ	根据表11-3土壤分类	0.12 0.13 0.29 0.29	1.44 1.37 1.01 1.01			
河南省	Ⅰ Ⅱ Ⅲ Ⅳ	根据河南省 n 值分区图	0.0023 0.057 1.00 0.80	1.75 1.00 0.71 0.51			
青海省	Ⅰ Ⅱ	东部区 内陆区	0.52 0.32	0.774 0.913			
新疆	Ⅰ Ⅱ	$50<F<200$ $F<200$	0.46 0.68	1.09 1.09			
浙江省	Ⅰ Ⅱ Ⅲ Ⅳ	浙北地区 浙东南沿海区 浙西南、西北及东部丘陵区 杭嘉湖平原边缘地势平缓区	0.08 0.10~0.11 0.13~0.14 0.15	0.15 0.15 0.15 0.15			
内蒙古	Ⅳ Ⅵ	大兴安中段及余脉山区 黄河流域山地丘陵区	0.517~0.83 1.00	0.4~0.71 1.05			
福建省		全省通用	0.34	0.93			
贵州省	Ⅰ Ⅱ Ⅲ	深山区 浅山区 平丘区			1.17 0.51 0.31	1.099 1.099 1.099	0.437 0.437 0.437
广西	Ⅰ Ⅱ	丘陵区 山区	0.52 0.32	0.774 0.915			

表11-3　土壤植被分类

类别	特　征
Ⅱ	黏土、盐碱土地面，土壤瘠薄的岩石地区；植被差，轻微风化的岩石地区
Ⅲ	植被差的砂质黏土地面；土层较薄的土面山区，植被中等、风化中等的山区
Ⅳ	植被差的黏、砂土地面；风化严重土层厚的山区，草灌较厚的山丘区或草地；人工幼林区；水土流失中等的黄土地面区
Ⅴ	植被差的一般砂土地面，土层较厚森林较密的地区；有大面积水土保持措施治理较好的土质
Ⅵ	无植被松散的砂土地面，茂密并有枯枝落叶层的原始森林

表 11-4　暴雨递减指数 *n* 值分区（部分）

省名	分区	*n* 值		
		n_1	n_2	n_3
内蒙古自治区	Ⅰ	0.62	0.79	0.86
	Ⅱ	0.60	0.76	0.79
	Ⅲ	0.59	0.76	0.80
	Ⅳ	0.65	0.73	0.75
	Ⅴ	0.63	0.76	0.81
	Ⅵ	0.59	0.71	0.77
	Ⅶ	0.62	0.74	0.82
陕西省	Ⅰ	0.59	0.71	0.78
	Ⅱ	0.52	0.75	0.81
	Ⅲ	0.52	0.72	0.73
福建省	Ⅰ	0.53	0.65	0.70
	Ⅱ	0.52	0.69	0.73
	Ⅲ	0.47	0.65	0.70
	Ⅳ	0.48	0.65	0.73
	Ⅴ	0.51	0.67	0.70
浙江省		0.60	0.65	0.78
		0.49	0.62	0.65
		0.53	0.68	0.73
安徽省	Ⅰ	0.38	0.61	0.69
	Ⅱ	0.39	0.69	0.69
	Ⅲ		0.76	0.77
甘肃省	Ⅰ	0.69	0.72	0.78
	Ⅱ	0.61	0.76	0.82
	Ⅲ	0.62	0.77	0.85
	Ⅳ	0.55	0.65	0.82
	Ⅴ	0.58	0.74	0.85
	Ⅵ	0.49	0.59	0.84
	Ⅶ	0.53	0.66	0.75
宁夏	Ⅰ	0.52	0.62	0.81
	Ⅱ	0.58	0.66	0.75
湖南省	Ⅲ	0.40~0.50	0.55~0.60	0.70~0.80
	Ⅳ	0.40~0.50	0.65~0.70	0.75~0.80
	Ⅴ	0.40~0.50	0.70~0.75	0.7~0.80
辽宁省	Ⅰ	0.60~0.66	0.70~0.74	
	Ⅱ	0.60~0.55	0.70~0.60	
	Ⅲ	0.55~0.50	0.60~0.55	
四川省	Ⅰ	0.50	0.60~0.65	
	Ⅱ	0.45	0.70~0.75	
	Ⅲ	0.73	0.70~0.75	
青海省	Ⅰ	0.49	0.75	0.87
	Ⅱ	0.47	0.76	0.82
	Ⅲ	0.65	0.78	
吉林省	Ⅰ	0.56	0.70	0.76
	Ⅱ	0.56	0.75	0.82
	Ⅲ	0.60	0.69	0.75
河南省	Ⅰ	0.55~0.60	0.65~0.70	0.75~0.80
	Ⅱ	0.50~0.55	0.70~0.75	0.75~0.80
	Ⅲ	0.45~0.50	0.60~0.65	0.75

（续）

省名	分区	n值		
		n_1	n_2	n_3
广西	Ⅰ Ⅱ Ⅲ	0.38~0.43 0.40~0.45 0.40~0.45	0.65~0.70 0.70~0.75 0.60~0.65	0.70~0.73 0.75~0.85 0.75~0.85
新疆	Ⅰ Ⅱ Ⅲ Ⅳ Ⅴ Ⅵ Ⅶ Ⅷ	0.63 0.73 0.56 0.45 0.63 0.62 0.60 0.60	0.70 0.78 0.72 0.64 0.77 0.74 0.72 0.66	0.84 0.85 0.88 0.80 0.91 0.80 0.86 0.85
山西省		0.60	0.70	
贵州省		0.47	0.69	0.80
河北省	Ⅰ Ⅱ Ⅲ Ⅳ	0.40~0.50 0.50~0.55 0.55 0.30~0.40	0.50~0.60 0.60~0.70 0.60 0.70~0.75	0.65 0.70 0.60~0.70 0.75~0.80
湖南省	Ⅰ Ⅱ	0.45 0.30~0.40	0.62~0.63 0.65~0.70	0.70~0.75 0.75
云南省	Ⅰ Ⅱ Ⅲ Ⅳ	0.50~0.55 0.45~0.55 0.55 0.50~0.45	0.75~0.80 0.70~0.80 0.60 0.65~0.75	0.75~0.80 0.65 0.70~0.80

注：n_1——小于1h的暴雨递减指数；n_2——1~6h的暴雨递减指数；n_3——6~24h的暴雨递减指数。

表11-5 汇流时间分区和系数指数（部分）

省名	分区	分区、指标	系数、指数				
			K_3	α_1	K_4	α_2	β_3
河北省	Ⅰ Ⅱ Ⅲ	河北平原区 冀北山区 冀西北西盆区 冀西山区 坝上高原区	0.70 0.65 0.58 0.54 0.45	0.41 0.38 0.39 0.40 0.18			
山西省		土石山覆盖的林区 煤矿塌陷漏水区和严重风化区 黄土丘陵区	0.15 0.13 0.10	0.42 0.42 0.42			
四川省		盆地丘陵区 $I_z<10‰$ 青衣江区 $I_z>10‰$ 盆缘山区 $I_z<15‰$及 西昌区 $I_z\geq15‰$			3.67 3.67 3.29 3.29	0.620 0.516 0.696 0.536	0.203 0.203 0.239 0.239
安徽省	Ⅰ Ⅱ Ⅲ Ⅳ	>15‰ 10‰~15‰ 5‰~10‰ <5‰			$F<90$,37.5 $F>90$,26.3 11 29 14.3	0.925 0.512 0.810 0.30	0.725 0.395 0.544 0.330

（续）

省名	分区	分区、指标	系数、指数				
			K_3	α_1	K_4	α_2	β_3
宁夏	Ⅰ	山区	0.14	0.44			
	Ⅱ	丘陵区	0.38	0.21			
湖南省	Ⅰ	湘资水系	5.59	0.380			
	Ⅱ	沅水系	3.79	0.197			
	Ⅲ	沣水系	1.57	0.636			
广西	Ⅰ	山区	0.56	0.306			
	Ⅱ	丘陵区	0.42	0.419			
甘肃省	Ⅰ	平原区	0.96	0.71			
	Ⅱ	丘陵区	0.62	0.71			
	Ⅲ	山区	0.39	0.71			
吉林省	Ⅰ		0.00035	1.40			
			1.40	0.84			
	Ⅱ		0.032	0.84			
	Ⅲ		0.022	1.45			
河南省	Ⅰ	根据河南省 *n* 值分区图	0.73	0.32			
	Ⅱ		0.038	0.75			
	Ⅲ		0.63	0.15			
	Ⅳ		0.80	0.20			
青海省	Ⅰ	东部区	0.871	0.75			
	Ⅱ	内陆区	0.96	0.747			
新疆	Ⅰ	$50<F<200$	0.60	0.65			
	Ⅱ	$F<200$	0.20	0.65			
浙江省	Ⅰ	浙北地区			72.0	0.187	0.90
	Ⅱ	浙东南沿海区			72.0	0.187	0.90
	Ⅲ	浙西南、西北山区及中部丘陵区			72.0	0.187	0.90
	Ⅳ	杭嘉湖平原边缘地势平缓区			105.0	0.187	0.90
内蒙古	Ⅰ	大兴安岭中段及余脉山地丘陵区	0.334~0.537	0.16			
	Ⅱ	黄河流域山地丘陵区	0.334~0.537	0.16			
福建省	Ⅰ	平原区			1.8	0.48	0.51
	Ⅱ	丘陵区			2.0	0.48	0.51
	Ⅲ	山区			2.6	0.48	0.51
贵州省	Ⅰ	平丘区	0.080	0.713			
	Ⅱ	浅山区	0.193	0.713			
	Ⅲ	深山区	0.302	0.713			

228

2. 经验公式

20世纪80年代初，在制定推理公式的基础上，又制定了简单的小流域暴雨径流的经验公式：

公式1

$$Q_P=\Psi\left(S_P-\mu\right)^m F^{\lambda_2} \tag{11-24}$$

式中 S_P、μ、F——同前；

Ψ——地貌系数，见表11-6；

m、λ_2——指数，见表11-6。

表11-6 经验公式（11-24）各区系数、指数（部分）

省名	分区	分区、指标		系数、指数			
				Ψ		m	λ_2
四川省	Ⅰ	盆地丘陵区	$I_z \leqslant 2‰$	0.086		1.18	0.712
			$2‰ \leqslant I_z \leqslant 10‰$	0.105			0.730
			$I_z \geqslant 10‰$	0.124			0.747
	Ⅱ	盆缘山区，青衣江区	$I_z \leqslant 10‰$	0.102		1.20	0.724
			$10‰ \leqslant I_z \leqslant 20‰$	0.123			0.745
			$I_z \geqslant 20‰$	0.142			0.788
安徽省	Ⅰ	$I_z > 15‰$		$P=4\%$	1.2×10^{-4}	2.75	0.896
				$P=2\%$	1.4×10^{-4}		
				$P=1\%$	1.6×10^{-4}		
	Ⅱ	$I_z = 5‰ \sim 15‰$		$P=4\%$	4.8×10^{-4}	2.75	1.0
				$P=2\%$	5.5×10^{-4}		
				$P=1\%$	7.0×10^{-4}		
	Ⅲ	$I_z < 5‰$		$P=4\%$	1.8×10^{-4}	2.75	0.965
				$P=2\%$	1.9×10^{-4}		
				$P=1\%$	2.0×10^{-4}		
宁夏	Ⅰ	丘陵区		0.308		1.32	0.60
	Ⅱ	山区		0.542		1.32	0.60
	Ⅲ	林区		0.085		1.32	0.75
甘肃省	Ⅰ	平原区		0.08		1.08	0.96
	Ⅱ	丘陵区		0.14		1.08	0.96
	Ⅲ	山区		0.27		1.08	0.96
吉林省	Ⅰ	平原		0.0076~5.6		1.50	0.80
	Ⅱ	丘陵		0.0053~7.0		1.50	0.80
	Ⅲ	山区		0.003~0.68		1.50	0.80
河南省	Ⅰ	根据河南省 n 值分区图		0.22		0.98	0.86
	Ⅱ			0.66		1.03	0.65
	Ⅲ			0.76		1.00	0.67
	Ⅳ			0.28		1.07	0.81
新疆	Ⅰ	林区土石山		0.0065		1.5	0.80
	Ⅱ	土石山		0.035		1.5	0.80
内蒙古	Ⅰ	大青山东端山区		$P=4\%$	8.4	0.41	0.55
				$P=2\%$	12.3		
				$P=1\%$	19.2		
	Ⅱ	大青山东部和蛮汉山山地丘陵区		$P=4\%$	7.8	0.41	0.55
				$P=2\%$	11.8		
				$P=1\%$	16.5		
	Ⅲ	大青山西端山区		$P=4\%$	7.4	0.41	0.55
				$P=2\%$	11.2		
				$P=1\%$	15.0		

（续）

省名	分区	分区、指标	系数、指数 Ψ	m	λ_2
福建省	Ⅰ	平原区	0.09	1.0	0.96
	Ⅱ	丘陵区	0.10		
	Ⅲ	浅山区	0.16		
	Ⅳ	深山区	0.25		
贵州省	Ⅰ	平原丘陵区	0.022	1.085	0.98
	Ⅱ	浅山区	0.038		
	Ⅲ	深山区	0.066		

公式 2

$$Q_P = CS_P^{\beta} F^{\lambda_3} \tag{11-25}$$

式中　S_P、F——同前；

C、β、λ_3——系数、指数，见表 11-7。

表 11-7　经验公式（11-25）各区系数、指数（部分）

省名	分区	分区、指标		系数、指数 C		β	λ_3
山西省	Ⅰ Ⅱ Ⅲ	石山、黄土丘陵植被差土石山，风化石山植被一般煤矿漏水区，植被较好地区		0.24～0.20 0.19～0.16 0.15～0.12		1.0	0.78
四川省	Ⅰ	盆地丘陵区	$I_z \leqslant 10‰$	0.125		1.10	0.723
			$I_z > 5‰$	0.145			
	Ⅱ	盆缘山区，青衣江区	$I_z \leqslant 10‰$	0.140		1.14	0.737
			$I_z > 10‰$	0.160			
安徽省	Ⅰ	$I_z > 15‰$		$P=4\%$	2.92×10^{-4}	2.414	0.896
				$P=2\%$	3.15×10^{-4}		
				$P=1\%$	3.36×10^{-4}		
	Ⅱ	$I_z = 5‰\sim15‰$		$P=4\%$	1.27×10^{-4}	2.414	1.0
				$P=2\%$	1.32×10^{-4}		
				$P=1\%$	1.50×10^{-4}		
	Ⅲ	$I_z < 5‰$		$P=4\%$	2.35×10^{-4}	2.414	0.965
				$P=2\%$	2.66×10^{-4}		
				$P=1\%$	2.75×10^{-4}		
宁夏	Ⅰ	丘陵区		0.061		1.51	0.60
	Ⅱ	山区		0.082			0.60
	Ⅲ	林区		0.013			0.75
甘肃省	Ⅰ	平原区		0.016		1.40	0.95
	Ⅱ	丘陵区		0.025			
	Ⅲ	山区		0.05			
吉林省	Ⅰ	松花江，图们江、牡丹江水系	山岭	0.075		0.80	1.12
			丘陵	0.035			
			平原	0.0135			
	Ⅱ	拉林河、饮马河水系	山岭	0.31		0.80	1.37
			丘陵	—			
			平原	0.14～0.618			

（续）

省名	分区	分区、指标		系数、指数		
				C	β	λ_3
吉林省	Ⅲ	东运河水系	山岭 丘陵 平原	— — 0.275	0.80	0.52
河南省	Ⅰ Ⅱ Ⅲ Ⅳ	根据河南省 n 值分区图		0.18 0.45 0.36 0.48	1.0 1.09 1.07 0.95	0.86 0.65 0.67 0.80
浙江省	Ⅰ Ⅱ Ⅲ	钱塘江流域 浙北地区 其他		0.01 0.02 0.015	1.37	1.11
福建省	Ⅰ Ⅱ Ⅲ Ⅳ	平原区 丘陵区 浅山区 深山区		0.030 0.034 0.050 0.071	1.25	0.90
贵州省	Ⅰ Ⅱ Ⅲ	平原丘陵区 浅山区 深山区		0.016 0.030 0.056	1.112	0.985

11.4 设计水位的推算

1）当桥位计算断面与水文断面间的河段顺直、断面规整、河底纵坡均一时，宜按式（11-5），绘制水文断面的水位—流量关系曲线，按设计流量确定设计水位后，利用水面比降推算出桥位计算断面的设计水位。

2）当桥位计算断面和水文断面上、下游有卡口、人工建筑物或断面形状和面积相差较大，河底纵坡有明显曲折时，宜按式（11-11），采用试算法求算设计流量时的水面线，推求设计水位。

3）特殊地区的设计水位，应按 JTG C30—2015《公路工程水文勘测设计规范》的规定计算。

设计洪水过程线按下列方法确定：

1）有流量观测资料时，可选用洪水较大，对桥梁设计不利的实测洪水过程线作为典型，按同倍比放大成设计洪水过程线。放大倍比可按下式计算

$$k_g = \frac{Q_P}{Q} \tag{11-26}$$

式中 k_g——放大倍比；

Q——典型洪水的洪峰流量（m^3/s）；

Q_P——设计流量（m^3/s）。

2）无流量观测资料时，可按各地水利部门的方法绘制。

本章小结

桥涵设计流量的推算分三种情况。

1）根据流量观测资料推算设计流量，可采用试错适线法或三点适线法，应用时注意对观测资料的审核及对特大值的分析处理。

2）按洪水调查资料推算设计流量，常用方法有形态调查方法或利用历史洪水位推算设计流量。形态调查方法是实地考查历史上发生过的洪水位痕迹，并通过河道地形，纵、横断面，洪痕高程及位置等形态资料的测量，再按水力学方法推算出历史洪峰流量；历史洪水位推算设计流量是按形态调查所得的河谷断面及洪水痕迹高程，确定过水断面，将同次历史洪水痕迹垂直投影于计算河段中泓线上，绘出纵剖面图，得到水面比降及河底比降，再计算历史洪水流量。

3）按暴雨资料推算设计流量，是小桥涵水文计算的常用方法，实际工作中，小流域流量计算多采用推理公式或经验公式。

应用不同资料，采用不同方法，推算得到同一座桥梁的设计流量值不同，经对比分析论证，选用一个合理数值，作为该桥设计流量。

思考题与习题

11-1　确定桥涵设计流量有几种途径？并简要说明。

11-2　什么是形态调查法？说明形态调查方法的步骤。

11-3　洪水调查的内容有哪些？试述利用洪水调查资料确定设计流量或水位的方法。

11-4　按暴雨资料推算设计流量，推理公式有哪几种？分别说明各公式中字母所表示的意义。

11-5　按暴雨资料推算设计流量，经验公式有哪几种？分别说明各公式中字母所表示的意义。

第 12 章

大、中桥孔径计算

学习重点

桥孔长度计算方法；桥面中心最低高程确定。

学习目标

了解桥涵分类；掌握大、中桥孔径计算方法，桥面中心最低高程确定方法；熟悉调治构造物的作用、类型。

大、中桥孔径计算，主要是根据桥位断面的设计流量和设计水位，推算需要的桥孔最小长度和桥面中心最低高程，为确定桥孔设计方案，提供设计依据。

12.1 桥涵分类及桥孔设计一般规定

桥涵分类的方法很多，通常从受力特点 、建桥材料、适用跨径、施工条件等方面来划分。下面主要介绍按跨径分类。

1. 桥涵分类

桥涵分类采用两个指标，一个是单孔跨径，另一个是多孔跨径总长。JTG D60—2015《公路桥涵设计通用规范》规定，桥涵类别划分见表 12-1。

表 12-1 桥梁涵洞分类

桥涵分类	多孔跨径总长 L/m	单孔跨径 L_k/m	桥涵分类	多孔跨径总长 L/m	单孔跨径 L_k/m
特大桥	$L>1000$	$L_k>150$	小桥	$8\leqslant L\leqslant 30$	$5\leqslant L_k<20$
大桥	$100\leqslant L\leqslant 1000$	$40\leqslant L_k\leqslant 150$	涵洞	—	$L_k<5$
中桥	$30<L<100$	$20\leqslant L_k<40$			

注：1. 单孔跨径系指标准跨径。
2. 梁式桥、板式桥的多孔跨径总长为多孔标准跨径的总长，拱式桥为两端桥台内起拱线间的距离；其他形式桥梁为桥面系行车道长度。
3. 管涵及箱涵不论管径或跨径大小、孔数多少，均称为涵洞。
4. 标准跨径：梁式桥、板式桥以两桥墩中线间距离或桥墩中线与台背前缘间距为准；拱式桥和涵洞以净跨径为准。

2. 桥孔设计一般规定

1）桥孔设计必须保证设计洪水以内的各级洪水和泥沙安全通过，并满足通航、流冰及其他漂流物通过的要求。

2）桥孔布设应适应各类河段的特性及演变特点，避免河床产生不利变形，且做到经济合理。各类河段的特性及河床演变特点见表 9-1。

3）建桥后引起的桥前壅水高度、流势变化和河床变形，应在安全允许范围之内。

4）桥孔设计应考虑桥位上下游已建或拟建的水利工程、航道码头和管线等引起的河床演变对桥孔的影响。

5）桥位河段的天然河道不宜开挖或改移。需要开挖、改移河道时，应通过可靠的技术经济论证。

6）跨越河口、海湾及海岛之间的桥梁，必须保证在潮汐、海浪、风暴潮、海流及海底泥沙运动等各种海洋水文条件影响下，正常使用和满足通航的要求。

12.2 大、中桥孔径计算

大、中桥孔径计算应符合上述规定，进行必要的水力计算，还要结合桥位河段的实际情况，全面分析各种有关要素，经过技术经济比较后确定。

1. 桥位河段的水流图式

桥位河段的水流图式反映了建桥后水流和泥沙运动的变化，体现了桥孔长度、桥前壅水和桥下冲刷三者之间的关系，应作为桥孔计算的分析依据。

大、中桥位河段多为缓坡河段，水流因受桥孔压缩影响，桥前将出现 a_1 型水面曲线，过桥水流也多属堰流性质，即桥孔中将发生纵向与侧向收缩，形成收缩断面，有淹没出流与自由出流。在自由出流条件下，收缩断面流速大，冲刷力强，桥孔设计除需满足泄流条件外，还需考虑桥孔中的冲刷因素。大、中桥孔水力计算特点是按自由出流情况，允许桥下有一定冲刷。

大、中桥的桥前壅水曲线，理论上为 a_1 型水面曲线，起点在上游无穷远处，至桥前一定距离处达到最大壅高值，而后呈堰流形式进入桥孔。实际上，桥前壅水只是在一个有限值范围内。当无导流堤时，最大壅水高度 ΔZ 大约发生在桥孔上游一个桥长处，如图 12-1a 所示断面②处，收缩断面则在断面③′处；当有导流堤时，ΔZ 约在上游坝端处，如图 12-1b 所示断面②处，收缩断面则在桥位中线断面处，如图 12-1b 所示断面③所示。由于水流的分离现象，桥台上、下游两侧都将形成回流区。从桥位河段的纵剖面看，如图 12-1c 所示，在壅水范围内，流速沿程减小，常导致泥沙沉积，最大壅高断面之后，流速沿程增大，河床又将出现冲刷现象。在实际工程中，常简化为以二次抛物线代替 a_1 型曲线，以便推求桥前最大壅水高度 ΔZ 及沿程壅水水位变化。但是，当桥前河段为急坡时，上游不会出现壅水现象，其水力图式如图 6-2 所示，将在桥前发生水跃现象。

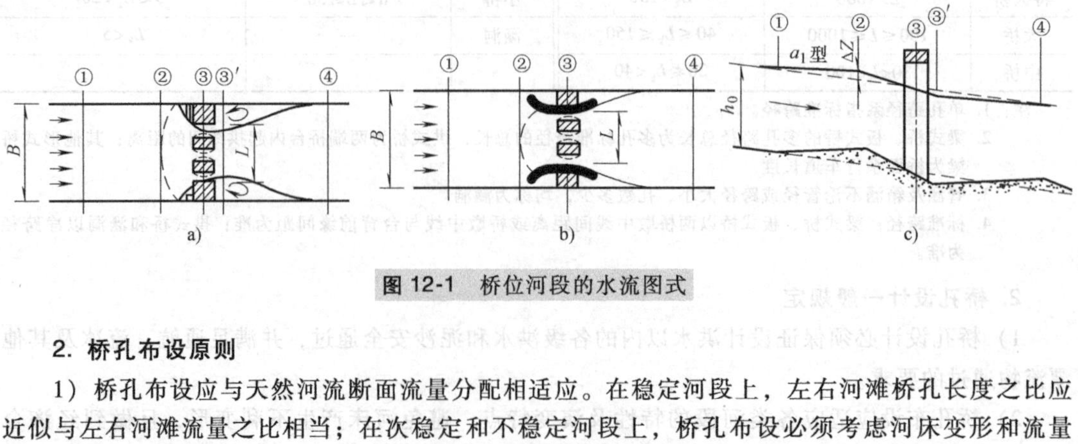

图 12-1 桥位河段的水流图式

2. 桥孔布设原则

1）桥孔布设应与天然河流断面流量分配相适应。在稳定河段上，左右河滩桥孔长度之比应近似与左右河滩流量之比相当；在次稳定和不稳定河段上，桥孔布设必须考虑河床变形和流量分布变化趋势的影响。桥孔不宜压缩河槽，可适当压缩河滩。

2）在内河通航的河段上，通航孔布设应符合通航净空要求，并应充分考虑河床演变和不同水位所引起的航道变化。

3）在设有防洪堤的河段上，桥孔布设应避免扰动现有河堤。与堤防交叉处宜留有防汛抢险通道。

4）在断层、陷穴、溶洞、滑坡等不良地质地段不宜布设墩台。

5）在冰凌严重河段，桥孔应适当加大，并应增设防冰撞措施。

6）山区河流的桥孔布设应符合下列规定：

① 峡谷河段宜单孔跨越。桥面设计高程应根据设计洪水位，并结合两岸地形和路线等条件确定。

② 在开阔河段可适当压缩河滩。河滩路堤宜与洪水主流流向正交，斜交时应增设调治工程。

③ 山区沿河纵向桥，宜提高线位，将沿河纵向桥设置在山坡坡脚，避开水面或少占水面。

7）平原河流的桥孔布设应符合下列规定：

① 在顺直微弯河段，桥孔布设应考虑河槽内边滩下移、主槽在河槽内摆动的影响。

② 在弯曲河段，应通过河床演变调查，预测河湾发展和深泓变化，考虑河槽凹岸水流集中冲刷和凸岸淤积等对桥孔及墩台的影响。

③ 在滩槽较稳定的分汊河段上，若多年流量分配基本稳定，可考虑布设一河多桥。桥孔布设应预计各汊流流量分配比例的变化并应设置同流量分配相对应的导流构造物。

④ 在宽滩河段，可根据桥位上下游主流趋势及深泓线摆动范围布设桥孔，并可适当压缩河滩，但应考虑壅水对上游的影响。当河汊稳定又不宜导入桥孔时，可考虑修建一河多桥。

⑤ 在游荡河段，不宜过多压缩河床，应结合当地治理规划，辅以调治工程。

8）山前区河流桥孔布设应符合下列规定：

① 在山前变迁河段，在辅以适当的调治构造物的基础上，可较大地压缩河滩。桥轴线应与河岸线或洪水总趋势正交。河滩路堤不宜设置小桥和涵洞。当采用一河多桥方案时，应堵截临近主河槽的支汊。

② 在冲积漫流河段，桥孔宜在河流上游狭窄或下游收缩段跨越。在河床宽阔、水流有明显分支处跨越时，可采用一河多桥方案，并应在各桥间采用相应的分流和防护措施。桥下净空应考虑河床淤积影响。

3. 标准跨径

对于梁式桥、板式桥（涵洞），标准跨径即桥墩中心线的距离；对于拱式桥（涵）、箱涵、圆管涵，标准跨径为其净跨。标准跨径通常用 L_0 表示。

JTG D60—2015《公路桥涵设计通用规范》规定，当桥涵跨径在 50m 及以下时，宜采用标准跨径。

桥涵标准跨径规定如下：0.75m、1.0m、1.25m、1.5m、2.0m、2.5m、3.0m、4.0m、5.0m、6.0m、8.0m、10m、13m、16m、20m、25m、30m、35m、40m、45m、50m。

4. 桥孔长度计算

如图 12-2 所示，设计水位条件下，两桥台前缘之间的水面宽度，称为桥孔长度，常以 L 表示。其中桥长 L 扣除全部桥墩宽度（顺桥方向）后的长度，称为桥孔净长，常以 L_j 表示。设桥墩宽度为 d，桥墩数为 n，按桥长定义有

$$L = L_j + nd \tag{12-1}$$

大、中桥的桥下河床一般不加护砌，允许有一定的冲刷。由于桥孔压缩了水流，桥下河床

将出现冲刷，由此导致河床过水断面不断扩大。随着过水断面扩大，又会引起桥下流速减小，水流挟沙力下降，冲淤关系出现新的平衡。1875 年，别列柳伯斯基曾假定，当桥下断面平均流速等于天然河槽断面平均流速 v_s 时，桥下冲刷将随之停止，过水断面将不再变形。这一假定为考虑冲刷因素计算桥长提供理论分析依据。桥长计算有两种方法，冲刷系数法和经验公式法。

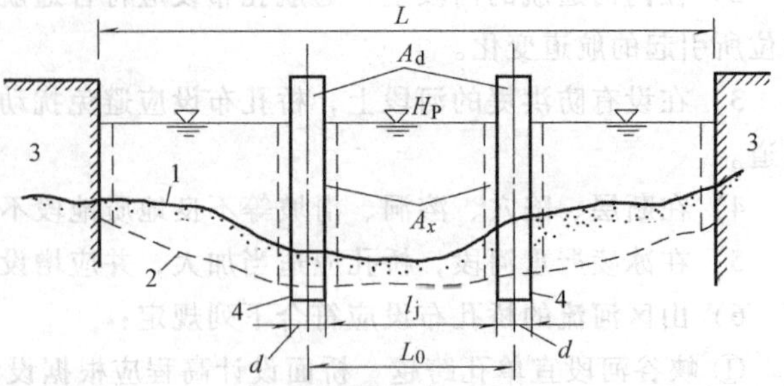

图 12-2　桥下过水断面

1—冲刷前断面　2—冲刷后断面　3—桥台　4—桥墩

(1) 冲刷系数法　冲刷系数法是以冲刷系数 P 作控制条件推求桥下河槽冲刷前最小过水面积，从中确定桥孔最小长度的计算方法，又称为过水面积控制法。

桥下河床冲刷后过水面积 $A_{冲后}$ 与冲刷前过水面积 $A_{冲前}$ 之比值 P，称为冲刷系数。各类河段允许冲刷系数经验值见表 12-2。

表 12-2　各类河段的冲刷系数 P 值

河流类型		P	备　注
山区	峡谷段	1.0~1.2	无滩
	开阔段	1.1~1.4	有滩
山前区	半山区稳定河段（包括丘陵区）	1.2~1.4	断面平均水深≤1m 时，才能使用接近 $P=1.8$ 的较大值。
	变迁性河段	1.2~1.8	
平原区		1.1~1.4	

按冲刷系数定义，有

$$P=\frac{A_{冲后}}{A_{冲前}} \tag{12-2}$$

因 $Q=v_{冲前}A_{冲前}=v_{冲后}A_{冲后}$，有

$$P=\frac{A_{冲后}}{A_{冲前}}=\frac{v_{冲前}}{v_{冲后}} \tag{12-3}$$

按别列柳伯斯基假定，当设计流量为 Q_P 时，有

$$Q_P=v_{冲后}A_{冲后}=v_sPA_{冲前} \tag{12-4}$$

冲刷前，设桥孔侧收缩系数为 ε，因桥墩阻水引起过水断面面积折减系数为 λ，桥墩所占过水断面面积为 A_d，桥孔净长对应的净过水面积为 A_j，桥下有效过水面积为 A_y，收缩断面两侧涡流所占桥下过水断面面积为 A_x，如图 12-2 所示。冲刷前桥下含桥墩在内的毛计算过水断面面积为 A_q，单孔净长为 l_j，标准跨径为 L_0，有

$$A_q=A_y+A_x+A_d=A_j+A_d$$

ε 及 λ 可按下述经验关系计算

$$\begin{cases}\lambda=\dfrac{A_d}{A_q}\approx\dfrac{d}{L_0}\\[2ex]\varepsilon=\dfrac{A_y}{A_j}=1-0.375\dfrac{v_s}{l_j}\end{cases} \tag{12-5}$$

由此得

$$A_j = A_q - A_d = (1-\lambda) A_q$$

桥孔按泄流条件及允许冲刷系数，有

$$Q_P = v_{冲后} A_{冲后} = v_s PA_{冲前} = v_s PA_y = v_s P\varepsilon A_j = v_s P\varepsilon (1-\lambda) A_q$$

得

$$\begin{cases} A_q = \dfrac{Q_P}{v_s P\varepsilon (1-\lambda)} \\ A_j = \dfrac{Q_P}{v_s P\varepsilon} \end{cases} \tag{12-6}$$

式（12-6）中，A_q、A_j即为同时考虑泄流及冲刷因素的冲刷前桥下应有的最小毛过水面积和净过水面积。以 A_q为控制条件可得最小桥长 L；以 A_j为控制条件，可得最小净长 L_j。方法如下：

1）计算法

① 在实测桥位断面图上布设桥孔方案。

② 计算设计水位下所取桥孔方案的毛过水面积 A_{qx}或净过水面积 A_{jx}。

③ 取 $A_{qx} \geqslant A_q$（略大于 A_q）或 $A_{jx} \geqslant A_j$，且水面宽度最小的布设方案为最后采用方案，由此所得的最小水面宽度即所求桥长 L（或 L_j）。

④ 综合地质、地形、航运及基础类型等要求，按标准跨径划分桥孔长度、布设桥孔孔数。其中桥孔长度应取整米数，实际过水面积应等于或略大于按式（12-6）所得的计算过水面积。

2）图解法

① 利用实测桥位断面图，绘制设计水位条件下沿水面宽度的过水断面面积累积曲线，如图 12-3 所示。

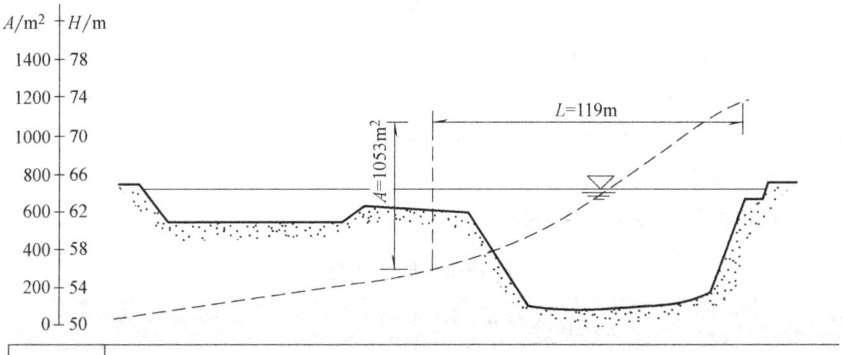

河床标高/m	64.00	60.70	60.42	60.61	61.74	61.42	51.98	51.26	51.95	52.35	53.78	63.32			
距离/m	9.6	36.9	28.90	35.67	34.28	36	48.72	4.2							
桩号	K_0+500.00	+509.60	+546.50	+575.40	+582.20	+600.00	+611.07	+622.60	+645.35	+661.35	+681.35	+700.00	+715.35	+730.07	+734.27

图 12-3　实测桥位断面图

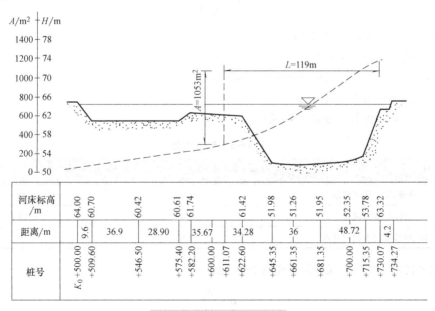

② 按计算值 A_q（或 A_j）在过水断面面积累积曲线坡度较陡处确定水面宽最小的桥孔位置，相应的最小水面宽度，即桥孔长度 L（或 L_j）。

③ 按计算法中的第 4）点所述，划分桥孔长度和孔数，选用标准跨径。

当桥轴线与流向斜交时，桥下过水断面有效跨径应按桥轴线与流向垂直的投影面计算，如图 12-4 所示，可有两种情况。

a. 如图 12-4a 所示，桥墩纵轴线与流向平行时，有

$$L_\alpha = L_j \cos\alpha \tag{12-7}$$

b. 如图 12-4b 所示，桥墩纵轴线与流向斜交时，有

$$L_\alpha = L_j \cos\alpha - l\sin\alpha \tag{12-8}$$

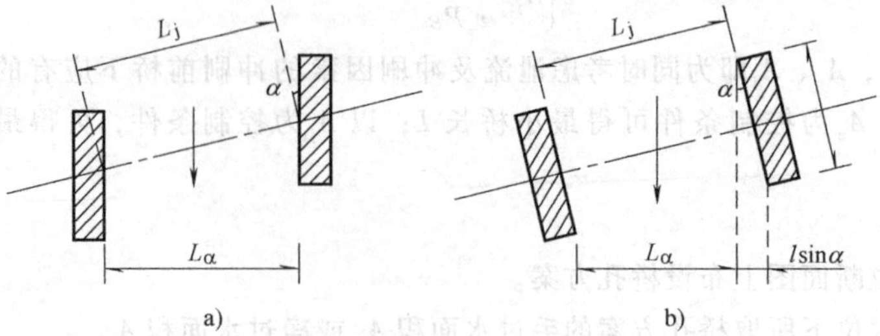

图 12-4　桥轴线与流向斜交

（2）经验公式法　按 JTG C30—2015《公路工程水文勘测设计规范》推荐的经验公式计算。

1）峡谷河段，可按河床地形布孔，不宜压缩河槽，可不做桥孔最小净长度计算。

2）开阔、顺直微弯、分汊、弯曲河段及滩、槽可分的不稳定河段，宜按下式计算桥孔最小净长度

$$L_j = K_q \left(\frac{Q_P}{Q_c}\right)^{n_3} B_c \tag{12-9}$$

式中　L_j——桥孔最小净长度（m）；

Q_P——设计流量（m^3/s）；

Q_c——设计水位下，天然河槽流量（m^3/s）；

B_c——天然河槽宽度（m）；

K_q、n_3——系数和指数，按表 12-3 采用。

表 12-3　K_q、n_3 值

河段类型	K_q	n_3
开阔、顺直微弯河段	0.84	0.90
分汊、弯曲河段	0.95	0.87
滩、槽可分的不稳定河段	0.69	1.59

3）宽滩河段，宜按下式计算桥孔最小净长度。

$$L_j = \frac{Q_P}{\beta q_c} \tag{12-10}$$

$$\beta = 1.19\left(\frac{Q_c}{Q_t}\right)^{0.10} \tag{12-11}$$

式中　β——水流压缩系数；

q_c——河槽平均单宽流量（$m^3/s \cdot m$）；

Q_t——河滩流量（m^3/s）。

4）滩、槽难分的不稳定河段，宜按下式计算桥孔最小净长度

$$L_j = C_P B_0 \tag{12-12}$$

$$B_0 = 16.07\left(\frac{\overline{Q}^{0.24}}{\overline{d}^{0.3}}\right) \tag{12-13}$$

$$C_P = \left(\frac{Q_P}{Q_{2\%}}\right)^{0.33} \tag{12-14}$$

式中 B_0——基本河槽宽度（m）；

$\overline{Q}$——年最大流量平均值（m^3/s）；

$\overline{d}$——河床泥沙平均粒径（m）；

C_P——洪水频率系数；

$Q_{2\%}$——频率为2%的洪水流量（m^3/s）。

上述经验公式的计算结果是按通过设计洪峰流量且与流向正交所需的桥孔净长。斜交时，应按式（12-7）或式（12-8）换算。影响桥孔净长的因素较多，除进行必要的桥长计算外，应结合桥位地形、断面形态、河床地质、桥前壅水、冲刷深度、桥头引道填土高度等综合分析确定桥孔净长。设有堤防的河流，当壅水影响城镇、堤防和农田房舍时，可按桥前允许壅水高度确定桥孔净长。

【例12-1】 如图12-3所示，已知设计洪峰流量 $Q_P=3500m^3/s$，设计水位 $H_P=63.65m$；河槽流量 $Q_c=3190m^3/s$，过水面积 $A_c=1030m^2$，河滩流量 $Q_t=310m^3/s$，过水面积 $A_t=310m^2$，桥轴线与流向正交，求跨越此河道的桥孔长度 L。

解：（1）计算桥下最小的毛过水面积 A_q

由已知资料，得天然河槽、河滩及全断面平均流速分别为

$$v_c = \frac{Q_c}{A_c} = \frac{3190}{1030}m/s = 3.1m/s$$

$$v_t = \frac{Q_t}{A_t} = \frac{310}{310}m/s = 1.0m/s$$

$$v_0 = \frac{Q_c+Q_t}{A_c+A_t} = \frac{3190+310}{1030+310}m/s = 2.6m/s$$

初拟采用预应力钢筋混凝土简支梁，标准跨径 $L_0=30m$，桥墩宽 $d=1.0m$，设计流速取 $v_s=v_c=3.10m/s$，冲刷系数取 $P=1.2$，有

$$\varepsilon = 1-0.375\frac{v_s}{l_j} = 1-0.375\times\frac{3.1}{30-1.0} = 0.96$$

$$\lambda = \frac{A_d}{A_q} \approx \frac{d}{L_0} = \frac{1}{30} = 0.033$$

$$A_q = \frac{Q_P}{v_s P\varepsilon(1-\lambda)} = \frac{3500}{3.1\times1.2\times0.96\times(1-0.033)}m^2 = 1010m^2$$

（2）桥长计算

1）绘制水面宽度与过水面积累积曲线，如图12-3所示。

2）将两岸桥台前缘置于桩号 $K_0+730.07m$ 与 $K_0+611.07m$ 之间，得 $A_{qx}=1053m^2 \approx A_q$，由此

得桥长 $L=120\text{m}$，桥孔孔数 $n=\frac{L}{L_0}=\frac{120}{30}=4$。

【例 12-2】 某桥跨越次稳定性河段，设计流量 $Q_P=8470\text{m}^3/\text{s}$，河槽流量 $Q_c=8060\text{m}^3/\text{s}$，河床全宽 $B=370\text{m}$，河槽宽度 $B_c=300\text{m}$，试计算桥孔净长 L_j。

解：按次稳定性河段，查表 12-3 得：$K_q=0.95$，$n_3=0.87$

由式（12-9）有

$$L_j=K_q\left(\frac{Q_P}{Q_c}\right)^{n_3}B_c=0.95\times\left(\frac{8470}{8060}\right)^{0.87}\times300\text{m}=298\text{m}$$

【例 12-3】 某桥位选定于宽滩河段，设计流量 $Q_P=5320\text{m}^3/\text{s}$，河槽流量 $Q_c=4000\text{m}^3/\text{s}$，河槽宽度 $B_c=580\text{m}$，河滩流量 $Q_t=1320\text{m}^3/\text{s}$，桥轴线与流向正交，求跨越此河道的桥孔净长 L_j。

解：由式（12-10）、式（12-11）有

$$\beta=1.19\left(\frac{Q_c}{Q_t}\right)^{0.10}=1.19\times\left(\frac{4000}{1320}\right)^{0.10}=1.33$$

$$q_c=\frac{Q_c}{B_c}=\frac{4000}{580}\text{m}^3/\text{s}\cdot\text{m}=6.90\text{m}^3/\text{s}\cdot\text{m}$$

$$L_j=\frac{Q_P}{\beta q_c}=\frac{5320}{1.33\times6.90}\text{m}=570\text{m}$$

【例 12-4】 某桥位处设计流量 $Q_P=3527\text{m}^3/\text{s}$，年最大流量平均值 $\overline{Q}=3100\text{m}^3/\text{s}$，经频率分析 $Q_{2\%}=3450\text{m}^3/\text{s}$，河床颗粒平均粒径 $\overline{d}=30\text{mm}$，此桥位处为变迁性河段，求桥孔净长 L_j。

解：由式（12-12）、式（12-13）、式（12-14）有

$$B_0=16.07\left(\frac{\overline{Q}^{0.24}}{\overline{d}^{0.3}}\right)=16.07\times\left(\frac{3100^{0.24}}{0.03^{0.3}}\right)\text{m}=316.80\text{m}$$

$$C_P=\left(\frac{Q_P}{Q_{2\%}}\right)^{0.33}=\left(\frac{3527}{3450}\right)^{0.33}=0.998$$

$$L_j=C_PB_0=0.998\times316.80\text{m}=317\text{m}$$

12.3 桥面设计高程

1. 桥面设计高程的计算公式

桥面中心线上最低点的高程，称为桥面高程。它用以表示桥梁的高度。桥面高程的确定应满足泄洪、通航、流冰、流木的要求，并应考虑桥前壅水高度、波浪高度、水拱高度、河湾水位超高及河床淤积等因素的影响。流冰是指浮于水面冰块或兼有少量冰花等随水流流动的现象。

（1）不通航河流（见图 12-5a）

1）按设计水位计算桥面最低高程时，按下式计算

$$H_{min}=H_s+\sum\Delta h+\Delta h_j+\Delta h_D \tag{12-15}$$

式中 H_{min}——桥面最低高程（m）；

H_s——设计水位（m）；

$\sum\Delta h$——考虑壅水、浪高、波浪壅高、河湾超高、水拱、局部股流壅高（水拱与局部股流壅高只取其大者）、床面淤高、漂浮物高度等诸因素的总和（m）；

Δh_j——桥下净空安全值（m），是指设计水位加各种可能发生的水位增高值后，或最高

流冰水位以上预留的安全值，应符合表 12-4 的规定；

Δh_D——桥梁上部结构建筑高度（m），应包括桥面铺装高度。

2）按设计最高流冰水位计算桥面最低高程时，应按下式计算

$$H_{min}=H_{sB}+\Delta h_j+\Delta h_D \tag{12-16}$$

式中 H_{sB}——设计最高流冰水位（m），应考虑床面淤高。

桥面设计高程不应低于式（12-15）和式（12-16）的计算值。

（2）通航河流的桥面设计高程　如图 12-5b 所示，除应满足不通航河流的要求外，同时还应满足下式要求

$$H_{min}=H_{tn}+H_M+\Delta h_0 \tag{12-17}$$

式中 H_{tn}——设计最高通航水位（m）；

H_M——通航净空高度（m），见表 12-5。

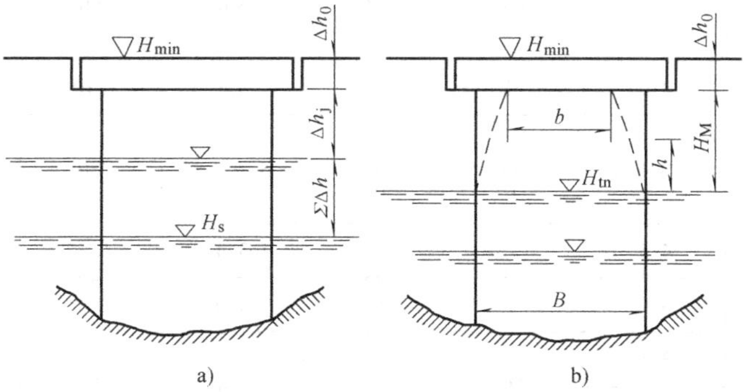

图 12-5　桥面最低高程

a）非通航河流　b）通航河流

表 12-4　不通航河流桥下净空安全值 Δh_j

桥梁部位	按设计水位计算的桥下净空安全值/m	按最高流冰水位计算的桥下净空安全值/m
梁底	0.50	0.75
支座垫石顶面	0.25	0.50
拱脚	0.25	0.25

注：1. 无铰拱的拱脚，可被洪水淹没，淹没高度不宜超过拱圈矢高的 2/3；拱顶底面至设计水位的净高不应小于 1m。

2. 山区河流水位变化大，桥下净空安全值可适当加大。

表 12-5　桥下通航净空尺度

航道等级	代表船舶、船队	净高 H_M	单向通航孔			双向通航孔		
			净宽 B	上底宽 b	侧高 h	净宽 B	上底宽 b	侧高 h
Ⅰ	(1)4 排 4 列	24.0	200	150	7.0	400	350	7.0
	(2)3 排 3 列	18.0	160	120	7.0	320	280	7.0
	(3)2 排 2 列		110	82	8.0	220	192	8.0
Ⅱ	(1)3 排 3 列	18.0	145	108	6.0	290	253	6.0
	(2)2 排 2 列		105	78	8.0	210	183	8.0
	(3)2 排 1 列	10.0	75	56	6.0	150	131	6.0

(续)

航道等级	代表船舶、船队	净高 H_M	单向通航孔			双向通航孔		
			净宽 B	上底宽 b	侧高 h	净宽 B	上底宽 b	侧高 h
Ⅲ	(1)3 排 2 列	18.0* 10.0	100	75	6.0	200	175	6.0
	(2)2 排 2 列	10.0	75	56	6.0	150	131	6.0
	(3)2 排 1 列		55	41	6.0	110	96	6.0
Ⅳ	(1)3 排 2 列	8.0	75	61	4.0	150	136	4.0
	(2)2 排 2 列		60	49	4.0	120	109	4.0
	(3)2 排 1 列		45	36	5.0	90	81	5.0
	(4)货船							
Ⅴ	(1)2 排 2 列	8.0	55	44	4.5	110	99	4.5
	(2)2 排 1 列	8.0 或 5.0△	40	32	5.5 或 3.5△	80	72	5.5 或 3.5△
	(3)货船							
Ⅵ	(1)1 拖 5	4.5	25	18	3.4	40	23	3.4
	(2)货船	6.0			4.0			4.0
Ⅶ	(1)1 拖 5	3.5	20	15	2.8	32	27	2.8
	(2)货船	4.5						

注：* 表示的尺度适用于长江；Δ 表示的尺度适用于通航拖带船队的河流。

2. 各种水面升高值计算

（1）桥前最大壅水高度 ΔZ　根据桥前最大壅水高度断面与桥下收缩断面间的能量方程可求解得 ΔZ 值，但因阻力条件复杂，工程中常按下式计算

$$\Delta Z=\eta\left(v_{M}^{2}-v_{0}^{2}\right) \tag{12-18}$$

式中　ΔZ——桥前最大壅水高度（m），如图 12-1c 所示；

η——水流阻力系数，见表 12-6；

v_M——桥下断面设计平均流速（m/s），见表 12-7；

v_0——桥前河道断面平均流速（m/s）。

表 12-6　水流阻力系数 η 值

Q_{tn}/Q_P(%)	<10	11~30	31~50	>50
η	0.05	0.07	0.10	0.15

注：Q_{tn}为河滩路堤阻断流量，Q_P为设计流量。

（2）桥下最大壅水高度 $\Delta Z'$

1）一般取 $\Delta Z'=\dfrac{1}{2}\Delta Z$。

表 12-7　桥下设计平均流速 v_M

土壤种类	v_M/(m/s)
松软土壤(淤泥、细砂、松软淤泥质砂、黏土)	$v_M \approx v_c$
中等密实土壤(粗砂、砾石、小卵石、中等密实的砂黏土和黏土)	$v_M = \frac{1}{2}\left(\frac{Q_P}{A_j}+v_c\right)$
密实土壤(大卵石、大漂石、密实黏土)	$v_M = \frac{Q_P}{A_j}$

注：v_c 为河槽断面平均流速，A_j 为桥下净过水面积。

2）山区和半山区河流，常取 $\Delta Z'=\Delta Z$。

3）平原河流，常取 $\Delta Z'=0$。

（3）波浪　水面受风的作用而呈现起伏波动，并沿风向传播，形成波浪。波面凸起的最高点称为波峰，波面凹下的最低点称为波谷，水面波浪的波峰至波谷的垂直高度称为波浪高度，相邻两个波峰（或两个波谷）之间的水平距离称为波浪长度，波浪传播的距离称为浪程（吹程或风距），如图 12-6a 所示。桥位处波浪的大小与风速、风向、浪程、水深及桥位处的自然环境等都有直接关系。在水库、湖泊以及河岸较宽阔的水域或洪水持续时间很久的河流上均需要考虑波浪对桥高的影响。

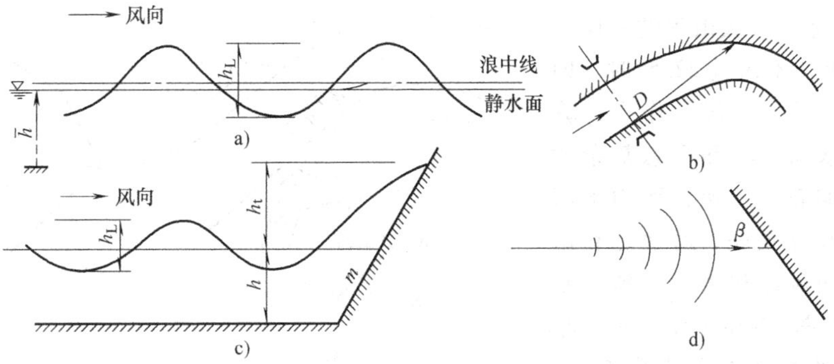

图 12-6　波浪示意图

1）桥位处的波浪高度。桥位处河流洪水的波浪高度一般通过调查确定。计算桥面高程时，以桥位静水面上波浪高度的 2/3 计入。另外，行进波在墩前受阻，还应计入波高增大。

调查困难时，可按有关规范或设计手册推荐的方法确定。

$$h_L = 2.3\times\frac{0.13\tanh\left[0.7\left(\frac{g\bar{h}}{v_w^2}\right)^{0.7}\right]\tanh\left\{\frac{0.0018\left(\frac{K_D g D}{v_w^2}\right)^{0.45}}{0.13\tanh\left[0.7\left(\frac{g\bar{h}}{v_w^2}\right)^{0.7}\right]}\right\}}{\frac{g}{v_w^2}} \qquad (12\text{-}19)$$

式中　h_L——累积频率 $P=1\%$ 的波浪高度（m），即连续观测 100 个波浪，其中波高最大的一个；

v_w——风速（m/s），为水面上 10m 高度洪水期自记 2min 平均风速的多年实测平均值；

K_D——有效浪程系数，见表 12-8；

D——浪程（m），如图 12-6b 所示，自桥位处沿主风向至洪水泛滥边界的最大距离（m）；

$\bar{h}$——沿浪程的平均水深（m）。

$$v_w = \frac{v_{w0} - 0.8}{0.88} \tag{12-20}$$

式中 v_{w0}——洪水期水面 10m 处实测 10min 平均最大风速的多年平均值（m）。

表 12-8 有效浪程系数 K_D

$\bar{B}/D$	0.1	0.2	0.3	0.4	0.5	0.6	≥0.7
K_D	0.30	0.50	0.63	0.71	0.80	0.85	1.00

注：表中$\bar{B}$为平均泛滥宽度，对于狭窄水面的河流，$\bar{B}/D<0.7$ 时，D 应进行修正。

风速资料可由气象站搜集，但须按《公路工程水文勘测设计规范》的要求进行审查和换算。缺少实测风速资料时，可按风力等级估算风速。平均水深一般采用沿计算浪程方向的平均水深，可根据河流横断面及河床沿计算浪程方向的起伏情况估算。计算浪程是波浪沿一定风向可能传播的距离，应根据汛期风玫瑰图和桥位地形图确定。沿波浪传播方向（或风向），从泛滥边界至桥位计算波浪处的距离为最大浪程，如图 12-7a 所示。最大浪程的方向与风向之间的夹角不超过 22.5°时，即可认为方向一致，一般可作为计算浪程，对于水面狭窄和形态复杂的河流则需要修正。风速、平均水深和计算浪程相互关联，通常是利用气象站的实测风速和风向资料绘制风玫瑰图，如图 12-7b 所示，求出相应的风速、平均水深和计算浪程，选定最不利的组合来计算最大的波浪高度。

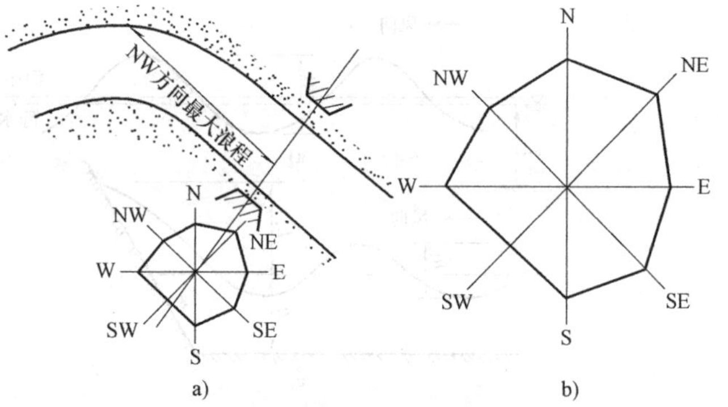

图 12-7 浪程示意图

a）最大浪程 b）风玫瑰图

2）路堤（或导流堤等）边坡处的波浪爬高。波浪爬高是指波浪沿斜坡爬升的以静水面算起的垂直高度，如图 12-6c 所示。确定河滩路堤和导流堤等顶面高程时，应计入这一高度。

$$h_e = \frac{1 + 2\sin\beta}{3} K_\Delta K_v K_e h_L \tag{12-21}$$

式中 β——浪射线与路堤处水边线的夹角；

K_Δ——边坡糙渗系数，见表 12-9；

K_v——风速影响系数，见表 12-10；

K_e——相对波浪侵袭高度系数，见表 12-11，即当 $K_\Delta = K_v = K_e = 1$ 时的波浪高度。

如图 12-6d 所示，波浪推进的路线，称为浪射线。当浪射线与路堤垂直时，$\beta = 90°$，$\sin\beta = 1$，$h_e = K_\Delta K_v K_e h_L$，当浪射线与路堤长度方向（即水边线方向）平行时，$\beta = 0$，$h_e = \frac{1}{3} K_\Delta K_v K_e h_L$，这表明，此时的波浪侵袭高度约为正向侵袭高度的 1/3。

表 12-9　边坡糙渗系数 K_Δ

边坡护面类型	光滑不透水护面（沥青混凝土）	混凝土及浆砌片石护面与光滑土质边坡	干砌片石及植草皮	一两层抛石加固	抛石组成的建筑物
K_Δ	1.0	0.9	0.75~0.80	0.60	0.50~0.55

表 12-10　风速影响系数 K_v

v_w/(m/s)	5~10	10~20	20~30	>30
K_v	1.0	1.2	1.4	1.6

表 12-11　相对波浪侵袭高度系数 K_e

边坡系数	1.00	1.25	1.50	1.75	2.00	2.50	3.00
K_e	2.16	2.45	2.52	2.40	2.22	1.82	1.50

（4）水拱高 h_Δ　河中涨水或在峡谷山口下游河段急泻而下的洪水，可出现两岸低、中间高的凸形水面，称为水拱现象。它常见于半山区或山前区峡谷山口。水拱现象河中水面超出两岸边的高度，称为水拱高度，常以 h_Δ 表示，其值通常按现场调查决定。

（5）河湾横比降超高 Z_0　河湾水面横比降可使桥位断面水位凹岸高、凸岸低，其水位高差 Z_0 可按式（9-2）计算。

（6）河床淤积高度　桥下河床逐年淤积，可使桥下水面随之抬高。确定桥下净空时，应予考虑。河流淤积，抬高河底的速度极慢，在勘测期间很难获得淤积历史资料，通常均由调查实测确定。对于山前区宽浅河道，中游有逐年淤高的扩散河段，考虑淤高影响的净空高度 Δh_j，可参考选用表 12-12 中数据。

表 12-12　山前区宽浅河道中游扩散河段桥下净空高度 Δh_j

淤积情况	Δh_j/m
建桥前无明显淤积现象	1~2
建桥前有明显淤积现象	2~4

【例 12-5】　已知某桥位于平原顺直河段，河床土质为中等密实土壤，设计流量 $Q_P=2457\text{m}^3/\text{s}$，桥下实有过水面积 $A=578\text{m}^2$，净过水面积 $A_j=555\text{m}^2$，河滩路堤阻断的河滩过水面积 $A_{tn}=255\text{m}^2$，河滩流速 $v_{tn}=1.12\text{m/s}$，河湾汛期沿浪程方向风速为 $v_w=12\text{m/s}$，浪程 $D=0.5\text{km}$，沿浪程平均水深 $\bar{h}=7\text{m}$，平均泛滥宽度 $B=130\text{m}$，引道边坡系数 $m=1.5$，桥前最大壅水高度要求不超过 1m。

问题：（1）桥孔是否满足桥前最大壅水高度要求。

（2）忽略河床淤积高度，计算桥下水面升高值 $\sum\Delta h$。

解：（1）ΔZ 计算

$$Q_{tn}=v_{tn}A_{tn}=1.12\times255\text{m}^3/\text{s}=285.6\text{m}^3/\text{s}$$

$\dfrac{Q_{tn}}{Q_P}=\dfrac{285.6}{2457}=11.6\%$，查表 12-6 得 $\eta=0.07$

$$v_0=\frac{Q_P}{A+A_{tn}}=\frac{2457}{578+255}\text{m/s}=2.95\text{m/s}$$

$$v_c=\frac{Q_P-Q_{tn}}{A_c}=\frac{2457-285.6}{578}\text{m/s}=3.76\text{m/s}$$

查表 12-7 得

$$v_M=\frac{1}{2}\times\left(\frac{Q_P}{A_j}+v_c\right)=\frac{1}{2}\times\left(\frac{2457}{555}+3.76\right)\text{m/s}=4.09\text{m/s}$$

$$\Delta Z=\eta(v_M^2-v_0^2)=0.07\times(4.09^2-2.95^2)\text{m}=0.563\text{m}$$

$\Delta Z<1\text{m}$，桥孔设计符合最大壅水高度要求。

（2）$\sum\Delta h$ 计算

1）桥下壅水高度 $\Delta Z'=0.5\Delta Z=0.5\times0.563\text{m}=0.281\text{m}$

2）波浪高度

$\frac{\overline{B}}{D}=\frac{130}{500}=0.26<0.7$，查表 12-8 得 $K_D=0.6$，有

$$h_L=2.3\times\frac{0.13\tanh\left[0.7\left(\frac{g\overline{h}}{v_w^2}\right)^{0.7}\right]\tanh\left\{\frac{0.0018\left(\frac{K_DgD}{v_w^2}\right)^{0.45}}{0.13\tanh\left[0.7\left(\frac{g\overline{h}}{v_w^2}\right)^{0.7}\right]}\right\}}{\frac{g}{v_w^2}}$$

$$=2.3\times\frac{0.13\tanh\left[0.7\times\left(\frac{9.8\times7}{12^2}\right)^{0.7}\right]\tanh\left\{\frac{0.0018\times\left(\frac{0.6\times9.8\times500}{12^2}\right)^{0.45}}{0.13\tanh\left[0.7\times\left(\frac{9.8\times7}{12^2}\right)^{0.7}\right]}\right\}}{\frac{9.8}{12^2}}\text{m}$$

$$=2.3\times\frac{0.13\times0.394\times0.136}{0.068}\text{m}=0.23\text{m}$$

3）桥下水面升高值

$$\sum\Delta h=\Delta Z'+\frac{2}{3}h_L=0.281\text{m}+\frac{2}{3}\times0.23\text{m}=0.434\text{m}$$

查表 12-9、表 12-10、表 12-11，得 $K_\Delta=0.75$，$K_v=1.2$，$K_e=2.52$

波浪侵袭高度为

$$h_e=K_\Delta K_v K_e h_L=0.75\times1.2\times2.52\times0.23\text{m}=0.52\text{m}$$

由 $\Delta Z+h_e=0.563\text{m}+0.52\text{m}=1.08\text{m}$，可确定桥头路堤的堤顶高程。

12.4 调治构造物

调治构造物是桥梁工程的重要组成部分，主要包括各种形式的导流堤、丁坝及其他桥头防护工程，如图 12-8 所示。为使桥孔顺畅地排水输沙，减轻桥位附近河床和河岸的不利变形，或为抵抗水流对路基边坡的冲刷，均应设置必要的调治构造物。

调治构造物应结合河段特性，水文、地形和地质等自然条件，通航要求、水利设施等情况，根据调治目的，综合考虑高中枯水位对两岸及上下游河床变形的影响，确定其总体布设。调治构造物的设置方案应与桥孔设计统一考虑，进行多方案技术经济比较，不应片面强调长桥短堤或短桥长堤。导流堤的设计洪水频率应与桥梁的设计洪水频率相同。其他类型的调治工程的设

计洪水频率标准，可视工程重要性而定。位于河槽内的调治构造物基底应埋入总冲刷线以下不小于1m；位于河滩时应埋入总冲刷线以下不小于0.5m。不能达到要求的深度时，应设置平面防护工程。

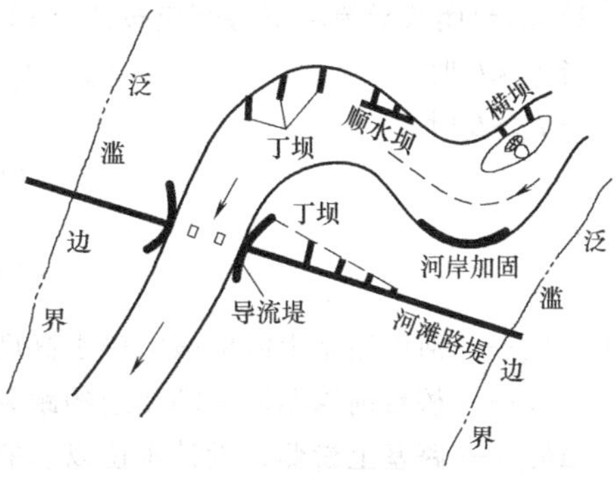

图 12-8 桥梁上、下游的调治构造物

1. 导流堤布设及冲刷计算

导流堤是用以平顺引导水流或约束水流的建筑物，能够调节水流，使其均匀顺畅地通过桥孔，可以有效地防止桥下断面和上、下游附近河床、河岸发生不利变形。导流堤分为封闭式导流堤、曲线导流堤、梨形堤。封闭式导流堤和梨形堤都是曲线导流堤的变异体。曲线导流堤的主体部分用大半径或直线延伸与上游河岸相接就是封闭式导流堤；把短小的曲线导流堤堤头用反向曲线与路基上游边坡连接就是梨形堤。

单侧河滩的河道，桥梁引道阻断的流量占设计总流量的15%，或双侧河滩，以中泓线将设计总流量分为两部分，桥梁的一侧引道阻断的流量占该侧流量的15%时，宜设置导流堤；小于15%，但阻断流量的天然平均流速大于1.0m/s时，宜修建梨形堤；小于5%时，可加固桥头锥坡。

在山前冲积漫流河段的上游出山口附近，可布设封闭式导流堤；在中游扩散区段，不宜布设长大的封闭式导流堤，强行约束水流；一河多桥时，两桥间可设桃形导流堤、分水堤或加固路基。在山前变迁性河段及平原游荡河段上，桥孔压缩河床时，视水流及河段条件可布设封闭式导流堤。

导流堤的平面形状和尺寸，应通过计算拟定，并结合上下游导流堤的实际运用经验及桥位河段的水文、地形、工程地质和位置情况进行必要的调整。导流堤断面宜为梯形，其顶宽和边坡可按表12-13采用。堤高大于12m或坡脚长期浸水时应做专门设计。

表 12-13 导流堤顶宽和边坡

堤顶宽/m		边坡		
堤头	堤身	堤头	堤身	
			迎水面	背水面
3~4	2~3	1∶2~1∶3	1∶1.5~1∶2.0	1∶1.5~1∶1.75

(1) 导流堤顶面高程

1) 封闭式导流堤应按下列公式计算：

上游侧
$$H_{ds}=H_s+\Delta Z+\sum\Delta h+L_{ds}I+0.25 \tag{12-22}$$

下游侧
$$H_{dx}=H_s+\sum\Delta h+0.25 \tag{12-23}$$

式中 H_{ds}——桥台中线上游 L_{ds} 距离处导流堤堤顶最低高程（m）；

H_{dx}——桥台中线下游导流堤堤顶最低高程（m）；

ΔZ——桥前最大壅水高（m）；

H_s——设计水位（m）；

$\sum\Delta h$——考虑波浪爬高、斜水流局部冲高、床面淤高等因素的总和（m）；

L_{ds}——导流堤计算点至桥台中线距离在水流轴线上的投影长度（m）；

I——桥位河段天然洪水比降，以小数计。

2）非封闭式导流堤下游侧应按式（12-23）计算，上游侧应按下列公式计算：

当 $L_{sh}<L_a$ 时
$$H_{ds}=H_s+\Delta h_{sh}+\sum\Delta h+0.25 \tag{12-24}$$

当 $L_{sh}>L_a$ 时
$$H_{ds}=H_s+\Delta h'_{sh}+\sum\Delta h+0.25 \tag{12-25}$$

$$\Delta h_{sh}=\Delta Z+L_{y1}I \tag{12-26}$$

$$\Delta h'_{sh}=\Delta Z+\frac{L_a L_{y1} I}{L_{sh}} \tag{12-27}$$

式中　L_{sh}——河滩路基上游侧最大壅水高度点至桥台前缘的距离（m）；

L_a——桥台前缘至同一端岸边的距离（m）；

Δh_{sh}——路基上游侧，设计水位以上的最大壅水高度（m）；

$\Delta h'_{sh}$——当 $L_{sh}>L_a$ 时，路基上游侧边坡与岸坡交接处设计水位以上的最大壅水高度（m）；

L_{y1}——桥前最大壅水高度处至桥轴线的距离（m）。

3）梨形堤顶面各点高程，应按水面横坡 $I_h=\frac{L_{y1}I}{L_{sh}}$ 推算。

4）有流冰情况时，堤顶高程应高出最高流冰水位 0.75m。

（2）导流堤冲刷计算　除应考虑河床自然演变冲刷、一般冲刷外，尚应计算导流堤自身的局部冲刷，并应调查类似河段上既有导流堤的最大冲刷深度，验证计算值。

2. 丁坝布设及冲刷计算

丁坝是常见的调治构造物，按丁坝坝顶高程与水位的关系，分为淹没式和非淹没式两种。经常处于水下的丁坝称为淹没式丁坝。一般洪水时不被淹没，即使淹没，历时很短，这类丁坝称为非淹没式丁坝。按丁坝长度与其占用枯水河床的宽度之比，分为长丁坝和短丁坝。长丁坝是丁坝的长度大于枯水河宽的1/3；短丁坝是丁坝的长度不大于枯水河宽的1/3。按丁坝的平面外形分为普通丁坝、勾头丁坝和丁顺坝。普通丁坝的坝轴线为直线；勾头丁坝在平面上坝头为勾形，如图12-9所示，若勾头部分较长则为丁顺坝。按丁坝轴线与水流的交角 α（挑流角）大小，分为上挑丁坝、下挑丁坝和正挑丁坝三种。若 $\alpha<90°$ 为上挑丁坝；$\alpha>90°$ 为下挑丁坝；$\alpha=90°$ 为正挑丁坝，如图12-10所示。由于夹角的不同，丁坝对水流结构的影响也不同。

下挑非淹没式丁坝与水流交角宜为60°~75°；上挑淹没式丁坝与水流交角宜为100°~105°；在凸岸且流速较小时，丁坝与水流交角宜为90°。潮汐河段，在涨潮流速较大或有涌潮的地段，修建丁坝不宜与水流正交，以采用垂直向上游偏约15°为宜；在涨落潮流速约相等的地段，可采用丁坝与水流正交。

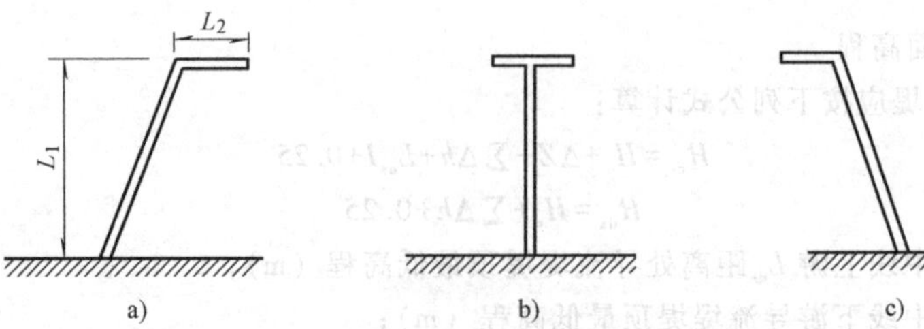

图12-9　勾头丁坝

（1）丁坝布设

1）应根据导治线布设丁坝，不宜布设单个长丁坝。

2）桥位上游两倍桥长以内不宜布设丁坝，可在河滩路基上游侧布设丁坝，防止滩流对路堤

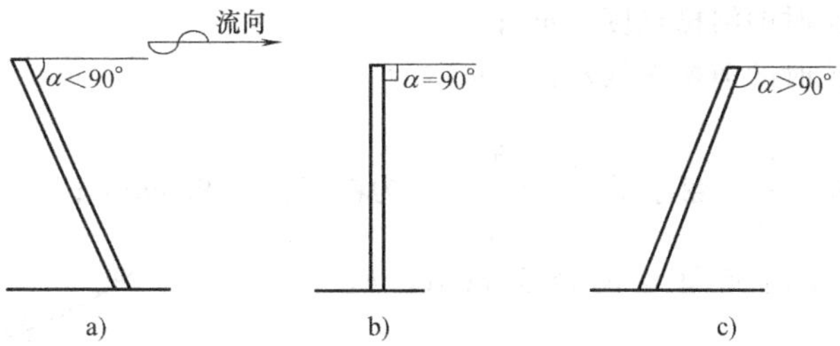

图 12-10　丁坝轴线与水流交角

a）上挑丁坝　b）正挑丁坝　c）下挑丁坝

的淘刷。

3）不透水丁坝垂直于流向的投影长度不宜超过河槽宽度的 15%；透水性达到 80% 的丁坝，垂直于流向的投影长度不宜超过河槽宽度的 25%。

4）视河岸土质及水流等情况，可将坝根嵌入河岸 3~5m，或加固坝根上游河岸 8~10m，下游河岸 12~15mm。

5）非淹没式丁坝的坝顶高程可按导流堤顶面高程规定确定。淹没式丁坝的坝顶高程，可按整治水位确定，坝顶宜设 0.25%~2%的纵坡。透水丁坝的高度应使漂流物能在坝顶通过。

6）不得在泥石流沟上布设挑水丁坝。

（2）坝型及断面形式

1）路基护坡及其他调治工程基础的冲刷防护宜采用垂直或上挑淹没式丁坝和潜坝。

2）为稳定河槽或加速丁坝间淤积，宜采用上挑淹没式丁坝。

3）在高洪水期，为挑离水流，防护河岸、河滩路基和其他调治工程的冲刷，宜采用下挑非淹没式丁坝。

4）在水流含沙量较大的宽浅游荡河段上，为减轻挑流作用、降低流速、促使泥沙沉积，可采用非淹没式透水丁坝。

5）丁坝可采用柔性结构或刚性结构，断面形式和尺寸应根据水流条件和坝身材料等确定，断面尺寸应满足稳定性需要。

（3）丁坝防护长度计算

1）非淹没式丁坝。

① 顺直河段，用坝后回流长度按下列公式计算确定，计算图式如图 12-11 所示。

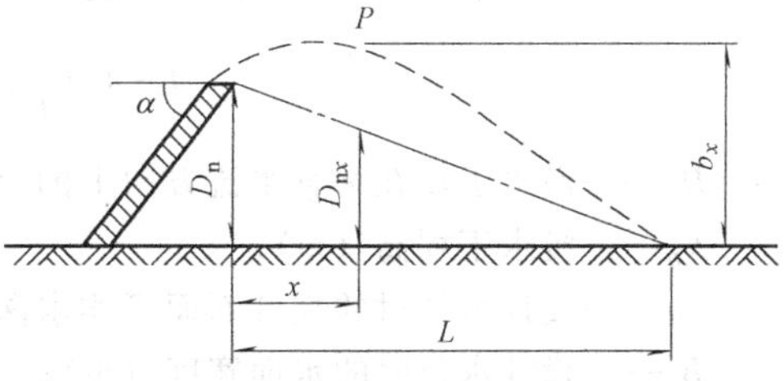

图 12-11　非淹没式丁坝顺直河段计算图式

当$\dfrac{B_c-D_n}{h_c}<70$时，丁坝挑流影响对岸

$$L=K_1\left[5.7C_0^{0.3}-\frac{0.09(B_c-D_n)}{h_c}\right]D_n \tag{12-28}$$

当$\dfrac{B_c-D_n}{h_c}\geqslant 70$时，丁坝挑流不影响对岸

$$L=K_1(5.7C_0^{0.3}-6.3)D_n \tag{12-29}$$

式中　L——坝头起算的回流长度，直线河段即为防护长度（m）；

D_n——丁坝长度 D 在垂直水流方向上的投影长度（m）；

B_c——设计水位时的河槽宽度（m）；

h_c——设计水位时的河槽平均水深（m）；

C_0——系数，$C_0=\frac{C}{\sqrt{g}}$，谢才系数 $C=\frac{h_c^{\frac{1}{6}}}{\sqrt{g}}$，$n$ 为糙率，$g=9.8\text{m/s}^2$；

K_1——丁坝与流向交角 α 的修正系数，$K_1=\left(\frac{\alpha}{90}\right)^{0.23}$，$\alpha\geqslant 90°$时，$K_1=1.00$。

② 弯曲河段，防护长度 L'用坝后回流边界线与河岸的关系图解确定。回流界线可按下式计算，其计算图式如图 12-11 所示。弯曲河段防护长度的图解如图 12-12 所示。

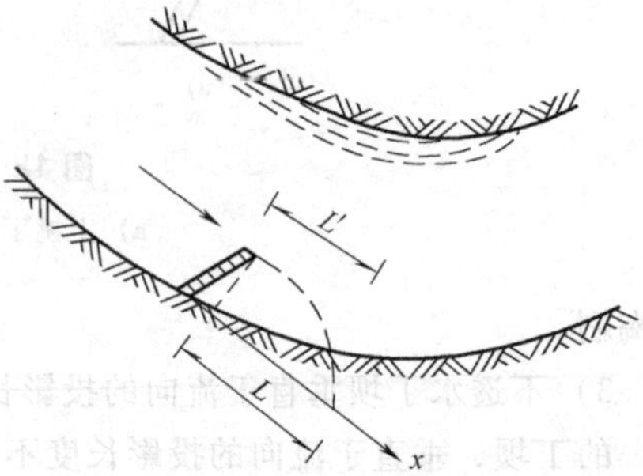

图 12-12　非淹没式丁坝弯曲河段的图解示意

$$\frac{b_x-D_{nx}}{D_{nx}}=K_2(5.5-7\varepsilon)\left(1-\frac{x}{L}\right)\left(\frac{x}{L}\right)^{0.8} \tag{12-30}$$

$$D_{nx}=\left(1-\frac{x}{L}\right)D_n$$

式中　L——丁坝回流长度（m），按式（12-28）或式（12-29）计算；

ε——相同压缩比，$\varepsilon=\frac{D_n}{B_c}$；

x——回流边界线上任意点距坝头的横坐标距（m）；

b_x——x 处的回流边界线纵坐标距（m）；

K_2——随丁坝与流向交角 α 不同而改变的系数。

$$K_2=\left(\frac{\alpha}{90}\right)^{0.4}\cdot\left(2-\frac{\alpha}{90}\right)^{0.1}$$

2）淹没式丁坝。

① 顺直河段，防护长度 L'与回流长度 L 相等。回流长度按下式计算

$$L=8.3\frac{h_D}{h}\left(\frac{B_c-D_n}{B_c}\right)^{2.6}D_nK_\alpha \tag{12-31}$$

式中　D_n——漫水丁坝在垂直水流方向上的投影长度（m）；

h_D——漫水丁坝高（m）；

h——设计水位时的坝址断面平均水深（m）；

B_c——设计水位时的水面宽度（m）；

K_α——水流与漫水丁坝轴线交角 α 的修正系数，当 $\alpha=90°$，正交时，$K_\alpha=1$；当 $\alpha>90°$，上挑时，$K_\alpha=\left(\frac{\alpha}{90}\right)^{-0.6}$；当 $\alpha<90°$，下挑时，$K_\alpha=\left(\frac{\alpha}{90}\right)^{1.3}$。

② 弯曲河段，流向向岸（弯顶上游）时，防护长度小于计算回流长度；流向离岸（弯顶下游）时，防护长度大于计算回流长度，可分情况用图解求得，如图 12-13 所示。流向向岸时，在坝址平面图上以坝长 D_n 为短半轴，以回流长度 L 为长半轴，作椭圆线与岸交点即为防护长度末端点。流向离岸时，在坝址平面图上，以坝长 D_n 为一直角边，以回流长度 L 为另一直角边，作斜线并延长交于岸线的点即为防护长度末端点。

（4）丁坝的间距　丁坝的间距应小于上游丁坝的防护长度。

（5）丁坝附近的河床冲刷　除应考虑河床自然演变冲刷外，尚应计算丁坝自身的局部冲刷，

并应调查类似河段上既有丁坝的最大冲刷深度，验证计算值。

3. 顺坝和格坝

顺坝常与水流平行，直接布置在导治线上以防护河岸。顺坝多为淹没式，坝顶与中水位大致相平，上游端嵌入河岸，下游开口，以宣泄坝后水流。设于弯道段的顺坝，应有足够的长度，并随流势呈弯曲形。

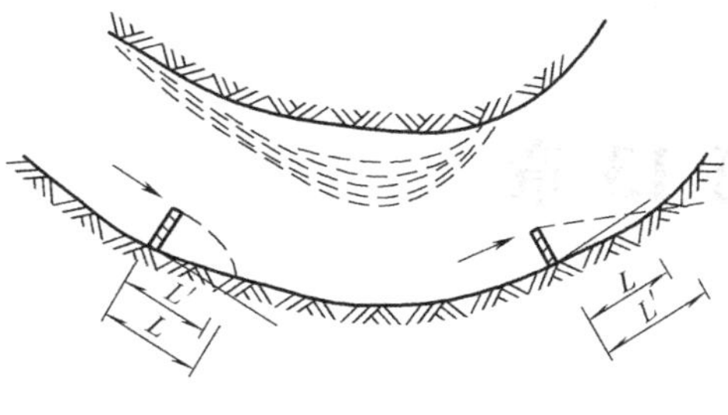

图 12-13　淹没式丁坝弯曲河段的图解示意

格坝在平面上成网格状，常配合顺坝使用，当顺坝较长，且与河岸间距较大时，可在顺坝与河岸之间设置一道或几道格坝加以支撑，可以促进泥沙淤积，防止边坡或河岸受冲刷。

本章小结

本章介绍了桥梁涵洞分类和桥孔布设原则，桥孔长度、桥面设计高程计算方法。桥孔长度计算有冲刷系数法和经验公式法两种。桥面中心线上最低点的高程确定应满足泄流、通航、流冰、流木的要求，并应考虑桥前壅水高度、波浪高度、水拱高度、河湾水位超高及河床淤积等因素影响，按非通航河流和通航河流分别计算。各种水面升高值按经验公式确定。调治构造物是桥梁工程的重要组成部分，使桥孔顺畅的排水输沙，减轻桥位附近河床和河岸的不利变形，抵抗水流对路基边坡的冲刷。调治构造物的主要形式有导流堤、丁坝及其他桥头防护工程。

思考题与习题

12-1　解释下列概念：桥孔长度；标准跨径；桥面设计高程。

12-2　简述桥孔布置原则。

12-3　已知桥位断面图中，两岸桥台前缘的桩号为 K0+611m 与 K0+731m，3 孔钢筋混凝土梁桥，桥墩直径 $D=1$m。求桥长及桥孔净长。

12-4　已知桥位上游 1km 内为河湾，风速为 12m/s，沿浪程方向的平均水深为 7m，平均泛滥宽度为 130m，引道边坡系数 $m=1.5$，护坡采用两层抛石加固，试求路堤的波浪侵袭高度。

12-5　已知设计流量 $Q_P=3500\text{m}^3/\text{s}$，相应设计水位时的河槽流量 $Q_c=3190\text{m}^3/\text{s}$，河槽平均流速 $v_c=3.10\text{m/s}$，桥位全断面平均流速 $v_0=2.60\text{m/s}$，设计水位时的总过水面积 $A=1340\text{m}^2$，桥墩的墩中间距 $L_0=35\text{m}$，墩宽 $d=1.4\text{m}$（简支梁桥），跨越河道为平原区河段，土壤密实。求桥前最大壅水高度及桥下最大壅水高度。

12-6　某山前区河流上拟建一座中等桥渡，不通航，已知设计水位 $H_P=63.5\text{m}$，波浪高度 $h_L=0.3\text{m}$，桥前最大壅水高度 $\Delta Z=0.2\text{m}$，上部结构高度 $\Delta h_D=1.1\text{m}$，为简支梁桥，不计水拱现象及河床泥沙淤积影响，求桥面设计高程。

12-7　某河桥渡有通航要求，通航驳船吨级为 2000t，设计最高通航水位 $H_{tn}=68.3\text{m}$，上部结构高度 $\Delta h_D=1.5\text{m}$，求桥面设计高程。

12-8　导流堤和丁坝布设应符合哪些要求？

第 13 章

桥梁墩台冲刷计算

学习重点

桥下断面一般冲刷深度、墩台局部冲刷深度计算方法；桥下河槽最低冲刷线的概念，最低冲刷线高程及墩台基础最小埋置深度的确定。

学习目标

了解建桥后桥下断面冲刷机理及桥梁墩台冲刷类型；掌握桥下断面一般冲刷深度、墩台局部冲刷深度计算，桥下河槽最低冲刷线高程及墩台基础最小埋置深度的确定。

大、中桥水力计算的基本内容是桥长、桥面最低高程及墩台基础最小埋置深度。墩台冲刷计算是基础埋置深度的设计依据。

13.1 墩台冲刷类型

建桥后，河床冲刷现象复杂，常将冲刷现象分类计算再加以叠加。墩台的冲刷现象通常分为三类：河床自然演变冲刷，桥下断面一般冲刷，墩台局部冲刷。

1. 河床自然演变冲刷

河床在水力作用及泥沙运动等因素的影响下，自然发育过程造成的冲刷现象，称为河床自然演变冲刷。例如，河床逐年下切、淤积、边滩下移、河湾发展变形，截弯取直、河段深泓线摆动，一个水文周期内，河床随水位、流量变化而发生的周期性变形，以及人类活动（如河道整治、兴修水利等），都会引起河床的显著变形，桥位设计时都应予以考虑。

河床自然演变冲刷深度，可通过调查或利用各年河床断面、河段地形图、洪水、泥沙等资料，分析河床逐年自然下切程度，估算桥梁使用年限内河床自然下切的深度。河槽横向变动引起的自然演变冲刷，宜在桥位河段内选用对计算冲刷不利的断面作为计算断面。弯道的凹岸河床最大自然下切后的最低高程 Z_w 可按下式计算

$$Z_w = Z_d - (1+\xi)(Z_d - Z_b) \tag{13-1}$$

$$\xi = 2.07 - \lg\left(\frac{r_c}{B} - 2\right), 2 < \frac{r_c}{B} < 22 \tag{13-2}$$

式中 Z_d——设计水位（m）；

Z_b——设计流量下形成的平均河床高程（m）；

ξ——弯道形状系数；

r_c——弯道处曲率半径（m）；

B——天然河宽（m）。

2. 桥下断面一般冲刷

因桥孔压缩水流，导致桥下流速增大而引起的桥下河床冲刷，称为一般冲刷。一般冲刷可使桥下河床断面不断扩大，导致流速不断下降，桥下河床的冲刷现象出现新的平衡，一般冲刷现象随之终止。一般冲刷停止时的桥下最大铅垂水深，称为一般冲刷深度，用符号 h_p 表示，如图 13-1a 所示。

3. 墩台局部冲刷

桥墩或桥台阻碍水流，导致其周围河床的冲刷，称为墩台局部冲刷。如图 13-1b、d 所示，局部冲刷将使墩台附近形成冲刷坑。当发生局部冲刷时，冲刷坑内泥沙不断被带走，冲刷坑不断加大，坑的深度不断发展。随着冲刷坑的扩大加深，坑底流速将随之下降，水流挟沙力减小，而坑内泥沙渐趋粗化，抗冲刷力不断加强。局部冲刷同样会出现新的冲淤平衡，由此形成的冲刷坑最大深度，称为墩台局部冲刷深度，用符号 h_b 表示。

一般冲刷深度是从设计水位至一般冲刷线的最大深度，局部冲刷深度则是从一般冲刷线至冲刷坑底的最大深度，如图 13-1b 所示。

模型试验得出，墩台局部冲刷深度 h_b 与行进流速 v 有关。行进流速是指邻近建筑物上游某一距离处的流速。由于假定局部冲刷是在一般冲刷完成后进行，故取一般冲刷终止后的墩前流速作为行进流速，相应的墩前行进水深也是取一般冲刷后的最大水深 h_p 来计算。

桥墩迎水面两侧的泥沙，在绕流切应力作用下开始移动时，所对应的墩前行近流速称为起冲流速，以 v_0'表示；河床泥沙从静止开始运动的水流临界流速，称为起动流速，以 v_0 表示；一般冲刷停止时的垂线平均流速，称为冲止流速，以 v_z 表示。

试验得出，墩台局部冲刷深度与 v_0'、v_0 及 v 三者有关，如图 13-1c 所示。

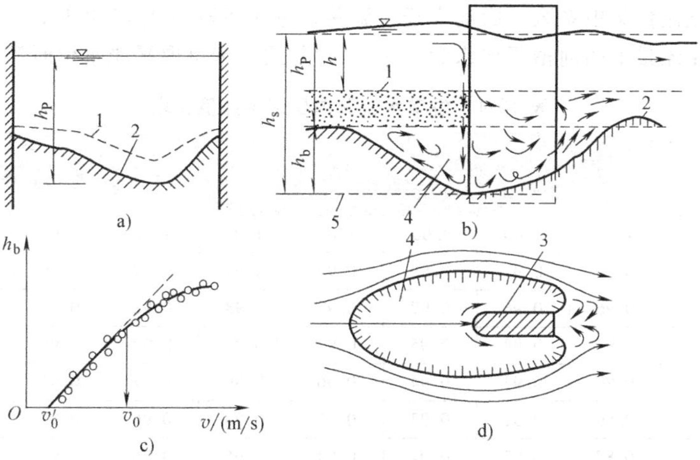

图 13-1 桥下断面冲刷示意图

a) 桥下一般冲刷及一般冲刷深度 b) 局部冲刷及冲刷深度 c) 局部冲刷与流速关系 d) 局部冲刷坑平面图

1—冲刷前床面 2—冲刷后床面 3—桥墩 4—冲刷坑 5—河槽最低冲刷线

13.2 桥下断面一般冲刷深度

桥下断面一般冲刷深度计算，目前尚无成熟理论，主要按经验公式计算。JTG C30—2015《公路工程水文勘测设计规范》推荐的经验公式如下。

1. 非黏性土河床的一般冲刷深度

非黏性土河床的一般冲刷深度，应按河槽、河滩分别进行计算。

(1) 河槽部分

1) 64-2简化式

$$h_p = 1.04\left(A_d \frac{Q_2}{Q_c}\right)^{0.90}\left(\frac{B_c}{(1-\lambda)\mu B_{cg}}\right)^{0.66} h_{cm} \tag{13-3}$$

$$Q_2 = \frac{Q_c}{Q_c + Q_{t1}} Q_P \tag{13-4}$$

$$A_d = \left(\frac{\sqrt{B_z}}{H_z}\right)^{0.15} \tag{13-5}$$

式中：h_p——桥下一般冲刷后的最大水深（m）；

Q_P——设计流量（m^3/s）；

Q_2——桥下河槽部分通过的设计流量（m^3/s），当河槽能扩宽至全桥时取用 Q_P；

Q_c——天然状态下河槽部分设计流量（m^3/s）；

Q_{t1}——天然状态下桥下河滩部分设计流量（m^3/s）；

B_{cg}——桥长范围内的河槽宽度（m），当河槽能扩宽至全桥时取用桥孔总长度；

B_z——造床流量下的河槽宽度（m），对复式河床可取平滩水位时河槽宽度；

λ——设计水位下，在 B_{cg} 宽度范围内，桥墩阻水总面积与过水面积的比值；

μ——桥墩水流侧向压缩系数，应按表13-1确定；

h_{cm}——河槽最大水深（m）；

A_d——单宽流量集中系数，山前变迁、游荡、宽滩河段当 A_d>1.8时，A_d值可采用1.8；

H_z——造床流量下的河槽平均水深（m），对复式河床可取平滩水位时河槽平均水深。

表13-1 桥墩水流侧向压缩系数值 μ 表

设计流速 v_s /(m/s)	单孔净跨径 L_0/m								
	≤10	13	16	20	25	30	35	40	45
<1	1.00	1.00	1.00	1.00	1.00	1.00	1.00	1.00	1.00
1.0	0.96	0.97	0.98	0.99	0.99	0.99	0.99	0.99	0.99
1.5	0.96	0.96	0.97	0.97	0.98	0.98	0.98	0.99	0.99
2.0	0.93	0.94	0.95	0.97	0.97	0.98	0.98	0.98	0.98
2.5	0.90	0.93	0.94	0.96	0.96	0.97	0.97	0.98	0.98
3.0	0.89	0.91	0.93	0.95	0.96	0.96	0.97	0.97	0.98
3.5	0.87	0.90	0.92	0.94	0.95	0.96	0.96	0.97	0.97
>4.0	0.85	0.88	0.91	0.93	0.94	0.95	0.96	0.96	0.97

注：1. 系数 μ 是指墩台侧面因漩涡形成滞流区而减少过水面积的折减系数。

2. 当单孔净跨径 L_0>45m时，按 $\mu = 1 - 0.375\frac{v_s}{L_0}$ 计算；对不等跨的桥孔，可采用各孔 μ 值的平均值；单孔净跨径大于200m时，取 $\mu \approx 1.0$。

2) 64-1修正式

$$h_p = \left[\frac{A_d \frac{Q_2}{\mu B_{cj}}\left(\frac{h_{cm}}{h_{eq}}\right)^{\frac{5}{3}}}{E\, \bar{d}^{\frac{1}{6}}}\right]^{\frac{3}{5}} \tag{13-6}$$

式中 B_{cj}——河槽部分桥孔过水净宽（m），当桥下河槽能扩宽至全桥时，即为全桥桥孔过水净宽；

h_{cq}——桥下河槽平均水深（m）；

$\bar{d}$——河槽泥沙平均粒径（mm）；

E——与汛期含沙量有关的系数，可按表 13-2 选用。

表 13-2 E 值表

含沙量 ρ/(kg/m³)	0.46	0.66	0.86
E	<1.0	1~10	>10

注：含沙量 ρ 采用历年汛期月最大含沙量平均值。

（2）河滩部分

$$h_p=\left[\frac{\frac{Q_1}{\mu B_{tj}}\left(\frac{h_{tm}}{h_{tq}}\right)^{\frac{5}{3}}}{v_{H1}}\right]^{\frac{5}{6}} \tag{13-7}$$

$$Q_1=\frac{Q_{t1}}{Q_c+Q_{t1}}Q_p \tag{13-8}$$

式中 Q_1——桥下河滩部分通过的设计流量（m³/s）；

h_{tm}——桥下河滩最大水深（m）；

h_{tq}——桥下河滩平均水深（m）；

B_{tj}——河滩部分桥孔净长（m）；

v_{H1}——河滩水深 1m 时非黏性土不冲刷流速（m/s），按表 13-3 选用。

表 13-3 水深 1m 时非黏性土不冲刷流速

河床泥沙		$\bar{d}$/mm	v_{H1}/(m/s)	河床泥沙		$\bar{d}$/mm	v_{H1}/(m/s)
砂	细	0.05~0.25	0.35~0.32	卵石	小	20~40	1.50~2.00
	中	0.25~0.50	0.32~0.40		中	40~60	2.00~2.30
	粗	0.50~2.00	0.40~0.60		大	60~200	2.30~3.60
圆砾	小	2.00~5.00	0.60~0.90	漂石	小	200~400	3.60~4.70
	中	5.00~10.0	0.90~1.20		中	400~800	4.70~6.00
	大	10~20	1.20~1.50		大	>800	>6.00

2. 黏性土河床的一般冲刷深度

黏性土河床的一般冲刷，应按河槽、河滩分别进行计算。

（1）河槽部分

$$h_p=\left[\frac{A_d\frac{Q_2}{\mu B_{cj}}\left(\frac{h_{cm}}{h_{cq}}\right)^{\frac{5}{3}}}{0.33\left(\frac{1}{I_L}\right)}\right]^{\frac{5}{8}} \tag{13-9}$$

式中 A_d——单宽流量集中系数，取 1.0~1.2；

I_L——冲刷坑范围内黏性土液性指数，适用范围为 0.16~1.19。

（2）河滩部分

$$h_p=\left[\frac{\frac{Q_1}{\mu B_{tj}}\left(\frac{h_{tm}}{h_{tq}}\right)^{\frac{5}{3}}}{0.33\left(\frac{1}{I_L}\right)}\right]^{\frac{6}{7}} \tag{13-10}$$

式中，符号意义同前。

3. 一般冲刷后墩前行近流速的计算

1）当采用式（13-3）计算一般冲刷深度时

$$v=\frac{A_d^{0.1}}{1.04}\left(\frac{Q_2}{Q_c}\right)^{0.1}\left[\frac{B_c}{\mu(1-\lambda)B_{cg}}\right]^{0.34}\left(\frac{h_{cm}}{h_c}\right)^{\frac{2}{3}}v_c \tag{13-11}$$

式中　v_c——河槽平均流速（m/s）；

h_c——河槽平均水深（m）。

2）当采用式（13-6）计算一般冲刷深度时

$$v=E\bar{d}^{\frac{1}{6}}h_p^{\frac{2}{3}} \tag{13-12}$$

3）当采用式（13-7）计算一般冲刷深度时

$$v=v_{H1}h_p^{\frac{1}{5}} \tag{13-13}$$

4）当采用式（13-9）计算一般冲刷深度时

$$v=\frac{0.33}{I_L}h_p^{\frac{3}{5}} \tag{13-14}$$

5）当采用式（13-10）计算一般冲刷深度时

$$v=\frac{0.33}{I_L}h_p^{\frac{1}{6}} \tag{13-15}$$

13.3　墩台局部冲刷深度

JTG C30—2015《公路工程水文勘测设计规范》推荐的局部冲刷深度计算的经验公式如下。

1. 非黏性土河床桥墩局部冲刷深度的计算

（1）65-2 式

当 $v\leqslant v_0$ 时

$$h_b=K_\xi K_{\eta2}B_1^{0.6}h_p^{0.15}\left(\frac{v-v_0'}{v_0}\right) \tag{13-16}$$

当 $v>v_0$ 时

$$h_b=K_\xi K_{\eta2}B_1^{0.6}h_p^{0.15}\left(\frac{v-v_0'}{v_0}\right)^{n_2} \tag{13-17}$$

$$K_{\eta2}=\frac{0.0023}{\bar{d}^{2.2}}+0.375\bar{d}^{0.24} \tag{13-18}$$

$$v_0=0.28(\bar{d}+0.7)^{0.5} \tag{13-19}$$

$$v_0'=0.12(\bar{d}+0.5)^{0.55} \tag{13-20}$$

$$n_2=\left(\frac{v_0}{v}\right)^{0.23+0.19\lg\bar{d}} \tag{13-21}$$

式中　h_b——桥墩局部冲刷深度（m）；

K_ξ——墩形系数，见表 13-4；

B_1——桥墩计算宽度（m），见表 13-4；

h_p——一般冲刷后的最大水深（m）；

$\bar{d}$——河床泥沙平均粒径（mm）；

$K_{\eta2}$——河床颗粒影响系数；

v——一般冲刷后墩前行近流速（m/s）；

v_0'——墩前泥沙起冲流速（m/s）；

n_2——指数。

（2）65-1 修正式

当 $v \leqslant v_0$ 时，

$$h_b = K_\xi K_{\eta2} B_1^{0.6}(v - v_0') \tag{13-22}$$

当 $v > v_0$ 时，

$$h_b = K_\xi K_{\eta1} B_1^{0.6}(v_0 - v_0')\left(\frac{v - v_0'}{v_0 - v_0'}\right)^{n_1} \tag{13-23}$$

$$v_0 = 0.0246\left(\frac{h_p}{\bar{d}}\right)^{0.14}\sqrt{332\bar{d} + \frac{10 + h_p}{\bar{d}^{0.72}}} \tag{13-24}$$

$$K_{\eta1} = 0.8\left(\frac{1}{\bar{d}^{0.45}} + \frac{1}{\bar{d}^{0.15}}\right) \tag{13-25}$$

$$v_0' = 0.462\left(\frac{\bar{d}}{B_1}\right)^{0.06} v_0 \tag{13-26}$$

$$n_1 = \left(\frac{v_0}{v}\right)^{0.25\bar{d}^{0.19}} \tag{13-27}$$

式中：$K_{\eta1}$——河床颗粒影响系数；

n_1——指数；

$\bar{d}$——河床泥沙平均粒径（mm），适用范围为 0.1～500mm；

h_p——桥下一般冲刷后的最大水深（m），适用范围为 0.2～30m；

v——一般冲刷后墩前行近流速（m/s），适用范围为 0.1～6m/s；

B_1——桥墩计算宽度（m），适用范围为 0～11m；

其他符号意义同前。

表 13-4　墩形系数及桥墩计算宽度

<table>
<tr><th>编号</th><th>墩形示意图</th><th>墩形系数 K_ξ</th><th>桥墩计算宽度 B_1</th></tr>
<tr><td>1</td><td>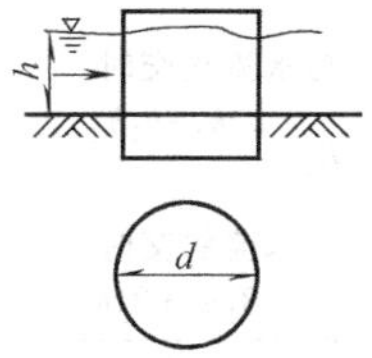</td><td>1.00</td><td>$B_1 = d$</td></tr>
<tr><td>2</td><td>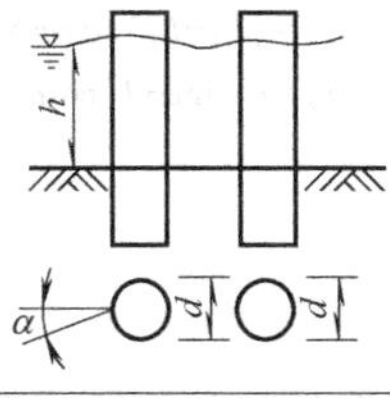</td><td>不带连系梁：$K_\xi = 1.00$
带连系梁：<table><tr><td>α</td><td>0°</td><td>15°</td><td>30°</td><td>45°</td></tr><tr><td>K_ξ</td><td>1.00</td><td>1.05</td><td>1.10</td><td>1.15</td></tr></table></td><td>$B_1 = d$</td></tr>
</table>

（续）

<table>
<tr><th>编号</th><th>墩形示意图</th><th>墩形系数 K_ξ</th><th>桥墩计算宽度 B_1</th></tr>
<tr><td>3</td><td>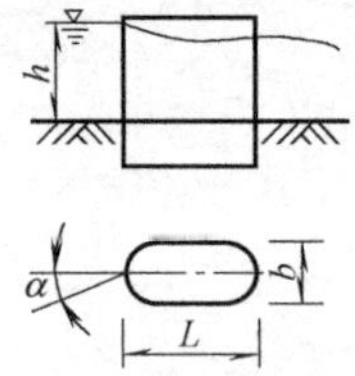</td><td>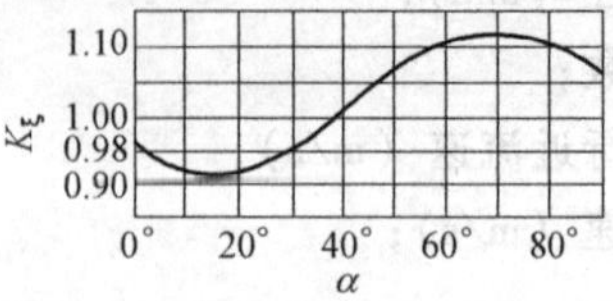</td><td>$B_1=(L-b)\sin\alpha+b$</td></tr>
<tr><td>4</td><td>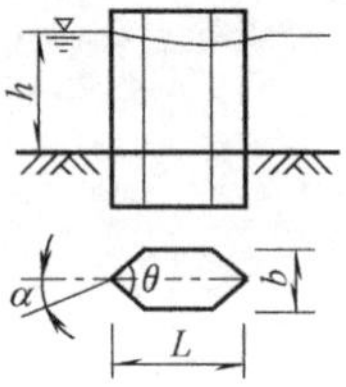</td><td><table><tr><td rowspan="2">与水流正交时各种迎水角系数</td><td>θ</td><td>45°</td><td>60°</td><td>75°</td><td>90°</td><td>120°</td></tr><tr><td>K_ξ</td><td>0.70</td><td>0.84</td><td>0.90</td><td>0.95</td><td>1.10</td></tr></table>迎水角 $\theta=90°$ 与水流斜交时的系数 K_ξ
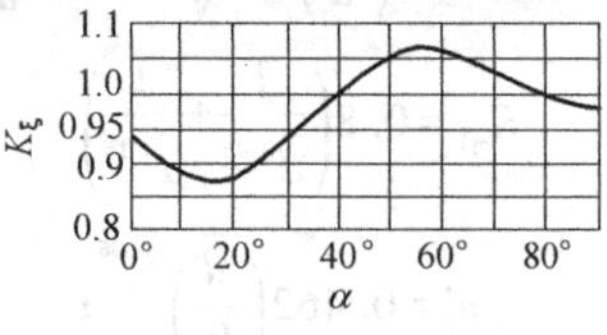</td><td>$B_1=(L-b)\sin\alpha+b$
（为了简化可按圆端墩计算）</td></tr>
<tr><td>5</td><td>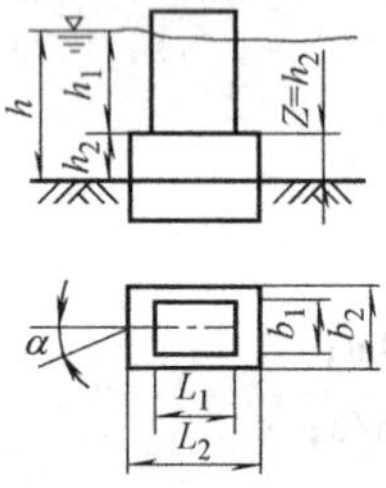</td><td>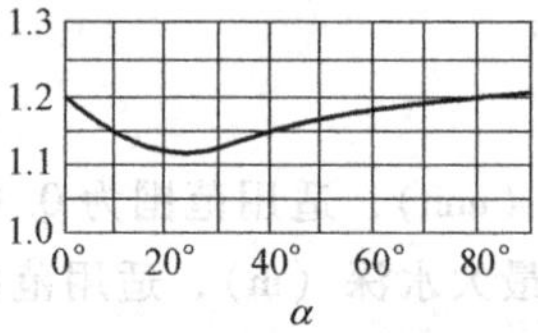</td><td>与水流正交
$B_1=\dfrac{b_1h_1+b_2h_2}{h}$
与水流斜交
$B_1=\dfrac{B_1'h_1+B_2'h_2}{h}$
$B_1'=L_1\sin\alpha+b_1\cos\alpha$
$B_2'=L_2\sin\alpha+b_2\cos\alpha$</td></tr>
<tr><td>6</td><td>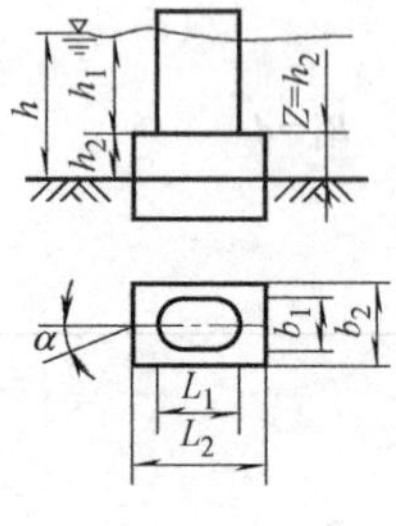</td><td>$K_\xi=K_{\xi1}K_{\xi2}$
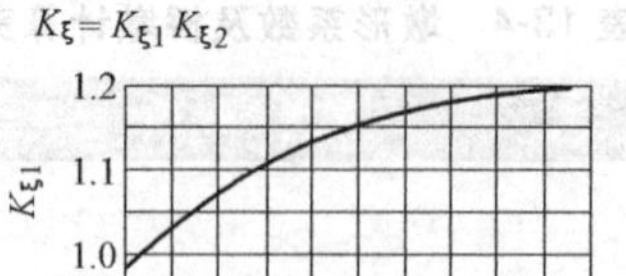
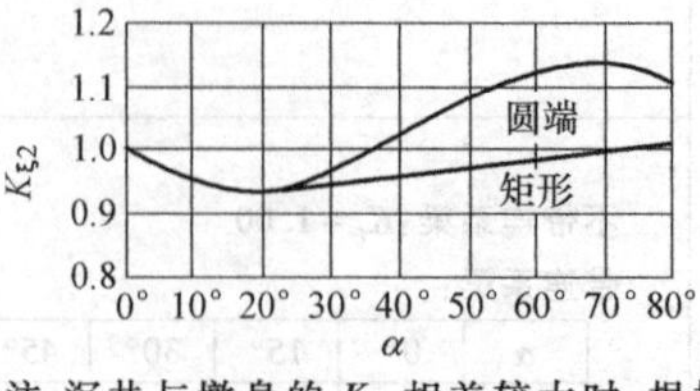
注：沉井与墩身的 $K_{\xi2}$ 相差较大时，根据 h_1h_2 的大小，在两线间按比例定点取值</td><td>与水流正交时
$B_1=\dfrac{b_1h_1+b_2h_2}{h}$
与水流斜交时
$B_1=\dfrac{B_1'h_1+B_2'h_2}{h}$
$B_1'=(L_1-b_1)\sin\alpha+b_1$
$B_2'=L_1\sin\alpha+b_2\cos\alpha$</td></tr>
</table>

（续）

编号	墩形示意图	墩形系数 K_ξ	桥墩计算宽度 B_1
7	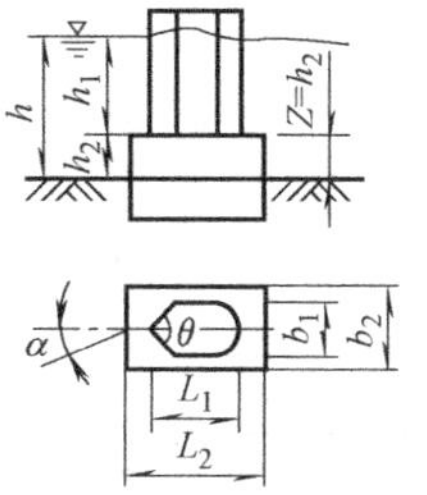	与水流正交时 $K_\xi=K_{\xi1}$ 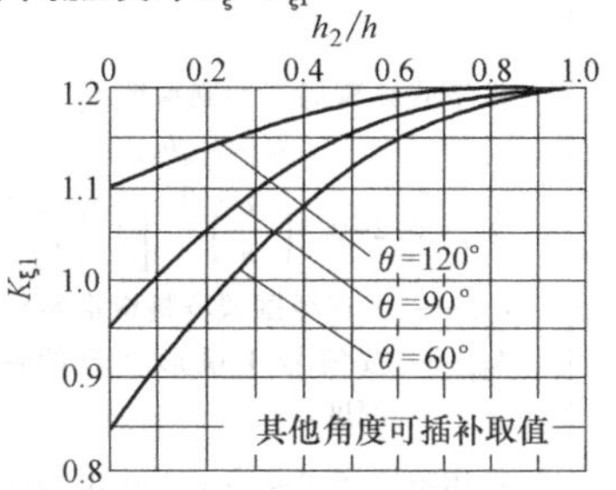 迎水角θ=90°与水流斜交时 $K_\xi=K_{\xi1}K_{\xi2}$ 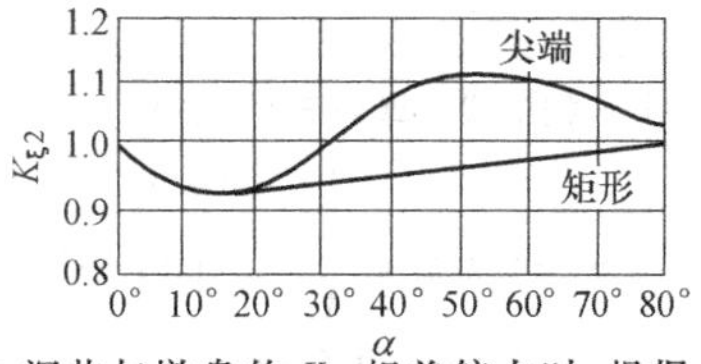 注：沉井与墩身的 $K_{\xi2}$ 相差较大时，根据 h_1/h_2 的大小，在两线间按比例定点取值	与水流正交时 $B_1=\dfrac{b_1h_1+b_2h_2}{h}$ 与水流斜交时 $B_1=\dfrac{B'_1h_1+B'_2h_2}{h}$ $B'_1=(L_1-b_1)\sin\alpha+b_1$ $B'_2=L_2\sin\alpha+b_2\cos\alpha$
8	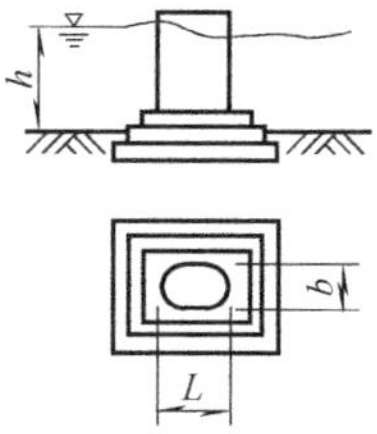	采用与水流正交时的墩形系数	与水流正交 $B_1=b$ 与水流斜交 $B_1=(L-b)\sin\alpha+b$
9	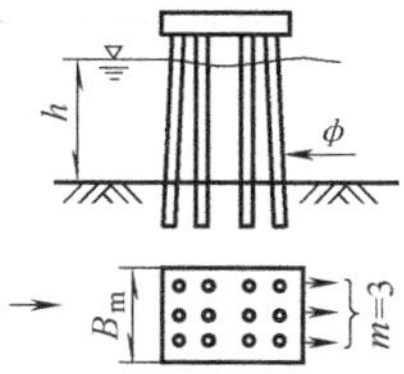	$K_\xi=K'_\xi K_{m\phi}$ K'_ξ——单桩形状系数，按编号1、2、3、5墩形确定（如多为圆柱，$K'_\xi=1.0$ 可省略）； $K_{m\phi}$——桩群系数，$K_{m\phi}=1+5\left[\dfrac{(m-1)\phi}{B_m}\right]$； B_m——桩群垂直水流方向的分布宽度； m——桩的排数	$B_1=\phi$
10	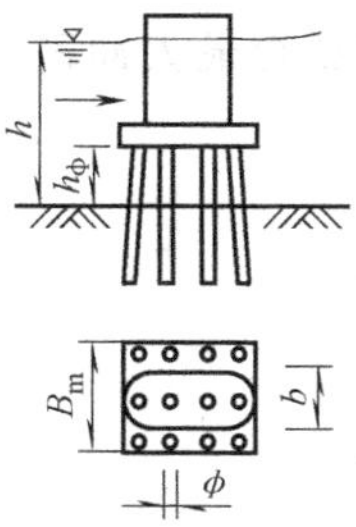	桩承台桥墩局部冲刷计算方法：当承台底面低于一般冲刷线时，按上部实体计算；承台底面高于水面应按排架墩计算，承台底面相对高度在 $0\leq h_\phi/h\leq 1.0$ 时，冲刷深度 h_b 按下式计算 $h_b=(K'_\xi K_{m\phi}K_{h\phi}\phi^{0.6}+0.85K_{\xi1}K_{h2}B_1^{0.6})$ $K_{\eta1}(v_0-v'_0)\times\left(\dfrac{v_0-v'_0}{v_0-v'_0}\right)^{n_1}$ $K_{h\phi}$——淹没柱体折减系数，$K_{h\phi}=1.0-\dfrac{0.001}{(h_\phi/h+0.1)^3}$； $K_{\xi1}$、B_1——按承台底处于一般冲刷线计算； K_{h2}——墩身承台减少系数； $K_{\eta1}$、v、v_0、v'_0、n_1 见《公路工程水文勘测设计规范》中65-1公式； K'_ξ、$K_{m\phi}$ 见编号9	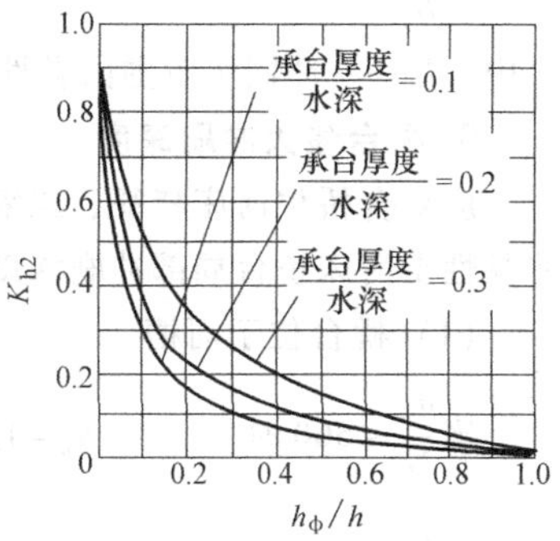

（续）

编号	墩形示意图	墩形系数 K_ξ	桥墩计算宽度 B_1
11	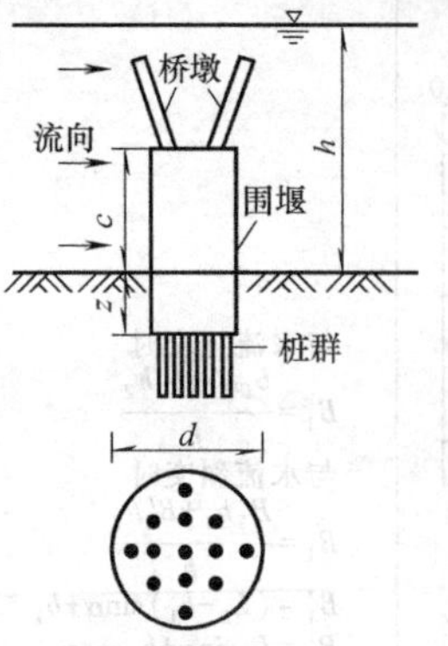	按下式计算局部冲刷深度 h_b $h_b=k_{cd}h_{by}$ $k_{cd}=0.2+0.4\left(\frac{c}{h}\right)^{0.3}\left[1+\left(\frac{z}{h_{by}}\right)^{0.6}\right]$ k_{cd}——大直径围堰群桩墩形系数； h_{by}——按编号 1 墩形计算的局部冲刷深度。 适用范围：$0.2\leqslant\frac{c}{h}\leqslant1.0$，$0.2\leqslant\frac{z}{h_{by}}\leqslant1.0$	$B_1=d$
12	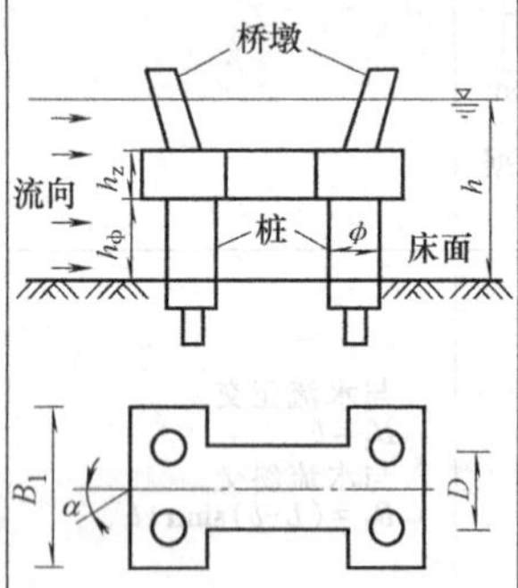	按下式计算局部冲刷深度 h_b $h_b=k_ak_{zh}h_{by}$ $k_{zh}=1.22h_{by}k_{h_2}\left(1+\frac{h_\phi}{h}\right)+1.18\left(\frac{\phi}{B_1}\right)^{0.6}\frac{h_\phi}{h}$ $k_a=-0.57a^2+0.57a+1$ h_{by}——按编号 1 墩形的计算的局部冲刷深度； k_{zh}——工字承台大直径基桩组合墩形系数； h_ϕ——桥轴法线与流向的夹角（以弧度计）。 适用范围：$D=2\phi$ $0.2<\frac{h_2}{h}<0.5$，$0<\frac{h_\phi}{h}<1.0$ $\alpha=0\sim0.785$	B_1

2. 黏性土河床桥墩局部冲刷深度的计算

当$\frac{h_p}{B_1}\geqslant2.5$时

$$h_b=0.83K_\xi B_1^{0.6}I_L^{1.25}v \tag{13-28}$$

当$\frac{h_p}{B_1}<2.5$时

$$h_b=0.55K_\xi B_1^{0.6}h_p^{0.1}I_L^{1.0}v \tag{13-29}$$

式中 I_L——冲刷坑范围内黏性土液性指数，适用范围为 0.16~1.48。

3. 桥台最大冲刷深度

应结合桥位河床特征、压缩程度等情况，分析、计算比较后确定桥台最大冲刷深度。对于非黏性土河床桥台局部冲刷深度，可按河槽、河滩分别计算。

（1）桥台位于河槽

当$\frac{h_p}{\bar{d}}\leqslant500$时

$$h_b=1.17k_\varepsilon k_\alpha h_p\left(\frac{l}{h_p}\right)^{0.6}\left(\frac{\bar{d}}{h_p}\right)^{-0.15}\left[\frac{(v-v_0')^2}{gh_p}\right]^{0.15} \tag{13-30}$$

当$\frac{h_p}{\bar{d}}>500$时

$$h_b=1.17k_\varepsilon k_\alpha h_p\left(\frac{l}{h_p}\right)^{0.6}\left(\frac{\bar{d}}{h_p}\right)^{-0.10}\left[\frac{(v-v_0')^2}{gh_p}\right]^{0.15} \tag{13-31}$$

$$k_\alpha=\left(\frac{\alpha}{90}\right)^{0.2},\alpha\leqslant90° \tag{13-32}$$

式中　h_b——墩台局部冲刷深度（m）；

k_ε——台形系数，可按表 13-5 选用；

α——桥（台）轴线与水流夹角，桥轴线与水流垂直时，$\alpha=90°$；

k_α——桥台与水流交角系数，α 适用范围为 0～90°时，按式（13-32）计算；

l——垂直于水流流向的桥台和路堤长度，或称桥台和路堤阻挡过流的宽度（m），适用范围为$\dfrac{l}{h_p}=0.16\sim8.80$；

h_p——桥下河槽部分一般冲刷后水深（m）；

$\bar{d}$——河床泥沙平均粒径（mm）；

v——一般冲刷后台前行近流速（m/s），可按式（13-11）～式（13-15）计算；

v_0'——台前泥沙起冲流速（m/s），可按式（13-24）和式（13-26）计算；

g——取 9.80（m/s^2）。

表 13-5　台形系数 k_ε

桥台形式	k_ε
埋置式直立桥台	0.39～0.42
重力式 U 形桥台	0.92
埋置式肋板桥台	0.43～0.47

（2）桥台位于河滩　局部冲刷深度可按式（13-30）～式（13-32）计算，但其中水、沙变量均取河滩上的相应值。

特殊情况的冲刷计算：

1）当桥下由多层成分不同的土质组成的分层土河床，冲刷计算可采用逐层渐近法进行。

2）对岩石冲刷，可根据岩石类别参考表 13-7 的调查资料分析确定。

13.4　墩台基础底面最小埋置深度

在有冲刷的河流中，为了防止桥梁墩、台基础四周和基底下土层被水流掏空冲走以致倒塌，基础必须埋置在设计洪水的最低冲刷线以下一定深度。特别是在山区和丘陵地区的河流，更应注意考虑季节性洪水的冲刷作用。

1. 最低冲刷线高程

桥梁墩台处桥下河床自然演变等因素冲刷深度 Δh，一般冲刷深度 h_p 及局部冲刷深度 h_b 三者全部完成后的最大水深线，称为桥下河槽最低冲刷线，如图 13-1b 所示。

$$\begin{cases}h_s=h_p+h_b+\Delta h\\H_{CM}=H_P-h_s\end{cases}\tag{13-33}$$

式中　h_s——桥下综合冲刷最大水深（m）；

H_P——设计水位（m）；

H_{CM}——桥下最低冲刷线高程（m）。

2. 基础底面埋置高程

1）在确定桥梁墩台基础埋置深度时，除应根据桥位河段具体情况，取河床自然演变冲刷、一般冲刷和局部冲刷的不利组合确定外，尚应符合现行 JTG D63—2007《公路桥涵地基与基础设计规范》的相关规定。

2）非岩石河床墩台基底埋深安全值，可按表 13-6 确定。

3）岩石河床墩台基底最小埋置深度，应考虑岩石的可能冲刷，根据岩石的坚硬程度，胶结物类别，风化程度，节理、裂隙、节理发育情况等，按表 13-7 分析确定。

$$H_{JM}=H_{CM}-\Delta \tag{13-34}$$

式中 H_{JM}——基础底面埋置高程（m）；

Δ——基础埋深安全值（m），见表 13-6 和表 13-7。

3. 计算说明

1）式（13-3）及式（13-4）中，有关参数已包含了部分河床自然演变冲刷，故式中 Δh 只应考虑未计的其他冲刷深度，如河流发育成长性变形和其他冲刷深度。

2）稳定性河段，河槽不可能扩宽至全桥时，滩、槽部分的墩台可取不同的最低冲刷线高程。

3）有边滩下移或深槽摆动的河段，应按摆动范围内最大水深计算冲刷深度，全桥用同一最低冲刷线；稳定的河滩部分，其墩台也可采用另一相同的最低冲刷线。

4）河滩不稳定的河段，且河槽可扩宽时，滩、槽内的墩台应采用同一最低冲刷线，按河槽最大水深计算冲刷深度。

5）最低冲刷线高程确定后，可按实际情况和 JTG C30—2015《公路工程水文勘测设计规范》的要求，选定基础底面最低埋置深度或基础底面的埋置高程，见式（13-34），其安全埋入深度 Δ 见表 13-6，表 13-7。

表 13-6 非岩性河床天然基础墩台埋深安全值 Δ （单位：m）

桥梁类别	总冲刷深度/m				
	0	5	10	15	20
大桥、中桥、小桥（不铺砌）	1.5	2.0	2.5	3.0	3.5
特大桥	2.0	2.5	3.0	3.5	4.0

注：1. 总冲刷深度为自河床面算起的河床自然演变冲刷、一般冲刷与局部冲刷深度之和。
2. 表列数字为墩台基底埋入总冲刷深度以下的最小值。设计流量、水位和原始断面资料无十分把握或河床演变尚不能获得准确资料时，其值可适当加大。
3. 桥位上下游有已建桥梁或属旧桥改建时，应调查旧桥的特大洪水冲刷情况，新桥墩台基础埋置深度应在旧桥最大冲刷深度上酌加必要的安全值。

表 13-7 岩石河床桥墩冲刷深度及基底埋置深度 Δ 参考值

岩石特征					调查资料		建议埋入岩面深度（按施工枯水季平均水位至岩面的距离分级）/m		
岩石类别		抗压强度/MPa	调查到有冲刷的桥渡岩石特征		桥梁座数	各桥的最大冲刷深度/m	$h<2$m	$h=2\sim10$m	$h>10$m
			岩石名称	特征					
Ⅰ	极软岩	<5	胶结不良的长石砂岩、炭质页岩等	成分以长石为主，石英凝灰碎屑、云母次之；以黏土及铁质胶结，胶结不良，用手可捏成散砂，淋滤现象明显，但岩质均匀，节理、裂隙不发育。其他岩石如风化严重，节理、裂隙发育，强度小于5MPa，用镐、锹易挖动者	2	0.65~3.0	3~4	4~5	5~7

（续）

岩石特征						调查资料		建议埋入岩面深度（按施工枯水季平均水位至岩面的距离分级）/m		
岩石类别		抗压强度/MPa		调查到有冲刷的桥渡岩石特征		桥梁座数	各桥的最大冲刷深度/m	$h<2m$	$h=2\sim10m$	$h>10m$
				岩石名称	特征					
Ⅱ	软质岩	$Ⅱ_1$（软岩）	5~15	黏土岩、泥质页岩等	成分以黏土为主，方解石、绿泥石、云母次之；胶结成分以泥质为主，钙质铁质次之；干裂现象严重，易风化，处于水下岩石整体性好，不透水，暴露后易干裂成碎块，碎块较坚硬，但遇水后崩解成土状	10	0.4~2.0	2~3	3~4	4~5
		$Ⅱ_2$（较软岩）	15~30	砂质页岩、砂页岩互层、砂岩砾岩等	砂页岩成分同上，夹砂颗粒；砂岩以石英为主，长石、云母次之，圆砾石砂粒黏土等组成。胶结物以泥质、钙质为主，砂质次之，层理、节理较明显，砂页岩在水陆交替处易干裂、崩解	9	0.4~1.25	1~2	2~3	3~4
Ⅲ	硬质岩（较硬岩、坚硬岩）	>30		板岩、钙质砂岩、矽质岩、石灰岩、花岗岩、流纹岩、石英岩等	岩石坚硬，强度虽大于 30MPa，但节理、裂隙、层理非常发育，应考虑冲刷，如岩体完整，节理、裂隙、层理少，风化很微弱，可不考虑冲刷，但基底也宜埋入岩面 0.2~0.5m	9	0.4~0.7	0.2~1.0	0.2~2.0	0.5~3.0

注：1. 在条件较好的情况下，可选用埋深数值的下限；在条件较差的情况下，可选用埋深数值的上限。情况特殊的桥，如在水坝下游或流速特大等，可不受表列数值限制。
2. 表列调查最大冲刷值是参考桥中冲刷最深的桥墩，建议埋深值也按此值推广使用。处于非主流部分及流速较小的桥墩，可按具体情况适当减少埋深。
3. 岩石栏内是调查到的岩石具体名称，使用时应以岩石强度作为选用表中数值的依据。
4. 表列埋深数值是由岩面算起包括风化层部分，已风化成松散砂粒或土状的除外。
5. 要考虑岩性随深度变化的因素，应以基底的岩石为准，并适当考虑基底以上岩石的可冲性质。
6. 表中建议埋深是指扩大基础或沉井的埋深，如用桩基可作为最大冲刷线的位置。
7. 岩石类别栏内，带括号者均为现行相关规范岩石坚硬程度类别之规定。

6）位于河槽的桥台，当其最大冲刷深度小于桥墩总冲刷深度时，桥台基底的埋深应与桥墩基底高程相同；当桥台位于河滩时，对河槽摆动的不稳定河流，桥台基底高程应与桥墩相同；在稳定河流上，桥台基底高程可按照桥台冲刷计算结果确定。

7）桥台锥体护坡基脚埋置深度应考虑冲刷的影响，当位于稳定、次稳定河段的河滩上，基脚底面应在一般冲刷线以下至少 0.50m；当桥台位于不稳定河流的河滩上，基脚底面应在一般冲刷线以下至少 1m。

13.5 桥梁墩台冲刷计算实例

已知桥址断面如图 13-2 所示，设计洪峰流量 $Q_P=6000m^3/s$，设计洪水位 $H_P=93.18m$，平摊水位 90.88m，天然主槽流速 $v_c=2.92\text{m/s}$，汛期含沙量 $\rho=5\text{kg/m}^3$，河段洪水比降 $i=\frac{1.2}{1000}$，桥梁与河道正交，采用 24 孔 32m 的预应力混凝土梁，墩柱宽 1.9m，不带连系梁，钻孔灌注桩基础，其他有关地质资料及计算数据见地质资料表 13-8 和计算数据见表 13-9，假定建桥后桥下河滩不会改变为河槽，试确定桥墩处一般冲刷深度、局部冲刷深度及基础埋置最小深度。

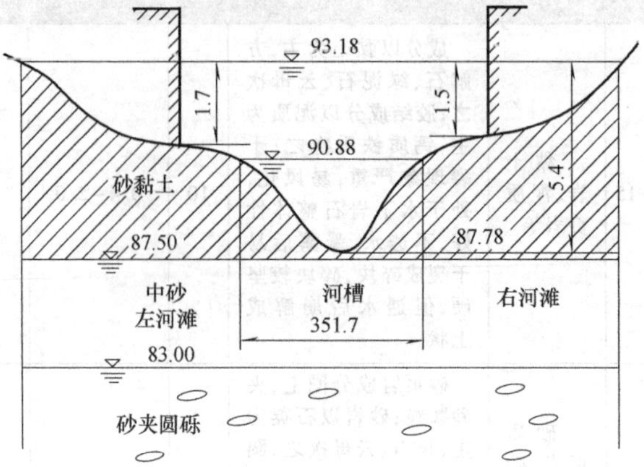

图 13-2 桥址断面图

表 13-8 地质资料表

土层/各层高程	土的名称	土的性质
表层(87.5m)	砂黏土	液性指数 $I_L=0.55$
第二层(87.5~83.0m)	中砂	$\bar{d}=0.32\text{mm}$
第三层(83.0m 以下)	砂夹圆砾	$\bar{d}=6.49\text{mm}$

表 13-9 计算数据表

计算参数	左河滩	河槽	右河滩	合计
桥下平均水深/m	2.00	3.82	1.73	
桥下最大水深/m	2.30	5.40	2.00	
各部分净孔长/m	181.00	330.80	211.20	723.0
桥下冲刷前过水面积/m²	361.80	1260.00	365.20	1987.0
谢才系数/($\text{m}^{0.5}$/s)	35.00	50.00	20.00	

1. 一般冲刷深度计算

（1）河槽一般冲刷深度计算　由河流横断面知，其水面宽度大于平均水深的 10 倍，可用平均水深$\bar{h}$代替水力半径计算流速。

1）考虑河槽最深点已经接近砂层，故认为河槽一般冲刷深度计算可用下层非黏性土河槽的计算公式（式（13-4））计算。

$$Q_2=\frac{Q_c}{Q_c+Q_{t1}}Q_P=\frac{A_cC\sqrt{h_ci}}{A_cC\sqrt{h_ci}+A_{t左}C\sqrt{h_{t左}i}+A_{t右}C\sqrt{h_{t右}i}}Q_P$$

$$=\frac{1260\times50\times\sqrt{3.82\times0.0012}}{1260\times50\times\sqrt{3.82\times0.0012}+361.8\times35\times\sqrt{2\times0.0012}+365.2\times20\times\sqrt{1.73\times0.0012}}\times6000\text{m}^3/\text{s}$$

$$=4904\text{m}^3/\text{s}$$

天然状态，桥下河槽流量 $Q_c = A_c C\sqrt{h_c i} = 1260\times50\times\sqrt{3.82\times0.0012}\,m^3/s = 4265m^3/s$

桥孔压缩部分为河滩且桥下河槽又不扩宽时，$B_{cg} = B_c = 351.7m$

$$\lambda = \frac{A_D}{A_{OM}} = \frac{11\times1.9\times3.82}{1260} = 0.063$$

查表 13-1，桥墩水流侧向压缩系数 $\mu = 0.976$。

$$H_z = \frac{1}{2}\times(90.88-87.78)\,m = 1.55m$$

单宽流量集中系数，$A_d = \left(\frac{\sqrt{B_z}}{H_z}\right)^{0.15} = \left(\frac{\sqrt{351.7}}{1.55}\right)^{0.15} = 1.45$

桥下河槽最大水深 $h_{cm} = 5.4m$

$$h_p = 1.04\left(A_d\frac{Q_2}{Q_c}\right)^{0.90}\left(\frac{B_c}{(1-\lambda)\mu B_{cg}}\right)^{0.66}h_{cm}$$

$$h_p = 1.04\times\left(1.45\times\frac{4904}{4265}\right)^{0.90}\times\left(\frac{351.7}{(1-0.063)\times0.967\times351.7}\right)^{0.66}\times5.4m = 9.50m$$

因此冲刷线高程 = 93.18m−9.50m = 83.68m>83.00m，在第二层内。

2）按式（13-6）计算。查表 13-2，$E = 0.66$，由于河槽最深点与第二层接近，故直接取第二层指标计算。

$$h_p = \left[\frac{A_d\dfrac{Q_2}{\mu B_{cj}}\left(\dfrac{h_{cm}}{h_{cq}}\right)^{\frac{5}{3}}}{E\,\bar{d}^{\frac{1}{6}}}\right]^{\frac{3}{5}} = \left[\frac{1.45\times\dfrac{4904}{0.967\times330.8}\times\left(\dfrac{5.4}{3.82}\right)^{\frac{5}{3}}}{0.66\times0.32^{\frac{1}{6}}}\right]^{\frac{3}{5}}m = 13.07m$$

因此，冲刷线高程 = 93.18m−13.07m = 80.11m<83.00m，冲刷线位于第三层内，故取第三层指标重新计算。

$$h_p = \left[\frac{A_d\dfrac{Q_2}{\mu B_{cj}}\left(\dfrac{h_{cm}}{h_{cq}}\right)^{\frac{5}{3}}}{E\,\bar{d}^{\frac{1}{6}}}\right]^{\frac{3}{5}} = \left[\frac{1.45\times\dfrac{4904}{0.967\times330.8}\times\left(\dfrac{5.4}{3.82}\right)^{\frac{5}{3}}}{0.66\times6.49^{\frac{1}{6}}}\right]^{\frac{3}{5}}m = 9.67m$$

冲刷线高程 = 93.18m−9.67m = 83.51m>83.00m，冲刷线在第二层内。由这两种计算结果可知，冲刷最深点位于第二层和第三层的交界面上，故最大冲刷深度

$$h_p = 93.18m-83.00m = 10.18m$$

（2）河滩一般冲刷深度计算　桥下河滩部分通过的设计流量

$$Q_{1左} = \frac{Q_{t1左}}{Q_c+Q_{t1}}Q_P$$

$$= \frac{361.8\times35\times\sqrt{2\times0.0012}}{1260\times50\times\sqrt{3.82\times0.0012}+361.8\times35\times\sqrt{2\times0.0012}+365.2\times20\times\sqrt{1.73\times0.0012}}\times6000m^3/s$$

$$= 713m^3/s$$

$$Q_{1右} = \frac{Q_{t1右}}{Q_c+Q_{t1}}Q_P$$

$$= \frac{365.2\times20\times\sqrt{1.73\times0.0012}}{1260\times50\times\sqrt{3.82\times0.0012}+361.8\times35\times\sqrt{2\times0.0012}+365.2\times20\times\sqrt{1.73\times0.0012}}\times6000m^3/s$$

$$= 383m^3/s$$

桥下左侧河滩最大水深 $h_{tm左}=2.30m$；桥下右侧河滩最大水深 $h_{tm右}=2.00m$。

因左右两河滩的河床组成为砂黏土，计算一般冲刷深度时需用适合黏性土的计算公式。

$$h_{p左}=\left[\frac{\frac{Q_1}{\mu B_{tj}}\left(\frac{h_{tm}}{h_{tq}}\right)^{\frac{5}{3}}}{0.33\left(\frac{1}{I_L}\right)}\right]^{\frac{6}{7}}=\left[\frac{\frac{713}{0.967\times181.0}\times\left(\frac{2.3}{2.0}\right)^{\frac{5}{3}}}{0.33\times\left(\frac{1}{0.55}\right)}\right]^{\frac{6}{7}}m=6.3m$$

冲刷线高程=93.18m−6.3m=86.88m<87.50m，已进入第二层。故需用第二层非黏性土的计算公式计算。

河滩水深1m时，非黏性土不冲刷流速 $v_{H1}=0.34m/s$。

$$h_{p左}=\left[\frac{\frac{Q_1}{\mu B_{tj}}\left(\frac{h_{tm}}{h_{tq}}\right)^{\frac{5}{3}}}{v_{H1}}\right]^{\frac{5}{6}}=\left[\frac{\frac{713}{0.967\times181.0}\times\left(\frac{2.3}{2.0}\right)^{\frac{5}{3}}}{0.34}\right]^{\frac{5}{6}}m=9.61m$$

冲刷线高程=93.18m−9.61m=83.57m>83.00m，在第二层内。

右侧河滩的一般冲刷计算

$$h_{p右}=\left[\frac{\frac{Q_1}{\mu B_{tj}}\left(\frac{h_{tm}}{h_{tq}}\right)^{\frac{5}{3}}}{0.33\left(\frac{1}{I_L}\right)}\right]^{\frac{6}{7}}=\left[\frac{\frac{383}{0.967\times211.2}\times\left(\frac{2.3}{1.73}\right)^{\frac{5}{3}}}{0.33\times\left(\frac{1}{0.55}\right)}\right]^{\frac{6}{7}}m=3.27m$$

冲刷线高程为=93.18m−3.27m=89.91m>87.78m，在表层内。

2. 局部冲刷深度计算

（1）河槽的局部冲刷

1）按非黏性土河床的局部冲刷式（13-16）或式（13-17）计算

① 采用式（13-3）结果进行计算。用式（13-3）计算的河槽一般冲刷深度为83.68m，考虑83.68m−83.00m=0.68m，直接用第三层指标计算。

河床泥沙起动流速

$$v_0=0.28\times(\bar{d}+0.7)^{0.5}=0.28\times(6.49+0.7)^{0.5}m/s=0.75m/s$$

一般冲刷后墩前行进流速

$$v=\frac{A_d^{0.1}}{1.04}\left(\frac{Q_2}{Q_c}\right)^{0.1}\left[\frac{B_c}{\mu(1-\lambda)B_{cq}}\right]^{0.34}\left(\frac{h_{cm}}{h_c}\right)^{\frac{2}{3}}v_c$$

$$=\frac{1.45^{0.1}}{1.04}\times\left(\frac{4904}{4265}\right)^{0.1}\times\left[\frac{351.7}{0.967(1-0.063)\times351.7}\right]^{0.34}\times\left(\frac{5.4}{3.82}\right)^{\frac{2}{3}}\times2.92m/s=3.85m/s$$

$v>v_0$，所以采用式（13-17），$h_b=K_\xi K_{\eta2}B_1^{0.6}h_p^{0.15}\left(\frac{v-v_0'}{v_0}\right)^{n_2}$ 进行计算。

河床颗粒影响系数

$$K_{\eta2}=\frac{0.0023}{\bar{d}^{2.2}}+0.375\bar{d}^{0.24}=\frac{0.0023}{6.49^{2.2}}+0.375\times6.49^{0.24}=0.587$$

墩前泥沙起冲流速

$$v_0'=0.12\times(\bar{d}+0.5)^{0.55}=0.12\times(6.49+0.5)^{0.55}m/s=0.35m/s$$

动床冲刷（$v>v_0$）时指数 n_2

$$n_2=\left(\frac{v_0}{v}\right)^{0.23+0.19\lg\bar{d}}=\left(\frac{0.75}{3.85}\right)^{0.23+0.19\lg 6.49}=0.533$$

墩柱为双柱式，墩宽为 1.9m，不带系梁，查表 13-4 得 $K_\zeta=1.00$，桥墩计算宽度 $B_1=d=1.9\text{m}$。

所以

$$h_b=K_\xi K_{\eta 2}B_1^{0.6}h_p^{0.15}\left(\frac{v-v_0'}{v_0}\right)^{n_2}$$

$$=1.00\times0.587\times1.9^{0.6}\times9.5^{0.15}\times\left(\frac{3.85-0.35}{0.75}\right)^{0.533}\text{m}=2.75\text{m}$$

② 采用 64-1 修正式结果进行计算。

河床泥沙起动流速 $v_0=0.75\text{m/s}$

一般冲刷后墩前行进流速

$$v=E\bar{d}^{\frac{1}{6}}h_p^{\frac{2}{3}}=0.66\times6.49^{\frac{1}{6}}\times10.18^{\frac{2}{3}}\text{m/s}=4.24\text{m/s}$$

$v>v_0$，采用式（13-17），$h_b=K_\xi K_{\eta 2}B_1^{0.6}h_p^{0.15}\left(\frac{v-v_0'}{v_0}\right)^{n_2}$ 进行计算。

河床颗粒影响系数

$$K_{\eta 2}=\frac{0.0023}{\bar{d}^{2.2}}+0.375\bar{d}^{0.24}=\frac{0.0023}{6.49^{2.2}}+0.375\times6.49^{0.24}=0.587$$

墩前泥沙起冲流速

$$v_0'=0.12\times(\bar{d}+0.5)^{0.55}=0.12\times(6.49+0.5)^{0.55}\text{m/s}=0.35\text{m/s}$$

动床冲刷（$v>v_0$）时指数 n_2

$$n_2=\left(\frac{v_0}{v}\right)^{0.23+0.19\lg\bar{d}}=\left(\frac{0.75}{4.24}\right)^{0.23+0.19\lg 6.49}=0.514$$

墩柱为双柱式，墩宽为 1.9m，不带系梁，查表 13-4 得 $K_\zeta=1.00$，桥墩计算宽度 $B_1=d=1.9\text{m}$。

所以

$$h_b=K_\xi K_{\eta 2}B_1^{0.6}h_p^{0.15}\left(\frac{v-v_0'}{v_0}\right)^{n_2}$$

$$h_b=1.00\times0.587\times1.9^{0.6}\times10.18^{0.15}\times\left(\frac{4.24-0.35}{0.75}\right)^{0.514}\text{m}=2.85\text{m}$$

2）采用 65-1 修正式计算

① 采用 64-2 简化式结果进行计算

$$v_0=0.0246\left(\frac{h_p}{\bar{d}}\right)^{0.14}\sqrt{332\bar{d}+\frac{10+h_p}{\bar{d}^{0.72}}}$$

$$=0.0246\times\left(\frac{9.5}{6.49}\right)^{0.14}\times\sqrt{332\times6.49+\frac{10+9.5}{6.49^{0.72}}}\text{m/s}=1.21\text{m/s}$$

河床颗粒影响系数

$$K_{\eta 1}=0.8\left(\frac{1}{\bar{d}^{0.45}}+\frac{1}{\bar{d}^{0.15}}\right)=0.8\times\left(\frac{1}{6.49^{0.45}}+\frac{1}{6.49^{0.15}}\right)=0.949$$

墩前泥沙起冲流速

$$v_0'=0.462\left(\frac{\bar{d}}{B_1}\right)^{0.06}v_0=0.462\times\left(\frac{6.49}{1.9}\right)^{0.06}\times1.21\text{m/s}=0.602\text{m/s}$$

指数

$$n_1=\left(\frac{v_0}{v}\right)^{0.25\bar{d}^{0.19}}=\left(\frac{1.21}{3.85}\right)^{0.25\times6.49^{0.19}}=0.66$$

因为 $v>v_0$，所以

$$h_b=K_\xi K_{\eta 1}B_1^{0.6}(v_0-v_0')\left(\frac{v-v_0'}{v_0-v_0'}\right)^{n_1}$$

$$=1.00\times0.949\times1.9^{0.6}\times(1.21-0.602)\times\left(\frac{3.85-0.602}{1.21-0.602}\right)^{0.66}\text{m}=2.56\text{m}$$

② 采用64-1修正式结果进行计算

$$v_0=0.0246\left(\frac{h_p}{\bar{d}}\right)^{0.14}\sqrt{332\bar{d}+\frac{10+h_p}{\bar{d}^{0.72}}}$$

$$=0.0246\times\left(\frac{10.18}{6.49}\right)^{0.14}\times\sqrt{332\times6.49+\frac{10+10.18}{6.49^{0.72}}}\text{m/s}=1.22\text{m/s}$$

河床颗粒影响系数

$$K_{\eta 1}=0.8\left(\frac{1}{\bar{d}^{0.45}}+\frac{1}{\bar{d}^{0.15}}\right)=0.8\times\left(\frac{1}{6.49^{0.45}}+\frac{1}{6.49^{0.15}}\right)=0.949$$

墩前泥沙起冲流速

$$v_0'=0.462\left(\frac{\bar{d}}{B_1}\right)^{0.06}=0.462\times\left(\frac{6.49}{1.9}\right)^{0.06}\times1.22\text{m/s}=0.61\text{m/s}$$

指数

$$n_1=\left(\frac{v_0}{v}\right)^{0.25\bar{d}^{-0.19}}=\left(\frac{1.22}{4.24}\right)^{0.25\times6.49^{0.19}}=0.64$$

因为 $v>v_0$，所以

$$h_b=K_\xi K_{\eta 1}B_1^{0.6}(v_0-v_0')\left(\frac{v-v_0'}{v_0-v_0'}\right)^{n_1}$$

$$h_b=1.00\times0.949\times1.9^{0.6}\times(1.22-0.602)\times\left(\frac{4.24-0.602}{1.22-0.602}\right)^{0.66}\text{m}=2.66\text{m}$$

（2）河滩的局部冲刷

1）左滩

① 一般冲刷后墩前行进流速（非黏性土河滩）

$$v=v_{H1}h_p^{\frac{1}{5}}=0.34\times9.61^{\frac{1}{5}}\text{m/s}=0.53\text{m/s}$$

② 河床泥沙起动流速

$$v_0=0.0246\left(\frac{h_p}{\bar{d}}\right)^{0.14}\sqrt{332\bar{d}+\frac{10+h_p}{\bar{d}^{0.72}}}$$

$$=0.0246\times\left(\frac{9.61}{0.32}\right)^{0.14}\times\sqrt{332\times0.32+\frac{10+9.61}{0.32^{0.72}}}\text{m/s}=0.49\text{m/s}$$

③ 河床颗粒影响系数

$$K_{\eta 1}=0.8\left(\frac{1}{\bar{d}^{0.45}}+\frac{1}{\bar{d}^{0.15}}\right)=0.8\times\left(\frac{1}{0.32^{0.45}}+\frac{1}{0.32^{0.15}}\right)=2.29$$

④ 墩前泥沙起冲流速

$$v_0'=0.462\left(\frac{\bar{d}}{B_1}\right)^{0.06}v_0=0.462\times\left(\frac{0.32}{1.9}\right)^{0.06}\times0.49\text{m/s}=0.20\text{m/s}$$

指数：$n_1=\left(\frac{v_0}{v}\right)^{0.25\bar{d}^{0.19}}=\left(\frac{0.49}{0.53}\right)^{0.25\times0.32^{0.19}}=0.98$

因为 $v>v_0$，所以

$$h_b=K_\xi K_{\eta 1}B_1^{0.6}(v_0-v_0')\left(\frac{v-v_0'}{v_0-v_0'}\right)^{n_1}$$

$$h_b=1.00\times2.29\times1.9^{0.6}\times(0.49-0.20)\times\left(\frac{0.53-0.20}{0.49-0.20}\right)^{0.66}\text{m}=1.06\text{m}$$

83.57m−83.00m=0.57m<1.06m，已进入第三层。故采用第三层指标计算。

⑤ 一般冲刷后墩前行进流速（非黏性土河滩）

$$v=v_{H1}h_p^{\frac{1}{5}}=0.99\times9.61^{\frac{1}{5}}\text{m/s}=1.56\text{m/s}$$

⑥ 河床泥沙起动流速

$$v_0=0.0246\left(\frac{h_p}{\bar{d}}\right)^{0.14}\sqrt{332\bar{d}+\frac{10+h_p}{\bar{d}^{0.72}}}$$

$$=0.0246\times\left(\frac{9.61}{6.49}\right)^{0.14}\times\sqrt{332\times6.49+\frac{10+9.61}{6.49^{0.72}}}\text{m/s}=1.21\text{m/s}$$

⑦ 河床颗粒影响系数

$$K_{\eta 1}=0.8\left(\frac{1}{\bar{d}^{0.45}}+\frac{1}{\bar{d}^{0.15}}\right)=0.8\times\left(\frac{1}{6.49^{0.45}}+\frac{1}{6.49^{0.15}}\right)=0.949$$

⑧ 墩前泥沙起冲流速

$$v_0'=0.462\left(\frac{\bar{d}}{B_1}\right)^{0.06}v_0=0.462\times\left(\frac{6.49}{1.9}\right)^{0.06}\times1.21\text{m/s}=0.60\text{m/s}$$

因为 $v<v_0$，故局部冲刷不会进入第三层中。根据计算结果表明在第二层和第三层交界线上，即 83.57m−83.00m=0.57m。

2）右滩

$\frac{h_p}{B_1}=\frac{3.27}{1.9}=1.72<2.5$，所以 $h_b=0.55K_\xi B_1^{0.6}h_p^{0.1}I_L^{1.0}v$

一般冲刷后墩前行进流速（黏性土河滩）

$$v=\frac{0.33}{I_L}h_p^{\frac{1}{6}}=\frac{0.33}{0.55}\times3.27^{\frac{1}{6}}\text{m/s}=0.73\text{m/s}$$

$$h_b=0.55K_\xi B_1^{0.6}h_p^{0.1}I_L^{1.0}v$$

$$h_b=0.55\times1.00\times1.9^{0.6}\times3.27^{0.1}\times0.55^{1.0}\times0.73\text{m}=0.33\text{m}$$

$$89.91\text{m}-0.33\text{m}=89.58\text{m}>87.78\text{m}$$

故不需重新计算。

3. 计算结果组合

（1）河槽

1）一般冲刷

① 按 64-2 简化式计算：冲刷线高程 = 93.18m−9.50m = 83.68m。

② 按 64-1 修正式计算：冲刷线高程为 83.00m。

2）局部冲刷

① 按 64-2 简化式与 65-2 式组合的局部冲刷：局部冲刷深度 2.75m，即冲刷线高程 = 83.68m−2.75m = 80.93m。

② 按 64-2 简化式与 65-1 修正式组合的局部冲刷：局部冲刷深度 2.56m，即冲刷线高程 = 83.00m−2.56m = 80.44m。

③ 按 64-1 修正式与 65-2 式组合的局部冲刷：局部冲刷深度 2.85m，即冲刷线高程 = 83.68m−2.85m = 80.83m。

④ 按 64-1 修正式与 65-1 修正式组合的局部冲刷：局部冲刷深度 2.66m，即冲刷线高程 = 83.00m−2.66m = 80.34m。

根据实践经验取河槽的最大冲刷线高程为：80.34m。

（2）河滩

1）一般冲刷

① 左滩：冲刷线高程 = 93.18m−9.61m = 83.57m。

② 右滩：冲刷线高程 = 93.18m−3.27m = 89.91m。

2）局部冲刷

① 左滩：冲刷线高程为 83.00m。

② 右滩：冲刷线高程为 89.58m。

4. 基础埋置最小深度

（1）河槽　基底高程 H_{JM}

$$H_{JM} = H_{CM} - \Delta = 80.34\text{m} - 2.5\text{m} = 77.84\text{m}$$

（2）河滩　基底高程 H_{JM}

① 左滩：$H_{JM} = H_{CM} - \Delta = 83.00\text{m} - 2.5\text{m} = 80.50\text{m}$

② 右滩：$H_{JM} = H_{CM} - \Delta = 89.58\text{m} - 2.0\text{m} = 87.58\text{m}$

Δ 值查表 13-6。

本章小结

建桥后墩台冲刷分为三类，河床自然演变冲刷；桥下断面一般冲刷；墩台局部冲刷。河床自然演变冲刷深度，目前尚无成熟的计算方法，一般多通过调查或利用桥位上、下游水文站历年实测断面资料统计分析确定。桥下断面一般冲刷深度、局部冲刷深度按 JTG C30—2015《公路工程水文勘测设计规范》推荐的经验公式计算。

桥梁墩台处桥下河床自然演变等因素冲刷深度，一般冲刷深度及局部冲刷深度三者全部完成后的最大水深线，称为桥下河槽最低冲刷线。桥下河槽最低冲刷线高程 $H_{CM} = H_p - h_s$，基础底面埋置高程 $H_{JM} = H_{CM} - \Delta$。

在确定桥梁墩台基础埋置深度时，应根据桥位河段具体情况，取河床自然演变冲刷、一般冲刷和局部冲刷的不利组合，作为确定墩台基础埋置深度的依据。

思考题与习题

13-1　解释下列概念。

河床自然演变冲刷、一般冲刷深度、局部冲刷深度、桥下最低冲刷线高程与基底埋置高程。

13-2 已知设计流量 $Q_P=4000\text{m}^3/\text{s}$，桥下天然河槽过水面积 $A_c=1030\text{m}^2$，两岸桥台前缘的断面图桩号为 K0+611.07m 与 K0+730.07m，槽、滩分界桩号为 K0+622.60m，滩地过水面积 $A_t=25.19\text{m}^2$，河槽糙率 $n_c=0.025$，河滩糙率 $n_t=0.032$。试求通过河槽及河滩的设计流量。

13-3 已知水文资料：设计流量 $Q=3500\text{m}^3/\text{s}$，设计水位 $H_P=63.65\text{m}$，河槽通过的设计流量 $Q_{cp}=3476\text{m}^3/\text{s}$，桥下天然河槽流速 $v_c=3.1\text{m/s}$，相应的过水面积 $A_c=1030\text{m}^2$，桥下河槽水面宽度 $L_c=107.47\text{m}$，桥孔中河滩水面宽度 $L_t=11.53\text{m}$，天然河槽水面宽度 $B_c=108.39\text{m}$。采用四孔预应力钢筋混凝土梁桥，标准跨径 $L_0=30\text{m}$，桥墩直径 $d=1\text{m}$，平滩水位 $H_z=61.42\text{m}$，相应过水面积 $A_z=798\text{m}^2$，水面宽度 $B_z=101.52\text{m}$，深槽底高程 $H_N=51.26\text{m}$，河床深 8m 以内为砂砾层，平均粒径 $\bar{d}=2\text{mm}$，$d_{95}=25\text{mm}$，河滩深 6m 以内为中砂，表层土壤为疏松耕地，桥位河段历年汛期含沙量 $\rho=8.83\text{N/m}^3$，河槽不可能扩宽。

（1）分别用 64-1 公式和 64-2 公式计算桥下河槽、河滩的一般冲深度。

（2）此桥按计算所得的最小基底埋深为多少？

13-4 已知一般冲刷深度 $h_p=15.17\text{m}$，河床泥沙平均粒径 $\bar{d}=2\text{mm}$，沙质河床，历年汛期含沙量 $\rho=49.05\text{N/m}^3$，桥梁下部结构为钢筋混凝土双柱式桥墩，直径 $d=1\text{m}$，钻孔灌注桩基础，桩径为 1.2m，混凝土 U 形桥台，天然地基为浅基础。试用 65-1 公式和 65-2 公式计算桥墩局部冲刷深度。

13-5 承题 13-3 一般冲刷深度、题 13-4 局部冲刷深度结果。设河床演变冲刷深度 $\Delta h=1\text{m}$，基础埋置深度安全值 $\Delta=2\text{m}$，设计水位 $H_P=63.65\text{m}$。试确定桥下最低冲刷深度、最低冲刷线高程以及基础底部埋置高程。

第 14 章

小桥涵水力水文计算

学习重点

小桥涵布设原则，水文调查与勘测的内容，小桥、涵洞孔径计算方法。

学习目标

了解小桥涵布设原则；熟悉小桥涵水文调查与勘测的内容；掌握小桥涵孔径计算方法。

小桥涵在公路工程中占有较重要的地位。它分布于公路的全线，工程量占比大，投资额高，平原地区一般每公里约有 1~3 道，山区为 3~5 道，约占公路总投资的 20%。按 JTG D60—2015《公路桥涵设计通用规范》规定，多孔跨径总长 $8m \leqslant L \leqslant 30m$ 或单孔跨径 $5m \leqslant L_k < 20m$，称为小桥；单孔跨径 $L_k < 5m$，称涵洞；对于管涵及箱涵，不论管径或跨径大小，孔数多少，均称为涵洞。

14.1 概述

在公路跨越沟谷、河流、人工渠道及排除路基内侧边沟水流时，需要修建各种横向排水小桥涵，以使沟谷河流、人工渠道穿过路基，使路基连续，确保路基不受水流冲刷侵袭，从而达到路基稳定。小桥适用于跨越流量大，漂浮物多，有泥石流，冲积堆或深沟陡岸，填土过高的河沟；涵洞则适用于流量小，漂浮物少，不受路堤高度限制的河沟或灌溉水道。

1. 小桥涵布设原则

1）应根据沿线地形、地质、水文等条件，结合全线排水系统，适应农田排灌，经济合理地布设小桥涵，达到表 10-2 规定设计洪水频率的排洪能力。

2）小桥涵位置应符合沿线线形布设要求，当不受线形布设限制时，宜将小桥涵位置选择在地形有利、地质条件良好、地基承载力较高、河床稳定的河（沟）段上。

3）在每个汇水区或每条排水河沟，都应设置小桥涵。当地形条件许可，技术、经济合理时，可并沟设置。

4）当小桥涵距下游汇入河道较近时，应考虑下游河道的设计水位及冲淤变化对桥涵净高和基础埋深的影响。

5）在山口冲积扇地区，应分散设置小桥涵，不宜改沟引至低洼处。两冲积扇间洼地应布设小桥涵。

6）在漫流无明显沟槽地带，宜采取分片泄洪，在主要水流处布设小桥涵，但不宜过分集中布设。

7）在农灌区应与农田排灌系统相配合。当需局部改变原有排灌系统时，不应降低原有排灌功能。

8）排灌渠上小桥涵的孔径，可按排灌渠的设计过水断面拟定。天然河沟上的小桥涵，可按河沟断面形态初拟孔径，并进行孔径验算，所拟孔径不宜过多压缩设计洪水标准下河沟的天然排水面积，也不宜压缩河槽排水面积。

9）寒冷地区的小桥涵孔径及高度应考虑涎流冰的影响。

10）进出口布设应有利于水流的排泄，必要时可配合进出口设置引水或排水工程。

11）三级公路上的漫水小桥涵或过水路面在1/25洪水频率时，应满足车辆能安全通行，车辆通行的桥（路）面水深不应大于0.3m。四级公路上的漫水小桥涵或过水路面在1/25洪水频率时，可有限度中断交通，其中断时间可按具体情况决定。

2. 水文调查与勘测

水文调查与勘测的目的，是为确定设计流量和水位，为确定桥涵孔径提供数据。

（1）水文调查与勘测前应收集的资料

1）沿线地形图。

2）设计流量计算所需要的资料，包括多年平均年降雨量、与设计洪水频率对应的24h降雨量及雨力等。

3）地区性洪水计算方法、历史洪水资料、各河沟已有洪水计算成果。

4）既有排灌系统及规划方案图，各排灌渠的设计断面、流量、水位等。

（2）水文调查与勘测的内容

1）各汇水区内土壤类别、植被情况、蓄水工程分布及现状。

2）根据河沟两岸土壤类别、河床质，选定河床糙率。

3）当桥（涵）位处于村庄附近时，应调查历史洪水位、常水位、河床冲淤及漂流物等情况。

4）既有桥涵的现状、结构类型、基础埋深、冲刷变化及运用情况等。在北方寒冷地区尚应调查涎流冰发生情况。

5）施测河沟比降。施测范围应以能求得桥涵区段河沟的坡度为准。平原区为水文断面上游不少于200m，下游不少于100m。山区为水文断面上游不少于100m，下游不少于50m。

6）布测水文断面。当路线与河沟斜交时，应在桥涵位附近布测水文断面；当历史洪水位距桥（涵）位比较远，河沟断面有较大变化时，在历史洪水位附近，也应布测水文断面。测量范围以满足水位、流量计算为准。

3. 水文计算

1）山区、丘陵区小流域设计流量，可按第11.3节地区性经验公式计算，并应采用多种方法互相比较和核对，综合分析采用合理的计算结果。

2）平原区小流域设计流量，采用第11.3节地区性流量经验公式或按第11.2节的方法计算。当历史洪水位只能调查到一次时，其重现期的确定应符合地区历史洪水的情况。

3）在同一水文分区内，当有相似汇水区或同一汇水区中有较可靠的设计流量成果，或有洪水资料能较可靠地求得设计流量时，可按第11章推求桥涵位处的设计流量。

4）凡能调查到历史洪水位的河沟，都应对各种公式推算的设计流量，用历史洪水流量进行验证。

5）与设计流量对应的设计水位，可采用水位流量关系线求得。

4. 小桥涵孔径计算的一般要求

1）小桥涵孔径计算通常考虑铺砌，水力计算以允许不冲刷流速作控制。

2）小桥涵孔径设计必须保证设计洪水、漂流物等的安全通过，满足排灌需要，避免对上、下游农田房舍的不利影响，并考虑工程造价的经济合理。

3）小桥涵孔径由水力计算提出基本尺寸，并经综合考虑流域水文特征、沟槽形态、地质特点、冲淤情况及人类活动影响等因素选定。

4）小桥涵孔径应采用标准跨径，桥孔形式应当力求简化，以便于施工养护。

5. 冲刷防护

1）在小桥涵上、下游河沟和路基边坡的一定范围内，宜采取防冲刷措施。

2）当沟底纵坡小于或等于15%时，桥涵铺砌面纵坡可与沟底纵坡相接近；当沟底纵坡大于15%时，桥涵铺砌面宜按沟坡做成台阶式或设置不大于临界坡度的纵坡，并与天然河沟相顺接。

3）桥涵河底铺砌防护范围，当沟底纵坡小于或等于15%时，宜铺砌到上、下游翼墙端部，并应在上、下游铺砌面端部设置截水墙。截水墙埋置深度不应小于台身或翼墙基础深度。当桥涵出口流速大于河床土壤允许流速时，应在下游洞口铺砌面上设置挑坎，挑坎形式可根据铺砌长度确定，或在下游铺砌面末端抛填片石。铺砌面的高程宜略低于河床面高程，铺砌类型应与设计流速相适应。

14.2 小桥孔径计算

小桥的泄流特性与宽顶堰相似，但小桥一般无槛高，故又称为无槛宽顶堰。小桥的水力计算主要是确定小桥孔径大小及桥前水深。

小桥设计通常考虑了一定的桥孔净空高度，一般桥孔不会全淹没，其跨径与桥台高度比例也无限制关系。因此，小桥孔径计算主要是确定桥跨长度。

小桥的孔径计算与大中桥不同。大中桥孔径（桥长）计算以冲刷系数作控制条件，允许桥下河床发生一定的冲刷，采用天然河槽断面平均流速作为桥孔设计流速，并按自由出流条件，由计算的过水面积推求桥孔长度。小桥孔径（桥长）计算则以允许不冲刷流速为控制条件，河床不允许发生冲刷，但允许有较大的桥前壅水高度，须考虑桥孔的出流状态，按此确定桥孔长度。为了压缩桥孔长度，通常采用人工加固办法提高允许不冲刷流速，但不宜用过大的允许不冲刷流速，以免造成过高的桥前水位壅高，导致上游淹没损失加大。

1. 小桥泄流的淹没标准

小桥泄流有自由出流与淹没出流两类，如图14-1所示。自由出流与淹没出流的判别标准，简称为淹没标准。

如图14-1a所示，水流进入桥孔后与宽顶堰类似，在进口附近发生收缩断面，其水深 $h_c<h_k$（h_k 为桥孔中的临界水深），有

$$h_c=\psi h_k \tag{14-1}$$

式中 ψ——进口形状系数，非平滑进口，取 $\psi=0.75\sim0.80$，平滑进口，取 $\psi=0.80\sim0.89$，为简化计算，通常取 $\psi=0.9$。

小桥的流速系数 φ，侧收缩系数 ε 及流量系数与宽顶堰不同，由实验值确定，见表14-1。

按矩形断面桥孔计算，桥孔有效泄流宽度 $b_c=\varepsilon b$，则临界水深为

$$\begin{cases} h_k=\sqrt[3]{\dfrac{\alpha Q^2}{(\varepsilon b)^2 g}} \\ Q=m(\varepsilon b)\sqrt{2g}H_0^{\frac{3}{2}} \\ H_0=H+\dfrac{\alpha_0 v_0^2}{2g} \end{cases} \tag{14-2}$$

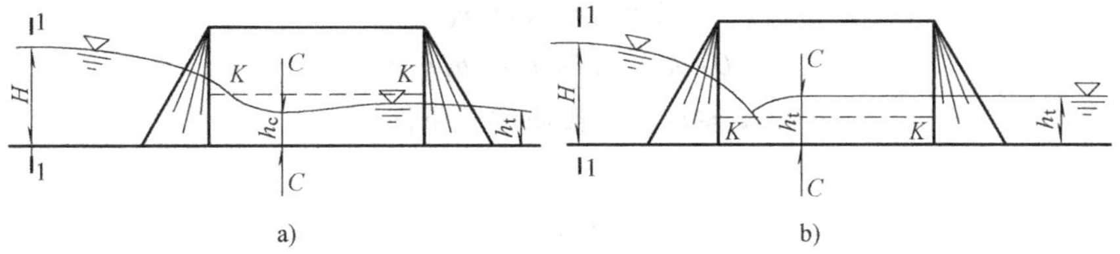

图 14-1 小桥泄流图式

a) 自由出流 b) 淹没出流

式中 m——流量系数；

b——桥孔净宽（m）；

v_0——桥前行进流速（m/s）。

由式（14-2）得

$$h_k=\sqrt[3]{2\alpha m^2}H_0 \tag{14-3}$$

取宽顶堰流量系数的平均值，即 $m=0.3442$，$\alpha=1.0$，由式（14-3），得

$$h_k=0.6188H_0$$

$$1.3h_k=1.3\times0.6188H_0=0.8044H_0\approx0.8H_0$$

对于堰流

自由出流 $h_y<0.8H_0$

淹没出流 $h_y\geqslant0.8H_0$

对比宽顶堰的淹没标准，设小桥下游水深为 h_t，小桥淹没出流与自由出流的判别标准式为

对于小桥

自由出流 $h_t<1.3h_k$

淹没出流 $h_t\geqslant1.3h_k$

小桥水力计算一般忽略出口动能恢复项 ΔZ，如图 6-3c 所示。其泄流能力可按下式计算。

$$\begin{cases}自由出流 & Q=\varepsilon bh_c v_c=\varepsilon\psi bh_k v_{max}\\ 淹没出流 & Q=\varepsilon bh_t v_{c-c}=\varepsilon bh_t v_{max}\end{cases} \tag{14-4}$$

式中 h_t——下游水深（m）；

v_c——收缩断面流速（$v_c>v_k$）（m/s）；

v_{c-c}——淹没出流时，收缩断面处的缓流流速（$v_{c-c}<v_k$）（m/s）；

v_{max}——允许不冲刷流速（m/s）。

表 14-1 小桥侧收缩系数 ε 及流速系数 φ

桥台形状	ε	φ
1. 单孔桥，锥坡填土	0.90	0.90
2. 单孔桥，有八字翼墙	0.85	0.90
3. 多孔桥，或无锥坡，或桥台伸出锥坡之外	0.80	0.85
4. 拱脚淹没的拱桥	0.75	0.80

2. 小桥孔临界水深

由以上分析可知，小桥孔径水力计算的第一步是确定桥孔出流状态，然后计算孔径 b。因此必须先确定桥孔中的临界水深 h_k。桥孔中的临界水深一般不等于上下游河沟或渠道中的临界水深。

按临界流计算，有

$$Q=A_k v_k=\varepsilon b h_k v_k$$

又
$$Q=A_c v_c=\varepsilon b h_c v_c=\varepsilon b\psi h_k v_c$$

取
$$v_c\leqslant v_{max}\quad(按防冲刷条件)$$

得
$$v_k=\psi v_{max}$$

因
$$Q=A_k v_k$$

或
$$\begin{cases}h_k=\dfrac{\alpha v_k^2}{g}\\ h_k=\dfrac{\alpha\psi^2 v_{max}^2}{g}\end{cases}\tag{14-5}$$

式中　α——动能修正系数；

v_{max}——允许不冲刷流速。

式（14-5）即满足防冲刷条件的桥孔临界水深计算公式。

桥孔中的临界水深 h_k 还可由进口阻力条件及桥前水头求得。由式（14-3），有

$$h_k=\sqrt[3]{2\alpha m^2}H_0$$

其中
$$m=\varphi K\sqrt{1-K}$$

$$K=\frac{h_c}{H_0}=\frac{h_c}{h_k}\cdot\frac{h_k}{H_0}=\psi\frac{h_k}{H_0}$$

将 m，K 代入上式，得

$$\begin{cases}h_k=\dfrac{2\alpha\varphi^2\psi^2}{1+2a\varphi^2\psi^3}H_0\\ H_0=H+\dfrac{\alpha_0 v_0^2}{2g}\end{cases}\tag{14-6}$$

式中　H——桥前水深；

φ——流速系数，见表 14-1；

v_0——桥前行近流速。

求得桥孔临界水深后，即可由下游水深 h_t 进一步判别小桥的出流状态，按式（14-4）计算小桥孔径 b。

3. 下游水深计算

1）将下游河沟断面简化为三角形断面，确定三角形断面的边坡系数。当为顺坡河沟时（$i>0$），通常以下游棱柱形渠道及概化三角形断面渠道中的正常水深作为下游水深 h_t。当已知流量 Q，主河槽平均坡度 i 、糙率 n 时，采用曼宁公式，h_t 可按下式计算。

$$\begin{cases}h_t=1.1892\left[\dfrac{Q^3(m^2+1)}{n^3 i^2 m^5}\right]^{\frac{1}{8}}\\ m=\dfrac{B}{2h}\end{cases}\tag{14-7}$$

式中　m——边坡系数；

B——河沟水面宽度（m）；

h——水深（m）。

2）由概化河沟的控制断面水深通过水面曲线计算求解 h_t。但此法工作量大，结果难以理想。因此，小桥涵下游水深通常按正常水深采用式（14-7）计算。

4. 小桥孔长度计算

小桥可有单跨和多跨两类，桥孔长度取决于泄流宽度、桥墩宽度、上部结构底面对水面的超高及桥孔断面形状。

(1) 梯形及矩形断面桥孔长度 L

1) 自由出流。如图 14-2a 所示，按宽顶堰泄流特性，桥孔泄流呈急流状态，且有 $h_c=\psi h_k$，$v_c=\frac{1}{\psi}v_k$，全桥孔水深 $h<h_k$ 按临界流计算，考虑侧收缩影响，有

$$\frac{A_k^3}{\varepsilon B_k}=\frac{\alpha Q^2}{g}$$

因

$$A_k=\frac{Q}{v_k}, v_c=v_{max}=\frac{1}{\psi}v_k$$

得

$$B_k=\frac{gQ}{\alpha\varepsilon v_k^3} \tag{14-8}$$

$$B=\frac{gQ}{\alpha\varepsilon\psi^3 v_{max}^3} \tag{14-9}$$

式中 B_k——临界流时的水面宽度；

B——考虑防冲刷条件时的水面宽度；

ε——侧收缩系数，见表 14-1；

v_{max}——允许不冲刷流速。

如图 14-2a 所示，桥孔长度可按下式计算

$$\begin{cases}L=B_k+2m\Delta h+Nd\\L=B+2m\Delta h+Nd\end{cases} \tag{14-10}$$

式中 m——边坡系数；

Δh——净空高度；

N——桥墩数；

Δh——小桥上部结构底面对水面的超高；

d——桥墩宽度。

当为单孔桥时，$N=0$；当为矩形断面桥孔时，$m=0$。

2) 淹没出流。如图 14-2b 所示，对于梯形断面桥孔，可按概化的矩形断面计算，桥下过水断面积

$$A=\frac{Q}{v}=\frac{Q}{v_{max}}$$

考虑侧收缩影响，按概化矩形断面，有

$$A=\varepsilon\overline{B}h_t$$

$$\overline{B}=\frac{Q}{\varepsilon h_t v_{max}} \tag{14-11}$$

式中 $\overline{B}$——过水断面平均宽度，即相应于断面水深 $h=\frac{1}{2}h_t$ 处的水面宽度；

h_t——下游水深。

由此得

$$L=\overline{B}+Nd+2m\left(\frac{1}{2}h_t+\Delta h\right) \tag{14-12}$$

式中　$\overline{B}$——断面平均宽度，按式（14-11）计算。

当为单孔桥时，$N=0$，当为矩形桥孔时，$m=0$。

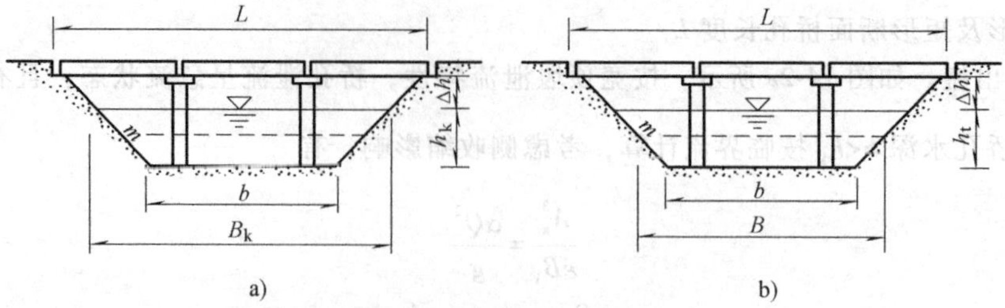

图 14-2　小桥孔长度计算图

（2）小桥轴线与流向斜交的桥孔净长　当小桥轴线与水流方向斜交时，如图 14-3 所示，设交角为 α，则桥长按下式计算

$$L_j=\frac{L_\alpha+l_d\sin\alpha}{\cos\alpha} \tag{14-13}$$

式中　l_d——桥台宽度；

L_α——有效泄流宽度。

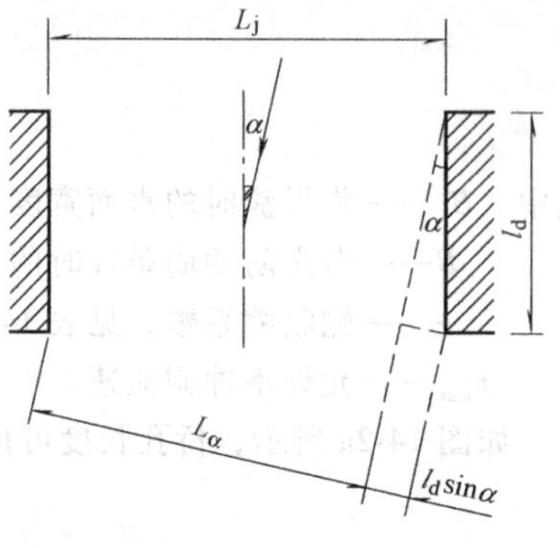

图 14-3　小桥轴线与流向斜交

按上述方法求得的桥孔长度，只是一种计算值，通常多按计算结果选用标准跨径 L_0 作为实际桥孔长度，若 $\left|\frac{L_0-L}{L}\right|>10\%$ 时，还应按标准跨径桥孔复核出流状态是否有变化，若与原出流状态不符，则应重选标准跨径。

5. 桥前水深计算

考虑桥下防冲刷条件，桥前水深按自由出流情况计算，如图 14-1a 所示。列出断面 1—1 与 $C—C$ 间的能量方程，有

$$H+\frac{\alpha_0 v_0^2}{2g}=h_c+(\alpha_c+\zeta)\frac{v_c^2}{2g}=h_c+\frac{v_c^2}{2g\varphi^2}$$

由

$$h_c=\psi h_k$$

$$v_c=v_{max}=\frac{v_k}{\psi}$$

得

$$H=\psi h_k+\frac{v_k^2}{2g\varphi^2\psi^2}-\frac{\alpha_0 Q^2}{2gA_0^2} \tag{14-14}$$

通常取 $\alpha_0=\psi=1$，则式（14-14）可改写为

$$\left.\begin{aligned}H&=h_k+\frac{v_k^2}{2g\varphi^2}-\frac{Q^2}{2gA_0^2}\\A_0&=f(H)\end{aligned}\right\} \tag{14-15}$$

考虑防冲刷条件，有 $v_k=\psi v_{max}$ 则上式可写成

$$H=h_k+\frac{v_{max}^2}{2g\varphi^2}-\frac{Q^2}{2gA_0^2} \tag{14-16}$$

式（14-16）为满足防冲刷要求的桥前水深。因 $A_0=f(H)$，当已知上游渠道及桥孔断面形状、流量，或允许不冲刷流速（河沟土质）时，利用式（14-15）或式（14-16）可试算求解。

6. 小桥孔径计算实例

某公路跨越一河沟，设计流量 $Q_s=22\text{m}^3/\text{s}$，通过设计流量时的天然水深 $h_t=1.2\text{m}$，根据河床横断面图求得断面面积 $A=15.1\text{m}^2$，湿周 $\chi\approx5.2\text{m}$，水力半径 $R\approx0.6\text{m}$，桥址附近河床比降 $i=0.009$，粗糙系数 $n=0.045$，桥址处路基设计高程为 103.00m，河床最低点高程为 100.00m，拟采用钢筋混凝土板式桥，试确定其桥孔长度 L 及桥前水深 H。

解：（1）确定桥下临界水深 h_k 及水流图式

河床加固选用碎石垫层上 20cm 单层块石铺砌，查表 5-4 得允许流速为 $v=3.5\text{m/s}$，取 $v_k=v=3.5\text{m/s}$。桥孔为矩形，临界水深为

$$h_k=\frac{\alpha v_k^2}{g}=\frac{1\times3.5^2}{9.81}\text{m}=1.25\text{m}$$

$$1.3h_k=1.3\times1.25\text{m}=1.63\text{m}>h_t=1.2\text{m}$$

所以桥下水流图式为自由出流。

（2）确定桥孔长度 L

采用单孔，桥台用八字翼墙式，查表 14-1 得 $\varepsilon=0.85$，桥孔断面为矩形，由式（14-8）得

$$L=B=\frac{gQ_s}{\alpha\varepsilon v_k^3}=\frac{9.81\times22}{1\times0.85\times3.5^3}\text{m}=5.92\text{m}$$

采用单孔标准跨径 6.00m 的装配式钢筋混凝土板式桥，净跨 5.40m，与计算的 L 相差不超过 10%，可以不再重新复核水流图式。

（3）计算桥前水深 H

取 $v_0=0$，由式（14-15）得

$$H=h_k+\frac{\alpha v_k^2}{2g\varphi^2}-\frac{\alpha_0 v_0^2}{2g}=1.25\text{m}+\frac{1\times3.5^2}{2\times9.81\times0.9^2}\text{m}=2.02\text{m}$$

由河床断面图求得，$H=2.02\text{m}$，桥前过水断面面积 $A=42.84\text{m}^2$

$$v=\frac{Q}{A}=\frac{22}{42.84}\text{m/s}=0.51\text{m/s}$$

取 $v_0=v_H=0.51\text{m/s}$，代入式（14-15）

$$H=h_k+\frac{\alpha v_k^2}{2g\varphi^2}-\frac{\alpha_0 v_0^2}{2g}=1.25\text{m}+0.77\text{m}-\frac{1\times0.51^2}{2\times9.81}\text{m}=2.01\text{m}$$

当 $H=2.01\text{m}$ 时，$A=42.42\text{m}^2$，计算得 $v_H=0.52\text{m/s}$，与假设非常接近，所以确定桥前水深为 $H=2.02\text{m}$。

14.3 涵洞孔径计算

涵洞孔径计算与小桥不同。其洞身随路基填土高度增加而增大，洞身断面尺寸对工程量影响较大。因此计算涵洞孔径时，还要求跨径与台高有一定的比例关系，按经济比例常取 1∶1～1∶1.5。为此，涵洞孔径计算除解决跨径尺寸外，还应从经济出发确定涵洞的台高。

通常采用加固河床，提高允许流速的办法减小涵洞孔径，但这一措施会使涵前水深增大，危及涵洞和路堤的使用安全。因此，控制涵前水深，满足泄流要求和具有一定合适断面高、宽

比例，则是涵洞孔径计算的基本要求。

涵洞孔径小，孔道长，涵前水深可高出进口，洞内水流可呈有压流与无压流，无压涵洞的泄流特性还与洞长、底坡及涵洞的断面形状、尺寸、材料等因素有关。涵洞的水流图式比小桥更为复杂，如图 14-4~图 14-7 所示。

1. 有压涵洞

如图 14-4c 所示，设涵高为 h_T，过水断面面积为 A，水力半径为 R，谢才系数为 C，涵前水深为 H，涵洞底坡为 i。实验得出，当 $H>1.4h_T$，$i<i_f=\dfrac{Q^2}{A^2C^2R}$及进口被淹没后，涵洞即成为有压流。有压涵洞的孔径可按短管计算求解，详见第 4 章。有压涵洞洞内及出口流速大，洞内压力高，洞身构造段间的接头防渗漏困难，涵前积水深，水流对涵洞和路基有较大的破坏性，一般少用。因此，工程中多用无压涵洞。

2. 无压涵洞

（1）无压涵洞选择　当 $i>i_f$，普通进口（端墙或八字墙式），$H\leqslant1.2h_T$；流线形进口或进口呈抬高式，$H\leqslant1.4h_T$，且下游水深 $h_t<h_T$ 时，全涵即成为无压流，其水力图式如图 14-4a 所示。水流在涵洞进口附近将发生收缩断面，该处呈急流状态，$h_c<h_k$，收缩断面之后则为明渠非均匀流，涵洞长度 $L=l_1+l_2+l_3$，其中 l_1，l_3 为急变流段，由经验公式确定。l_2 为渐变流段，其末端水深及水面曲线可按分段求和法确定。

无压涵洞的水力特性，大多为明渠非均匀流，个别情况可按明渠均匀流计算。对无压非均匀流涵洞，其泄流特性必须计其洞长与底坡的影响。

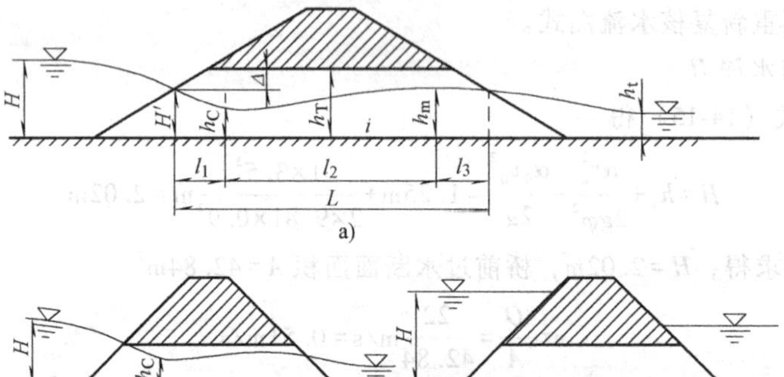

图 14-4　涵洞水流图式

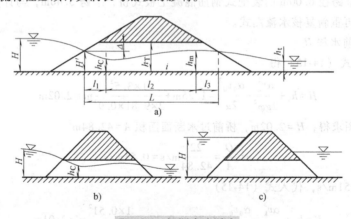

a）无压涵洞　b）半压涵洞　c）有压涵洞

1）缓坡涵洞及平坡涵洞。设涵洞底坡为 i，临界坡度为 i_k。当 $i<i_k$时，称为缓坡涵洞。水流如图 14-5 所示。

如图 14-5a 所示，当涵洞长度较短时，水流进入涵洞后水面急剧降落，约在进口后 1.5H 处形成收缩断面，收缩断面水深约为 $0.9h_k$，收缩断面后水流将以 c_1 型壅水曲线一直延伸到距出口断面约（2~5）h_k 为止，然后水面开始下降，出口处的水深约为 $0.75h_k$，出口以后水面继续降落与下游水面相连接，全涵为急流，泄流量受收缩断面控制，属宽顶堰自由出流。

如图 14-5b 所示，若涵洞长度较长，c_1 型水面曲线将穿越临界水深线 $K—K$ 而发生水跃，并以 b_1 型水面曲线经临界水深 h_k 流出洞口，但因 $h_c<h_k$，泄流特性仍与宽堰相似，泄流量受收缩断面控制，按临界流条件计算。

如图 14-5c 所示，若涵洞长度过长，水跃将逆流向上游移动并淹没收缩断面，全涵呈缓流，洞内将以 b_1 型水面曲线经临界水深 h_k 流出洞口，泄流量可按临界流条件计算。

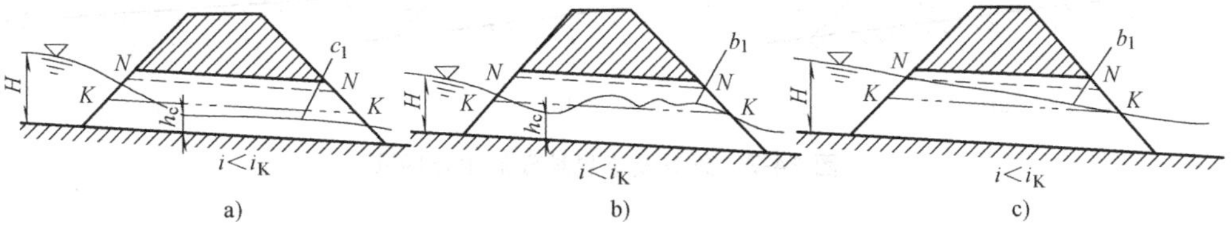

图 14-5　缓坡涵洞水流图式

对于平坡涵洞，如图 14-6 所示，其泄流特性与上述相似。这表明，对平坡及缓坡涵洞，洞长对泄流能力都有影响。

涵洞长度对过水能力有影响的涵洞，称为“长涵”，涵洞长度对过水能力无影响的涵洞，称为“短涵”。实验得出，当 i 较小时，“长涵”与“短涵”的判别标准为

$$L_k=(64-163m)H \tag{14-17}$$

式中　m——涵洞流量系数，一般 $m=0.32\sim0.36$；

H——涵前水深（m）；

L_k——“长涵”与“短涵”的临界长度。由此有

$$L\geqslant L_k\quad 长涵$$

$$L<L_k\quad 短涵$$

“长涵”的泄流特性与明渠流类似；“短涵”的泄流特性与宽顶堰类似，其泄流量由涵前水深 H 决定。

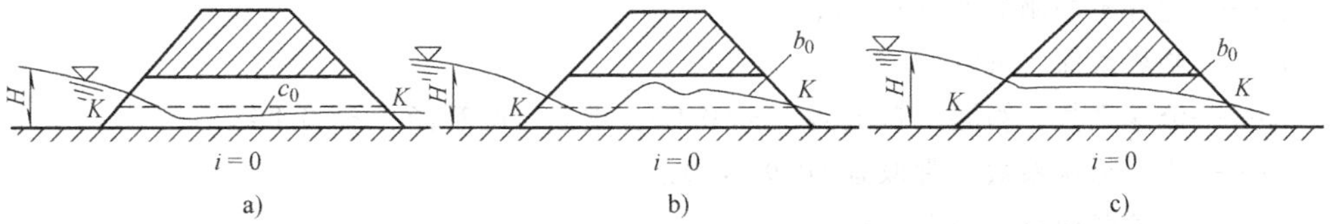

图 14-6　平坡涵洞水流图式

2）急坡及临界坡涵洞。当涵洞底坡 $i>i_k$ 时，称为急坡涵洞；$i=i_k$ 时，称为临界坡涵洞。

如图 14-7a 所示，涵洞底坡略大于临界底坡，但 $h_0>h_c$，当涵洞长度较短时，水流将以 c_2 型水面曲线流出洞口，水深接近 h_0 为止，而后水面略有降低与下游水面相连接。

如图 14-7b 所示，涵洞底坡较大，$h_0<h_c$，当涵洞长度较短时，水流将以 b_2 型水面曲线流出洞口。

如图 14-7c 所示，当洞长较短时，水流将以 c_3 型水面曲线流出洞口。

此外，若涵洞长度足够时，水流都经过涵洞末端正常水深断面流出洞口。由此可知，急坡涵洞及临界底坡涵洞全涵均为急流，洞内不会发生水跃；当长度足够时，其出口均为正常水深，泄流能力只与涵前水深有关，与洞长无关。因此，通常多采用急坡涵洞；临界坡涵洞难以稳定，缓坡涵洞受洞长影响应尽量避免应用。

（2）无压涵洞水力计算　无压涵洞的水力计算问题有确定涵洞孔径、计算涵前水深、验算涵洞中流速是否符合防冲刷要求。

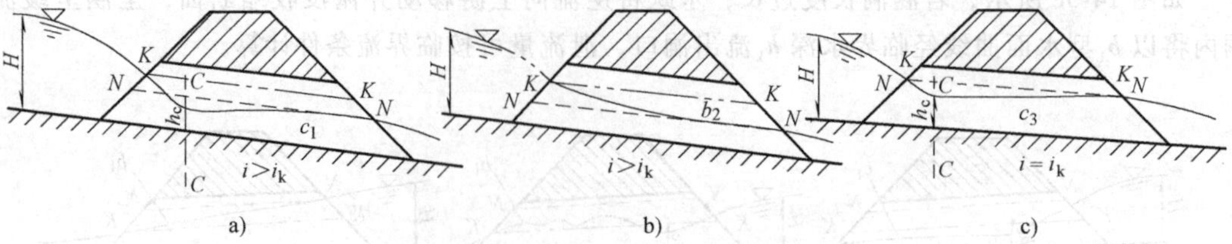

图 14-7 急坡及临界坡涵洞水流图式

1）按明渠均匀流计算。详见第 5 章。此法简易，适用于较短的涵洞，但所得孔径较大。

2）按明渠非均匀流计算。如图 14-4a 所示，列出涵前断面及收缩断面能量方程，得

$$
\begin{cases}
Q=\varphi A_c\sqrt{2g(H_0-h_c)} \\
h_c=\psi h_k, A_c=\varepsilon L_0 h_c=\psi A_k \\
H_0=H+\dfrac{\alpha_0 v_0^2}{2g}=h_c+\dfrac{a_c v_c^2}{2g\varphi^2} \\
v_0=\dfrac{Q}{A_0}, A=A(H,b,m) \\
h_k=\dfrac{2a\varphi^2\psi^2}{1+2a\varphi^2\psi^3}H_0(\text{按进口条件计算}) \\
h_k=\dfrac{a\psi^2 v_{max}^2}{g}(\text{按防冲刷条件计算})
\end{cases}
\tag{14-18}
$$

式中 v_c——收缩断面流速（m/s）；

v_k——临界流速（m/s）；

v_{max}——允许不冲刷流速（m/s）；

h_k——临界水深（m）；

φ——流速系数，箱涵、盖板涵，$\varphi=0.95$；拱涵，圆管涵，$\varphi=0.85$；

ψ——进口形状系数，常取 $\psi=0.9\sim1.0$；

A_c——收缩断面过水面积（m^2）；

A_0——行近流速断面过水面积（m^2）；

A_k——临界流断面过水面积（m^2）。

利用式（14-18），按已知条件情况，可计算 h_c，h_k，H，L_0，Q 等水力要素。

按水力条件，宜选用急坡涵洞，则涵洞出口断面水深应为正常水深，令出口流速 $v=v_{max}$，则涵洞的最大底坡为

$$
i_{max}=\left(\frac{nv_{max}}{R_0^{\frac{2}{3}}}\right)^2
\tag{14-19}
$$

式中 i_{max}——涵洞防冲刷最大底坡；

v_{max}——允许不冲刷流速（m/s）；

n——糙率；

R_0——正常水深断面的水力半径（m）。

由此，涵洞底坡 i 的选用应有

$$
i_k\leqslant i\leqslant i_{max}
$$

式中　i_k——临界底坡。

当 $i=i_k$ 时，涵洞最小长度应有

$$L_{min}=\frac{h_k-h_c}{i_k}=\frac{h_k-\psi h_k}{i}=0.1\frac{h_k}{i_k} \tag{14-20}$$

涵洞设计，一般多按设计手册查选，涵前水深 H 常按水面降落系数 β 计算，有

$$\begin{cases}\beta=\dfrac{H'}{H}=\dfrac{h_T-\Delta}{H}\\ H=\dfrac{h_T-\Delta}{\beta}\end{cases} \tag{14-21}$$

式中　Δ——涵洞净空高度（m）；

h_T——涵洞净高（m）；

H'——涵洞进口水深（m），如图 14-4a 所示。

对于半有压涵洞，如图 14-4b 所示，水力计算为

$$\begin{cases}v_c=\varphi\sqrt{2g(H_0-\varepsilon h_T)}\\ Q=\varepsilon\varphi A\sqrt{2g(H_0-\varepsilon h_T)}\\ H_0=H+\dfrac{\alpha Q^2}{2gA_0^2}\end{cases} \tag{14-22}$$

（3）常用无压涵洞设计参数标准

1）涵洞净空高度 Δ 值

① 涵洞标准图采用的 Δ 值。盖板涵、箱涵（h_d—进水口净高）

$$h_d<2.0\text{m},\Delta=0.1\text{m}$$

$$h_d\geqslant 2.0\text{m},\Delta=0.25\text{m}$$

砖、石、混凝土拱涵（h_T—涵洞净高）

$$h_T\leqslant 1.0\text{m},\Delta=0.10\text{m}$$

$$h_T=1\sim 2\text{m},\Delta=0.15\text{m}$$

$$h_T>2\text{m},\Delta=0.25\text{m}$$

② JTG D60—2015《公路桥涵设计通用规范》规定的净空高度 Δ 值，见表 14-2。

表 14-2　无压力式涵洞内顶点至最高流水面的净空高度 Δ 值

涵洞类型 / 涵洞进口净高（或内径）h/m	管涵	拱涵	矩形涵
$h\leqslant 3$	$\geqslant\dfrac{h}{4}$	$\geqslant\dfrac{h}{4}$	$\geqslant\dfrac{h}{6}$
$h>3$	$\geqslant 0.75$m	$\geqslant 0.75$m	$\geqslant 0.5$m

2）涵洞流量系数 m、流速系数 φ、侧收缩系数（又称挤压系数）ε 的常用值。

$$m=0.32\sim 0.36$$

$$\varphi=0.95(\text{箱涵、盖板涵});\varphi=0.85(\text{圆管涵、拱涵})$$

$$\varepsilon=\frac{1}{\sqrt{\alpha}} \tag{14-23}$$

式中，常取 $\alpha=\varepsilon=1$。

3）涵洞出口或收缩断面处最大允许流速 v_{max} 的常用值见表 14-3。

表 14-3　涵洞最大允许流速

涵洞类型	净跨/m	v_{max}/(m/s)	涵洞类型	净跨/m	v_{max}/(m/s)
拱涵、盖板涵	0.5~1.5	4.5	拱涵、盖板涵、圆涵	2.0~4.0	6.0

14.4　小桥和涵洞孔径估算

用于初步估算。当洪水不溢槽时，若水深小于 0.5m，可取水面宽度的一半作孔径；若水深大于 0.5m，可取水面宽度与沟底宽度和的一半作孔径；当洪水溢槽时，常用沟顶宽，再考虑溢槽水深及泛滥宽度适当加大桥孔孔径；当有历史洪水位调查资料时，可按设计历史洪水位的水面宽度和水深参照表 14-4 估定。

表 14-5 为无压涵洞标准设计水力计算表示例，供设计时参考。

表 14-4　小桥和涵洞孔径估算表　（单位：m）

高水位时水面宽度/m	桥涵式样									
	圆管涵		箱拱涵				小桥			
	水深/m									
	0.25	0.5	0.25	0.5	1.0	1.5	1.0	1.5	2.0	3.0
2.0	0.75	1.0	0.25	1.0						
3.0	1.00	1.25	1.00	1.5						
4.0	1.25	1.50	1.50	2.0						
5.0	1.50		2.00	3.0	3.5	4.0				
6.0				3.0	3.5	4.0				
7.0					4.0	4.5		5.0	5.0	
8.0							5.0	5.5	6.0	
10.0								6.0	6.5	7.0
15.0								9.0	10.0	11.0
20.0									12.0	14.0
25.0									16.0	18.0
30									18.0	20.0

表 14-5　无压涵洞标准设计水力计算

涵洞类型		跨径 L_0（或直径 d）/m	涵洞净高 h_T/m	进水口净高 h_d/m	墩台高度/m	流量 Q/(m³/s)	水深/m				流速/(m/s)		坡度(‰)			说明
							H	H'	h_k	h_c	v_k	v_c	i_k	i_{max} $v'=4.5$ m/s	i_{max} $v'=6$ m/s	
石盖板涵	无升高管节	0.5	1.0	1.0		0.79	1.03	0.9	0.65	0.59	2.53	2.81	16.3	67.7		$\alpha=1$ $\varepsilon=\varphi=0.95$ $\beta=0.87$ $\psi=0.90$
		0.75	1.2	1.2		1.59	1.26	1.1	0.80	0.75	2.80	3.11	12.6	41.8		
		1.00	1.5	1.5		3.05	1.61	1.4	1.02	0.91	3.16	3.51	11.1	27.3		
		1.25	1.8	1.8		5.09	1.95	1.7	1.23	1.11	3.48	3.86	10.2	19.5		
		1.50	2.0	2.0		7.21	2.18	1.9	1.38	1.24	3.68	4.09	9.22	15.4		

（续）

涵洞类型		跨径 L_0（或直径 d）/m	涵洞净高 h_T /m	进水口净高 h_d /m	墩台高度 /m	流量 Q /(m^3/s)	水深/m				流速/(m/s)		坡度(‰)			说明
							H	H'	h_k	h_c	v_k	v_c	i_k	i_{max} $v'=4.5$ m/s	i_{max} $v'=6$ m/s	
石盖板涵	有升高管节	0.75	1.2	1.6		2.53	1.72		1.09	0.98	3.27	3.65	15.2	32.9		$n=0.016$ $\Delta=0.1$m h_k[式(14-18)] $H_o \approx H$
		1.00	1.5	2.0		4.81	2.18		1.38	1.24	3.68	4.08	13.4	21.8		
		1.25	1.8	2.4		8.02	2.64		1.67	1.50	4.04	4.49	12.2	15.8		
		1.50	2.0	2.7		11.56	2.99		1.89	1.70	4.30	4.78	11.0	12.3		
钢筋混凝土盖板涵	无升高管节	1.50	1.6	1.6		4.35	1.72	1.5	0.98	0.88	3.10	3.45	7.8	21.3		$\alpha=1$ $\varepsilon=\varphi=0.95$ $\beta=0.87$ $\psi=0.90$ $n=0.016$ $h_d \leqslant 2$m $\Delta=0.1$m $h_d>2$m $\Delta=0.25$m h_k[式(14-18)] $H_o \approx H$
		2.00	1.8	1.8		7.10	1.78	1.56	1.12	1.01	3.32	3.69	6.7	15.5		
		2.50	2.0	2.0		10.64	2.01	1.75	1.27	1.14	3.53	3.92	6.0	11.8		
		3.00	2.2	2.2		15.02	2.24	1.95	1.42	1.27	3.72	4.14	5.5	9.4		
		4.00	2.4	2.4		23.18	2.47	2.15	1.56	1.40	3.91	4.34	4.7	7.2		
	有升高管节	1.50	1.6	2.0		7.22	2.18	1.7	1.38	1.24	3.68	4.08	9.2	15.4		
		2.00	1.8	2.4		11.59	2.47	2.15	1.56	1.40	3.91	4.34	7.7	11.2		
		2.50	2.0	2.7		17.62	2.82	2.45	1.78	1.60	4.17	4.64	6.9	8.4		
		3.00	2.2	2.9		23.79	3.05	2.65	1.92	1.73	4.34	4.82	6.2	6.9		
		4.00	2.4	3.0		33.53	3.16	2.75	2.00	1.80	4.42	4.91	5.1	5.4		
钢筋混凝土圆涵		0.75				0.72	0.91		0.53	0.47	2.20	2.44	6.0		87.8	$\alpha=1$ $H_o \approx H$ $\varepsilon=0.63, h_c=\varepsilon d$ $\varphi=0.85$ $h_k=\frac{1}{\psi}h_c$ $n=0.013, d \leqslant 3$m $\Delta=\frac{d}{4}$
		1.00				1.47	1.20		0.70	0.63	2.50	2.80	5.3		54.7	
		1.25				2.57	1.50		0.88	0.79	2.80	3.16	5.0		40.8	
		1.50				4.05	1.82		1.05	0.95	3.10	3.50	4.7		27.2	
石拱涵 $\left(\frac{f_0}{L_0}=\frac{1}{3}\right)$	无升高管节	1.00	1.13		0.80	1.65	1.18	0.98	0.67	0.60	2.57	2.86	14.2	64.3		$\alpha=1.0$ h_k[式(14-18)] $H_o \approx H$ $\varphi=0.85$ $\psi=0.90$ $\beta=0.87, n=0.020$ $h_T \leqslant 1.0$m $\Delta=0.1$m $h_T=1\sim2$m $\Delta=0.15$m $h_T>2.0$m $\Delta=0.25$m
		1.50	1.70		1.20	4.57	1.78	1.55	1.05	0.91	3.15	3.51	12.4	32.1		
		2.00	2.17		1.50	8.39	2.21	1.92	1.26	1.13	3.51	3.90	10.9		47.0	
		2.50	2.83		2.00	16.34	2.97	2.58	1.69	1.52	4.07	4.52	10.5		29.6	
		3.00	3.50		2.50	27.72	3.74	3.25	2.13	1.92	4.57	5.08	10.1		20.8	
		4.00	4.33		3.00	51.99	4.69	4.08	2.67	2.41	5.12	5.69	8.9		13.7	

本章小结

小桥的水力计算主要是确定小桥孔径及桥前水深。小桥孔径计算以允许不冲刷流速为控制条件，考虑桥孔的出流状态。自由出流桥孔泄流呈急流状态，考虑侧收缩影响，按临界流计算桥下过水断面水面宽度。淹没出流按概化的矩形断面计算过水断面的平均水面宽度。桥前水深按自由出流情况计算，列桥前断面与收缩断面间的能量方程用试算求解。

涵洞水流分为有压流与无压流，工程中多用无压涵洞。有压涵洞的孔径可按短管计算求解，详见第4

章。无压涵洞按第 5 章明渠水流计算。对无压非均匀流涵洞，其泄流特性必须考虑洞长与底坡的影响。

小桥和涵洞孔径计算也可使用专用图表。

思考题与习题

14-1　什么是小桥和涵洞？

14-2　说明小桥涵孔径计算与大中桥孔径计算的区别。

14-3　已知允许冲刷流速 $v_{max}=2.5\mathrm{m/s}$，桥台伸出锥坡以外，流量 $Q=8\mathrm{m^3/s}$，河底高程 $\Delta_0=100\mathrm{m}$，设净空高度 $\Delta h=0.5\mathrm{m}$，试求小桥的梁底面最低标高 Δ_x。

14-4　已知无升高管节的石盖板涵，净跨 $L_0=1.5\mathrm{m}$，净高 $h_T=2\mathrm{m}$，糙率 $n=0.016$，允许最大出口流速 $v_{max}=4.5\mathrm{m/s}$，试确定此定型涵管的上游积水深度 H、流量 Q、临界水深 h_k、临界流速 v_k、临界底坡 i_k、收缩断面水深 h_c、收缩断面流速 v_c 及出口流速为 v_{max} 时的相应底坡 i_{max}。

14-5　已知圆涵 $d=0.75\mathrm{m}$，$\varepsilon=0.63$，$\psi=0.9$，$\varphi=0.85$，$n=0.013$，$\Delta=\dfrac{d}{4}$ 求表 14-4 中各项。

参考文献

[1] 中交公路规划设计院有限公司. 公路桥涵设计通用规范：JTG D60—2015 [S]. 北京：人民交通出版社股份有限公司，2015.

[2] 河北省交通规划设计院. 公路工程水文勘测设计规范：JTG C30—2015 [S]. 北京：人民交通出版社股份有限公司，2015.

[3] 叶镇国. 水力学及桥涵水文 [M]. 北京：人民交通出版社，1998.

[4] 马学尼、叶镇国. 水力学 [M]. 2 版. 北京：中国建筑工业出版社，1989.

[5] 湘南大学. 水力学 [M]. 北京：人民交通出版社，1980.

[6] 向华球. 叶镇国，等. 水力学 [M]. 北京：人民交通出版社，1986.

[7] 张学龄. 桥涵水文 [M]. 北京：人民交通出版社，1986.

[8] 吴应辉. 桥涵水力水文 [M]. 北京：人民交通出版社，1988.

[9] 孙家驷. 公路小桥涵勘测设计 [M]. 北京：人民交通出版社，1990.

[10] 尚久驷. 桥渡设计 [M]. 北京：中国铁道出版社，1983.

[11] 张镇业. 桥涵设计 [M]. 北京：中国铁道出版社，1980.

[12] 公路设计手册编写组. 公路桥涵设计手册：涵洞 [M]. 北京：人民交通出版社，1998.

[13] 铁道部第三勘测设计院. 铁路工程设计技术手册：桥渡水文 [M]. 北京：中国铁道出版社，1993.

[14] 西南交通大学水力学研究室. 水力学 [M]. 3 版. 北京：高等教育出版社，1983.

[15] 徐正凡. 水力学 [M]. 北京：高等教育出版社，1987.

[16] 清华大学水力学教研室. 水力学 [M]. 北京：人民教育出版社，1981.

[17] 黄文. 水力学 [M]. 北京：人民教育出版社，1980.

[18] 闻德荪. 工程流体力学（水力学）[M]. 北京：高等教育出版社，1990.

[19] 景天然. 桥涵水文 [M]. 上海：同济大学出版社，1993.

[20] 水利水电科学研究院. 南京水利科学研究院. 水工模型试验 [M]. 北京：水利水电出版社，1985.

[21] 公路桥涵设计手册编写组. 桥位设计 [M]. 北京：人民交通出版社，1975.

[22] 高冬光. 桥涵水文 [M]. 北京：人民交通出版社，2003.

[23] 柯葵，朱立明，李嵘. 水力学 [M]. 上海：同济大学出版社，2000.

[24] 薛明. 桥涵水文 [M]. 上海：同济大学出版社，2002.

[25] 俞高明. 桥涵水力水文 [M]. 北京：人民交通出版社，2002.